福建省高职高专土建大类十二五规划教材

市政工程计量与计价

（第二版）

主　编◎吴志华

副主编◎李林威　陈艳琼　郑融源

参　编◎吴建臻

主　审◎俞素平

厦门大学出版社 XIAMEN UNIVERSITY PRESS　国家一级出版社　全国百佳图书出版单位

图书在版编目（CIP）数据

市政工程计量与计价 / 吴志华主编. -- 2 版.
厦门 ：厦门大学出版社，2025.1. --（福建省高职高
专土建大类十二五规划教材）. -- ISBN 978-7-5615-9571-8

Ⅰ.TU723.3

中国国家版本馆 CIP 数据核字第 20242K2Y71 号

总 策 划　宋文艳
责任编辑　眭　蔚
美术编辑　李嘉彬
技术编辑　许克华

出版发行　厦门大学出版社
社　　址　厦门市软件园二期望海路 39 号
邮政编码　361008
总　　机　0592-2181111　0592-2181406(传真)
营销中心　0592-2184458　0592-2181365
网　　址　http://www.xmupress.com
邮　　箱　xmup@xmupress.com
印　　刷　厦门市明亮彩印有限公司

开　　本　787 mm×1 092 mm　1/16
印　　张　26.75
字　　数　652 千字
版　　次　2018 年 1 月第 1 版　2025 年 1 月第 2 版
印　　次　2025 年 1 月第 1 次印刷
定　　价　59.00 元

本书如有印装质量问题请直接寄承印厂调换

厦门大学出版社
微信二维码

厦门大学出版社
微博二维码

福建省高等职业教育土建大类十二五规划教材

编审委员会

内容提要

　　本书是福建省高职高专土建大类十二五规划教材。本书分为 5 个模块，主要内容包括市政工程造价概论、市政工程计量与计价依据、市政工程预算定额的主要内容及应用、建设工程招投标、工程量清单编制、工程量清单计价、市政工程造价软件使用、工程变更与索赔、工程结算与竣工决算等。重点介绍了市政工程造价的基本知识、市政工程预算定额的主要内容及应用、工程量清单的编制及工程量清单计价，有较多的工程案例及一个完整的工程实例，模块中附有学习目标、微课视频、思考题、习题、案例练习题等。

　　本书可作为高职高专市政工程技术专业和土建类工程造价专业的教学用书，也可供相关土建专业技术人员学习参考。

第二版前言

本教材第二版是在第一版的基础上调整、修改、完善而成。教材遵循立德树人的育人理念，围绕专业人才培养目标，体现以学生职业能力、素质培养为目标，按照职业教育最新理念，遵循从基础到综合的职业成长规律、从简单到复杂的认知规律，顺应国家职业教育"三教"改革要求，实施模块化教学。全书分为五个模块，每个模块实现一个特定的功能。同时，在教材中融入课程思政元素，并附上微课视频等数字资源，对接二级造价师职业资格考试。第二版修订和完善的内容如下：

1. 以立德树人为本，融入课程思政元素

坚持落实立德树人根本任务，贯彻落实党的二十大精神"进教材、进课堂、进头脑"的要求，根据《高等学校课程思政建设指导纲要》的课程思政建设目标要求和内容重点，结合专业培养目标及造价工程师职业道德和职业品质的基本要求，确定课程思政教学目标，包括政治认同、法制意识、质量精神、工程师职业伦理（工程师职业道德）、职业素养五大育人主题。

2. 适应基于行动导向的"项目引领、任务驱动"教学模式

以实际工程项目为载体，结合课程目标的需要和教学特点，设计"市政工程工程量清单编制""市政工程工程量清单计价文件编制"两个学习性项目，其中"市政工程工程量清单计价文件编制"又分为手工编制和软件编制两个部分。手工编制部分包括任务工作内容、相关资料、具体任务等内容，每个任务有任务示例、微课视频、学生实训练习等，让学生在"教中学，学中做"，通过编制具体工程项目的计价文件过程，掌握相关的技能与基础理论知识，实现"教、学、做"合一，体现项目化、任务式的要求。

3. 对接职业标准，课证融通

教材内容参照二级造价工程师职业资格考试的基本要求进行修订和完善，更新工程案例，体现了职业教育"课证融通"对教材的新要求，突出"职业性、实用性、适用性"。

4. 依托"互联网＋"技术，线上线下互通融合

教材以二维码形式配套了 38 个微课视频以及《市政计量规范》(2013)附录常用内容、国标清单计价表格、福建省建设工程工程量清单计价表格(2017 版)等数字资源，读者用手机微信"扫一扫"即可观看学习。微课视频依据福建省职业教育精品在线开放课程建设技术要求而建,可与福建省省级精品在线开放课程"市政工程计量与计价"配套使用。

　　本教材编写人员及编写分工如下:福建船政交通职业学院吴志华编写模块1中1.1~1.3节、模块2、模块4的4.3节及附录,福建船政交通职业学院陈艳琼编写模块3,福建林业职业技术学院李林威编写模块1的1.4~1.8节、模块4的4.1~4.2节,神州建设集团有限公司副总经理郑融源编写模块4的4.4节,福建农业职业技术学院吴建臻编写模块5。全书由吴志华担任主编,李林威、陈艳琼、郑融源担任副主编,福建船政交通职业学院俞素平教授担任主审。吴志华负责全书的统稿和校订工作。

　　本教材配套教学微课视频由以下人员提供:福建船政交通职业学院池传树、王桂茵、陈艳琼、吴志华,以及神州建设集团有限公司郑融源。

　　本教材在编写过程中引用了大量规范、教材、专业文献和资料,恕未在书中一一注明。在此,对有关作者表示诚挚的谢意。

　　由于编者水平有限,加上教材内容多,编写时间仓促,书中难免有缺点和不当之处,敬请专家、同仁和广大读者批评指正。

编　者

2024 年 9 月

第一版前言

本书是根据《福建省教育厅关于组织实施"福建省高等职业教育教材建设计划"的通知》(闽教高〔2010〕60号)文件精神、土建类专业教材编写委员会研讨制定的《福建省土建类高等职业教育教材建设方案》及"市政工程计量与计价"课程教学大纲编写的。本书以学生能力培养为主线,以《建设工程工程量清单计价规范》(GB 50500—2013)、《市政工程工程量计算规范》(GB 50857—2013)、《福建省市政工程预算定额》(FJYD-401—2017~409—2017)、《福建省建筑安装工程费用定额》(2017版)、福建省住房和城乡建设厅发布的各项相关规定及文件为依据,具有鲜明的时代特点和地方特点,体现实用性、实践性、时效性、创新性的特色,是一本理论联系实际、教育面向生产的规划教材。

本书编写人员及编写分工如下:福建船政交通职业学院吴志华编写第1章、第4章、第6章、第7章、第9章的9.1和9.2节、附录一~附录三,福建船政交通职业学院黄颖编写第2章,福建林业职业技术学院高国兴编写第3章、第5章,闽西职业技术学院赖钦涛编写第8章、第9章的9.3~9.5节、第10章。全书由吴志华担任主编,赖钦涛担任副主编,神州建设集团有限公司副总经理许宝宝高级工程师担任主审。吴志华负责全书的统稿和校订工作。

本书在编写过程中引用了大量规范、教材、专业文献和资料,恕未在书中一一注明。在此,对有关作者表示诚挚的谢意。

由于编者水平有限,加上内容多,编写时间仓促,书中难免有缺点和不当之处,敬请专家、同仁和广大读者批评指正。

编者

2018年1月

目　录

本书配套数字资源列表

续表

序号	名称	页码	序号	名称	页码
视频4-7	报价编制示例(四)——管网工程清单计价	281	视频5-3	工程结算概述	360
视频4-8	报价编制示例(五)——措施项目、其他项目清单计价及其他报价文件的编制	295	二维码1	《市政计量规范》(2013)附录常用内容	73
视频4-9	市政工程计价软件使用简介	304	二维码2	《清单计价规范》(2013)工程计价表格	194、234
视频5-1	工程变更价款的计算	348	二维码3	《福建省建设工程工程量清单计价表格》(2017版)	195、234
视频5-2	工程索赔的费用内容及计算	353			

注:以上数字资源可直接用手机微信扫描相应的二维码进行观看。

模块 1　市政工程造价的基础知识

知识目标	①会说出市政工程的内容、产品特点、施工的特点； ②会叙述基本建设的含义、内容、项目组成及程序； ③会理解工程造价的概念及含义，会辨析工程造价的特点、计价特征、工程造价的类型； ④会叙述工程造价管理制度； ⑤会归纳市政工程造价的构成及计算方法； ⑥会概述工程计量与计价概念、对象、类型、依据、步骤和方法等基本知识； ⑦会叙述施工定额、预算定额、概算定额及估算指标等相关知识； ⑧会辨析福建省市政工程预算定额(2017 版)、福建省建筑安装工程费用定额(2017 版)、《建设工程工程量清单计价规范》(GB 50500—2013)、《市政工程工程量计算规范》(GB 50857—2013)及福建省实施细则等内容。
能力目标	①能例证基本建设项目组成； ②能辨识工程建设各个阶段对应的造价文件； ③能计算市政工程造价； ④会制定市政工程计量计价的方法、程序及步骤； ⑤能使用市政工程定额、计量与计价规范、实施细则等依据。
素质目标	①培养学生遵守国家法律、法规和政策，贯彻国家及各级政府主管部门颁发的定额、规范、标准及细则等法制意识； ②培养学生恪守职业准则，具有诚实守信、尽职尽责的职业道德，当一名合格的工程造价从业人士。

市政工程属于国家的基本建设，是组成城市的重要部分，包括市政道路、桥梁、广(停车)场、隧道、管网、污水处理、生活垃圾处理、路灯等公用事业工程。这些工程主要由国家和地方政府投资兴建，其建造价格即是市政工程的造价。如何准确计算市政工程项目数量，合理确定市政工程造价，是本课程学习和研究的主要内容。

编制市政工程造价，主要要做好计量和计价两个方面的工作。首先要进行工程计量，也就是根据工程设计图纸、工程量计算规则等依据计算工程项目的工程量；其次，在工程计量的基础上，套用相应的工程定额，并根据工料机的单价、费用定额等依据，计算出各分项工程或清单细目的单价，再乘以相应的工程量，汇总得出工程项目的总造价。因此，要编制好市政工程造价，不但要懂得工程计量与计价的基本知识，还要懂得计量和计价的依据。

计算市政工程造价的依据种类繁多，其中市政工程定额是市政工程计价的最主要的依据。在工程项目的各个建设阶段，编制不同的造价文件，都需根据相应的工程定额来进行。因此，掌握市政工程定额的基本知识，懂得各种市政工程定额的概念、作用、内容组成、编制依据及方法等，是我们正确地应用市政工程定额进行市政工程造价预测及计算，编制好市政工程造价文件的一个重要前提。

本模块主要介绍市政工程的内容、产品特点、施工的特点;基本建设的含义、内容、项目组成、建设程序;市政工程造价的概念、特点、计价特征、职能、分类;工程造价管理及造价工程师执业资格制度;市政工程造价的构成;工程计量的基本知识;工程计价的基本知识;市政工程定额的基本知识,施工定额、预算定额、概算定额与概算指标,企业定额的概念、作用、组成内容、编制方法等;《福建省建筑安装工程费用定额》;《建设工程工程量清单计价规范》(GB 50500—2013)、《市政工程工程量计算规范》(GB 50857—2013)及福建省实施细则等内容。

1.1　工程造价概述

1.1.1　市政工程概述

1.1.1.1　市政工程的内容

市政工程包括城市的道路、桥涵、隧道、给排水、地铁、管廊、水处理工程、生活垃圾处理工程、防洪堤坝、燃气、集中供热及绿化等工程,这些工程都是国家投资(包括地方投资)兴建,是城市的基础设施。供城市生产和人民生活的公用工程,通常称为市政公用设施,简称市政工程。

市政工程属于国家的基本建设,是组成城市的重要部分。

1.1.1.2　市政工程建设的特点

1. 市政工程产品的特点

(1)单项工程造价高。市政工程工程量大,造价高,少则数十万元、数百万元,多则数千万元、亿元,甚至数十亿元。

视频 1-1　市政工程造价概述

(2)产品的固定性。市政工程产品是建在地上的,工程建设后它的位置便固定下来,不能移动。

(3)产品的多样性。市政工程有道路、桥涵、隧道、给排水、防洪堤坝、燃气、集中供热及绿化工程等,类型多。

(4)结构复杂而且单一,每个工程的结构不尽相同。特别是桥梁、地铁、水厂等工程,结构相当复杂,但每个工程项目又各不相同。

(5)干支线配合,系统性强。道路、给排水管网等工程的干支线要相互配合,成为一个有机的、协调的系统。

2. 市政工程施工的特点

(1)施工流动性大。由于市政工程产品具有固定性的特点,不可移动,因此在施工生产中,人员、机械设备及材料等就必须围绕产品进行流动。

(2)施工周期长。市政工程造价高,工程量大,施工工期长,少则几个月,多则几年。

（3）需个别设计、个别组织施工。每个市政工程的结构不尽相同,需分别进行设计和组织施工。

（4）施工协作性高。市政工程施工环节多,工序复杂,需建设、设计、施工、监理等密切配合,需材料、动力、运输等部门的大力协作。

（5）受外界干扰及自然因素的影响大。市政工程大多位于市区,易受到周围居民及结构物、构造物等外界因素的干扰。同时,市政工程大多露天作业,容易受到气候、地形等自然因素的影响。

1.1.2　基本建设概述

1.1.2.1　基本建设的含义

1. 基本建设含义

基本建设是添置新增固定资产的投资活动,包括固定资产的新建、扩建和改建等,属于固定资产的扩大再生产。具体来讲,就是把一定的建筑材料、设备等,通过购置、建造和安装等活动,转化为固定资产的过程。

2. 基本建设项目的分类

（1）按性质划分:新建、扩建、改建、迁建和重建,其中新建和改建是最主要的形式。

（2）按建设规模(设计规模或投资规模)划分:大、中、小型项目。

（3）按建设阶段划分:预备项目(投资前期项目)或筹建项目、新开工项目、施工项目、续建项目、投产项目、收尾项目、停建项目。

（4）按投资建设的用途划分:生产性和非生产性项目。

1.1.2.2　基本建设的内容

基本建设的内容包括以下五个方面:

（1）建筑工程:包括各种建筑物、构筑物、管道敷设及农田水利等工程的修建,如市政建设中的道路、桥梁、给水、排水、隧道、地铁等工程,以及为施工而进行的建筑场地平整、清理与绿化等工程。

（2）安装工程:包括生产、动力、起重、运输、医疗、实验等设备的装配、安装工程与设备相连的装设工程。如市政工程中污水泵站安装泵机,隧道工程安装通风机等,以及有关绝缘、油漆、测试和试车等工作。

（3）设备、工具、器具的购置:包括生产应配备的各种设备、工具、器具、生产家具及实验仪器等的购置。

（4）勘察设计与地质勘探等工作。

（5）其他基本建设工作:包括上述以外的各种基本建设工作,如土地征购、青苗赔偿、迁坟移户、干部及生产人员培训、科学研究以及生产和办公用具购置等。

1.1.2.3　基本建设的项目组成

基本建设工程一般可分为建设项目、单项工程、单位工程三级,其中单位工程由各个分部工程组成,分部工程由各个分项工程组成,故建设工程项目由大到小可依次划分为建设项目、单项工程、单位工程、分部工程和分项工程。

1. 建设项目

建设项目,又称基本建设项目,一般是具有一个计划任务书和一个总体设计并依此进行施工,经济上实行统一核算,行政上有独立组织形式的工程建设单位。按用途可分为生产性项目和非生产性项目。一个建设项目可以有几个单项工程,也可以只有一个单项工程。

如一座工厂、一所学校、一个宾馆、一个矿山、一条公路,均可称为一个建设项目。

2. 单项工程

单项工程,又称为工程项目,它是建设项目的组成部分,是具有独立的设计文件,在竣工后能独立发挥设计规定的生产能力或效益的工程。单项工程由若干个单位工程组成。

如一座工厂的生产车间、仓库、办公楼等,学校的图书馆、教学楼、宿舍楼等。

3. 单位工程

单位工程是单项工程的组成部分,是指具有独立的设计文件,能单独施工,但建成后不能独立发挥生产能力或使用效益的工程。

如一个的生产车间的土建工程、安装工程、电气照明工程、给排水工程等,住宅工程中的土建、给排水、电气照明工程等。

4. 分部工程

分部工程是单位工程的组成部分,一般是按照单位工程的各个部位划分的。根据结构部位不同可将一个单位工程分解为若干个分部工程。如可将一段道路工程分解为路基工程、路面工程、附属工程等若干个分部工程。

5. 分项工程

分项工程是分部工程的组成部分,它是将分部工程按照不同的施工方法、不同材料及不同规格等进一步划分的。如水厂泵房建筑中的土方工程又可分为挖土方、土方运输、回填土等。分项工程是计算人工、材料、机械等消耗量的最基本的计算要素。

1.1.2.4 基本建设程序及内容

基本建设程序是指建设项目从设想、选择、评估、决策、设计、施工到竣工验收、投入生产整个建设过程中,各项工作必须遵循的先后次序的法则。

基本建设程序包括项目建议书、可行性研究、设计任务、建设准备、建设施工、生产准备、竣工验收、交付使用等内容。各个程序前后衔接、左右配合、互相联系依次进行。其程序形式如图1-1所示。

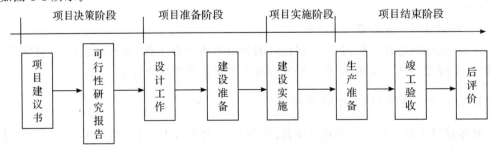

图 1-1 基本建设程序

1.1.3 工程造价的概念及特点

1.1.3.1 工程造价的概念

工程造价的直意就是工程的建造价格,是建设工程按照确定的建设项目内容、建设规模、建设标准、功能要求、使用要求等全部建成后经验收合格并交付使用所需的全部费用。

在市场经济的条件下工程造价有两种含义。

第一种含义:对于投资者、业主、项目法人而言,工程造价是指工程投资费用(或叫建设成本),是进行某项工程建设花费的全部费用,即该工程项目有计划地进行固定资产再生产、形成相应无形资产和铺底流动资金的一次性费用总和。

投资者选定一个投资项目,为了获得预期的效益,需通过项目评估、决策、设计招标、工程招标、工程施工,直至竣工验收等一系列的投资管理活动。在投资管理活动中所支付的全部费用就形成了固定资产和无形资产,所有这些开支就构成了工程造价。建设项目工程造价就是建设项目总投资中的固定资产投资。

第二种含义:对于发包方、承包方而言,工程造价是指工程的承发包价格(或叫工程价格),即为建成一项工程,预计或实际在土地市场、设备市场、技术劳务市场以及承包市场等交易活动中所形成的建筑安装工程的价格和建设工程总价格。这一含义以建设工程项目这种特定的商品作为交易对象,通过招投标或其他交易方式,在进行多次预估的基础上,最终由市场形成的价格。

工程造价的第二种含义也是建设项目总投资中的建筑安装工程费用。

1.1.3.2 工程造价的特点

工程造价具有五个方面的特点。

1. 工程造价的大额性

建设工程不仅实物形体庞大,构造复杂,而且工程造价高昂。一个工程项目的造价少则数十万、数百万,多则数千万、数亿、数十亿,特大的工程项目造价可达百亿、千亿元人民币。

2. 工程造价的个别性、差异性

任何一项建设工程项目都有其特定的用途、功能、规模,同时每项工程所处的地区、地段、水文地质、周边环境等条件不同,因而工程内容和实物形态具有个别性和差异性,再加上不同地区构成投资费用的各种价值要素的差异,从而造成工程造价的个别性和差异性。

3. 工程造价的动态性

建设工程从投资决策到交付使用,有一个较长的建设时期。在此期间,会出现许多影响工程造价的因素,如设计变更、设备及材料价格的变动、利率及汇率的变化等,使得工程造价在建设期内处于不确定状态,直至竣工决算后才能最终确定工程的实际造价。

4. 工程造价的层次性

建设项目的组成具有层次性,一个建设项目由一个或多个单项工程构成,一个单项工程由一个或多个单位工程构成,一个单位工程由一个或多个分部工程及分项工程构成。与此相对应,工程造价也具有层次性。它包括分项工程造价、分部工程造价、单位工程造价、单项工程造价、建设项目总造价。

5. 工程造价的兼容性

工程造价的兼容性首先表现在它具有两种含义,其次表现在工程造价构成因素的广泛性和复杂性。

1.1.4 工程造价的计价特征

工程造价的特点,决定了工程造价的计价具有以下几个特征。

1.1.4.1 计价的单件性

工程建设产品的个别性、差异性决定每项工程都必须单独计算造价,也就是说,只能根据各个建设工程项目的具体设计资料和当地的实际情况等单独计算工程造价。

1.1.4.2 计价的多次性

建设工程一般规模大、建设期长、造价高,受建设所在地的自然条件影响大,消耗的人力、物力和资金巨大,因此按建设程序要分阶段进行,相应地也要在不同建设阶段多次计价,以保证工程造价计算的准确性和控制的有效性。多次性计价是个逐步深化、逐步细化和逐步接近实际造价的过程。对于大型建设项目,其计价过程如图 1-2 所示。

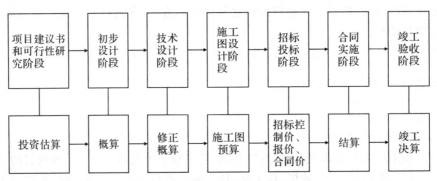

图 1-2 工程造价多次性计价过程

1.1.4.3 计价的组合性

工程造价的计算是分部分项工程组合而成的,这一特征和建设项目的组合性有关。一个建设项目是一个工程综合体,它可以分解为多个单项工程,单项工程可分解为多个单位工程,单位工程可分解为多个分部工程,分部工程可分解为多个分项工程。由上可以看出,建设项目的这种组合性决定了计价的过程也是一个逐步组合的过程。其计算过程和计算顺序是:分部分项工程造价→单位工程造价→单项工程造价→建设项目总造价。

1.1.4.4 计价方法的多样性

由于多次计价有各不相同的计价依据,且对多次计价的精确度要求不同,因而计价方法有多样性特征。如计算和确定概、预算造价有两种基本方法,即单价法和实物量法;计算和确定投资估算的方法有设备系数法、生产能力指数估算法等。不同的方法各有利弊,适应条件也不同,计价时要注意加以选择。

1.1.4.5　计价依据的复杂性

影响造价的因素多,计价依据复杂,种类繁多,主要包括项目建议书、可行性研究报告、设计文件、投资估算指标、概算定额、预算定额、相关的费用定额和指标、政府规定的税费以及物价指数和工程造价指数等。

1.1.5　工程造价的职能

工程造价具有一般商品价格的职能和工程造价的职能,具体分解如图 1-3 所示。

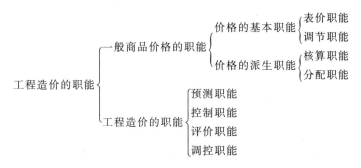

图 1-3　工程造价职能分解

1.1.6　工程造价的分类

按工程建设阶段的不同,工程造价主要可分为以下七类。

1.1.6.1　投资估算造价

投资估算造价一般是指在建设项目投资前期(规划、项目建议书,可行性研究报告)阶段,通过编制估算文件预先测算和确定出拟建项目的投资总额。投资估算造价是拟建项目决策、筹资和控制造价的主要依据。

1.1.6.2　概算造价

概算造价又为初步设计概算造价和修正概算造价两种。初步设计概算造价是指在初步设计阶段,由设计单位根据设计图纸、概算定额、各类费用定额、建设地区的自然条件和技术经济条件等资料,预先计算和确定建设项目从筹建至竣工验收的全部建设费用。经过审批的概算造价是拟建项目最高的投资限额,不得任意突破。

修正概算造价是指在采用三阶段设计的技术设计阶段,在批准的初步设计概算造价的基础上,根据深化的设计内容,对初步设计概算造价进行修正调整后确定的造价。修正概算造价比初步设计概算造价准确,但受初步设计概算造价控制。

1.1.6.3 预算造价

预算造价是指在施工图设计阶段,由设计单位根据施工图设计图纸、施工组织设计、现行的预算定额、费用定额及当地的人工、材料、机械台班预算价格等资料编制和确定的工程造价。

预算造价比概算造价更为详尽和准确,但受概算造价控制。

1.1.6.4 招标控制价

招标控制价是招标人根据国家或省级、行业建设主管部门颁发的有关计价依据和办法,按设计施工图纸计算的,对招标工程限定的最高工程造价。国有资金投资的工程建设项目应实行工程量清单招标,并应编制招标控制价。招标控制价超过批准的概算时,招标人应将其报原概算审批部门审核。投标人的投标报价高于招标控制价的,其投标应予以拒绝。

招标控制价应由具有编制能力的招标人,或受其委托具有相应资质的工程造价咨询人编制。

1.1.6.5 投标报价

投标报价是由投标单位根据招标文件及有关定额和招标项目所在地区的自然、社会、经济条件及施工组织方案和投标单位自身条件,计算完成招标工程所需各项费用并经过调整确定后填报在投标书中的工程造价。投标报价由投标人自主确定,但不得低于工程成本。

投标报价是投标文件最重要的组成部分和主要内容,是投标工作的关键和核心,也是决定能否中标的主要依据。报价过高,中标率就会降低;报价过低,尽管中标率增加,但可能无利可图,甚至承担工程亏本的风险。因此,合理确定工程报价,是施工企业在投标竞争中能否获胜的前提条件。中标单位的报价将直接成为工程承包合同价的主要基础,并对将来的施工过程起着严格的制约作用。

通常情况下,中标单位的投标报价(有的工程需经过修正)即为该投标工程的合同价。它是完成合同工程的预期造价,但不是工程完工后的实际造价。按合同类型的计价方法不同,合同价可分为固定合同价、可调合同价、成本加酬金合同价。

1.1.6.6 结算价

结算价是指在合同实施阶段,按合同调价范围和调价方法,对实际发生的工程量增减、设备和材料差价等进行调整后计算和确定的价格。工程竣工结算价是承包人按合同约定完成了全部承包工作后,发包人应付给承包人的合同总金额,是该结算工程的实际价格。

1.1.6.7 竣工决算价(实际造价)

实际造价是在竣工决算阶段,通过为建设项目编制竣工决算,最终确定的工程实际价格。它是确定新增固定资产价值,全面反映建设成果的文件,是竣工验收和移交固定资产的依据。

1.1.7　工程造价的相关概念

1.1.7.1　建设项目总投资

建设项目总投资指投资主体为获取预期收益在选定的建设项目上投入所需全部资金的经济行为。生产性建设项目总投资包括固定资产投资和包含铺底流动资金在内的流动资产投资两部分。非生产性建设项目总投资只有固定资产投资。

建设项目总造价是指项目总投资中的固定资产投资总额。

1.1.7.2　固定资产投资

固定资产投资是投资主体为了特定的目的,以达到预期收益的资金垫付行为。固定资产投资包括基本建设投资、更新改造投资、房地产开发投资和其他固定资产投资四部分。建设项目的固定资产投资也是建设项目的工程造价。

1.1.7.3　建筑安装工程造价

建筑安装工程造价也就是建筑安装工程投资,是建筑安装产品价值的货币表现,亦称为建筑安装工程费,由建筑工程费用和安装工程费用两部分组成。

1.2　工程造价管理

1.2.1　工程造价管理的含义

工程造价有两种含义,相应地,工程造价管理也包括工程建设投资费用管理和工程价格管理两种含义。

视频 1-2　工程造价管理概述

工程建设投资费用管理属于工程建设投资管理范畴,是指为实现投资预期目标,在拟定的规划、设计方案条件下,预测、计算、确定和监控工程造价及其变动的系统活动。这一含义既涵盖了微观层次的项目投资费用的管理,也涵盖了宏观层次的投资费用的管理。工程价格管理属于价格管理范畴。在社会主义市场经济条件下,价格管理分两个层次。在微观层次上,价格管理是生产企业在掌握市场价格信息的基础上,为实现管理目标而进行的成本控制、计价、定价和竞价的系统活动。在宏观层次上,价格管理是政府根据社会经济发展的要求,利用法律手段、经济手段和行政手段对价格进行管理和调控,以及通过市场管理规范市场主体价格行为的系统活动。

1.2.2　工程造价管理的基本内容

工程造价管理的基本内容是工程造价的合理确定、工程造价的有效控制、工程造价的提高效益。

1.2.2.1 工程造价的合理确定

工程造价的合理确定,就是在建设程序的各个阶段,合理确定投资估算、概算造价、预算造价、承包合同价、结算价、竣工决算价,并按规定和报批程序,经有关部门批准后成为该阶段工程造价的控制目标。工程造价确定的合理程度直接影响着工程造价的管理效果。

1.2.2.2 工程造价的有效控制

工程造价的有效控制,就是在建设程序的各个阶段,采用一定的方法和措施把建设项目投资的发生控制在批准的投资额度以内。具体来说,要用投资估算价控制设计方案的选择和初步设计概算造价;用概算造价控制技术设计和修正概算造价;用概算造价或修正概算造价控制施工图设计和预算造价。

要实现对工程造价的有效控制,应坚持以下三个原则。

(1)以设计阶段为重点的建设全过程造价控制。建设工程全寿命费用包括建设工程造价和工程交付使用后的经常开支费用(含经营费用、日常维护修理费用、使用期内大修理和局部更新费用)以及该项目使用期满后的报废拆除费用等。据西方一些国家分析,设计费一般只相当于建设工程全寿命费用的1%以下,但正是这少于1%的费用对工程造价的影响度占75%以上。由此可见,设计质量对整个工程建设的效益是至关重要的。

(2)主动控制。造价工程师基本任务是对建设项目的建设工期、工程造价和工程质量进行有效的控制。为此,应根据业主的要求及建设的客观条件进行综合研究,实事求是地确定一套切合实际的衡量准则,将"控制"立足于事先,主动地采取措施,积极地影响投资决策、设计、发包和施工,主动地控制工程造价。

(3)技术与经济相结合是控制工程造价最有效的手段。工程建设过程中把技术与经济有机结合,通过技术比较、经济分析和效果评价,正确处理技术先进与经济合理两者之间的对立统一关系,力求在技术先进条件下的经济合理,在经济合理基础上的技术先进,把控制工程造价观念渗透到各项设计和施工技术措施之中。

1.2.2.3 工程造价的提高效益

工程造价的提高效益,就是在工程建设的各个阶段,通过一定的控制方法和手段,使得工程项目能够合理使用人力、物力、财力,并取得较好的投资效益和社会效益。

1.2.3 造价工程师职业资格制度及考试实施办法

从1996年开始,我国有关部门出台了许多关于造价工程师执业资格的管理办法、规章制度,如原人事部、原建设部发布的《造价工程师执业资格制度暂行规定》(人发〔1996〕77号)、《注册造价工程师管理办法》(建设部令第150号)等。1998年1月,人事部、建设部于当年在全国首次实施了造价工程师执业资格考试。

为统一和规范造价工程师职业资格设置和管理,提高工程造价专业人员素质,提升建设工程造价管理水平,住房城乡建设部、交通运输部、水利部、人力资源社会保障部于2018年

7 月 20 日联合印发了《造价工程师职业资格制度规定》、《造价工程师职业资格考试实施办法》。国家设置造价工程师准入类职业资格,纳入国家职业资格目录。2022 年 2 月 ,人力资源社会保障部关于降低或取消部分准入类职业资格考试工作年限要求有关事项的通知(人社部发〔2022〕8 号),降低了造价工程师职业资格考试工作年限要求。

1.2.3.1　造价工程师的基本规定

1. 造价工程师的概念

造价工程师是指通过职业资格考试取得中华人民共和国造价工程师职业资格证书,并经注册后从事建设工程造价工作的专业技术人员。

2. 造价工程师的级别划分

造价工程师分为一级造价工程师和二级造价工程师。一级造价工程师英文译为 Class1 Cost Engineer,二级造价工程师英文译为 Class2 Cost Engineer。

专业技术人员取得一级造价工程师、二级造价工程师职业资格,可认定其具备工程师、助理工程师职称,并可作为申报高一级职称的条件。

3. 造价工程师的素质要求

造价工程师的素质包括思想品德、专业、身体等方面,这些只是造价工程师工作能力的基础。造价工程师在实际岗位上应能独立完成建设方案、设计方案的经济比较工作,项目可行性研究的投资估算、设计概算和施工图预算、招标标底和投标报价、补充定额和造价指数等编制与管理工作,应能进行合同价款结算和竣工决算的管理,对造价变动规律和趋势应具有分析预测能力。

4. 造价工程师的权利和义务

造价工程师享有下列权利:(1)称谓权,即使用造价工程师名称;(2)执业权,即依法独立执行工程造价业务;(3)签章权,即在本人执业活动中形成的工程造价成果文件上签字并加盖执业印章;(4)立业权,即申发起设立工程造价咨询企业;(5)保管和使用本人的注册证书和执业印章;(6)参加继续教育。

造价工程师应履行下列义务:(1)遵守法律、法规、有关管理规定,恪守职业道德;(2)保证执业活动成果的质量;(3)接受继续教育,提高执业水平;(4)执行工程造价计价标准和计价方法;(5)与当事人有利害关系的,应当主动回避;(6)保守在执业中知悉的国家秘密和他人的商业、技术秘密。

5. 造价工程师不得有的行为

造价工程师不得有下列行为:(1)不履行造价工程师义务;(2)在执业过程中,索贿、受贿或者谋取合同约定费用外的其他利益;(3)在执业过程中实施商业贿赂;(4)签署有虚假记载、误导性陈述的工程造价成果文件;(5)以个人名义承接工程造价业务;(6)允许他人以自己名义从事工程造价业务;(7)同时在两个或者两个以上单位执业;(8)涂改、倒卖、出租、出借或者以其他形式非法转让注册证书或者执业印章;(9)法律、法规、规章禁止的其他行为。

1.2.3.2　造价工程师考试实施办法

1. 考试组织办法

一级造价工程师职业资格考试的具体考务任务由人力资源社会保障部人事考试中心承

担。各省、自治区、直辖市住房城乡建设、交通运输、水利、人力资源社会保障行政主管部门共同负责本地区一级造价工程师执业资格考试组织工作,具体职责分工由各地协商确定。

一级造价工程师职业资格考试全国统一大纲、统一命题、统一组织。二级造价工程师职业资格考试全国统一大纲,各省、自治区、直辖市自主命题并组织实施。

考点原则上设在直辖市、自治区首府和省会城市的大、中专院校或者高考定点学校。

2. 造价工程师报考条件

(1)一级造价工程师报考条件

凡遵守中华人民共和国新宪法、法律法规,具有良好的业务素质和道德品行,具备下列条件之一者,可以申请一级造价工程师职业资格考试:

①具有工程造价专业大学专科(或高等职业教育)学历,从事工程造价、工程管理业务工作满4年;具有土木建筑、水利、装备制造、交通运输、电子信息、财经商贸大类大学专科(或高等职业教育)学历,从事工程造价、工程管理业务工作满5年。

②具有通过工程教育专业评估(认证)的工程管理、工程造价专业大学本科学历或学位,从事工程造价、工程管理业务工作满3年;具有工学、管理学、经济学门类大学本科学历或学位,从事工程造价、工程管理业务工作满4年。

③具有工学、管理学、经济学门类硕士学位或者第二学士学位,从事工程造价、工程管理业务工作满2年。

④具有工学、管理学、经济学门类博士学位。

⑤具有其他专业相应学历或者学位的人员,从事工程造价业务工作年限相应增加1年。

(2)二级造价工程师报考条件

凡遵守中华人民共和国新宪法、法律法规,具有良好的业务素质和道德品行,具备下列条件之一者,可以申请二级造价工程师职业资格考试:

①具有工程造价专业大学专科(或高等职业教育)学历,从事工程造价、工程管理业务工作满1年;具有土木建筑、水利、装备制造、交通运输、电子信息、财经商贸大类大学专科(或高等职业教育)学历,从事工程造价、工程管理业务工作满2年。

②具有工程造价专业大学本科及以上学历或学位;具有工学、管理学、经济学门类大学本科及以上学历或学位,从事工程造价、工程管理业务工作满1年。

③具有其他专业相应学历或学位的人员,从事工程造价业务工作年限相应增加1年。

3. 考试科目

一级造价工程师职业资格考试设"建设工程造价管理""建设工程计价""建设工程技术与计量""建设工程造价案例分析"4个科目。其中,"建设工程造价管理"和"建设工程计价"为基础科目,"建设工程技术与计量"和"建设工程造价案例分析"为专业科目。

二级造价工程师职业资格考试设"建设工程造价管理基础知识""建设工程计量与计价实务"2个科目。其中,"建设工程造价管理基础知识"为基础科目,"建设工程计量与计价实务"为专业科目。

4. 造价工程师专业类别

造价工程师职业资格考试专业科目分为土木建筑工程、交通运输工程、水利工程和安装工程4个专业类别,考生在报名时可根据实际工作需要选择其一。其中,土木建筑工程、安装工程专业由住房城乡建设部负责;交通运输工程专业由交通运输部负责;水利工程专业由水利部负责。

5. 考试时间安排

一级造价工程师职业资格考试每年一次,全国统一规定,一般安排在10月份最后一个周末。考试分4个半天进行。"建设工程造价管理""建设工程计价""建设工程技术与计量"科目考试时间均为2.5小时;"建设工程造价案例分析"科目考试时间为4小时。

二级造价工程师职业资格考试每年不少于一次,具体考试日期由各地确定。二级造价工程师职业资格考试分2个半天。"建设工程造价管理基础知识"科目考试时间为2.5小时,"建设工程计量与计价实务"为3小时。

6. 考试周期

一级造价工程师职业资格考试成绩实行4年为一个周期的滚动管理办法,在连续的4个考试年度内通过全部考试科目,方可取得一级造价工程师职业资格证书。

二级造价工程师职业资格考试成绩实行2年为一个周期的滚动管理办法,参加全部2个科目考试的人员必须在连续的2个考试年度内通过全部科目,方可取得二级造价工程师职业资格证书。

7. 免考

具有以下条件之一的,参加一级造价工程师考试可免考基础科目:

(1)已取得公路工程造价人员资格证书(甲级);

(2)已取得水运工程造价工程师资格证书;

(3)已取得水利工程造价工程师资格证书。

申请免考部分科目的人员在报名时应提供相应材料。

具有以下条件之一的,参加二级造价工程师考试可免考基础科目:

(1)已取得全国建设工程造价员资格证书;

(2)已取得公路工程造价人员资格证书(乙级);

(3)具有经专业教育评估(认证)的工程管理、工程造价专业学士学位的大学本科毕业生。

1.2.3.3　职业资格制度规定

1. 造价工程师的注册

国家对造价工程师职业资格实行执业注册管理制度。取得造价工程师职业资格证书且从事工程造价相关工作的人员,经注册方可以造价工程师名义执业。

住房城乡建设部、交通运输部、水利部分别负责一级造价工程师注册及相关工作。各省、自治区、直辖市住房城乡建设、交通运输、水利行政主管部门按专业类别分别负责二级造价工程师注册及相关工作。经批准注册的申请人,由住房城乡建设部、交通运输部、水利部核发"中华人民共和国一级造价工程师注册证"(或电子证书);或由各省、自治区、直辖市住房城乡建设、交通运输、水利行政主管部门核发"中华人民共和国二级造价工程师注册证"(或电子证书)。

造价工程师执业时应持注册证书和执业印章。注册证书、执业印章样式以及注册证书编号规则由住房城乡建设部会同交通运输部、水利部统一制定。执业印章由注册造价工程师按照统一规定自行制作。

造价工程师的注册分为初始注册、续期注册以及变更注册。

2. 造价工程师的执业规定

造价工程师不得同时受聘于两个或两个以上单位执业,不得允许他人以本人名义执业,严禁"证书挂靠"。出租出借注册证书的,依据相关法律法规进行处罚;构成犯罪的,依法追究刑事责任。

3. 造价工程师的执业范围

一级造价工程师的执业范围包括建设项目全过程的工程造价管理与咨询等,具体工作内容如下:

(1)项目建议书、可行性研究投资估算与审核,项目评价造价分析;

(2)建设工程设计概算、施工预算编制和审核;

(3)建设工程招标文件工程量和造价的编制与审核;

(4)建设工程合同价款、结算价款、竣工决算价款的编制与管理;

(5)建设工程审计、仲裁、诉讼、保险中的造价鉴定,工程造价纠纷调解;

(6)建设工程计价依据、造价指标的编制与管理;

(7)与工程造价管理有关的其他事项。

二级造价工程师主要协助一级造价工程师开展相关工作,可独立开展以下具体工作内容:

(1)建设工程工料分析、计划、组织与成本管理,施工图预算、设计概算编制;

(2)建设工程量清单、最高投标限价、投标报价编制;

(3)建设工程合同价款、结算价款和竣工决算价款的编制。

4. 造价工程师的继续教育

取得造价工程师注册证书的人员,应当按照国家专业技术人员继续教育的有关规定接受继续教育,更新专业知识,提高业务水平。造价工程师在每一注册期内应当达到注册机关规定的继续教育要求。注册造价工程师继续教育分为必修课和选修课,每一注册有效期各为 60 学时。经继续教育达到合格标准的,颁发继续教育合格证明。

1.2.4 工程造价咨询

1.2.4.1 工程造价咨询的概念

工程造价咨询是指面向社会接受委托,承担建设项目的可行性研究投资估算、项目经济评价、工程概算、预算、工程结算、竣工决算、工程招标控制价、投标报价的编制和审核,对工程造价进行监控以及提供有关工程造价信息资料等业务工作。

1.2.4.2 工程造价咨询人(工程造价咨询企业)

工程造价咨询人是取得工程造价咨询资质等级证书,接受委托从事建设工程造价咨询活动的企业。工程造价咨询人应当依法取得工程造价咨询企业资质,并在其资质等级许可的范围内从事工程造价咨询活动。从事工程造价咨询活动,应当遵循独立、客观、公正、诚实信用的原则,不得损害社会公众利益和他人的合法权益。任何单位和个人不得非法干预依法进行的工程造价咨询活动。

工程造价咨询企业应配备造价工程师;工程建设活动中有关工程造价管理岗位按需要配备造价工程师。

工程造价咨询企业的业务范围包括:

(1)建设项目建议书及可行性研究投资估算、项目经济评价报告的编制和审核;

(2)建设项目概预算的编制与审核,并配合设计方案比选、优化设计、限额设计等工作进行工程造价分析与控制;

(3)建设项目合同价款的确定(包括招标工程工程量清单和招标控制价、投标报价的编制和审核),合同价款的签订与调整(包括工程变更、工程洽商和索赔费用的计算)及工程款支付,以及工程结算、竣工结(决)算报告的编制与审核等;

(4)工程造价经济纠纷的鉴定和仲裁的咨询;

(5)提供工程造价信息服务等。

1.2.5　工程造价从业人员及从业单位的法律责任

(1)隐瞒有关情况或者提供虚假材料申请造价工程师注册的,不予受理或者不予注册,并给予警告,申请人在 1 年内不得再次申请造价工程师注册。

(2)聘用单位为申请人提供虚假注册材料的,由县级以上地方人民政府住房城乡建设主管部门或者其他有关部门给予警告,并可处以 1 万元以上 3 万元以下的罚款。

(3)以欺骗、贿赂等不正当手段取得造价工程师注册的,由注册机关撤销其注册,3 年内不得再次申请注册,并由县级以上地方人民政府住房城乡建设主管部门处以罚款。其中,没有违法所得的,处以 1 万元以下罚款;有违法所得的,处以违法所得 3 倍以下且不超过 3 万元的罚款。

(4)违反《注册造价工程师管理办法》规定,未经注册而以注册造价工程师的名义从事工程造价活动的,所签署的工程造价成果文件无效,由县级以上地方人民政府住房城乡建设主管部门或者其他有关部门给予警告,责令停止违法活动,并可处以 1 万元以上 3 万元以下的罚款。

(5)违反《注册造价工程师管理办法》规定,未办理变更注册而继续执业的,由县级以上人民政府住房城乡建设主管部门或者其他有关部门责令限期改正;逾期不改的,可处以5000 元以下的罚款。

(6)注册造价工程师有《注册造价工程师管理办法》第 20 条规定行为之一的,由县级以上地方人民政府住房城乡建设主管部门或者其他有关部门给予警告,责令改正,没有违法所得的,处以 1 万元以下罚款;有违法所得的,处以违法所得 3 倍以下且不超过 3 万元的罚款。

(7)违反《注册造价工程师管理办法》规定,注册造价工程师或者其聘用单位未按照要求提供造价工程师信用档案信息的,由县级以上地方人民政府住房城乡建设主管部门或者其他有关部门责令限期改正;逾期未改正的,可处以 1000 元以上 1 万元以下的罚款。

(8)县级以上人民政府住房城乡建设主管部门和其他有关部门工作人员,在注册造价工程师管理工作中,有下列情形之一的,依法给予处分;构成犯罪的,依法追究刑事责任:①对不符合注册条件的申请人准予注册许可或者超越法定职权作出注册许可决定的;②对符合注册条件的申请人不予注册许可或者不在法定期限内作出注册许可决定的;③对符合法定条件的申请不予受理的;④利用职务之便,收取他人财物或者其他好处的;⑤不依法履行监督管理职责,或者发现违法行为不予查处的。

强国有我

在校学生应熟悉工程造价从业人员资格制度,熟记造价从业人员的资格考试报名条件及考试科目,尤其是二级造价师的考试报名条件及考试科目。在校时就要有意识地做好资格考试准备,以便毕业走上工作岗位后能够尽快通过资格考试,取得职业资格,成为一名高素质的工程造价技术技能人才,为建设交通强国奉献自己的一份力量,兑现青年一代"请党放心,强国有我"的庄重誓言。

1.3　工程造价构成

1.3.1　我国现行建设项目投资与工程造价的构成

视频 1-3　市政工程造价的构成

建设项目总投资包含固定资产投资和流动资产投资两部分。工程造价由设备及工器具购置费用、建筑安装工程费用、工程建设其他费用、预备费、建设期贷款利息、固定资产投资方向调节税构成。具体构成内容见图 1-4。

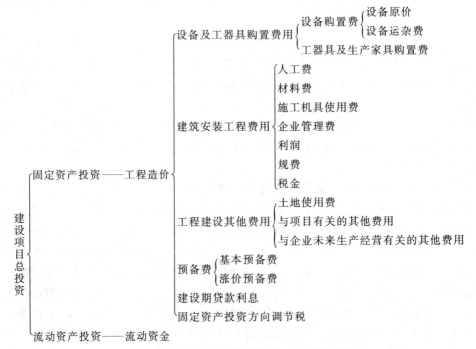

图 1-4　我国现行建设项目投资与工程造价的构成

1.3.2　设备及工具、器具购置费用

设备及工、器具购置费用是由设备购置费和工具、器具及生产家具购置费组成。

1.3.2.1　设备购置费的构成及计算

设备购置费是指为建设项目购置或自制的达到固定资产标准的各种国产或进口设备、工具、器具的购置费用,由设备原价和设备运杂费构成。

$$设备购置费＝设备原价＋设备运杂费 \tag{1-1}$$

式中:设备原价——国产或进口设备的原价;

设备运杂费——除设备原价之外的有关设备采购、运输、途中包装及仓库保管等方面支出费用的总和。

1. 国产设备原价的构成及计算

(1)国产标准设备原价

国产标准设备原价是指按照主管部门颁布的标准图样和技术要求,由我国设备生产厂批量生产的,符合国家质量检测标准的设备。

有的国产设备原价有两种,即带有备件的原价和不带备件的原价。计算时一般采用带有备件的原价。

(2)国产非标准设备原价

国产非标准设备是指国家尚无定型标准,各设备生产厂不可能在工艺过程采用批量生产,只能按一次订货,并根据特定的设计图样制造的设备。

该类设备原价有多种不同的计算方法,如成本计算估价法、系列设备插入估价法、分部组合估价法、定额估价法等。这里只介绍成本计算估价法。

按成本计算估价法,非标准设备的原价由以下费用组成:

①材料费

$$材料费＝材料净重×(1＋加工耗损系数)×每吨材料综合价 \tag{1-2}$$

②加工费:包括生产工人工资和工资附加费、燃料动力费、设备折旧费、车间经费等。其计算公式为:

$$加工费＝设备总重(吨)×设备每吨加工费 \tag{1-3}$$

③辅助材料费(简称辅材费):包括焊条、焊丝、氧气、氩气、氮气、油漆、电石等费用。计算公式如下:

$$辅助材料费＝设备总重量×辅助材料费指标 \tag{1-4}$$

④专用工具费:按以上三项之和乘以一定百分比计算。

⑤废品损失费:按以上四项之和乘以一定百分比计算。

⑥外购配套件费:按设备设计图样所列的外购配套件的名称、型号、规格、数量、重量,根据相应的价格加运杂费计算。

⑦包装费:按以上六项之和乘以一定百分比计算。

⑧利润:可按以上第①～⑤项加第⑦项之和乘以一定的利润率计算。

⑨税金:主要指增值税,计算公式为:

$$增值税＝当期销项税额－进项税额 \tag{1-5}$$

$$当期销项税额＝销售额\times适用增值税率 \tag{1-6}$$

⑩非标准设备设计费:按国家规定的设计费收费标准计算。

$$
\begin{aligned}
单台非标准设备原价＝&\{[(材料费＋辅材费＋加工费)\times(1＋专用工具费率)\times(1＋废品\\
&损失费率)＋外购配套件费]\times(1＋包装费率)－外购配套件费\}\times\\
&(1＋利润率)＋增值税＋非标准设备设计费＋外购配套件费 \tag{1-7}
\end{aligned}
$$

2. 进口设备原价的构成及计算

进口设备的原价是指进口设备的抵岸价,即抵达买方边境港口或边境车站,且交完关税后的价格。

(1)进口设备的交货类别

可分为内陆交货类、目的地交货类和装运港交货类。

①内陆交货类:即卖方在出口国内陆的某个地点交货。卖方在交货地点及时提交合同规定的货物和有关凭证,并承担交货前的一切费用和风险;买方按时接受货物,交付货款,承担接货后的一切费用和风险,并自己办理出口手续和装运出口。货物的所有权也在交货后由卖方转移给买方。

②目的地交货类:即卖方在进口国的港口或内地交货,包括目的港船上交货价、目的港船边交货价、目的港码头交货价(关税已付)及完税后交货价(进口国指定地点)等几种交货价。上述交货方式的特点是:买卖双方承担的责任、费用和风险是以目的地约定交货点为分界线,只有当卖方在交货地点将货物置于买方控制下才算交货,才能向买方收取货款。这种交货方式对卖方来说风险较大,在国际贸易中卖方一般不愿采用。

③装运港交货类:即卖方在出口国装运港交货,主要有装运港船上交货价(free on board,FOB),习惯称离岸价格;运费在内价(cost and freight,CFR)以及运费、保险费在内价(cost,insurance and freight,CIF),习惯称到岸价。

装运港船上交货价(FOB)是我国进口设备采用最多的一种货价。

(2)进口设备抵岸价的构成

我国进口设备采用最多的装运港船上交货(FOB)的抵岸价的构成可概括为:

$$
\begin{aligned}
进口设备抵岸价＝&货价(FOB)＋国际运费＋运输保险费＋银行财务费＋外贸手续费＋\\
&关税＋增值税＋消费税＋海关监管手续费＋车辆购置附加费 \tag{1-8}
\end{aligned}
$$

3. 设备运杂费的构成及计算

(1)设备运杂费的构成主要包括以下几项。

①运费和装卸费:对国产设备指由设备制造厂交货地点起至工地仓库或施工方指定地点止所发生的运费和装卸费,对进口设备则指由我国到岸港口或边境车站起至工地指定地点止所发生的运费和装卸费。

②包装费:指在设备原价中没有包含的,为运输而进行的包装支出的各种费用。

③设备供销部门的手续费:按有关部门规定的统一费率计算。

④采购与仓库保管费:指采购、验收、保管和收发设备所发生的各种费用。包括设备采购人员、保管人员的工资、工资附加费、办公费、差旅交通费,设备供应部门办公和仓库所占固定资产使用费、工具用具使用费、劳动保护费、检验试验费等。这些费用可按主管部门规定的采购与保管费费率计算。

（2）设备运杂费的计算

设备运杂费按设备原价乘以设备运杂费率计算，费率按各部门及省、市等的规定费率计取。其公式为：

$$设备运杂费＝设备原价×设备运杂费率 \tag{1-9}$$

1.3.2.2　工具、器具及生产家具购置费的构成及计算

工具、器具及生产家具购置费是指新建或扩建项目初步设计规定的，保证初期正常生产必须购置的没有达到固定资产标准的设备、仪器、工卡模具、器具、生产家具和备品备件等的购置费用。一般以设备购置费为基数，按照部门或行业规定的工具、器具及生产家具购置费率计算。其计算公式为：

$$工具、器具及生产家具购置费＝设备购置费×工具、器具及生产家具购置费率 \tag{1-10}$$

1.3.3　建筑安装工程费用

根据中华人民共和国住房和城乡建设部（以下简称住建部）、财政部合发的建标〔2013〕44 号文件《关于印发〈建筑安装工程费用项目组成〉的通知》，建筑安装工程费用项目按费用构成要素组成划分为人工费、材料费、施工机具使用费、企业管理费、利润、规费和税金。为指导工程造价专业人员计算建筑安装工程造价，将建筑安装工程费用按工程造价形成顺序划分为分部分项工程费、措施项目费、其他项目费、规费和税金。

1.3.3.1　按费用构成要素划分的建筑安装工程费用项目的组成及计算

按照费用构成要素划分，建筑安装工程费由人工费、材料（包含工程设备，下同）费、施工机具使用费、企业管理费、利润、规费和税金共 7 大部分组成。其中人工费、材料费、施工机具使用费、企业管理费和利润包含在分部分项工程费、措施项目费、其他项目费中。

按费用构成要素划分的建筑安装工程费用项目组成框架如图 1-5 所示。

视频 1-4　按费用构成要素划分的建筑安装工程费用项目的组成及计算

1. 人工费

人工费是指按工资总额构成规定，支付给从事建筑安装工程施工的生产工人和附属生产单位工人的各项费用。

（1）人工费的内容

人工费的内容包括：

①计时工资或计件工资：是指按计时工资标准和工作时间或对已做工作按计件单价支付给个人的劳动报酬。

②奖金：是指对超额劳动和增收节支支付给个人的劳动报酬。如节约奖、劳动竞赛奖等。

③津贴补贴：是指为了补偿职工特殊或额外的劳动消耗和因其他特殊原因支付给个人的津贴，以及为了保证职工工资水平不受物价影响支付给个人的物价补贴。如流动施工津贴、特殊地区施工津贴、高温（寒）作业临时津贴、高空津贴等。

④加班加点工资：是指按规定支付的在法定节假日工作的加班工资和在法定日工作时

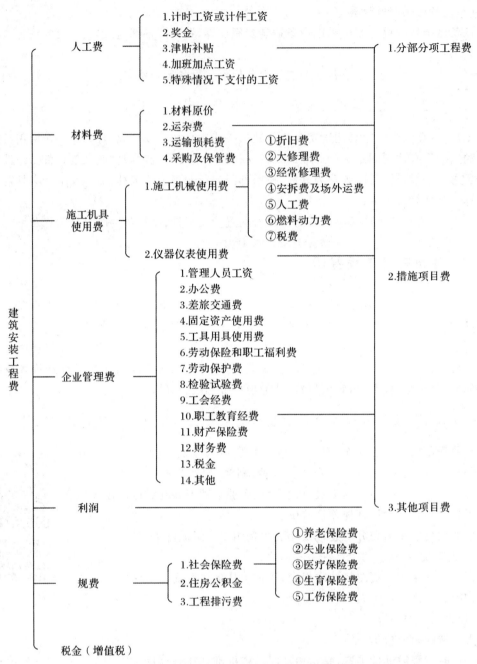

图 1-5 按费用构成要素划分的建筑安装工程费用项目组成

间外延时工作的加点工资。

⑤特殊情况下支付的工资:是指根据国家法律、法规和政策规定,因病、工伤、产假、计划生育假、婚丧假、事假、探亲假、定期休假、停工学习、执行国家或社会义务等原因按计时工资标准或计时工资标准的一定比例支付的工资。

(2)人工费的计算方法

人工费一般按下面两个公式计算。

公式 1：　　　　人工费 $= \sum$（工日消耗量 × 日工资单价）　　　　　　　（1-11）

日工资单价 = 生产工人平均月工资（计时、计件）+ 平均月（奖金 + 津贴补贴 +

特殊情况下支付的工资）/年平均每月法定工作日　　　　（1-12）

（注：公式 1 主要适用于施工企业投标报价时自主确定人工费，也是工程造价管理机构编制计价定额确定定额人工单价或发布人工成本信息的参考依据。）

公式 2：　　　　人工费 $= \sum$（工程工日消耗量 × 日工资单价）　　　　（1-13）

日工资单价是指施工企业平均技术熟练程度的生产工人在每工作日（国家法定工作时间内）按规定从事施工作业应得的日工资总额。

工程造价管理机构确定日工资单价应通过市场调查，根据工程项目的技术要求，参考实物工程量人工单价综合分析确定，最低日工资单价不得低于工程所在地人力资源和社会保障部门所发布的最低工资标准的普工 1.3 倍、一般技工 2 倍、高级技工 3 倍。

（注：公式 2 适用于工程造价管理机构编制计价定额时确定定额人工费，是施工企业投标报价的参考依据。）

2. 材料费

材料费是指施工过程中耗费的原材料、辅助材料、构配件、零件、半成品或成品、工程设备的费用。

（1）材料费的内容

①材料原价：是指材料、工程设备的出厂价格或商家供应价格。

②运杂费：是指材料、工程设备自来源地运至工地仓库或指定堆放地点所发生的全部费用。

③运输损耗费：是指材料在运输装卸过程中不可避免的损耗。

④采购及保管费：是指为组织采购、供应和保管材料、工程设备的过程中所需要的各项费用。包括采购费、仓储费、工地保管费、仓储损耗。

工程设备是指构成或计划构成永久工程一部分的机电设备、金属结构设备、仪器装置及其他类似的设备和装置。

（2）材料价格的计算

①材料价格的概念与构成

材料价格是指材料（包括原材料、辅助材料、构配件、半成品、零件等）从其来源地运到工地仓库或施工现场存放材料地点后出库的综合平均价格。材料价格构成如下：材料原价、材料运杂费、场外运输损耗费、采购及保管费。

②材料价格分类

材料价格根据其使用范围不同，可分为地区材料价格和某项工程使用的材料价格。

a.地区材料价格：按地区（城市或建设区域）编制，供该地区所有工程使用。

b.某项工程使用的材料价格：某项工程（一般指大中型重点工程）使用的材料价格以一个工程为编制对象，专供该工程项目使用。

③材料单价的计算方法

a. 材料原价的计算

外购材料：国家或地方的工业产品，按工业产品出厂价格或供销部门的供应价格计算，并根据情况加计供销部门手续费和包装费。如供应情况、交货条件不明确时，可采用当地规定的价格计算。

地方性材料:地方性材料包括外购的砂、石材料等,按实际调查价格或当地主管部门规定的预算价格计算。

自采材料:自采的砂、石、黏土等材料,按定额中开采单价加辅助生产间接费和矿产资源税(如有)计算。

编制概、预算时,也可参考当地建设工程造价(定额)管理站定期公布的本地区材料价格信息。

b. 运杂费的计算

材料运杂费包括装卸费、运费、其他杂费(如过磅、标签、支排加固、路桥通行等费用)。

通过铁路、水路和公路运输部门运送的材料,按铁路、航运和当地交通部门规定的运价计算运费。一种材料如有两个以上的供应点时,都应根据不同的运距、运量、运价采用加权平均的方法计算运费。

$$材料单位运杂费=单位运费+单位装卸费+单位杂费 \qquad (1\text{-}14)$$

$$单位运费=(运价率×运距+吨次费)×单位毛重 \qquad (1\text{-}15)$$

对于有包装及容器的材料,其单位毛重按下式计算:

$$单位毛重=单位重×毛重系数 \qquad (1\text{-}16)$$

式中:运价率——运输每吨公里物资金额[元/(t·km)],按当地运输部门规定计列;

运距——由运料起点至运料终点间的里程(km);

吨次费——指因短途运输所增加的费用。

有容器或包装的材料及长大轻浮材料,应按表 1-1 规定的毛重计算。桶装沥青、汽油、柴油按每吨摊销一个旧汽油桶计算包装费(不计回收)。

表 1-1　材料毛重系数及单位毛重表

材料名称	单位	毛重系数	单位毛重
爆破材料	t	1.35	
水泥、块状沥青	t	1.01	
铁钉、铁件、焊条	t	1.10	
液体沥青、液体燃料、水	t	桶装 1.17,油罐车 1.00	
木料	m³	—	1.000 t
草袋	个	—	0.004 t

c. 场外运输损耗费的计算

材料场外运输损耗费计算公式为:

$$场外运输损耗费=(材料原价+材料运杂费)×相应材料场外运输损耗率 \qquad (1\text{-}17)$$

材料场外运输操作损耗率目前建设行政主管部门没有明确的规定。参照《公路工程建设项目概算预算编制办法》(2018)规定,材料场外运输操作损耗率如表 1-2。

但不同行业、地方建设行政主管部门对材料场外运输操作损耗率也有不同的规定,具体计算时按照当地建设主管部门的规定费率执行。

表 1-2　材料场外运输操作损耗率　　　　　　　　　　　　%

材料名称		场外运输（包括一次装卸）	每增加一次装卸
块状沥青		0.5	0.2
石屑、碎砾石、砂砾、煤渣、工业废渣、煤		1.0	0.4
砖、瓦、桶装沥青、石灰、黏土		3.0	1.0
草皮		7.0	3.0
水泥	袋装	1.0	0.4
	散装	1.0	0.4
砂	一般地区	2.5	1.0
	多风地区	5.0	2.0

注：汽车运水泥如运距超过 500 km 时，增加损耗率：袋装 0.5%。

d. 采购及保管费

材料采购及保管费计算公式如下：

采购及保管费＝（材料原价＋运杂费＋场外运输损耗费）×采购及保管费率　（1-18）

工程材料的采购及保管费费率目前建设行政主管部门没有统一规定。一般工程材料的采购及保管费费率通常为 2.5%，外购的构件（如钢筋桁梁、钢筋混凝土构件及加工钢材等）、成品及半成品为 1%，商品混凝土为 0%。但不同的行业、不同地方也有不同的规定，具体计算时按照当地建设主管部门的规定执行。

按照《福建省建设工程材料预算价格编制及管理办法》补充规定，有色金属、不锈钢制品、高级装饰材料、高级灯具及高级卫生洁具的采购保管费率为 0.8%，其他材料的采购保管费率为 2%。由建设单位供应的材料，采购保管费按以下比例计算：建设单位负责采购并运至施工工地交货的，施工单位按采保费率的 50% 收取；建设单位付款订货、施工单位负责提运的，施工单位按采保费率的 100% 收取。

综合上述四种费用的计算，材料预算价格的计算公式是：

材料单价＝｛（材料原价＋运杂费）×[1＋运输损耗率(%)]｝×[1＋采购保管费率(%)]

（1-19）

（3）材料预算价格的确定

在市政工程施工图预算、招标控制价、投标报价等的编制过程中，材料预算价格经常按照工程所在地区的建设工程造价主管部门公布的该地某一期材料信息价进行计算。

（4）材料费的计算

①材料费

材料费＝∑（材料消耗量×材料单价）　（1-20）

其中，材料消耗量指在合理和节约使用材料的条件下，生产单位假定建筑安装产品（分部分项工程或结构构件）必须消耗的一定品种规格的原材料、辅助材料、构配件、零件、半成品等的数量标准，一般可通过查阅相应的市政工程预算定额获得。

②工程设备费

$$工程设备费 = \sum(工程设备量 \times 工程设备单价) \tag{1-21}$$

$$工程设备单价 = (设备原价 + 运杂费) \times [1 + 采购保管费率(\%)] \tag{1-22}$$

3. 施工机具使用费

施工机具使用费是指施工作业所发生的施工机械、仪器仪表使用费或其租赁费。

(1)施工机具使用费的组成

施工机具使用费由施工机械使用费和仪器仪表使用费组成。

①施工机械使用费：以施工机械台班耗用量乘以施工机械台班单价表示，施工机械台班单价应由下列 7 项费用组成：

a. 折旧费：指施工机械在规定的使用年限内，陆续收回其原值的费用。

b. 大修理费：指施工机械按规定的大修理间隔台班进行必要的大修理，以恢复其正常功能所需的费用。

c. 经常修理费：指施工机械除大修理以外的各级保养和临时故障排除所需的费用。包括为保障机械正常运转所需替换设备与随机配备工具附具的摊销和维护费用，机械运转中日常保养所需润滑与擦拭的材料费用及机械停滞期间的维护和保养费用等。

d. 安拆费及场外运费：安拆费指施工机械(大型机械除外)在现场进行安装与拆卸所需的人工、材料、机械和试运转费用以及机械辅助设施的折旧、搭设、拆除等费用；场外运费指施工机械整体或分体自停放地点运至施工现场或由一施工地点运至另一施工地点的运输、装卸、辅助材料及架线等费用。

e. 人工费：指机上司机(司炉)和其他操作人员的人工费。

f. 燃料动力费：指施工机械在运转作业中所消耗的各种燃料及水、电等。

g. 税费：指施工机械按照国家规定应缴纳的车船使用税、保险费及年检费等。

②仪器仪表使用费：是指工程施工所需使用的仪器仪表的摊销及维修费用。

(2)施工机具使用费的计算

①施工机械使用费

$$施工机械使用费 = \sum(施工机械台班消耗量 \times 机械台班单价) \tag{1-23}$$

其中，施工机械台班消耗量指在正常施工生产条件下，生产单位假定建筑安装产品(分部分项工程或结构构件)必须消耗的某类某种型号施工机械的台班数量，一般可通过查阅相应的市政工程预算定额获得。

$$机械台班单价 = 台班折旧费 + 台班大修费 + 台班经常修理费 + 台班安拆费及场外运费 +$$
$$台班人工费 + 台班燃料动力费 + 台班车船税费 \tag{1-24}$$

注：编制预算时，施工机械台班价格一般按当地省级建设工程造价管理站定期(每个季度)发布的《施工机械台班单价》计算，不得采用社会出租台班单价计价。

②仪器仪表使用费

$$仪器仪表使用费 = 工程使用的仪器仪表摊销费 + 维修费 \tag{1-25}$$

4. 企业管理费

企业管理费是指建筑安装企业组织施工生产和经营管理所需的费用。

（1）企业管理费的内容

①管理人员工资：是指按规定支付给管理人员的计时工资、奖金、津贴补贴、加班加点工资及特殊情况下支付的工资等。

②办公费：是指企业管理办公用的文具、纸张、账表、印刷、邮电、书报、办公软件、现场监控、会议、水电、烧水和集体取暖降温（包括现场临时宿舍取暖降温）等费用。

③差旅交通费：是指职工因公出差、调动工作的差旅费、住勤补助费，市内交通费和误餐补助费，职工探亲路费，劳动力招募费，职工退休、退职一次性路费，工伤人员就医路费，工地转移费以及管理部门使用的交通工具的油料、燃料等费用。

④固定资产使用费：是指管理和试验部门及附属生产单位使用的属于固定资产的房屋、设备、仪器等的折旧、大修、维修或租赁费。

⑤工具用具使用费：是指企业施工生产和管理使用的不属于固定资产的工具、器具、家具、交通工具和检验、试验、测绘、消防用具等的购置、维修和摊销费。

⑥劳动保险和职工福利费：是指由企业支付的职工退职金、按规定支付给离休干部的经费，及集体福利费、夏季防暑降温、冬季取暖补贴、上下班交通补贴等。

⑦劳动保护费：是企业按规定发放的劳动保护用品的支出，如工作服、手套、防暑降温饮料以及在有碍身体健康的环境中施工的保健费用等。

⑧检验试验费：是指施工企业按照有关标准规定，对建筑以及材料、构件和建筑安装物进行一般鉴定、检查所发生的费用，包括自设试验室进行试验所耗用的材料等费用。不包括新结构、新材料的试验费；对构件做破坏性试验及其他特殊要求检验试验的费用和建设单位委托检测机构进行检测的费用，由建设单位在工程建设其他费用中列支。但对施工企业提供的具有合格证明的材料进行检测不合格的，该检测费用由施工企业支付。

⑨工会经费：是指企业按《工会法》规定的全部职工工资总额比例计提的工会经费。

⑩职工教育经费：是指按职工工资总额的规定比例计提，企业为职工进行专业技术和职业技能培训，专业技术人员继续教育、职工职业技能鉴定、职业资格认定以及根据需要对职工进行各类文化教育所发生的费用。

⑪财产保险费：是指施工管理用财产、车辆等的保险费用。

⑫财务费：是指企业为施工生产筹集资金或提供预付款担保、履约担保、职工工资支付担保等所发生的各种费用。

⑬税金：是指企业按规定缴纳的房产税、车船使用税、土地使用税、印花税等。

⑭其他：包括技术转让费、技术开发费、投标费、业务招待费、绿化费、广告费、公证费、法律顾问费、审计费、咨询费、保险费等。

（2）企业管理费的计算

①以分部分项工程费为计算基础

$$企业管理费＝分部分项工程费×企业管理费费率 \tag{1-26}$$

$$企业管理费费率（\%）＝\frac{生产工人年平均管理费}{年有效施工天数×人工单价}×人工费占分部分项工程费比例（\%）$$

②以人工费和机械费合计为计算基础

$$企业管理费＝（人工费＋机械费）×企业管理费费率 \tag{1-27}$$

$$企业管理费费率(\%)=\frac{生产工人年平均管理费}{年有效施工天数\times(人工单价+每一工日机械使用费)}\times100\%$$

③以人工费为计算基础

$$企业管理费=人工费\times企业管理费费率 \tag{1-28}$$

$$企业管理费费率(\%)=\frac{生产工人年平均管理费}{年有效施工天数\times人工单价}\times100\%$$

(注:上述公式适用于施工企业投标报价时自主确定管理费,是工程造价管理机构编制计价定额确定企业管理费的参考依据。)

工程造价管理机构在确定计价定额中企业管理费时,应以定额人工费或(定额人工费+定额机械费)作为计算基数,其费率根据历年工程造价积累的资料,辅以调查数据确定,列入分部分项工程和措施项目中。

5. 利润

利润是指施工企业完成所承包工程获得的盈利。

利润按以下方法计算:

(1)施工企业根据企业自身需求并结合建筑市场实际自主确定,列入报价中。

(2)工程造价管理机构在确定计价定额中利润时,应以定额人工费或(定额人工费+定额机械费)作为计算基数,其费率根据历年工程造价积累的资料,并结合建筑市场实际确定,以单位(单项)工程测算,利润在税前建筑安装工程费的比重可按不低于5%且不高于7%的费率计算。利润应列入分部分项工程和措施项目中。

6. 规费

规费是指按国家法律、法规规定,由省级政府和省级有关权力部门规定必须缴纳或计取的费用,包括社会保险费、住房公积金和工程排污费。

(1)社会保险费和住房公积金

①社会保险费

养老保险费:是指企业按照规定标准为职工缴纳的基本养老保险费。

失业保险费:是指企业按照规定标准为职工缴纳的失业保险费。

医疗保险费:是指企业按照规定标准为职工缴纳的基本医疗保险费。

生育保险费:是指企业按照规定标准为职工缴纳的生育保险费。

工伤保险费:是指企业按照规定标准为职工缴纳的工伤保险费。

②住房公积金:是指企业按规定标准为职工缴纳的住房公积金。

③社会保险费和住房公积金的计算

社会保险费和住房公积金应以定额人工费为计算基础,根据工程所在地省、自治区、直辖市或行业建设主管部门规定费率计算。

$$社会保险费和住房公积金=\sum(工程定额人工费\times社会保险费和住房公积金费率)$$

$$\tag{1-29}$$

式中:社会保险费和住房公积金费率可以每万元发承包价中包含的生产工人人工费和管理人员工资与工程所在地规定的缴纳标准综合分析取定。

(2)工程排污费

工程排污费是指按规定缴纳的施工现场工程排污费。

工程排污费等其他应列而未列入的规费应按工程所在地环境保护等部门规定的标准缴纳,按实计取列入。

7. 税金

税金是指国家税法规定的应计入建筑安装工程造价内的增值税。

1.3.3.2 按工程造价形成顺序划分的建筑安装工程费用项目组成及计算

按工程造价形成顺序划分,建筑安装工程费用由分部分项工程费、措施项目费、其他项目费、规费和税金共五部分组成。其中分部分项工程费、措施项目费、其他项目费包含人工费、材料费、施工机具使用费、企业管理费和利润,如图 1-6 所示。

视频 1-5 按工程造价形成顺序划分的建筑安装工程费用项目的组成及计算

1. 分部分项工程费

分部分项工程费是指各专业工程的分部分项工程应予列支的各项费用。

(1)专业工程:是指按现行国家计量规范划分的房屋建筑与装饰工程、仿古建筑工程、通用安装工程、市政工程、园林绿化工程、矿山工程、构筑物工程、城市轨道交通工程、爆破工程等各类工程。

(2)分部分项工程:指按现行国家计量规范对各专业工程划分的项目。如市政工程划分的土石方工程、道路工程、桥涵工程、隧道工程、管网工程等。

市政工程的分部分项工程划分见《市政工程工程量计算规范》(GB 50587—2013)。

(3)分部分项工程费的计算

$$分部分项工程费 = \sum (分部分项工程量 × 综合单价) \qquad (1\text{-}30)$$

式中:综合单价包括人工费、材料费、施工机具使用费、企业管理费和利润以及一定范围的风险费用(下同)。

人工费、材料费、施工机具使用费、利润、企业管理费的概念、组成与定额计价模式相同。风险费用是指为在完成分部分项工程量清单项目过程中可能出现的不可预见的风险而预备的费用。

2. 措施项目费

措施项目费是指为完成建设工程施工,发生于该工程施工前和施工过程中的技术、生活、安全、环境保护等方面的费用。内容包括安全文明施工费、夜间施工增加费、二次搬运费、冬雨季施工增加费、已完工程及设备保护费、工程定位复测费、特殊地区施工增加费、大型机械设备进出场及安拆费、脚手架工程费等。

(1)措施项目费的内容

①安全文明施工费

环境保护费:是指施工现场为达到环保部门要求所需要的各项费用。

文明施工费:是指施工现场文明施工所需要的各项费用。

安全施工费:是指施工现场安全施工所需要的各项费用。

临时设施费:是指施工企业为进行建设工程施工所必须搭设的生活和生产用的临时建筑物、构筑物和其他临时设施费用。包括临时设施的搭设、维修、拆除、清理费或摊销费等。

②夜间施工增加费:是指因夜间施工所发生的夜班补助费、夜间施工降效、夜间施工照明设备摊销及照明用电等费用。

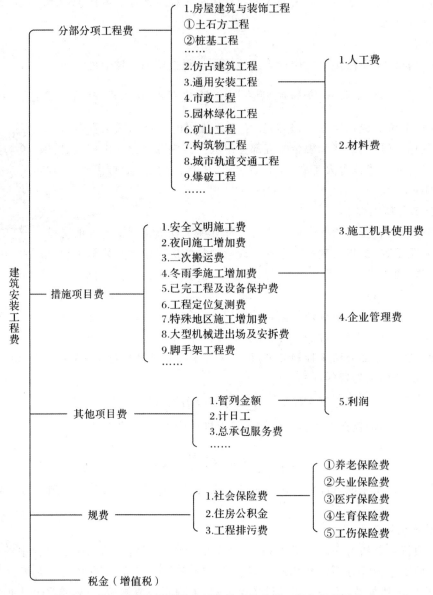

图1-6 按工程造价形成顺序划分的建筑安装工程费用项目组成

③二次搬运费:是指因施工场地条件限制而发生的材料、构配件、半成品等一次运输不能到达堆放地点,必须进行二次或多次搬运所发生的费用。

④冬雨季施工增加费:是指在冬季或雨季施工需增加的临时设施、防滑、排除雨雪、人工及施工机械效率降低等费用。

⑤已完工程及设备保护费:是指竣工验收前,对已完工程及设备采取的必要保护措施所发生的费用。

⑥工程定位复测费:是指工程施工过程中进行全部施工测量放线和复测工作的费用。

⑦特殊地区施工增加费:是指工程在沙漠或其边缘地区、高海拔、高寒、原始森林等特殊地区施工增加的费用。

⑧大型机械设备进出场及安拆费：是指机械整体或分体自停放场地运至施工现场或由一个施工地点运至另一个施工地点，所发生的机械进出场运输及转移费用，以及机械在施工现场进行安装、拆卸所需的人工费、材料费、机械费、试运转费和安装所需辅助设施的费用。

⑨脚手架工程费：是指施工需要的各种脚手架搭、拆、运输费用以及脚手架购置费的摊销（或租赁）费用。

市政工程的措施项目及其包含见《市政工程工程量计算规范》（GB 50587—2013）。

（2）措施项目费的计算

①国家计量规范规定应予计量的措施项目，其计算公式为：

$$措施项目费 = \sum（措施项目工程量 × 综合单价）\tag{1-31}$$

②国家计量规范规定不宜计量的措施项目计算方法

a. 安全文明施工费

$$安全文明施工费 = 计算基数 × 安全文明施工费费率（\%）\tag{1-32}$$

计算基数应为定额基价（定额分部分项工程费＋定额中可以计量的措施项目）、定额人工费或定额人工费加定额机械费，其费率由工程造价管理机构根据各专业工程的特点综合确定。

b. 夜间施工增加费

$$夜间施工增加费 = 计算基数 × 夜间施工增加费费率（\%）\tag{1-33}$$

c. 二次搬运费

$$二次搬运费 = 计算基数 × 二次搬运费费率（\%）\tag{1-34}$$

d. 冬雨季施工增加费

$$冬雨季施工增加费 = 计算基数 × 冬雨季施工增加费费率（\%）\tag{1-35}$$

e. 已完工程及设备保护费

$$已完工程及设备保护费 = 计算基数 × 已完工程及设备保护费费率（\%）$$

上述 b～e 项措施项目的计费基数应为定额人工费或定额人工费加定额机械费，其费率由工程造价管理机构根据各专业工程特点和调查资料综合分析后确定。

3. 其他项目费

其他项目费指暂列金额、暂估价（包括材料暂估价、专业工程暂估价）、计日工、总承包服务费的总和。

（1）暂列金额：是指建设单位在工程量清单中暂定并包括在工程合同价款中的一笔款项，用于施工合同签订时尚未确定或者不可预见的所需材料、工程设备、服务的采购，施工中可能发生的工程变更、合同约定调整因素出现时的工程价款调整以及发生的索赔、现场签证确认等的费用。

暂列金额由建设单位根据工程特点，按有关计价规定估算，施工过程中由建设单位掌握使用，扣除合同价款调整后如有余额，归建设单位。

（2）计日工：是指在施工过程中，施工企业完成建设单位提出的施工图纸以外的零星项目或工作所需的费用。计日工由建设单位和施工企业按施工过程中的签证计价。

（3）总承包服务费：是指总承包人为配合、协调建设单位进行的专业工程发包，对建设单位自行采购的材料、工程设备等进行保管以及施工现场管理、竣工资料汇总整理等服务所需的费用。总承包服务费由建设单位在招标控制价中根据总包服务范围和有关计价规定编制,施工企业投标时自主报价,施工过程中按签约合同价执行。

4. 规费和税金

规费和税金的定义与按费用构成要素划分的建筑安装工程费用项目中相同。

建设单位和施工企业均应按照省、自治区、直辖市或行业建设主管部门发布标准计算规费和税金,不得作为竞争性费用。

1.3.4 工程建设其他费用

工程建设其他费用包括三类:土地使用费、与建设项目有关的其他费用、与未来企业生产经营有关的其他费用。

1.3.4.1 土地使用费

土地使用费是指通过划拨方式取得土地使用权而支付为土地征用及迁移补偿费,或者通过土地使用权出让方式取得土地使用权而支付的土地出让金。

1. 土地征用及迁移补偿费

土地征用及迁移补偿费是指建设项目通过划拨的方式取得无限期的土地使用权,依照《中华人民共和国土地管理法》等规定支付的费用。其总和一般不得超过被征土地年产值的20倍,土地年产值则按该地被征用前3年的平均产量和国家规定的价格计算。其内容包括:

(1)土地补偿费

征用耕地的补偿标准为该耕地年产值的6~8倍。

(2)青苗补偿费和被征用土地上的房屋、水井、树木等附着物补偿费

这些补偿费的标准由省、自治区、直辖市人民政府制定。征用城市郊区的菜地时还应按照有关规定向国家缴纳新菜地开发建设基金。

(3)安置补偿费

征用耕地、菜地的,每个农业人口的安置补助费为该地每亩年产值的3~4倍,每亩耕地的安置补助费最高不得超过其年产值的15倍。

(4)缴纳的耕地占用税或城镇土地使用税、土地登记费及征地管理费等

县市土地管理机关从征地费中提取土地管理费的比率,要按征地工作量的大小,视不同情况在1%~4%幅度内提取。

(5)征地动迁费

征地动迁费包括征用土地上的房屋及附属建筑物、城市公共设施等拆除、迁建补偿费、搬迁运输费,及企业单位因搬迁造成的减产、停工损失补贴费等。

(6)水利水电工程水库淹没处理补偿费

水利水电工程水库淹没处理补偿费包括农村移民安置迁建费,城市迁建补偿费,库区工矿企业、交通、电力、通信、广播、管网、水利等的恢复迁建补偿费,库底清理费,防护工程费,环境影响补偿费等。

2. 土地使用权出让金

土地使用权出让金指建设项目通过土地使用权出让的方式,取得有限期的土地使用权,

依照《中华人民共和国城镇国有土地使用权出让和转让暂行条例》规定,支付的土地使用权出让金。

(1)明确国家是城市土地的唯一所有者,并分层次有偿、有限期地出让、转让城市土地。第一层次是城市政府将国有土地使用权出让给用地者,该层次由城市政府垄断经营。出让对象可以是有法人资格的企事业单位,也可以是外商。第二层次及以下层次的转让则发生在使用者之间。

(2)城市土地的出让和转让可采用协议、招标、公开拍卖等方式。

协议方式是由用地单位申请,经市政府批准同意后双方洽谈具体地块及地价。该方式适用于市政工程、公益事业用地以及需要减免地价的机关、部队用地和需要重点扶持、优先发展的产业用地。

招标方式是在规定的期限内,由用地单位以书面方式投标,市政府根据投标报价、所提供的规划方案以及企业信誉综合考虑,择优而取。该方式适用于一般工程建设用地。

公开拍卖是指在指定的地点和时间,由申请用地者叫价应价,价高者得。这完全是由市场竞争决定,适用于盈利高的行业用地。

(3)在有偿出让和转让土地时,政府对地价不做统一规定,但应坚持以下原则:

①地价对目前的投资环境不产生大的影响;

②地价与当地的社会经济承受能力相适应;

③地价要考虑已投入的土地开发费用、土地市场供求关系、土地用途和使用年限。

(4)政府有偿出让土地使用权的年限

各地可根据时间、地区等各种条件做不同的规定,一般可在 30～99 年。按照地面附属建筑物的折旧年限来看,以 50 年为宜。

(5)土地有偿出让和转让,土地使用者和所有者要签约,明确使用者对土地享有的权利和对土地所有者应承担的义务。

①有偿出让和转让使用权,要向土地受让者征收契税。

②转让土地如有增值,要向转让者征收土地增值税。

③在土地转让期间,国家要区别不同地段、不同用途向土地使用者收取土地占用费。

1.3.4.2　与项目建设有关的其他费用

1. 建设单位管理费

建设单位管理费指建设项目从立项、筹建、建设、联合试运转、竣工验收交付使用及后评估等全过程管理所需费用。内容包括:

(1)建设单位开办费

建设单位开办费指新建项目为保证筹建和建设工作正常进行所需办公设备、生活家具、用具、交通工具等购置费用。

(2)建设单位经费

建设单位经费包括工作人员的基本工资、工资性补贴、职工福利费、劳动保护费、劳动保险费、办公费、差旅交通费、工会经费、职工教育经费、固定资产使用费、工具用具使用费、技术图书资料费、生产人员招募费、工程招标费、合同契约公证费、工程质量监督检测费、工程咨询费、法律顾问费、审计费、业务招待费、排污费、竣工交付使用清理及竣工验收费、后评估等费用。不包括应计入设备、材料预算价格的建设单位采购及保管设备材料所需的费用。

建设单位管理费的计算方法为:包括设备、工器具购置费和建筑安装工程费用在内的单项工程费用之和乘以建设单位管理费费率。

2. 勘察设计费

勘察设计费指为特定项目提供项目建议书、可行性研究报告及设计文件等所需费用,内容包括:

(1)编制项目建议书、可行性研究报告及投资估算、工程咨询、评价以及为编制上述文件所进行勘察、设计、研究试验所需费用;

(2)委托勘察、设计单位进行初步设计、施工图设计及概预算编制等所需费用;

(3)在规定范围内由建设单位自行完成的勘察、设计工作所需费用。

3. 研究试验费

研究试验费指为建设项目提供和验证设计参数、数据、资料等所进行的必要的试验所需费用以及设计规定在施工中必须进行试验、验证所需费用。这项费用按照设计单位根据本工程项目的需要提出的研究试验内容和要求计算。

4. 建设单位临时设施费

建设单位临时设施费指建设期间建设单位所需临时设施的搭设、维修、摊销费用或租赁费用。

5. 工程监理费

工程监理费指委托工程监理单位对工程实施监理工作所需费用,根据国家物价局、建设部《关于发布工程建设监理费用有关规定的通知》等文件规定计算。

6. 工程保险费

工程保险费指建设项目在建设期间根据需要,实施工程保险所需费用。根据不同的工程类别分类,以其建筑安装费乘以建筑、安装工程保险费率计算。

7. 供电贴费

供电贴费指按国家规定,建设项目应交付的供电工程贴费、施工临时用电贴费,是解决电力建设资金不足的临时对策。

8. 施工机构迁移费

施工机构迁移费指施工机构根据建设任务的需要,经有关部门决定成建制地(指公司或公司所属工程处、工区)由原驻地迁移到另一个地区的一次性搬迁费用。费用内容包括职工及随同家属的差旅费、调迁期间的工资及施工机械、设备、工具、用具和周转性材料的搬运费。

9. 引进技术和进口设备其他费

引进技术和进口设备其他费包括出国人员费用、国外工程技术人员来华费用、技术引进费、分期或延期付款利息、担保费、进口设备检验鉴定费。

10. 工程承包费

工程承包费是指具有总承包条件的工程公司对工程建设项目从开始建设至竣工投产全过程的总承包所需的管理费用。

1.3.4.3　与未来企业生产经营有关的其他费用

1. 联合试运转费

联合试运转费指新建企业或新增生产工艺过程的扩建企业在竣工验收前,按照设计规定的工程质量标准,进行整个车间的负荷或无负荷联合试运转发生费用支出大于试运转收入的亏损部分。

2. 生产准备费

生产准备费指新建企业或新增生产能力的企业,为保证竣工交付使用进行生产准备所发生的费用。

3. 办公和生活家具购置费

办公生活家具购置费指为保证新建、扩建、改建项目初期正常生产、使用和管理所必须购置的办公和生活家具、用具的费用。该项费用按照设计定员人数乘以综合指标计算。

1.3.5　预备费、建设期贷款利息、固定资产投资方向调节税

1.3.5.1　预备费

按我国现行规定,预备费包括基本预备费和涨价预备费。

1. 基本预备费

基本预备费是指在初步设计及概算内难以预料的工程费用。费用内容包括:

(1)在批准的初步设计范围内,技术设计、施工图设计及施工过程中所增加的工程和费用,及设计变更、局部地基处理等增加的费用。

(2)一般自然灾害造成损失和预防自然灾害所采取的措施费用。

(3)竣工验收时为鉴定工程质量对隐蔽工程进行必要的挖掘和修复费用。

计算公式为:

$$基本预备费＝(设备及工具、器具购置费＋建筑安装工程费＋工程建设其他费)×$$
$$基本预备费费率 \tag{1-36}$$

2. 涨价预备费

涨价预备费是指建设项目在建设期间内价格等变化引起工程造价变化的预测预留费用。费用内容包括:人工费及设备材料、施工机械价差,建筑安装工程费及工程建设其他费用调整,利率、汇率调整等。

涨价预备费的测算一般根据国家规定投资综合价格指数计算。计算公式为:

$$PF = \sum I_t [(1+f)^t - 1] \tag{1-37}$$

式中:PF——涨价预备费;

I_t——建设期第 t 年的投资计划额;

n——建设期年份数;

f——年均投资价格预计价格上涨率。

【例 1-1】某市政道路工程项目初期静态投资为 25600 万元,建设期 3 年,各年计划投资为:第一年 8200 万元,第二年 12800 万元,第三年 4600 万元,年均投资价格上涨率为 5%,

求项目建设期间涨价预备费。

【解】第一年涨价预备费为：

$$PF_1 = I_1[(1+f)^1 - 1] = 8200 \times 0.05 = 410(万元)$$

第二年涨价预备费为：

$$PF_2 = I_2[(1+f)^2 - 1] = 12800 \times [(1+0.05)^2 - 1] = 1312(万元)$$

第三年涨价预备费为：

$$PF_3 = I_3[(1+f)^3 - 1] = 4600 \times [(1+0.05)^3 - 1] = 662.03(万元)$$

所以建设期的涨价预备费为：

$$PF = 410 + 1312 + 662.03 = 2384.03(万元)$$

1.3.5.2 建设期贷款利息

建设期贷款利息包括向国内银行和其他非银行金融机构贷款、出口信贷、外国政府贷款、国际商业银行贷款以及在境内发行的债券等在建设期间内应偿还的贷款利息。

建设期贷款利息实行复利计算。

1. 对于贷款总额一次性贷出且利率固定的贷款

按下列公式计算：

$$F = P(1+i)^n \tag{1-38}$$
$$贷款利息 = F - P$$

式中：P——一次性贷款金额；

F——建设期还款时的本利和；

i——年利率；

n——贷款期限。

2. 总贷款分年均衡发放

当总贷款是分年均衡发放时，建设期利息的计算可按当年借款在年中支用考虑，即当年贷款按半年计息。计算公式为：

$$Q_j = (P_{j-1} + 0.5A_j)i \tag{1-39}$$

$$Q = \sum_{j=1}^{n} Q_j \tag{1-40}$$

式中：Q_j——建设期第 j 年应计利息；

P_{j-1}——建设期第 $j-1$ 年末贷款累计金额与利息累计金额之和；

A_j——建设期第 j 年贷款金额；

i——年利率；

Q——建设期贷款利息；

n——建设期总年数。

【例1-2】某市政公用工程项目，建设期为三年，分年均衡进行贷款。第一年贷款 500 万元，第二年贷款 800 万元，第三年贷款 600 万元，年利率为 8%，建设期内利息只计息不支付。试计算建设期贷款利息。

【解】在建设期内，各年贷款利息计算如下：

第一年：$Q_1 = (P_0 + 0.5A_1)i = 0.5 \times 500 \times 8\% = 20(万元)$

第二年：$Q_2=(P_1+0.5A_2)i=(500+20+0.5\times800)\times8\%=73.6$(万元)

第三年：$Q_3=(P_3+0.5A_3)i=(500+20+800+73.6+0.5\times600)\times8\%=135.49$(万元)

建设期贷款利息：$Q=Q_1+Q_2+Q_3=20+73.6+135.49=229.09$(万元)

1.3.5.3　固定资产投资方向调节税

固定资产投资方向调节税是为了贯彻国家产业政策，控制投资规模，引导投资方向，调整投资结构，加强重点建设，促进国民经济持续、稳定、协调发展，对在我国境内进行固定资产投资的单位和个人征收固定资产投资方向调节税，简称投资方向调节税。

1.4　工程计量的基本知识

1.4.1　工程计量的概念

工程计量是工程量计算的简称，指建设工程项目以工程设计图纸、施工组织设计或施工方案及有关技术经济文件为依据，按照相关工程国家标准的计算规则、计量单位等规定，进行工程数量的计算活动。

视频 1-6　工程计量的基本知识

随工程项目所处的建设阶段的不同，工程计量对应的计量对象、计量依据、计量方法、计量单位、计算精确程度的要求等也有所不同。通常，我们所说的计量指的是招投标阶段、施工阶段及竣工阶段的计价工程量或清单工程量的计算。

1.4.2　工程计量的对象

在工程建设的不同阶段，工程计量的对象不同。

1.4.2.1　项目决策阶段

在项目决策阶段编制投资估算时，没有设计图，工程计量的对象取得较大，可能是单项工程或单位工程，甚至是整个建设项目，这时得到的工程估价也就较粗略、笼统。

1.4.2.2　初步设计阶段

在初步设计阶段编制设计概算时，只有初步的设计方案图，工程计量时只能取单位工程或扩大的分部分项工程为对象。

1.4.2.3　施工图设计阶段

在施工图设计阶段编制施工图预算时，设计图纸较详细，工程计量可以分项工程为基本对象，这时计量取的工程数量及计算的工程造价也就较为准确。

1.4.2.4 招投标、施工及竣工阶段

在招投标、施工及竣工阶段,编制工程量清单时,应根据工程设计文件、《建设工程工程量清单计价规范》(GB 50500—2013)、《市政工程工程量计算规范》(GB 50857—2013)中的清单项目设置和工程量计算规则进行计量,工程计量以分部分项工程项目或措施项目为基本对象。编制招标控制价、投标报价、工程结算及竣工决算时,一般根据详细的设计图、施工规范及施工现场实际情况,按照清单项目特征、工作内容、预算定额的工程量计算规则进行清单计价工程量计算,工程计量以每一分部分项工程清单项目或措施项目计价时所应套用的预算定额子目为基本对象。

1.4.3 工程计量的类型

在市政工程计量中,可以按照计算时间、用途和工程量计算规则不同,分为清单工程量计算和定额工程量计算两种。

1.4.3.1 清单工程量计算

在市政工程招投标中,招标单位在编制招标项目的工程量清单时,清单项目编号、项目名称、项目特征、计量单位应严格按照《市政工程工程量计算规范》(GB 50857—2013)[以下简称《市政计量规范》(2013)]中的规定进行编制,各个清单项目的工程量也需按照《市政计量规范》(2013)中相应的计算规则进行计算,以作为投标单位报价的共同基础。

1.4.3.2 定额工程量计算

在市政工程造价计算时,不管建筑安装工程费用项目是按费用构成要素组成还是按工程造价形成顺序计算,都需套用市政工程预算定额中相应的项目来进行计价,所套用的定额项目的工程量必须按照定额中相应项目的计量单位、工程量计算规则等进行计算。

1.4.4 工程计量的依据

为了保证工程量计算结果的统一和可比性,防止工程结算时出现不必要的纠纷,在工程量计算时应该严格按照一定的计算依据进行。主要有以下几个方面:

(1)经审定的施工设计图纸及其说明、有关设计标准图集。

(2)经审定的施工组织设计或施工技术措施方案。

(3)经审定的其他有关技术经济文件。

(4)工程招投标文件及其补充通知、答疑纪要等。

(5)工程施工合同或协议书。

(6)《建设工程工程量清单计价规范》(GB 50500—2013)及各省、自治区、直辖市建设主管部门的贯彻实施意见。

(7)《市政工程工程量计算规范》(GB 50857—2013)及各省、自治区、直辖市建设主管部门的贯彻实施意见。

(8)住房和城乡建设部或各省市颁发的《市政工程预算定额》,如《福建省市政工程预算定额》(FJYD-401—2017～FJYD-409—2017)。

(9)有关产品标准、设计规范、施工及验收规范、技术操作规程、质量评定标准和安全操作规程等。

(10)其他相关资料。

1.4.5　工程计量的步骤和方法

(1)首先要确定工程计量的类型。在不同的建设阶段,所编制的造价文件类型不同,编制依据及工程计量的方式和规则也会有所不同。

(2)做好计量前的各项准备工作。在计量前,应准备好设计图纸、图集、计量规范、工程定额等计量依据,并备好工程量计算表等。

(3)熟悉设计图纸及工程项目概况,初步掌握拟编制工程项目有哪些分部分项工程项目和措施项目。

(4)设置分部分项工程项目和措施项目。

①在定额计价模式下编制工程量清单,应按照工程所在地现行定额中的册→章→节→表的顺序,根据定额表中的项目名称,查找工程设计图纸中是否有该项目。若有,就将其列入计算表中;若无,就跳过此项,按照定额表中的项目顺序,继续逐一查找设计图纸,直到把图纸中的所有分部分项工程全部列出为止。措施项目按照工程项目情况,结合现场实际情况、施工组织设计或施工方案设置。

②在清单计价模式下编制工程量清单,应根据《工程量计算规范》(2013)附录 A～L 及各省实施细则中的项目表顺序,按照单位工程→分部工程→分项工程(章→节→表)的顺序,逐一对照设计图纸、施工组织设计或施工方案等,把该工程所有的分部分项工程项目和措施项目全部列出。

(5)列式计算工程量。

①在进行定额计价时,每个分部分项工程项目和措施项目,按照设计图纸中的数量及结构尺寸,结合现场实际情况、施工组织设计或施工方案,并根据预算定额中的计量单位、工程量计算规则等,列式计算其工程量。

②在编制工程量清单时,清单项目的工程量必须按照《工程量计算规范》(2013)附录 A～L 及各省实施细则中相应项目的计量单位、工程量计算规则,根据设计图纸中的数量及结构物尺寸进行列式计算。

③在进行工程量清单计价时,每个清单项目应根据其项目特征,按照设计图纸中的数量及结构尺寸,结合现场实际情况、施工组织设计或施工方案,列出组价所应套用的定额项目名称,再根据各定额项目中的计量单位、工程量计算规则等,列式计算定额工程量。

施工图纸主要表现拟建工程的实体项目,分项工程的具体施工方法及措施应按施工组织设计或施工方案确定。如计算挖基础土方,施工方法是采用人工开挖,还是采用机械开挖,基坑周围是否需要放坡、预留工作面或做支撑防护等,应以施工组织设计或施工方案为计算依据。

(6)最后进行工程量复核、审查。

1.4.6　工程计量的影响因素及要求

1.4.6.1　工程计量影响因素

在进行工程计量时,应考虑以下工程计量影响因素。

1. 计量对象

在不同的建设阶段,需编制不同的造价文件,从而有不同的计量对象,对应有不同的计量方法,所以在计量前应根据建设阶段确定相应的计量对象。

2. 计量单位

工程计量时各个工程项目采用的计量单位不同,则计算结果也不同,所以工程计量时应根据相关规范、定额或标准确定各个项目的计量单位。

3. 施工方案或施工方法

在工程计量时,对于图纸相同的工程,往往会因为施工方案或施工方法的不同而导致实际完成工程量的不同,尤其是措施项目的工程量。所以,工程计量前应确定施工方案或施工方法。

4. 计价方式

在工程计量时,对于相同的工程项目,采用定额的计价模式和清单的计价模式,因工程量计算规则不同,可能会有不同的计算结果,所以在计量前也必须确定计价方式。

1.4.6.2　工程计量的要求

在对市政工程项目进行计量时,应按照《市政工程工程量计算规范》(GB 50857—2013)及各省实施细则、市政工程预算定额、招投标文件、设计文件等依据进行项目编制和计算,并参照以下要求。

(1)工程量计算应采取表格形式,项目名称要完整,单位和工程量计算规则应与相应的工程量计算规范或预算定额一致,还要在计算表中列出计算式,并注明项目、计算部位、特征等,以便于核对和审查。

(2)工程计量前要熟悉设计图纸和设计说明,计算时以图纸标注尺寸为依据,不得任意加大或缩小尺寸,数字计算要精确。

(3)工程计量前应熟悉工程的现场情况、拟用的施工方案、施工方法等,准确计算措施项目的工程量。

(4)工程量计算应按一定的顺序进行,防止重算或漏算。

(5)工程计量时应考虑项目的整体性和不同项目之间的相关性。如在市政工程计量时,要注意处理道路工程、排水工程的相互关系。

(6)工程计量后要对计算结果进行自检和他检。计算者可采用指标检查、对比检查等方法进行自检,也可请经验丰富的造价工程师进行他检。

(7)工程计量时每一项目汇总的有效位数应遵守下列规定:

①以"t"为单位,应保留小数点后三位数字,第四位小数四舍五入;

②以"m、m^2、m^3、kg"为单位,应保留小数点后两位数字,第三位小数四舍五入;

③以"个、件、根、组、系统"为单位,应取整数。

1.5　工程计价的基本知识

1.5.1　工程计价的概念

工程计价是指在定额计价模式下或在工程量清单计价模式下,按照规定的费用计算程序,根据相应的工程定额,结合人工、材料、机械市场价格,经计算预测或确定工程造价的活动。

在市政工程计价活动中,常见的有编制设计概算、施工图预算、招标控制价、投标报价、工程结算、竣工决算等。

1.5.2　工程计价的依据

(1)经审定的施工设计图纸及其说明、有关设计标准图集。

(2)经审定的施工组织设计或施工技术措施方案。

(3)经审定的其他有关技术经济文件。

(4)工程招投标文件及其补充通知、答疑纪要等。

(5)工程施工合同或协议书。

视频 1-7　工程计价的基本知识

(6)《建设工程工程量清单计价规范》(GB 50500—2013)及各省、自治区、直辖市建设主管部门的贯彻实施意见。

(7)《市政工程工程量计算规范》(GB 50857—2013)及各省、自治区、直辖市建设主管部门的贯彻实施意见。

(8)住房和城乡建设部或各省市颁发的《市政工程预算定额》,如《福建省市政工程预算定额》(FJYD-401—2017～FJYD-409—2017)。

(9)住房和城乡建设部或各省、自治区、直辖市建设主管部门颁发的《建筑安装工程费用定额》,如《福建省建筑安装工程费用定额》(2017 版)及其配套文件。

(10)各省、自治区、直辖市建设主管部门发布的人工单价。

(11)材料市场价格、建设工程造价管理机构发布的材料市场价格信息。

(12)各省、自治区、直辖市建设主管部门发布的施工机械台班单价。

(13)其他相关资料。

1.5.3　工程计价的模式与方法

我国现行的建设工程计价模式有定额计价模式和工程量清单计价模式两种。定额计价模式采用定额计价法,工程量清单计价模式采用清单计价法。

1.5.3.1 定额计价法

定额计价法是指按照现行定额项目内容和工程量计算规则,对一个建设工程项目中的分部分项工程项目及施工技术措施项目进行列项,计算其定额工程量和定额项目综合单价,再将单价乘以相应的工程量计算出其费用,汇总得出分部分项工程费和施工技术措施费,一般措施项目费、其他项目费、规费、税金按规定程序另行计算的一种计价方法。

定额项目综合单价是指完成一个定额计量单位的定额项目所需的人工费、材料费、施工机具使用费、企业管理费、利润、风险费用。

$$\text{分部分项工程项目及施工技术措施项目单价}=\text{定额项目综合单价} \quad (1\text{-}41)$$

$$\text{定额项目综合单价}=\text{1 个定额计量单位的人工费}+\text{材料费}+\text{施工机具使用费}+$$
$$\text{企业管理费}+\text{利润}+\text{风险费用} \quad (1\text{-}42)$$

$$\text{分部分项工程费}=\sum(\text{综合单价}\times\text{分部分项工程数量}) \quad (1\text{-}43)$$

$$\text{施工技术措施费}=\sum(\text{综合单价}\times\text{施工技术措施项目工程数量}) \quad (1\text{-}44)$$

$$\text{施工组织措施费}=\sum(\text{取费基数}\times\text{各施工组织措施项目费费率}) \quad (1\text{-}45)$$

$$\text{措施项目费}=\text{施工技术措施费}+\text{施工组织措施费} \quad (1\text{-}46)$$

$$\text{其他项目费}=\text{暂列金额}+\text{计日工}+\text{总承包服务费} \quad (1\text{-}47)$$

$$\text{规费}=\sum\text{各项规费} \quad (1\text{-}48)$$

$$\text{税金}=\text{计算基数}\times\text{综合税率} \quad (1\text{-}49)$$

$$\text{工程项目造价}=\text{分部分项工程费}+\text{措施项目费}+\text{其他项目费}+\text{规费}+\text{税金} \quad (1\text{-}50)$$

1.5.3.2 清单计价法

清单计价法是指按照建设工程工程量清单计价规范和专业工程工程量计算规范的规定,对一个建设工程项目中的分部分项工程项目及施工技术措施项目进行列项,计算其清单工程量和清单项目综合单价,一般措施项目费、其他项目费、规费、税金按规定程序另行计算的一种计价方法。

清单项目综合单价是指完成工程量清单中一个规定计量单位项目所需的除规费、税金以外的全部费用,包括人工费、材料费、施工机具使用费、企业管理费、利润、风险费用。

$$\text{分部分项工程项目及施工技术措施项目单价}=\text{清单项目综合单价} \quad (1\text{-}51)$$

$$\text{清单项目综合单价}=\text{1 个规定计量单位的人工费}+\text{材料费}+\text{施工机具使用费}+$$
$$\text{企业管理费}+\text{利润}+\text{风险费用} \quad (1\text{-}52)$$

$$\text{分部分项工程费}=\sum(\text{综合单价}\times\text{分部分项工程数量}) \quad (1\text{-}53)$$

$$\text{施工技术措施费}=\sum(\text{综合单价}\times\text{施工技术措施项目工程数量}) \quad (1\text{-}54)$$

$$\text{施工组织措施费}=\sum(\text{分部分项工程费}\times\text{各施工组织措施项目费费率}) \quad (1\text{-}55)$$

$$措施项目费＝施工技术措施费＋施工组织措施费 \tag{1-56}$$

$$其他项目费＝暂列金额＋计日工＋总承包服务费 \tag{1-57}$$

$$规费＝\sum 各项规费 \tag{1-58}$$

$$税金＝计算基数×综合税率 \tag{1-59}$$

$$工程项目造价＝分部分项工程费＋措施项目费＋其他项目费＋规费＋税金 \tag{1-60}$$

1.5.3.3　工程量清单计价模式与定额计价模式的区别与联系

1. 两者的区别

(1)适用范围不同。全部使用国有资金投资或国有资金投资为主(以下二者简称国有资金投资)的建设工程施工发承包,必须采用工程量清单计价。非国有资金投资的建设工程,宜采用工程量清单计价,也可以采用定额计价模式。

(2)项目划分不同。工程量清单计价项目基本以一个"综合实体"考虑,一般一个项目包括多项工程内容。定额计价的项目一般一个项目只包括一项工程内容。这是工程量清单计价模式与定额计价模式最明显的区别。

如"混凝土管道铺设"清单项目包括了管道垫层、基础、管座、接口、管道铺设、闭水试验等多项工程内容,而"混凝土管道铺设"定额项目只包括了管道铺设这一项工程内容。

(3)工程量计算规则不同。工程量清单计价模式下工程量计算规则必修按照国家计价规范执行,全国统一。定额计价模式下工程量计算规则由一个地区(省、自治区、直辖市)制定,在本区域内统一。

(4)采用消耗量标准不同。工程量清单计价模式下,投标人可以采用自己的企业定额,其消耗量标准体现的是投标人各自的水平,是动态的。定额计价模式下,投标人计价时采用统一的预算定额,其消耗量标准反映的是社会平均水平,是静态的。

(5)风险分担不同。工程量清单计价模式下,工程量清单由招标人提供,由招标人承担工程量计算风险,投标人承担单价风险。定额计价模式下,工程量由各投标人自行计算,故工程量计算风险和单价风险均由投标人承担。

2. 两者的联系

定额计价模式在我国已使用了多年,也具有一定的科学性和使用性。为了与国际接轨,我国于 2003 年开始推行工程量清单计价模式。由于目前大部分施工企业还没有建立和拥有自己的企业定额体系,因而,建设行政主管部门发布的定额,尤其是当地的预算定额,仍然是企业投标报价的主要依据。也就是说,工程量计价清单计价活动中,存在部分定额计价的成分,工程量清单计价方式占据主导地位,定额计价方式是一种补充方式。另外,两种模式的计价方法实质上都是综合单价法,且造价计算程序也基本相同。

1.5.4　工程费用计算程序

在计算建筑安装工程费用时,不管是采用定额计价模式,还是清单计价模式,其工程费用计算程序基本相同,如表 1-3 所示。

表1-3　工程费用计算程序

序号	内容	计算方法	金额(元)
1	分部分项工程费	$\sum$(分部分项清单项目工程量×综合单价)	
2	措施项目费	按计价规定计算	
2.1	其中:安全文明施工费	按规定标准计算	
3	其他项目费		
3.1	其中:暂列金额	按计价规定估算	
3.2	其中:专业工程暂估价	按计价规定估算	
3.3	其中:计日工	按计价规定估算	
3.4	其中:总承包服务费	按计价规定估算	
4	规费	按规定标准计算	
5	税金(扣除不列入计税范围的工程设备金额)	(1+2+3+4)×规定税率	

工程造价合计＝1+2+3+4+5

1.6　市政工程定额概述

1.6.1　定额的基本知识

1.6.1.1　工程定额的概念

所谓定额,就是规定的额度或限额,即规定的标准或尺度。

在社会生产中,为了完成某一合格产品,就必须要消耗(或投入)一定量的活劳动与物化劳动,但在生产发展的各个阶段,由于各阶段的生产力水平及关系不同,在产品生产中所消耗的活劳动与物化劳动的数量也就不同。但在一定的生产条件下,活劳动与物化劳动的消耗总有一个合理的数额。

定额的种类很多,在建设工程生产领域内的定额统称为建设工程定额。在合理的劳动组织和合理使用材料和机械的前提下,完成某一单位合格建筑产品所消耗的活劳动与物化劳动(资源)的数量标准或额度,称为工程建设定额,简称工程定额。

市政工程定额是指在一定的社会生产力发展水平条件下,在正常的施工条件和合理的劳动组织,合理使用材料及机械的条件下,完成单位合格市政工程产品所消耗的人工、材料、施工机械等资源的数量标准。它是建设工程定额中的一种。

定额中数量标准的多少称为定额水平,是一定时期生产力的反映,与劳动生产率的高低成反比,与资源消耗量的多少成正比,有平均先进水平和社会平均水平之分。

1.6.1.2 工程定额的特点

1. 科学性

工程定额的科学性包括两重含义:一是指工程定额和生产力发展水平相适应,反映出工程建设中生产消费的客观规律;二是指工程定额管理在理论、方法和手段上适应现代科学技术和信息社会发展的需要。

工程定额的科学性,首先表现在用科学的态度制定定额,尊重客观实际,力求定额水平合理;其次表现在制定定额的技术方法上,利用现代科学管理的成就,形成一套系统的、完整的、在实践中行之有效的方法;最后,表现在定额制定和贯彻的一体化。制定是为了提供贯彻的依据,贯彻是为实现管理的目标,也是对定额的信息反馈。

2. 系统性

工程定额是一个相对独立的系统,它是由多种定额结合而成的有机的整体。它的结构复杂,有鲜明的层次,有明确的目标。工程定额的系统性是由工程建设的特点决定的。

3. 统一性

工程定额的统一性主要是由国家对经济发展计划的宏观调控职能决定的。为了使国民经济按照既定的目标发展,就需要借助于某些标准、定额、参数等,对工程建设进行规划、组织、调节、控制。而这些标准、定额、参数必须在一定范围内是一种统一的尺度,才能实现上述职能,才能利用它们对项目的决策、设计方案、投标报价、成本控制进行比较和评价。

工程定额的统一性按照其影响力和执行范围,有全国统一定额、地区统一定额和行业统一定额等;按照定额的制定、颁布和贯彻使用,有统一的程序、统一的原则、统一的要求和统一的用途。

4. 权威性

工程定额具有很大权威性,这种权威性在一些情况下具有经济法规性质。权威性反映统一的意志和统一的要求,也反映信誉和信赖程度及定额的严肃性。

工程建设定额的权威性的客观基础是定额的科学性。只有科学的定额才具有权威。

5. 稳定性和时效性

工程建设定额中的任何一种都是一定时期技术发展和管理水平的反映,因而在一段时间内都表现出稳定的状态。稳定的时间有长有短,一般为 5 年至 10 年。保持定额的稳定性是维护定额的权威性所必需的,更是有效贯彻定额所必需的。如果某种定额处于经常修改变动之中,那么必然造成执行中的困难和混乱,使人们感到没有必要去认真对待它,很容易导致定额权威性的丧失。工程建设定额的不稳定也会给定额的编制工作带来极大的困难。但是工程建设定额的稳定性是相对的,具有一定的时效性。当某种定额使用一定时间后,社会生产力向前发展了,原有的定额内容及水平就会与已经发展了的生产力不相适应。这样,定额原有的作用就会逐步减弱以至消失,需要重新编制或修订。

1.6.1.3 工程定额的作用

定额的作用主要表现在以下六个方面:

(1)定额是计划管理的重要基础。建筑安装企业在计划管理中,为了组织和管理施工生产活动,必须编制各种计划,而计划的编制又依据各种定额和指标来计算人力、物力、财力等需用量,因此定额是计划管理的重要基础。

(2)定额是提高劳动生产率的重要手段。施工企业要提高劳动生产率,除了加强思想政治工作,提高群众积极性外,还要贯彻执行现行定额,把企业提高劳动生产率的任务具体落实到每个人身上,促使他们采用新技术和新工艺,改进操作方法,改善劳动组织,降低劳动强度,使用更少的劳动量,创造更多的产品,从而提高劳动生产率。

(3)定额是衡量设计方案的尺度和确定工程造价的依据。同一工程项目的投资多少,是使用定额和指标对不同设计方案进行技术经济分析与比较之后确定的。因此定额是衡量设计方案经济合理性的尺度。

工程造价是根据设计规定的工程标准和工程数量,并依据定额指标规定的劳动力、材料、机械台班数量、单位价值和各种费用标准来确定的,因此定额是确定工程造价的依据。

(4)定额是推行经济责任制的重要环节。推行的投资包干和以招标承包为核心的经济责任制,其中签订投资包干协议,计算招标标底和投标标价,签订总包和分包合同协议,以及企业内部实行适合各自特点的各种形式的承包责任制等,都必须以各种定额为主要依据,因此定额是推行经济责任制的重要环节。

(5)定额是科学组织和管理施工的有效工具。建筑安装是多工种、多部门组成的一个有机整体而进行的施工活动,在安排各部门各工种的活动计划中,要计算平衡资源需用量,组织材料供应。

确定编制定员,合理配备劳动组织,调配劳动力,签发工程任务单和限额领料单,组织劳动竞赛,考核工料消耗,计算和分配工人劳动报酬等都要以定额为依据,因此定额是科学组织和管理施工的有效工具。

(6)定额是企业实行经济核算制的重要基础。企业为了分析比较施工过程中的各种消耗,必须用各种定额为核算依据。因此工人完成定额的情况,是实行经济核算制的主要内容。

以定额为标准,来分析比较企业各种成本,并通过经济活动分析,肯定成绩,找出薄弱环节,提出改进措施,以不断降低单位工程成本,提高经济效益,所以定额是实行经济核算制的重要基础。

1.6.1.4 工程定额的分类

工程定额的种类很多,根据生产要素、用途、费用性质、主编单位和执行范围、专业的不同,可分为以下几类(图1-7)。

1. 按生产要素分类

进行物质资料生产必须具备的三要素是劳动者、劳动对象和劳动手段。劳动者是指生产工人,劳动对象是指建筑材料和各种半成品等,劳动手段是指生产机具和设备。为了适应工程建设施工活动的需要,工程定额按三个不同的生产要素分为劳动消耗定额、材料消耗定额和机械台班消耗定额。

2. 按用途分类

在工程定额中,按其用途可分为施工定额、预算定额、概算定额和投资估算指标。

(1)施工定额。施工定额是以同一性质的施工过程——工序作为研究对象编制的,是企业内部使用的一种定额,属于企业定额的性质。施工定额是建设工程定额中分项最细、定额

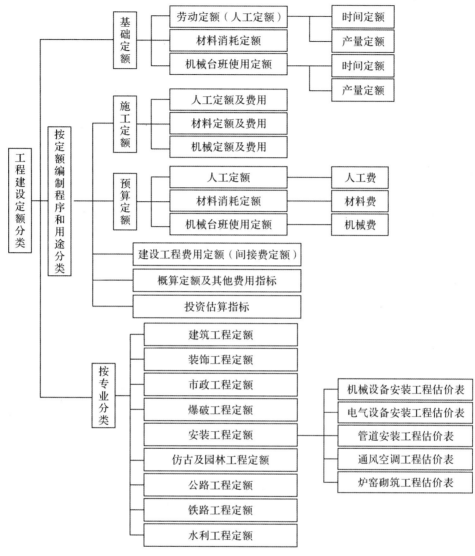

图 1-7　工程建设定额分类

子目最多的一种定额,也是建设工程定额中的基础性定额,由劳动定额、材料消耗定额和施工机械台班消耗定额组成。施工定额是编制预算定额的基础。

(2)预算定额。预算定额是以建筑物或构筑物各个分部分项工程为对象编制的定额。预算定额是以施工定额为基础综合扩大编制的,同时也是编制概算定额的基础。预算定额是编制施工图预算的主要依据,是编制单位估价表、确定工程造价、控制建设工程投资的基础和依据。预算定额是一种计价性定额。

(3)概算定额。概算定额是以扩大的分部分项工程为对象编制的,一般是在预算定额的基础上综合扩大而成的,也是一种计价性定额。概算定额是编制扩大初步设计概算、确定建设项目投资额的依据。

(4)投资估算指标。估算指标通常是以独立的单项工程或完整的工程项目为对象,是在项目建议书和可行性研究阶段编制投资估算、计算投资需要量时使用的一种指标,是合理确定建设工程项目投资的基础。

3. 按费用性质分类

按国家有关规定制定的计取间接费等费用的性质分,工程定额可分为直接费定额、间接费定额、其他费用定额等。

市政工程费用定额也称为取费定额,建筑安装工程费用定额一般包括两部分内容:措施费定额和间接费定额。它是指在编制施工图预算时,按照预算定额计算建筑安装工程定额直接费以后,应计取的间接费、利润和税金等取费标准。现行费用定额是根据国家建设部的统一部署,各省市按照国家建设部确定的编制原则和项目划分方案,结合本地区的实际情况进行编制。建筑工程费用定额必须与相应的预算定额配套使用,应该遵循各地区的具体取费规定。

4. 按主编单位和执行范围分类

按照主编单位和管理权限,可将建设工程定额分为全国统一定额、行业统一定额、地区统一定额、企业定额、补充定额等。

全国统一定额是由国家建设行政主管部门,综合全国工程建设中技术和施工组织管理的情况编制,并在全国范围内执行的定额。

行业统一定额是由行业建设行政主管部门,考虑到各行业部门专业工程技术特点以及施工生产和管理水平所编制的,一般只在本行业和相同专业性质的范围内使用。

地区统一定额是由地区建设行政主管部门,考虑地区性特点和全国统一定额水平做适当调整和补充而编制的,仅在本地区范围内使用。

企业定额是指由施工企业考虑本企业的具体情况,参照国家、部门或地区定额进行编制,只在本企业内部使用的定额。企业定额水平应高于国家现行定额,才能满足生产技术发展、企业管理和增强市场竞争力的需要。

补充定额是指随着设计、施工技术的发展,现行定额不能满足需要的情况下,为了补充缺陷所编制的定额。补充定额只能在指定的范围内使用,可以作为以后修订定额的基础。补充定额是定额体系中的一个重要内容,也是一项必不可少的内容。当设计图纸中某个工程采用新的结构或材料,而在预算定额中未编制此类项目时,为了确定工程的完整造价,就必须编制补充定额。今后推广清单报价,逐步淡化现有定额体系后更需要,以便编制企业内部定额。

5. 按专业不同分类

按专业不同,定额可分为建筑工程定额、安装工程定额、市政工程定额、装饰工程定额、仿古及园林工程定额、爆破工程定额、公路工程定额、铁路工程定额、水利工程定额等。

1.6.1.5 福建省建设工程预算定额体系简介

《福建省建设工程预算定额》根据专业不同共分十大部分,包括:

(1)《福建省房屋建筑与装饰工程预算定额》(FJYD-101—2017);

(2)《福建省构筑物工程预算定额》(FJYD-102—2017);

(3)《福建省装配式建筑工程预算定额》(FJYD-103—2017);

(4)《福建省通用安装工程预算定额》(FJYD-301—2017～FJYD-311—2017);

(5)《福建省市政工程预算定额》(FJYD-401—2017～FJYD-409—2017);

(6)《福建省园林绿化工程预算定额》(FJYD-501—2017);

(7)《福建省古建筑修复保护工程预算定额》(2016 版);

(8)《城市轨道交通工程预算定额》(GCG-103—2008);

(9)《爆破工程消耗量定额》(GYD-102—2008);

(10)《福建省市政维护工程消耗量定额》(FJYD-601—2007)。

与之配套使用的定额有:《福建省建设工程预算定额造价汇编》、《福建省建设工程材料预算价格》、《福建省建筑安装工程费用定额》(2017 版)、《福建省建设工程机械台班费用定额》等。

1.6.2 施工定额

1.6.2.1 施工定额概述

1. 施工定额的概念

施工定额是直接用于市政施工管理中的一种定额,是施工企业管理工作的基础。它是在正常的施工条件下,以施工工序过程为标定对象而规定的完成单位合格产品所需消耗的人工、材料和机械台班的数量标准,因采用技术测定方法制定,故又叫技术定额。

2. 施工定额的组成

施工定额由劳动定额、材料消耗定额和机械台班消耗定额三部分组成。根据施工定额可以直接计算出不同工程项目的人工、材料和机械台班的需要量。

3. 施工定额的作用

(1)是施工队向班组签发施工任务单和限额领料单的依据。

(2)是编制施工预算的主要依据。

(3)是施工企业编制施工组织设计和施工作业计划的依据。

(4)是加强企业成本核算和成本管理的依据。

(5)是编制预算定额和单位估价表的依据。

(6)是贯彻经济责任制、实行按劳分配和内部承包责任制的依据。

1.6.2.2 劳动定额

劳动定额也称人工定额。它是施工定额的主要组成部分,是表示建筑工人劳动生产率的一个指标。

劳动定额根据表现形式不同,可分为时间定额和产量定额两种。

1. 时间定额

时间定额就是某种专业、某种技术等级工人班组或个人在合理的劳动组织与合理使用材料的条件下完成单位合格产品所需的工作时间。定额中的时间包括工人有效工作时间(准备与结束时间、基本生产时间和辅助生产时间)、工人必须休息时间和不可避免的中断时间。

时间定额以工日为单位,每一工日工作时间按现行制度规定为 8 小时,其计算方法如下:

$$单位产品时间定额(工日) = \frac{1}{每工产量} \tag{1-61}$$

或

$$单位产品时间定额(工日) = \frac{小组成员工日数总和}{每工产量} \tag{1-62}$$

2. 产量定额

产量定额就是在合理的劳动组织与合理使用材料的条件下,某工种技术等级的工人班组或个人在单位工日中所应完成的合格产品数量。其计算方法如下:

$$每工产量 = \frac{1}{单位产品时间定额(工日)} \tag{1-63}$$

或

$$每班产量 = \frac{小组成员工日数的总和}{单位产品时间定额(工日)} \tag{1-64}$$

产量定额的计量单位以单位时间的产量单位表示,如立方米、平方米、米、吨、块、根等。

3. 时间定额与产量定额的关系

时间定额与产量定额互成倒数,即

$$时间定额 = \frac{1}{产量定额} \tag{1-65}$$

$$产量定额 = \frac{1}{时间定额} \tag{1-66}$$

或

$$时间定额 \times 产量定额 = 1 \tag{1-67}$$

【例1-3】 砖石工程砌 1 m^3 的砖墙,规定砌砖需要 0.524 工日(时间定额),则每工产量为 1.91 m^3(产量定额)。即

$$时间定额 = \frac{1}{1.91} = 0.524 \text{ 工日}/\text{m}^3$$

$$产量定额 = \frac{1}{0.524} = 1.91 \text{ m}^3/\text{工日}$$

$$0.524 \times 1.91 = 1$$

综合时间定额为完成同一产品各单项时间定额的总和。即

$$综合时间定额(工日) = \sum 单项时间定额 \tag{1-68}$$

$$综合产量定额 = \frac{1}{综合时间定额(工日)} \tag{1-69}$$

时间定额和产量定额都表示同一个劳动定额,但各有用途。时间定额是以工日为单位,便于计算某一分部(项)工程所需要的总工日数,也易于核算工资,编制施工进度计划,用于计算比较适宜和方便,所以劳动定额一般采用时间定额的形式比较普遍。产量定额是以产品数量为单位,具有形象化的特点,用于施工小组分配任务,考核工人劳动生产率。

劳动定额的测定基本方法有技术测定法、类推比较法、统计分析法和经验估计法。

1.6.2.3 材料消耗定额

1. 材料消耗定额的概念

材料消耗定额是指在节约与合理使用材料的条件下,生产单位合格产品所必须消耗的

一定规格的建筑材料、半成品或配件的数量标准。

用公式表示：

$$材料总用量 = \frac{净用量}{1 - 损耗率} \tag{1-70}$$

或　　　　　　　　$$材料总用量 = 净用量 \times (1 + 损耗率) \tag{1-71}$$

式中：净用量——构成产品实体的消耗量；

　　　损耗率——损耗量与总用量的比值，其中损耗量为施工中不可避免的施工损耗。

定额中的材料可分为以下四类：

①主要材料，指直接构成工程实体的材料，也包括半成品、成品，如混凝土。

②辅助材料，指直接构成工程实体，但量较小的材料，如铁钉、铅丝等。

③周转材料，指多次使用，但不构成工程实体的材料，如脚手架、模板等。

④其他材料，指用量小，价值小的零星材料，如棉纱等。

【例 1-4】浇筑混凝土构件，所需混凝土材料在搅拌、运输过程中有不可避免的损耗，振捣后体积变得密实，则每立方米混凝土产品就需要耗用 1.02 m³ 混凝土拌和材料。

2. 周转性材料消耗量的确定

周转性材料是指在施工过程中多次使用、周转的工具性材料，在施工中不是一次消耗量，而是多次使用，逐渐消耗，并在使用中不断补充。

(1)材料一次使用量：为完成定额单位合格产品，周转材料在不重复使用条件下的一次性用量。以模板为例：

$$一次使用量 = \frac{每 10 \text{ m}^3 \text{ 混凝土和模板接触面积} \times 每 \text{ m}^2 \text{ 接触面积模板用量}}{1 - 模板制作（安装）损耗率} \tag{1-72}$$

(2)材料周转次数：周转性材料从第一次使用起，可以重复使用的次数。

(3)补损量：指周转使用一次后，由于损坏而需补充的数量。

$$补损率（周转损耗率） = \frac{平均每次损耗量}{一次使用量} \times 100\% \tag{1-73}$$

(4)材料周转使用量：周转性材料在周转使用和补损条件下，每周转使用一次平均所需材料数量。

$$周转使用量 = \frac{1 + （周转使用次数 - 1） \times 补损率}{周转次数 \times 一次使用量} \tag{1-74}$$

(5)材料回收量：指在一定周转次数下，每周转使用一次平均可以回收材料的数量。

$$回收量 = \frac{一次使用量 \times （1 - 补损率）}{周转次数} \tag{1-75}$$

(6)材料摊销量：周转性材料在重复使用条件下，应分摊到每一计量单位结构构件的材料消耗量。

$$摊销量 = 周转使用量 - 回收量 \tag{1-76}$$

(7)预制构件模板，损耗小，不考虑补损情况，按多次使用平均分摊的方法摊销。

$$摊销量 = \frac{一次使用量}{周转次数} \tag{1-77}$$

1.6.2.4　机械台班消耗定额

机械台班消耗定额是完成单位合格产品所必需的机械台班消耗标准。它也分为机械时

市政工程计量与计价

间定额和机械产量定额。

1. 机械时间定额

机械时间定额指在合理劳动组织与合理使用机械的条件下,完成单位合格产品必须消耗的机械工作时间(台班、台时)。机械消耗的时间定额以某台机械一个工作班(8 小时)为一个台班进行计量。其计算方法如下:

$$单位产品机械时间定额(台班)=\frac{1}{台班产量} \tag{1-78}$$

或

$$单位产品机械时间定额(台班)=\frac{小组成员台班数总和}{台班产量} \tag{1-79}$$

2. 机械产量定额

机械产量定额指在合理劳动组织与合理使用机械的条件下,某种机械在各台班时间内,所必须完成合格产品的数量。机械产量定额就是在一个单位机械台班工作日,完成合格产品的数量。其计算方法如下:

$$台班产量=\frac{1}{单位产品机械时间定额(台班)} \tag{1-80}$$

或

$$台班产量=\frac{小组成员台班数总和}{单位产品机械时间定额(台班)} \tag{1-81}$$

【例 1-5】机械运输及吊装工程分部定额中规定安装装配式钢架混凝土柱(构件重量在 5 t以内)每立方米采用履带吊为 0.058 台班(即机械时间定额)。反之,机械产量定额 $=\frac{1}{0.058}=17.24$ m³/台班(即机械产量定额)。

机械时间定额与机械产量定额互成倒数,即

$$机械时间定额=\frac{1}{机械产量定额} \tag{1-82}$$

$$机械产量定额=\frac{1}{机械时间定额} \tag{1-83}$$

或

$$机械时间定额×机械产量定额=1 \tag{1-84}$$

3. 机械和人工共同工作时的人工定额

由于机械必须由工人小组配合,机械和人工共同工作完成单位合格产品的时间定额为:

$$单位产品时间(人工)定额(工日)=\frac{小组成员工日总数}{台班产量} \tag{1-85}$$

1.6.3 预算定额

1.6.3.1 预算定额的概念

预算定额是编制施工图预算时,计算工程造价和计算工程劳动力(工日)、机械(台班)、材料需要量的一种定额。预算定额是一种计价的定额,在工程建设定额中占有很重要的地位,从编制程序看它是概算定额的编制基础。

在我国,现行的工程建设概算、预算制度规定了通过编制概算和预算确定造价。概算定额、概算指标、预算定额等则为计算人工、材料、机械(台班)的耗用量提供统一的可靠的参数。同时,现行制度还赋予了概算、预算定额和费用定额以相应的权威性。这些定额和指标成为建设单位和施工企业之间建立经济关系的重要基础。

现行市政工程的预算定额有全国统一使用的预算定额,如住房和城乡建设部颁发的《市政工程消耗量定额》(ZYA 1-31—2015),也有各省、市编制的地区的预算定额,如《浙江省市政工程预算定额》(2011 版)、《福建省市政工程预算定额》(FJYD-401—2017～FJYD-409—2017)等。

1.6.3.2　预算定额的作用

(1)预算定额是编制施工图预算、确定和控制建筑安装工程造价的基础。施工图预算是施工图设计文件之一,是控制和确定建筑安装工程造价的必要手段。编制施工图预算,除设计文件决定的建设工程的功能、规模、尺寸和文字说明是计算分部分项工程量和结构构件数量的依据外,预算定额是确定一定计量单位工程人工、材料、机械消耗量的依据,也是计算分项工程单价的基础。

(2)预算定额是对设计方案进行技术经济比较、技术经济分析的依据。设计方案在设计工作中居于中心地位。设计方案的选择要满足功能,符合设计规范,既要技术先进又要经济合理。根据预算定额对方案进行技术经济分析和比较,是选择经济合理设计方案的重要方法。对设计方案进行比较,主要是通过定额对不同方案所需人工、材料和机械台班消耗量等进行比较。这种比较可以判明不同方案对工程造价的影响。对于新结构、新材料的应用和推广,也需要借助于预算定额进行技术分项和比较,从技术与经济的结合上考虑普遍采用的可能性和效益。

(3)预算定额是施工企业进行经济活动分项的参考依据。实行经济核算的根本目的,是用经济的方法促使企业在保证质量和工期的条件下,用较少的劳动消耗取得预定的经济效果。在目前,我国的预算定额仍决定着企业的收入,企业必须以预算定额作为评价企业工作的重要标准。企业可根据预算定额,对施工中的劳动、材料、机械的消耗情况进行具体的分析,以便找出低工效、高消耗的薄弱环节及原因,为实现经济效益的增长由粗放型向集约型转变,提供对比数据,促进企业提高在市场上的竞争的能力。

(4)预算定额是编制标底、投标报价的基础。在深化改革中,在市场经济体制下预算定额作为编制标底的依据和施工企业报价的基础的作用仍将存在,这是由于它本身的科学性和权威性决定的。

(5)预算定额是编制概算定额和估算指标的基础。概算定额和估算指标是在预算定额基础上经综合扩大编制的,也需要利用预算定额作为编制依据,这样做不但可以节省编制工作中的人力、物力和时间,收到事半功倍的效果,还可以使概算定额和估算指标在水平上与预算定额一致,以避免造成执行中的不一致。

1.6.3.3　预算定额的编制

1. 预算定额的编制原则

(1)社会平均水平原则。预算定额理应遵循价值规律的要求,按生产该产品的社会平均必要劳动时间来确定其价值。也就是说,在正常的施工条件下,以平均的劳动强度、平均的技术熟练程度,在平均的技术装备条件下,完成单位合格产品所需的劳动消耗量就是预算定额的消耗水平。

(2)简明适用的原则。预算定额要在适用的基础上才力求简明。由于预算定额与施工定额有着不同的作用,所以对简明适用的要求也是不同的。预算定额是在施工定额的基础上进行扩大和综合的,它要求简明,以适应简化预算编制工作和简化建设产品价格计算程序的要求。当然,定额的简易性也应服务于它的适用性要求。

(3)坚持统一性和因地制宜的原则。所谓统一性,就是从培育全国统一市场规范计价行为出发,定额的制定、实施由国家归口管理部门统一负责国家统一定额的制定或修订,有利于通过定额管理和工程造价的管理实现建筑安装工程价格的宏观调控,同时使工程造价具有统一的计价依据,也使考核设计和施工的经济效果具备同一尺度。

所谓因地制宜,即在统一基础上的差别性。各部门和省、自治区、直辖市主管部门可以在自己管辖的范围内,依据部门(地区)的实际情况,制定部门和地区性定额、补充性制度和管理办法,以适应我国幅员辽阔,地区间发展不平衡和差异大的实际情况。

(4)专家编审责任制原则。编制定额应以专家为主,这是实践经验的总结,编制要有一支经验丰富、技术与管理知识全面、有一定政策水平、稳定的专家队伍。通过他们的辛勤工作才能积累经验,保证编制定额的准确性。同时要在专家编制的基础上,注意走群众路线,因为广大建筑安装工人是施工生产的实践者,也是定额的执行者,最了解生产实际和定额的执行情况及存在问题,有利于以后在定额管理中对其进行必要的修订和调整。

(5)与工程建设相适应的原则。

(6)贯彻国家政策、法规的原则。

2. 预算定额的编制依据

(1)现行的设计规范、施工及验收规范、质量评定标准和安全操作规程。

(2)现行的劳动定额、施工材料消耗定额和施工机械台班使用定额。

(3)现行的标准通用图和应用范围广的设计图纸或图集。

(4)新技术、新结构、新材料和先进的施工方法等。

(5)有关科学试验、技术测定、统计和分析测算的施工资料。

(6)现行的有关文件规定等。

3. 预算定额的编制程序

预算定额的编制一般分为以下三个阶段进行。

(1)准备工作阶段

①根据国家或授权机关关于编制预算定额的指示,由工程建设定额管理部门主持,组织编制预算定额的领导机构和各专业小组。

②拟定编制预算定额的工作方案,提出编制预算定额的基本要求,确定预算定额的编制原则、适用范围,确定项目划分以及预算定额表格形式等。

③调查研究、收集各种编制依据和资料。

(2)编制初稿阶段

①对调查和收集的资料进行深入细致的分析研究。

②按编制方案中项目划分的规定和所选定的典型施工图纸计算出工程量,并根据取定的各项消耗指标和有关编制依据,计算分项定额中的人工、材料和机械台班消耗量,编制出

预算定额项目表。

③测算预算定额水平。预算定额征求意见稿编出后,应将新编预算定额与原预算定额进行比较,测算新预算定额水平是提高还是降低,并分析预算定额水平提高或降低的原因。

(3)修改和审查计价定额阶段

组织基本建设有关部门讨论《预算定额征求意见稿》,将征求的意见交编制小组重新修改定稿,并写出预算定额编制说明和送审报告,连同预算定额送审稿报送主管机关审批。

1.6.3.4 预算定额的组成及内容

1. 预算定额的组成

视频 1-8 预算定额的组成及内容

福建省市政工程目前使用的预算定额是《福建省市政工程预算定额》(FJYD-401—2017～409—2017)(以下简称本定额)。该定额依据住建部发布的《市政工程消耗量定额》(ZYA 1-31—2015),结合福建省工程实际编制,共分9册,包括《第一册 通用项目》《第二册 道路工程》《第三册 桥涵工程》《第四册 隧道工程》《第五册 排水管道工程》《第六册 水处理工程》《第七册 生活垃圾处理工程》《第八册 给水、燃气工程》《第九册 路灯工程》和附录。其中包含附录一 预拌砂浆、混凝土强度等级配合比,附录二 材料单价取定表,附录三 机械台班单价取定表,附录四 机械台班单独计算的费用。

2. 预算定额的基本内容

一般由总说明、目录、册说明和章(分部工程)说明、工程量计算规则、分项工程定额表和有关附录等组成。其内容组成形式如图 1-8 所示。

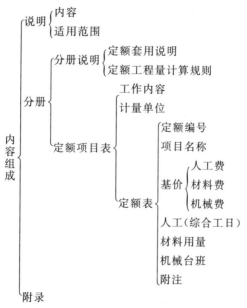

图 1-8 定额的内容组成形式表

(1)预算定额总说明

总说明综合说明定额的编制原则、编制依据、适用范围以及定额的作用、定额的有关规定和使用方法。

①预算定额的适用范围、指导思想及目的作用。

②预算定额的编制原则、主要依据及上级下达的有关定额修编文件。

③使用本定额必须遵守的规则及适用范围。

④定额所采用的材料规格、材质标准及允许换算的原则。

⑤定额在编制过程中已经包括及未包括的内容。

⑥各分部工程定额的共性问题的有关统一规定及使用方法。

使用定额时必须熟悉和掌握总说明内容。

(2)册说明

它主要说明本册定额的适用范围、定额的有关规定和使用方法。

(3)章(分部工程)说明

它主要说明该分部的工程内容,该分部所包括工程项目的工作内容及主要施工过程,工程量计算方法和规定,计量单位、尺寸的起讫范围,应扣除和应增加的部分,以及计算附表等。这部分是工程量计算的基准,必须全面掌握。

①分部工程所包括的定额项目内容。

②分部工程各定额项目工程量的计算方法。

③分部工程定额内综合的内容及允许换算和不得换算的界限及其他规定。

④使用本分部工程允许增减系数范围的界定。

(4)工程量计算规则

工程量是核算工程造价的基础,是分析建筑工程技术经济指标的重要数据,是编制计划和统计工作的指标依据。必须根据国家有关规定,对工程量的计算做出统一的规定。

(5)定额项目表

定额项目表是预算定额的主要构成部分,每个定额表列有工作内容、计量单位、项目名称、定额编号、定额基价以及人工、材料、机械等的消耗定额。表下列有附注。

①分项工程定额表头说明

a. 在定额项目表表头上方说明分项工程工作内容。

b. 本分项工程的计量单位。

②定额项目表

a. 分项工程定额编号(子目号)。

b. 项目名称。

c. 人工表现形式:综合人工数量。

d. 材料(含构配件)表现形式。材料栏内列出一系列主要材料和周转使用材料名称及消耗数量。次要材料与零星材料一般都以其他材料形式以金额"元"或占主要材料的比例表示。

e. 施工机械表现形式。机械栏内有两种列法:一种是列主要机械名称规格和数量,次要机械以其他机械费形式以金额"元"或占主要机械的比例表示。

f. 说明和附注。在定额表下说明应调整、换算的内容和方法。

g. 预算定额的基价。人工工日单价、材料价格、机械台班单价均以预算价格为准。

h. 说明和附注。在定额表下说明应调整、换算的内容和方法。

(6)附录

附录是定额的有机组成部分,一般包括机械台班预算价格表,各种砂浆、混凝土的配合比以及各种材料名称规格表等,供编制预算与材料换算用。

1.6.3.5　预算定额的项目划分及表式

1. 预算定额的项目划分

预算定额的项目根据工程种类、构造性质、施工方法划分为分部工程、分项工程及子目。例如,福建省市政工程预算定额分通用项目,道路工程,桥梁工程,隧道工程,排水管道工程,水处理工程,生活垃圾处理工程,给水、燃气工程,路灯工程等分部工程,道路工程由路基、加固、监测处理、道路基层、道路面层、人行道、侧缘石及其他、交通管理设施等分项组成,道路路面又分简易路面、泥结碎石路面、沥青表面处治、沥青贯入式路面、粗粒式沥青混凝土路面、中粒式沥青混凝土路面、细粒式沥青混凝土路面、水泥混凝土路面与分厚度的子目、伸缝、锯缝、水泥混凝土路面钢筋、混凝土路面真空吸水、传力杆套筒、透层、黏层、封层、粘贴卷材和路面彩色涂层等。

2. 预算定额的表式

预算定额表列有工作内容、计量单位、项目名称、定额编号、定额基价、消耗量及定额附注等内容。

(1)工作内容

工作内容说明完成本节定额的主要施工过程。

(2)计量单位

每一分项工程都有一定的计量单位,预算定额的计量单位是根据分项工程的形体特征、变化规律或结构组合等情况选择确定的。一般来说,当产品的长、宽、高三个度量都发生变化时,采用立方米或吨为计量单位;当两个度量不固定时,采用平方米为计量单位;当产品的截面大小基本固定时,则用米为计量单位;当产品采用上述三种计量单位都不适宜时,则分别采用个、座等自然计量单位。为了避免出现过多小于 1 的小数位数,定额常采用扩大计量单位,如每 $10\ \text{m}^3$、每 $100\ \text{m}^2$ 等。

(3)项目名称

项目名称是按构配件划分的,常用的经济价值大的项目划得细些,一般的项目划得粗些。

(4)预算定额的编号

预算定额的编号是指定额的序号,其目的是使用定额时,检查项目套用是否正确合理,以起减少差错、提高管理水平的作用。定额手册均有规定的编号方法,福建省预算定额采用八位符号编号。第一号码属专业代码,如 4 表示市政工程;第二、三号码表示该册中分部工程的序号,如 01 表示土石方工程,02 表示道路工程;第四、五号码表示该册中分项工程的序号,如 01 表示土石方工程,02 表示打拔工具桩工程;第六、七、八号码表示该册中子目的序号,如 001 表示人工挖一般土方(一、二类土),002 表示人工挖一般土方(三类土)。均用阿拉伯数字 0、1、2、3、4 等表示。

例如,人工挖一般土方(三类土)定额编号为 40101002,水泥混凝土路面(厚度 20 cm)定额编号为 40203041。

(5)定额基价

定额基价是指基期价格,一般是省的代表性价格。福建省现行定额基价是采用 2017 年福州市单价编制的,实行全省统一基价,是地区调价和动态管理调价的基数。

（6）消耗量

消耗量是指完成每一分项产品所需耗用的人工、材料、机械台班消耗的标准。其中人工定额不分工种、等级列合计工数。材料消耗量定额列有原材料、成品、半成品的消耗量。机械定额有两种表现方式：单种机械和综合机械。单机的单价是一种机械的单价，综合机械的单价是几种机械的综合单价。定额中的次要材料和次要机械用其他材料费或机械费表示。

（7）定额附注

定额附注是对某定额或定额的制定依据、使用方法及调整换算等所做的说明和规定。

例如：水泥混凝土路面（抗折 4.0 MPa，厚度 20 cm）

①工作内容：放样、混凝土纵缝涂沥青油、拌和、浇筑、捣固、抹光或拉毛；

②计量单位：m^2；

③定额编号：40203041；

④综合单价：89.55 元；

⑤消耗量：人工以定额人工费表示（13.25 元/m^2），材料消耗量包括其他材料费（次要材料），机械台班包括混凝土振动梁、混凝土磨光机台班使用费。

1.6.4　概算定额与估算指标

1.6.4.1　概算定额

1. 概念

概算定额是在预算定额基础上根据有代表性的通用设计图和标准图等资料，以主要工序为准，综合相关工序，进行综合、扩大和合并而成的定额。

概算定额是编制扩大初步设计概算时计算和确定扩大分项工程的人工、材料、机械台班耗用量（或货币量）的数量标准。它是预算定额的综合扩大。它是初步设计阶段编制工程概算时，计算和确定工程概算造价，计算人工、材料及机械台班需要量所使用的定额。

市政工程概算定额亦称扩大结构定额。概算定额是以预算定额为基础，根据通用图集和标准图等，以主体结构分部为主，适当综合有关项目，扩大计算单位编制而成的。

2. 概算定额的作用

（1）市政工程概算定额是初步设计阶段编制工程概算的依据。概算项目的划分与初步设计的深度一致，一般是以分部工程为对象。根据国家有关规定，按设计的不同阶段对拟建工程进行估算，编制工程概算和修正概算。这样，就需要与设计深度相适应的计价定额，概算定额正是适应了这种设计深度而编制的。

（2）市政工程概算定额是编制主要材料需要量的计算依据。通过编制主要材料计划表、设备清单，保证施工备料及其供应是市政工程施工的先决条件。

（3）市政工程概算定额是设计方案进行经济比较的依据。设计方案比较，主要是对不同的建筑结构及结构方案的人工、材料和机械台班消耗量、材料用量、材料资源短缺程度进行比较。其目的是选出经济合理的建筑设计方案，在满足功能和技术性能要求的条件下，降低造价和人工、材料消耗。

对于新结构、新工艺和新材料的选择和推广，也需要借助于概算定额进行技术经济分析和比较,从经济角度考虑普遍采用的可能性和效益。

(4)市政工程概算定额是编制概算指标或估算指标的基础。

3. 概算定额的编制

(1)编制原则

①概算定额的编制深度要适应设计的要求。

②概算定额在综合过程中,应使概算定额与预算定额之间留有余地,即两者之间将产生一定的允许幅度差,一般应控制在 5%以内,这样才能使设计概算起到控制施工图预算的作用。

③为了稳定概算定额水平,统一考核和简化计算工作量,并考虑到扩大初步设计图的深度条件,概算定额的编制尽量不留活口或少留活口。按社会平均水平编制,定额水平同预算定额。

④简明适用。

(2)编制依据

①现行的有关设计标准、设计规范、通用图集、标准定型图集、施工验收规范、典型工程设计图等资料;

②现行的预算定额、施工定额;

③原有的概算定额;

④现行的定额工资标准、材料预算价格和机械台班单价等;

⑤有关的施工图预算或工程结算等资料。

(3)编制步骤

①准备阶段:调查研究,了解现行概算定额执行情况、存在问题与编制范围,并制定概算定额的编制细则和项目划分。

②编制阶段:根据设计图纸、资料和工程量计算规则进行细致的测算和分析,编制概算定额初稿,并将概算定额的分项定额总水平与预算定额水平相比,控制在允许的范围之内。如果概算定额与预算定额差距较大,则应对概算定额水平进行调整。

③审批阶段:在征求意见修改后形成报批稿,经批准之后实施。

1.6.4.2　投资估算指标

1. 概念

投资估算指标是在编制项目建议书可行性研究报告和编制设计任务书阶段进行投资估算、计算投资需要量时使用的一种定额。它具有较强的综合性、概括性,往往以独立的单项工程或完整的工程项目为计算对象。它的概略程度与可行性研究阶段相适应。它的主要作用是为项目决策和投资控制提供依据,是一种扩大的技术经济指标。

2. 作用

投资估算指标是确定和控制建设项目全过程各项投资支出的技术经济指标。其范围涉及建设前期、建设实施期和竣工验收交付使用期等各个阶段的费用支出,内容因行业不同而各异,一般可分为建设项目综合指标、单项工程指标和单位工程指标 3 个层次。建设项目综合指标一般以项目的综合生产能力单位投资表示。单项工程指标一般以单项工程生产能力单位投资表示。单位工程指标依专业性质不同而采用不同的方法表示。

3. 投资估算指标的编制方法

（1）整理资料阶段

收集整理已建成或正在建设的、符合现行技术政策和技术发展方向、有可能重复采用、有代表性的工程设计施工图、标准设计以及相应的竣工决算或施工图预算等资料，这些资料是编制工作的基础，资料收集得越广泛，反映的问题越多，编制工作就会考虑得越全面，就越有利于提高投资估算指标的实用性。

（2）平衡调整阶段

由于调查收集的资料来源不同，虽然经过一定的分析整理，但难免会由设计方案、建设条件和建设时间上的差异带来某些影响，使数据失准或漏项等，必须对有关资料进行综合平衡调制。

（3）测算审查阶段

测算是将新编的指标和选定工程的概预算，在同一价格条件下进行比较，检验其"量差"的偏离程度是否在允许偏差的范围之内，如偏差过大，则要查找原因，进行修正，以保证指标的确切、实用。测算同时也是对中表编制质量进行一次系统检查，应由专人进行，以保持测算口径的统一，在此基础上组织有关专业人员予以全面审查。

1.6.5　企业定额

所谓企业定额，是指建筑安装企业根据本企业的技术水平和管理水平，编制完成单位合格产品所必需的人工、材料和施工机械台班的消耗量，以及其他生产经营要素消耗的数量标准。

企业定额是由企业自行编制，只限于本企业内部使用的定额，包括企业及附属的加工厂、车间编制的定额，以及具有经营性质的定额标准、出厂价格、机械台班租赁价格等。

1.6.5.1　企业定额的性质及作用

1. 企业定额的性质

企业定额是企业按照国家有关政策、法规以及相应的施工技术标准、验收规范、施工方法的资料，根据现行自身的机械装备状况、生产工人技术操作水平、企业生产（施工）组织能力、管理水平、机构的设置形式和运作效率以及可能挖掘的潜力情况，自行编制的，供企业内部进行经营管理、成本核算和投标报价的企业内部文件。

2. 企业定额的作用

企业定额是企业直接生产工人在合理的施工组织和正常条件下，为完成单位合格产品或完成一定量的工作所耗用的人工、材料和机械台班使用量的标准数量。企业定额不仅能反映企业的劳动生产率和技术装备水平，同时也是衡量企业管理水平的标尺，是企业加强集约经营、精细管理的前提和主要手段。其主要作用有：

（1）是编制施工组织设计和施工作业计划的依据；

（2）是企业内部编制施工预算的统一标准，也是加强项目成本管理和主要经济指标考核的基础；

（3）是施工队和施工班组下达施工任务书和限额领料、计算施工工时和工人劳动报酬的

依据;

(4)是企业走向市场参与竞争,加强工程成本管理,进行投标报价的主要依据。

1.6.5.2　企业定额的构成及表现形式

企业定额的编制应根据自身的特点,遵循简单、明了、准确、适用的原则。企业定额的构成及表现形式因企业的性质、取得资料的详细程度、编制的目的、编制的方法不同而不同。其构成及表现形式主要有以下几种:

(1)企业劳动定额;

(2)企业材料消耗定额;

(3)企业机械台班使用定额;

(4)企业施工定额;

(5)企业定额估价表;

(6)企业定额标准;

(7)企业产品出厂价格;

(8)企业机械台班租赁价格。

1.6.5.3　企业定额的特点

企业定额反映企业的施工生产与生产消费之间的数量关系,是施工企业生产力水平的体现,每个企业均应拥有反映自己企业能力的企业定额。企业的技术和管理水平不同,企业定额的定额水平也就不同。因此,企业定额是施工企业进行施工管理和投标报价的基础和依据,从一定意义上讲,企业定额是企业的商业秘密,是企业参与市场竞争的核心竞争能力的具体表现。

目前大部分施工企业是以国家或行业制定的预算定额作为进行施工管理、工料分析和计算施工成本的依据。随着市场化改革的不断深入和发展,施工企业可以预算定额和基础定额为参照,逐步建立起反映企业自身施工管理水平和技术装备程度的企业定额。

作为企业定额,必须具备有以下特点:

(1)其各项平均消耗要比社会平均水平低,体现其先进性。

(2)可以表现本企业在某些方面的技术优势。

(3)可以表现本企业局部或全面管理方面的优势。

(4)所有匹配的单价都是动态的,具有市场性。

(5)与施工方案能全面接轨。

1.7　福建省建筑安装工程费用定额(2017版)(摘录)

1.7.1　总则

1. 为了适应我省建筑业发展需要和建筑业营业税改增值税,合理确定工程造价,根据国家和本省有关规定,并结合本省实际情况,编制《福建省建筑安装工程费用定额》(2017版)(以下简称"本定额")。

2. 本定额编制的主要依据有:《建筑法》、《社会保险法》、《建设工程质量管理条例》、《建设工程安全生产管理条例》、《建筑安装工程费用项目组成》(建标〔2013〕44号)、《建设工程工程量清单计价规范》(GB 50500—2013)、各专业工程工程量清单计算规范(GB 50854~50862—2013)及我省有关规定、《财政部、国家税务总局关于全面推开营业税改增值税试点的通知》(财税〔2016〕36号)、《财政部关于取消、停征和整合部分政府性基金项目等有关问题的通知》(财税〔2016〕11号)及其他有关政策规定。

视频 1-9 福建省建筑安装工程费用定额(2017版)

3. 本定额适用于在本省行政区域范围内新建、扩建和改建的房屋建筑与市政基础设施工程,包括房屋建筑与装饰工程、装配式建筑工程、仿古建筑工程、古建筑修复保护工程、通用安装工程、市政工程、园林绿化工程、构筑物工程、城市轨道交通工程、爆破工程、抗震加固工程、市政维护工程等专业工程。

4. 本定额是编制和确定国有资金投资工程施工图预算、工程量清单、招标控制价(最高投标限价)的依据,是调解处理工程造价纠纷、鉴定工程造价的依据;是编制投资估算、设计概算的基础;是投标报价以及其他投资性质工程计价、编制企业定额的参考。

5. 本定额是按照增值税税制、正常施工条件、施工方法、施工工艺、合理施工工期、合格工程进行编制的,反映了多数企业正常、合理的费用支出。其中:

(1)本定额税金的计算基数均不含增值税可抵扣进项税额。

(2)本定额取费标准是按照包工包料进行测算的,发包人供应的材料(不含工程设备)(以下简称"甲供材料")应计取各项费用及税金后再扣除,发包人供应的工程设备(以下简称"甲供设备")不列入建筑安装工程费。

(3)发包工程质量要求达到优良等级的,应计取相应的优质工程增加费。

(4)发包工程应结合项目实际,综合考虑影响造价的各种因素。

6. 本定额自 2017 年 7 月 1 日起施行,福建省住房和城乡建设厅颁发的《福建省建筑安装工程费用定额》(2016版)(闽建筑〔2016〕15号)同时废止。

1.7.2 建筑安装工程费用构成要素

建筑安装工程费按照费用构成要素划分,由人工费、材料(含工程设备,下同)费、施工机具使用费、企业管理费、利润、规费和税金组成。

与模块 1 的 1.3.3 中建标〔2013〕44 号文件《关于印发〈建筑安装工程费用项目组成〉的通知》相比,人工费、材料费、企业管理费的内容有些不同。

1.7.2.1 人工费

人工费是指按工资总额构成规定,支付给从事建筑安装工程施工的生产工人和附属生产单位工人的各项费用。包括:(1)计时工资或计件工资;(2)奖金;(3)津贴补贴;(4)加班加点工资;(5)特殊情况下支付的工资;(6)五险一金。

其中五险一金是指按规定支付的养老保险费、失业保险费、医疗保险费、生育保险费、工伤保险费和住房公积金。

1.7.2.2　材料费

材料费是指施工过程中耗费的原材料、周转性材料、辅助材料、构配件、零件、半成品或成品等材料以及工程设备的费用。其中：

1.原材料、周转性材料、辅助材料、构配件、零件、半成品或成品的价格由材料原价、运杂费、运输损耗费组成。

(1)材料原价：是指材料、工程设备的出厂价格或商家供应价格。原价包括为方便材料的运输和保护而进行必要的包装所需要的费用；包装品有回收价值的，应在材料价格中扣除。

(2)运杂费：是指材料、工程设备自来源地运至工地仓库或指定堆放地点所发生的全部费用。包括运输费、装卸费及其他费用。

(3)运输损耗费：是指材料在运输装卸过程中不可避免的损耗。

2.工程设备：是指构成或计划构成永久工程一部分的机电设备、金属结构设备、仪器装置及其他类似的设备和装置。

常用建设工程设备材料划分标准按现行有关规定执行。

1.7.2.3　企业管理费

企业管理费内容与模块 1 的 1.3.3 中建标〔2013〕44 号文件《关于印发〈建筑安装工程费用项目组成〉的通知》有 2 处不同：(1)第 8 项材料检验试验费的具体规定不同；(2)增加了第 9 项材料采购及保管费。具体如下：

8.材料检验试验费：是指承包人按照有关标准规定，对建筑以及材料、构件和建筑安装物进行一般鉴定、检查所发生的费用，包括自设试验室进行试验所耗用的材料等费用，包括承包人将上述内容委托第三方检测的费用。

9.材料采购及保管费：是指为组织采购、供应和保管材料、工程设备的过程中所需要的各项费用。包括采购费、仓储费、工地保管费、仓储损耗。

1.7.3　建筑安装工程造价组成内容

建筑安装工程费按照工程造价形成，由分部分项工程费、措施项目费、其他项目费组成，分部分项工程费、措施项目费、其他项目费包含人工费、材料费、施工机具使用费、企业管理费、利润、规费、税金。

与模块 1 的 1.3.3 中建标〔2013〕44 号文件《关于印发〈建筑安装工程费用项目组成〉的通知》相比，措施项目费、其他项目费的内容有些不同。

1.7.3.1　分部分项工程费

分部分项工程费是指为完成构成工程实体及设计规定的分部分项工程的费用。

1.7.3.2 措施项目费

措施项目费是指为完成建设工程施工,发生于该工程施工前和施工过程中的技术、生活、安全、环境保护等方面的费用,包含以下 10 项费用,并将其分为总价措施项目费和单价措施项目费,其中,总价措施项目费包括安全文明施工费(安全施工、文明施工、临时设施、环境保护)和其他总价措施费(夜间施工增加费、已完工程及设备保护费、风雨季施工增加费、冬季施工增加费、工程定位复测费),单价措施项目包括第 7～10 项。

1. 安全文明施工费:是指按照规定,为保证安全施工、文明施工,保护现场内外环境和搭拆临时设施等所采用的措施而发生的费用。包括:

(1)环境保护费:是指施工现场为达到环保部门要求所需要的各项费用。

主要内容有:承包人按照《中华人民共和国环境保护法》《建设工程安全生产管理条例》及其他有关环境保护的规定,保护施工现场周围环境,防止或者减少粉尘、噪声、振动和施工照明对周围环境和人的污染和危害,按规定堆放、清除建筑垃圾等废弃物以及竣工后修整和恢复在工程施工中受到破坏的环境等。

(2)文明施工费:是指施工现场文明施工所需要的各项费用。包括按照《建设工程安全生产管理条例》《建筑施工安全文明工地标准》(DBJ13-81—2006)、《建筑施工安全检查标准》、《福建省建筑工地文明施工指南》等有关规定和施工现场组织文明施工的各项工作。

主要内容有:施工现场四周围墙(围挡)及大门,出入口清洗设施,施工标牌、标志,施工场地硬化处理,排水设施,温暖季节施工的绿化布置,防粉尘、防噪声、防干扰措施,保安费,保健急救措施,卫生保洁等。

(3)安全施工费:是指施工现场安全施工所需要的各项费用。

主要内容有:承包人按照《建设工程安全生产管理条例》《建筑施工安全文明工地标准》(DBJ13-81—2006)、《建筑施工安全检查标准》等有关规定,建立安全生产、消防安全责任、安全检查、安全教育、安全生产培训等各类制度;设置符合国家标准的安全警示标牌、标志,配置"三宝";对可能造成损害的毗邻建筑物、构筑物和地下管线等采取防护措施,对建筑"四口、临边"采用安全防护,垂直作业上下隔离防护,施工用电防护;设置地下室施工围栏、基坑施工人员上下专用通道;设置消防通道、消防水源,配备消防设施和灭火器材以及其他安全施工所需要的防护措施。不包括塔吊和施工电梯检测、基坑支护变形监测等,也不包括应当由发包人委托第三方实施的安全检测费用。

(4)临时设施费:是指承包人为进行建设工程施工所必须搭设的生活和生产用的临时建筑物、构筑物和其他临时设施费用。包括临时设施的搭设、维修、拆除、清理费或摊销费等。

主要内容有:搭设符合规定的并能够安全使用的临时宿舍、文化福利及公用事业房屋与构筑物,仓库,办公室,加工厂以及规定范围内的道路、水、电、管线等临时设施和小型临时设施。

2. 夜间施工增加费:包括因夜间施工所发生的夜班补助费、夜间施工降效、施工照明设备摊销及照明用电等费用;地下室和上部洞体由于难以自然采光而引起的施工降效、施工照明设备摊销及照明用电等费用。

3. 已完工程及设备保护费:是指竣工验收前,对已完工程及设备采取的必要保护措施所发生的费用。

4. 风雨季施工增加费:指在风雨季施工期间所采取的一般性防风、防雨、防滑措施所增加的人工费、材料费和设施费用以及工效降低、排地表水的费用。

5. 冬季施工增加费:是指在冬季施工需增加的临时设施,排除雨雪,人工及施工机械效率降低等费用。

6. 工程定位复测费:是指工程施工过程中进行施工测量放线和复测工作的费用。

7. 二次搬运费:是指因施工场地条件限制而发生的材料、构配件、半成品等一次运输不能到达堆放地点,必须进行二次或多次搬运所发生的费用。

8. 大型机械设备进出场及安拆等相关费用,包括:

(1)大型机械设备进出场及安拆费:是指机械整体或分体自停放场地运至施工现场或由一个施工地点运至另一个施工地点,所发生的机械进出场运输及转移费用,以及机械在施工现场进行安装、拆卸所需的人工费、材料费、机械费、试运转费和安装所需的辅助设施的费用。

(2)大型机械设备基础:包括塔吊、施工电梯、龙门吊、架桥机等大型机械设备基础的费用,包括桩基础及其拆除、外弃等费用。

(3)大型机械设备检测费:是指根据《关于进一步加强建筑起重机械现场检测管理的若干意见》(闽建建〔2010〕17 号)规定,对大型建筑起重机械委托第三方有资格的检测机构进行现场检测而发生的费用。

9. 脚手架工程费:是指施工需要的各种脚手架搭、拆、运输、摊销(或租赁)费用,以及建筑物四周垂直安全防护。

10. 现行国家各专业工程工程量清单计算规范及其我省规定的其他各项措施费。

1.7.3.3　其他项目费

1. 暂列金额:是指发包人招标时在工程量清单中暂定并包括在工程合同价款中的一笔款项,用于施工合同签订时尚未确定或者不可预见的所需材料、服务的采购,施工中可能发生的工程变更、合同约定调整因素出现时的工程价款调整以及发生的索赔、现场签证确认等的费用。

2. 专业工程暂估价:是指招标阶段已经确认的专业工程项目由于设计未详尽或者标准未明确等原因造成无法当时确定准确价格,由招标人在招标工程量清单中给定的一个暂估价。

3. 总承包服务费:是指总承包人为配合、协调发包人进行的专业工程发包,对发包人自行采购的材料(不含工程设备)等进行保管以及施工现场管理、竣工资料汇总整理等服务所需的费用,包括专业工程总承包服务费和甲供材料总承包服务费。

4. 优质工程增加费:是指发包方要求发包工程的质量达到优良等级的,在合格工程造价基础上增加的费用。

5. 缩短定额工期增加费:是指合同工期较住建部颁发的《建筑安装工程工期定额》(TY01-89-2016)规定的定额工期缩短,承包人为此而增加投入的费用,包括:增加的周转材料投入、资金投入、劳动力集中投入费用,夜间施工所发生的夜班补助费、夜间施工降效、夜间施工照明设备摊销及照明用电等费用。

6. 远程监控系统租赁费:根据闽建筑〔2021〕6 号文《关于调整房屋建筑与市政基础设施工程企业管理费的通知》,《福建省建筑安装工程费用定额(2017 版)》其他项目费中不再单列远程监控系统租赁费,施工现场远程视频监控系统使用费依据《建设工程施工现场远程视

市政工程计量与计价

频监控系统建设应用标准》(DBJ/T13-339—2020)测算,并入企业管理费。

7. 发包人检测费:是指本定额未包括但发包人将其列入招标范围和合同内容的各类检测费。

8. 工程噪声超标排污费:按有关规定,应由承包人缴纳的费用。

9. 渣土收纳费:按有关规定,应由承包人缴纳的费用。

1.7.4 建筑安装工程造价计算程序及计价方法

1.7.4.1 建筑安装工程造价计算程序

建筑安装工程造价按照分部分项工程费、措施项目费、其他项目费之和计算,计算程序见表1-4。

表 1-4 建筑安装工程造价计算程序

序号	项目名称	计算办法
1	分部分项工程费	$\sum$(工程量×综合单价)
2	措施项目费	$\sum$(总价措施项目费＋单价措施项目费)
3	其他项目费	编制施工图预算、工程量清单、招标控制价(最高投标限价)、投标报价时:其他项目费＝$\sum$(暂列金额＋专业工程暂估价＋总承包服务费) 编制结算时:其他项目费＝$\sum$(总承包服务费＋优质工程增加费＋缩短定额工期增加费＋发包人检测费＋工程噪声超标排污费＋渣土收纳)
4	总造价	1＋2＋3

其中:

(1)分部分项工程费:按照工程量乘以综合单价计算。

(2)措施项目费

①总价措施项目费,按分部分项工程费(不含工程设备费)与单价措施项目费之和乘以相应费率计算。

②单价措施项目费,按照工程量乘以综合单价计算。

(3)其他项目费

①暂列金额:由发包人按照本定额第五章的规定确定。

②专业工程暂估价:由发包人确定。

③专业工程总承包服务费按单独发包专业工程的建安造价(不含工程设备费)乘以专业工程总承包服务费费率计算;甲供材料总承包服务费按甲供材料总金额乘以甲供材料总承包服务费费率计算。

④优质工程增加费:根据相应级别的优质工程,按分部分项工程费(不含工程设备费)与单价措施项目费之和乘以相应的优质工程增加费费率计算。

　⑤缩短定额工期增加费：施工工期较定额工期缩短的，以分部分项工程费（不含工程设备费）与单价措施项目费之和乘以缩短定额工期增加费费率计算。

　⑥发包人检测费：发包时按被检测项目的工程量或造价，根据有关收费标准进行估算；结算时按实际发票金额扣除可抵扣进项税额后再加上税金计算。

　⑦工程噪声超标排污费：发包时按有关规定进行估算；结算时按实际发票金额扣除可抵扣进项税额后再加上税金计算。

　⑧渣土收纳费：发包时按有关规定进行估算；结算时按实际发票金额扣除可抵扣进项税额后再加上税金计算。

1.7.4.2　综合单价计算程序

综合单价计算程序见表 1-5。

表 1-5　综合单价计算程序

序号	项目名称	计算办法
1	人工费	人工费基价×人工费调整系数
2	材料费	∑（材料消耗量×材料单价＋工程设备数量×工程设备单价）
3	施工机具使用费	∑（施工机械台班消耗量×台班单价）＋仪器仪表使用费
4	企业管理费	（1＋2－工程设备费＋3）×企业管理费费率
5	利润	（1＋2－工程设备费＋3＋4）×利润率
6	规费	（1＋2－工程设备费＋3＋4＋5）×规费费率
7	税金	（1＋2＋3＋4＋5＋6）×增值税适用税率
8	综合单价	1＋2＋3＋4＋5＋6＋7

其中：

（1）人工费：按定额人工费基价乘以人工费调整系数计算。

（2）材料费：按材料消耗量乘以材料单价加上工程设备数量乘以工程设备单价之和计算。其中：

材料单价计算公式：材料单价＝（原价＋运杂费）×（1＋运输损耗率）。

工程设备单价计算公式：工程设备单价＝原价＋运杂费。

（3）施工机具使用费：包括施工机械使用费和仪器仪表使用费，施工机械使用费按照施工机械台班消耗量乘以施工机械台班单价计算。

（4）企业管理费：按人工费、材料费（不含工程设备费）、施工机具使用费之和乘以企业管理费费率计算。

（5）利润：按人工费、材料费（不含工程设备费）、施工机具使用费、企业管理费之和乘以利润率计算。

（6）规费：按人工费、材料费（不含工程设备费）、施工机具使用费、企业管理费、利润之和乘以规费费率计算。

（7）税金：按不含税工程造价乘以适用税率计算。不含税工程造价为人工费、材料费、施工机具使用费、企业管理费、利润、规费之和。

1.7.4.3 建筑安装工程造价计价办法

根据分部分项工程和单价措施项目的具体项目划分及其工程量计算依据不同,建筑安装工程造价计价办法分为工程量清单计价和定额计价两种。

(1)工程量清单计价,是指分部分项工程、单价措施项目按照国家建设工程工程量清单计价计量规范及其本省有关规定进行项目划分及其工程量计算。

(2)定额计价,是指分部分项工程、单价措施项目按照有关专业工程预算定额(或预算定额)及有关规定进行项目划分及其工程量计算。

1.7.5 建筑安装工程费用取费标准

1.7.5.1 材料运输损耗

见表1-6。

表1-6 材料运输损耗率表

序号	材料类别	运输损耗率(%)
1	瓦、空心砖	3
2	砌块	1.5
3	砖、砂、石子、水泥、陶粒、耐火土、饰面砖、玻璃、卫生洁具、玻璃灯具、商品混凝土	1
4	金属材料	一般不计取
5	其他材料	0.5

1.7.5.2 企业管理费

根据闽建筑〔2021〕6号文《关于调整房屋建筑与市政基础设施工程企业管理费的通知》,对福建省现行2017版费用定额中部分专业类别(房屋建筑工程的3个专业类别及市政工程)的企业管理费费率做了调整,调整后的费率如表1-7所示。

1.7.5.3 利润

现行利润率取定为6%。

1.7.5.4 规费

目前本定额的规费费率为0%。

1.7.5.5 税金

现行适用税率为9%。

表 1-7 企业管理费费率表

序号	专业类别		费率标准(%)
1	房屋建筑工程	房屋建筑与装饰工程(含安装)	6.9
		装配式建筑工程(含安装)	
		构筑物工程(含安装)	
		仿古建筑工程(含安装)	6.8
		单独发包的装饰工程(含安装)	9.8
		单独发包的安装工程	
		古建筑保护修复工程(含安装)	11.8
		抗震加固工程(含安装)	
2	爆破工程		11.8
3	市政工程		7.63
4	园林绿化工程(含安装)		6.5
5	城市轨道交通工程	土建	11.1
		安装	8.9
6	市政维护工程		14.3

1.7.5.6 总价措施项目费

见表 1-8。

表 1-8 总价措施项目费费率表(部分)

序号	专业类别		安全文明施工费取费标准(%)	其他总价措施费取费标准(%)
6	爆破工程		0.48	0.10
7	单独发包的土石方工程		0.48	0.10
8	古建筑保护修复工程(含安装)		1.12	0.18
9	抗震加固工程(含安装)		1.12	0.18
10	单独发包的安装工程		2.14	0.44
11	市政工程	实行标准化管理	2.12	0.49
		未实行标准化管理	1.81	
12	园林绿化工程(含安装)	园林建筑	2.97	0.49
		绿化种植及养护	1.81	

续表

序号	专业类别	安全文明施工费取费标准(%)	其他总价措施费取费标准(%)
13	城市轨道交通工程	2.75	0.38
14	市政维护工程	2.61	2.61

注:

(1)市政工程、园林绿化工程、城市轨道交通工程

①市政工程是否实行标准化管理,应根据闽建综〔2015〕10号文件精神以及招标文件、施工合同确定。城市轨道交通工程均实行标准化管理。

②市政工程(不论是否实行标准化管理)、园林绿化工程,其安全文明施工费内容均不包括施工现场围墙(围挡)。施工现场围墙(围挡)在单价措施项目清单中单独列项计算。工程招标时,应当根据工程所在地安全文明施工要求,在措施项目清单中提供围墙(围挡)的做法及暂定数量,结算时按实调整。

③城市轨道交通工程的安全文明施工费内容已包括施工现场围墙(围挡)。费率已考虑3次以内的围墙(围挡)安装、拆除,实际超过3次的,超出部分另行计算。

(2)因各地市安全文明施工要求存在差异,需要增加其他费用(如防尘喷雾等)的,各设区市建设行政主管部门可以在上述取费标准基础上发布新增费率或计算方法,并适时发布市政基础设施工程的施工现场围墙(围挡)单价。

(3)市政工程、园林绿化工程未包括白天因保证交通无法施工而必须在夜间施工所发生的费用,如发生,按夜间施工工程量的1.2%计算。

(4)市政工程、地铁工程行车行人干扰增加费:由于施工受行车、行人干扰的影响而增加的费用,包括因人工、机械效率降低而增加的费用以及为保证行车、行人安全而增加的维护交通和疏导人员措施费用。结合工程受干扰程度,按受干扰部分项目的人工费、施工机具使用费为取费基数乘以费率3%~10%计算。已设置固定封闭式围挡的施工项目不考虑交通行车行人干扰增加费。

1.7.5.7 其他项目费

(1)优质工程增加费费率:国家级优质工程为5%,省级优质工程为3%,市级优质工程为1%。

(2)缩短定额工期增加费费率见表1-9。

表1-9 缩短定额工期增加费费率表

序号	较定额工期缩短比例	参考费率	
		基数	每超过1%
1	>20%	0.5%	增加0.1%
2	≤20%	甲乙双方自行协商	

注:工期缩短每超过不足1%的,按1%计算。

(3)总承包服务费费率:专业工程总承包服务费费率为1.5%,甲供材料总承包服务费费率为0.5%。

1.7.6 其他有关规定

1. 编制施工图预算、工程量清单、招标控制价(最高投标限价)时,优质工程增加费、缩

短定额工期增加费、远程监控系统租赁费、发包人检测费、工程噪声超标排污费、渣土收纳费等列入暂列金额,在暂列金额明细表中分别列项。工程结算时,暂列金额中包含的各项费用,应按照第二章规定分别列项计算。

2. 招标工程量清单列出的暂列金额、专业工程暂估价、甲供材料费作为投标报价的共同基础,投标报价时不得修改。

3. 关于甲供材料

(1)招标人或其委托的招标代理机构在编制招标文件(包括工程量清单)时,甲供材料应按照"甲供材料一览表"规定的格式和内容填写,其中甲供材料单价(含税价)按照造价管理机构发布的信息价格或经市场询价确定后填入。

(2)"甲供材料一览表"的甲供材料数量与发包人实际提供数量、承包人用于施工的实际需求量,三者之间的数量可能存在差异,由此引起的损益,应在施工合同中予以明确。

(3)由设计变更导致的甲供材料数量、型号规格变动,所引起的相关结算问题,应在施工合同中予以明确。

4. 投标人在编制投标报价时,应根据工程项目特点、市场供应以及合同工期等因素,充分考虑市场价格波动的风险。工程结算时,应按照合同约定的风险幅度范围调整合同价款。

5. 本定额的安全文明施工费取费标准按照《福建省建筑施工安全文明标准示范图集》进行测算。安全文明施工费费率在招投标时不可竞争,安全文明施工费按照最低金额计算的,投标报价时不得低于规定的最低金额。

6. 优质工程增加费,结算时应按照实际评获的最高级别奖项计取相应优质工程增加费,不得重复计取。

7. 缩短定额工期增加费

(1)招标人应根据项目特点、工期定额合理确定合同工期,工期缩短时宜组织专家论证,且相应计算缩短定额工期增加费。

(2)缩短定额工期增加费,编制施工图预算、工程量清单、招标控制价(最高投标限价)、投标报价时,以合同工期与定额工期进行比较;竣工结算时,以实际施工工期(扣除可以顺延的工期)与定额工期进行比较,并按实调整缩短定额工期增加费。

(3)实际施工工期(扣除可以顺延的工期)较合同工期提前或延后的奖惩,应在招标文件和施工合同中约定,并按合同约定另行计算奖惩费用。

8. 总承包服务费与施工配合费

(1)发包人依法将专业工程单独发包,由施工总承包人履行总承包管理的,应当计取专业工程总承包服务费。

(2)甲供材料应当计取甲供材料总承包服务费,甲供设备不计取总承包服务费。甲供材料的检验试验费和采购费由发包人承担,甲供材料到达施工现场后的保管费由承包人承担。

(3)专业工程总承包服务费不含专业工程施工配合费。专业工程施工承包人使用施工总承包人的脚手架、机械设备、水、电以及安全设施、文明设施、临时设施等的费用,由施工总承包人向专业工程施工承包人协商收取,参考费率(含税)1.5%～3.5%。施工总承包人也可以经协商后向发包人收取专业工程施工配合费,发包人再向专业承包人抵扣。

9. 在风雨季施工期间,当遇到台风或暴雨等不利气候条件时,在承包人已采取一般性防护措施的前提下,仍对施工现场造成破坏或基坑积水等影响,其工程修复和抽(排)水费用应按现场签证另行计算。

10. 人工费调整系数按省建设行政主管部门发布或其规定执行。

11. 编制施工图预算、招标控制价(最高限价)时,材料(含设备)单价应按照我省有关规定确定。

12. 由于发包人甲供材料、工程设备,造成承包人税负加重的,应予承包人适当补偿,具体金额由承发包双方协商确定。

13. 应由承包人承担的材料检验试验费中,不包括新结构、新材料的试验费,以及对构件做破坏性试验及其他特殊要求检验试验的费用和发包人委托检测机构进行检测的费用,如桩基检测,门窗幕墙性能检测,面砖、预埋件、螺栓拉拔试验,胶相溶性试验,防雷测试,通电测试,建筑安全、消防检测,室内空气质量检测等费用。

承包人提供的具有合格证明的建筑材料,发包人要求检测的,若检测结果不合格,该检测费用由承包人承担;若检测结果合格的,该检测费用由发包人承担。

14. 施工机械台班预算单价由省建设行政主管部门发布。

1.8 《清单计价规范》《市政计量规范》及福建省实施细则简介

按照工程造价管理改革的要求,本着国家宏观调控、市场竞争形成价格的原则,我国在建设工程招投标中,逐步采用工程量清单计价的做法,与国际惯例接轨。为规范工程造价计价行为,统一建设工程工程量清单的编制和计价方法,建设主管部门组织编制了《建设工程工程量清单计价规范》并发布实施。因此,在工程招投标时,必须按照《建设工程工程量清单计价规范》的要求,进行工程量清单的编制。

视频 1-10 《市政工程工程量计算规范》(2013)及福建省实施细则

1.8.1 《建设工程工程量清单计价规范》概述

1.8.1.1 《建设工程工程量清单计价规范》的发布及实施情况

《建设工程工程量清单计价规范》(以下简称为《清单计价规范》)为国家标准,由住房和城乡建设部主编并发布实施,目前已先后颁布 GB 50500—2003、GB 50500—2008、GB 50500—2013 共三个版本。其中,《清单计价规范》(GB 50500—2003)于 2003 年 2 月 27 日发布,2003 年 7 月 1 日起实施;《清单计价规范》(GB 50500—2008)于 2008 年 7 月 9 日发布,2008 年 12 月 1 日起实施,《清单计价规范》(GB 50500—2003)同时废止;《清单计价规范》(GB 50500—2013)于 2012 年 12 月 25 日发布,自 2013 年 7 月 1 日起正式实施。

1.8.1.2 《清单计价规范》的编制目的及依据

为规范工程造价计价行为,统一建设工程工程量清单的编制和计价方法,特制定《建设工程工程量清单计价规范》。

《清单计价规范》是根据《中华人民共和国建筑法》《中华人民共和国合同法》《中华人民共和国招标投标法》等法律以及最高人民法院《关于审理建设工程施工合同纠纷案件适用法律问题的解释》(法释〔2004〕14号),按照我国工程造价管理改革的总体目标,本着国家宏观调控、市场竞争形成价格的原则制定的。

1.8.1.3 《清单计价规范》的适用范围

(1)本规范适用于建设工程工程量清单计价活动。

(2)全部使用国有资金投资或国有资金投资为主(以下二者简称"国有资金投资")的工程建设项目,必须采用工程量清单计价(《清单计价规范》第1.0.3条强制性条文)。

(3)非国有资金投资的工程建设项目,可采用工程量清单计价。

1.8.1.4 《清单计价规范》的特点

(1)强制性。一是表现在《清单计价规范》一般由建设行政主管部门按照强制性标准的要求批准颁发,规定全部使用国有资金或国有资金投资为主的大、中型建设工程按计价规范规定执行。二是明确工程量清单是招标文件的部分,并规定了招标人在编制工程量清单时必须遵守的规则,做到五统一,即统一项目编码、统一项目名称、统一项目特征、统一计量单位、统一工程量计算规则。分部分项工程量清单项目特征应按附录中规定的项目特征,结合拟建工程项目的实际予以描述。

(2)实用性。《清单计价规范》附录中工程量清单项目及计算规则的项目名称表现的是工程实体项目,项目明确清晰,工程量计算规则简洁明了;特别还有项目特征和工程内容,易于编制工程量清单。

(3)竞争性。一是计价规范中的措施项目,在工程量清单中只列"措施项目"一栏,具体采用什么措施,如模板、脚手架、临时设施、施工排水等详细内容由投标人根据企业的施工组织设计,视具体情况报价,因为这些项目在各个企业间各有不同,是企业可竞争的项目,是留给企业竞争的空间。二是计价规范中人工、材料和施工机械没有具体的消耗量,投标企业可以依据企业的定额和市场价格信息,也可以参照建设行政主管部门发布的社会平均预算定额报价,计价规范将报价权交给企业。

(4)通用性。采用工程量清单计价将与国际惯例接轨,符合工程量清单计算方法标准化、工程量计算规则统一化、工程造价确定市场化的规定。

1.8.2 《建设工程工程量清单计价规范》(GB 50500—2013)简介

《建设工程工程量清单计价规范》(GB 50500—2013)[以下简称《清单计价规范》(2013)]是根据住房和城乡建设部《关于印发〈2009年工程建设标准规范制定、修订计划〉的通知》(建标函〔2009〕88号)的要求,由住房和城乡建设部标准定额研究所、四川省建设工程造价管理总站会同有关单位共同在《建设工程工程量清单计价规范》(GB 50500—2008)正文部分的基础上修订的。该标准由中华人民共和国住房和城乡建设部与国家质量监督检验检疫总局联合发布,自2013年7月1日起正式实施。

1.8.2.1 《清单计价规范》(2013)的主要内容

《清单计价规范》(2013)共十五章,包括总则、术语、一般规定、招标工程量清单、招标控制价、投标报价、合同价款约定、工程计量、合同价款调整、合同价款中期支付、竣工结算与支付、合同解除的结算与支付、合同价款争议的解决、工程计价争议与档案、计价表格,分别就《清单计价规范》的适用范围、遵循的原则、编制工程量清单应遵循原则、工程量清单计价活动的规则、工程量清单计价表格的组成及使用等作了明确规定。

1.8.2.2 《清单计价规范》(2013)的专业设置

《清单计价规范》(2013)将原《清单计价规范》(2008)中的六个专业(建筑、装饰、安装、市政、园林、矿山)重新进行了精细化调整,调整后分为九个专业,每个专业编制相应的工程计量规范:
(1)《房屋建筑与装饰工程工程量计算规范》(GB 50854—2013);
(2)《仿古建筑工程工程量计算规范》(GB 50855—2013);
(3)《通用安装工程工程量计算规范》(GB 50856—2013);
(4)《市政工程工程量计算规范》(GB 50857—2013);
(5)《园林绿化工程工程量计算规范》(GB 50858—2013);
(6)《矿山工程工程量计算规范》(GB 50859—2013);
(7)《构筑物工程工程量计算规范》(GB 50860—2013);
(8)《城市轨道交通工程工程量计算规范》(GB 50861—2013);
(9)《爆破工程工程量计算规范》(GB 50862—2013)。

1.8.3 《市政工程工程量计算规范》(GB 50857—2013)简介

《市政工程工程量计算规范》(GB 50857—2013)[以下简称《市政计量规范》(2013)]包括正文、附录、本规范用词说明、引用标准名录、条文说明五个部分。

1. 正文

正文共四章,包括总则、术语、工程计量、工程量清单编制。这四章分别就《市政工程工程量计算规范》(GB 50857—2013)的编制目的、适用范围、遵循的原则,术语的定义,工程计量的依据及相关规定,编制工程量清单应遵循的一般规定,分部分项工程、措施项目的组成及使用等作了明确说明。

2. 附录(11 个部分)

附录从 A~L,共 11 个部分,附录 A~附录 K 为实体项目,附录 L 为措施项目。实体项目按不同的类别、分部和分项工程共分为 10 类 37 个分部 498 个清单项目,供编制分部分项工程项目清单时使用。附录 L 措施项目分为 9 个分部 66 个清单项目,供编制措施项目清单时使用。

附录 A 土石方工程:包括表 A.1 土方工程、表 A.2 石方工程、表 A.3 回填方及土石方运输,共分为 3 个表,10 个清单项目。

附录 B 道路工程:包括表 B.1 路基处理、表 B.2 道路基层、表 B.3 道路面层、表 B.4 人行道及其他、表 B.5 交通管理设施,共分为 5 个表,80 个清单项目。

附录 C 桥涵工程:包括表 C.1 桩基、表 C.2 基坑及边坡防护、表 C.3 现浇混凝土构件、表C.4预制混凝土构件、表C.5砌筑、表C.6立交箱涵、表C.7钢结构、表C.8装饰、表C.9其他,共分为9个表,86个清单项目。

附录D 隧道工程:包括表D.1隧道岩石开挖、表D.2岩石隧道衬砌、表D.3盾构掘井、表D.4管节顶升及旁通道、表D.5隧道沉井、表D.6混凝土结构、表D.7沉管隧道,共分为7个表,85个清单项目。

附录E 管网工程:包括表E.1管道铺设,表E.2管件、阀门及附件安装,表E.3支架制作及安装,表E.4管道附属构筑物,共分为4个表,51个清单项目。

附录F 水处理工程:包括表F.1水处理构筑物、表F.2水处理设备,共分为2个表,76个清单项目。

附录G 生活垃圾处理工程:包括表G.1垃圾卫生填埋、表G.2垃圾焚烧,共分为2个表,26个清单项目。

附录H 路灯工程:包括表H.1变配电设备工程、表H.2 10 kV以下架空线路工程、表H.3电缆工程、表H.4配管配线工程、表H.5照明器具安装工程、表H.6防雷接地装置工程、表H.7电气调整试验,共分为7个表,63个清单项目。

附录J 钢筋工程:共1个表,10个清单项目。

附录K 拆除工程:共1个表,11个清单项目。

附录L 措施项目:包括表L.1脚手架工程,表L.2混凝土模板及支架,表L.3围堰,表L.4便道及便桥,表L.5洞内临时设施,表L.6大型机械设备进出场及安拆,表L.7施工排水、降水,表L.8处理、监测、监控,表L.9安全文明施工及其他措施项目,共分为9个表,66个清单项目。

二维码1 《市政计量规范》(2013)附录常用内容

附录A~L的具体内容详见中国计划出版社出版的国家标准《市政计量规范》(2013)。

附录的常用内容可扫描二维码1"《市政计量规范》(2013)附录常用内容"。

3.本规范用词说明

对规范条文中要求严格程度不同的用词说明。

4.引用标准名录

引用相关标准的目录。

5.条文说明

对正文中各条条文的解释说明。

1.8.4 福建省贯彻执行《清单计价规范》(2013)及《市政计量规范》(2013)的情况

为了贯彻实施《清单计价规范》(2013)及《市政计量规范》(2013),福建省建设工程造价管理总站于2016年2月25日发布闽建价〔2016〕9号文《关于实施国家2013版建设工程工程量清单计价与计量规范有关事项的通知》。另外,为了做好建筑业营业税改征增值税试点工作,福建省住房和城乡建设厅办公室于2016年4月25日发布闽建办筑〔2016〕13号《关于建筑业营业税改增值税调整福建省建设工程计价依据的实施意见》,同时发布了《市政计量规范》(2013)福建省实施意见及《福建省建设工程工程量清单计价表格》(2016年第2版)。

2017年6月19日,为了配合《福建省市政工程预算定额》(2017版)的贯彻实施,福建省住房和城乡建设厅发布闽建筑〔2017〕20 号文《关于执行〈福建省建筑安装工程费用定额〉(2017 版)有关规定的通知》,同时发布了《市政计量规范》(2013)福建省实施细则及《福建省建设工程工程量清单计价表格》(2017 版)。

1.8.5 《市政计量规范》(2013)福建省实施细则

1.8.5.1 总说明

(1)为了适应我省建筑业发展需要,进一步规范和统一我省市政工程工程量计算规则与工程量清单编制方法,根据《市政计量规范》(2013)和《福建省市政工程预算定额》(FJYD-401—2017~FJYD-409—2017),制定《市政计量规范》(2013)福建省实施细则(以下简称《市政实施细则》)。

(2)《市政实施细则》适用于我省市政工程工程量清单计价。

(3)根据福建省实际情况,增加、删除、修改了《市政计量规范》(2013)附录部分内容,《市政实施细则》仅列出变动内容,其他未作规定的,均按《市政计量规范》(2013)执行;《市政实施细则》与《市政计量规范》(2013)不一致之处,按《市政实施细则》执行。

(4)《市政实施细则》附录中的工程量清单项目,增加的工程量清单项目编码为新增编码,与《市政计量规范》(2013)不重复。

(5)《市政计量规范》(2013)附录中,模板项目列入相应混凝土及钢筋混凝土分部分项清单考虑,模板工程不再单独列项。大型预制构件(如桥梁的板梁、箱梁、T 梁,预制箱涵等)需要的预制场地处理及底模,列入分部分项工程。

(6)市政取水工程按照《市政计量规范》(2013)及《市政实施细则》规定执行。

(7)市政管网工程的附属构筑物(包括检查井、雨水井、阀门井、水表井、手孔井、电缆井等各类井)均按附录计量单位的"座"计量,工作内容包括完成除土石方之外的所有内容。其他附录的类似构筑物参照本条规定执行。

(8)在招标阶段,难以准确定价的措施项目,应在招标文件和施工合同中明确,并约定该措施项目在竣工结算时依据经发包人认可的施工组织设计方案及现场签证重新核算。

(9)分部分项工程量清单、措施项目清单、其他项目清单应按照《市政实施细则》和《福建省建筑安装工程费用定额》(2017 版)执行,不再编列规费和税金项目清单。

(10)编制工程量清单时,遇缺项项目的,按照我省现行其他专业的实施细则规定进行编码列项;仍然不足的,自行补充。

1.8.5.2 附录

附录 A 土石方工程

A.1 土方工程

土方工程工程量清单项目设置、项目特征描述的内容、计量单位及工程量计算规则,应按表 A.1 的规定执行。

表 A.1　土方工程(编号:040101)

项目编码	项目名称	项目特征	计量单位	工程量计算规则	工作内容
040101001	挖一般土方	1. 土壤类别 2. 挖土深度	m³	按设计图示尺寸,包括工作面宽度、放坡宽度以立方米计算	1. 排地表水 2. 土方开挖 3. 围护(挡土板)及拆除 4. 基底钎探 5. 场内运输
040101002	挖沟槽土方				
040101003	挖基坑土方				
040101004	暗挖土方	1. 土壤类别 2. 平洞、斜洞(坡度) 3. 运距		按设计图示断面乘以长度以立方米计算	1. 排地表水 2. 土方开挖 3. 场内运输
040101005	挖淤泥、流砂	1. 挖掘深度		按设计图示位置、界限以立方米计算	1. 开挖 2. 运输

注:1. 沟槽、基坑、一般土方的划分为:底宽≤7 m且底长>3 倍底宽为沟槽;底长≤3 倍底宽且底面积≤150 m² 为基坑;不在上述范围的则为一般土方。

2. 土壤的分类应按表 A.1-1 确定。

3. 如土壤类别不能准确划分时,招标人可注明为综合,由投标人根据地勘报告确定报价。

4. 土方体积应按挖掘前的天然密实体积计算。非天然密实土方的,应按表 A.1-4 折算。

5. 挖沟槽、基坑土方中的挖土深度,一般指原地面标高至槽、坑底的平均高度。

6. 挖沟槽、基坑、一般土方因工作面和放坡增加的数量,并入相应的土方工程量。工作面和放坡增加的数量,按设计计算,设计未明确的,按表 A.1-2、A.1-3 规定计算;竣工结算时,工作面和放坡尺寸不再调整。

7. 挖沟槽、基坑、一般土方和暗挖土方清单项目的工作内容中,仅包括土方场内平衡所需的运输费用,如需土方外运时,按 040103002"余方弃置"项目编码列项。

8. 挖方出现流砂、淤泥时,如设计未明确,在编制工程量清单时,其工程数量可为暂估量,结算时,应根据实际情况由发包人与承包人双方现场签证确认工程量。

9. 040101005 挖淤泥、流砂项目工作内容不包含外弃内容,发生时执行 040103002 余方弃置项目。

10. 本表项目工作内容均不包含钢板桩支撑,钢板桩支撑按相应附录列入措施项目。

11. 挖沟槽土方,管道接口作业坑和沿线各种井室所需增加开挖的工程量可采用简化计算方式,即按 040101002 工程量计算规则计算出的工程数量的 2.5% 计算。

表 A.1-4　土方体积折算系数表

虚方体积	天然密实体积	夯实后体积	松填体积
1.3	1	0.87	1.08

A.2　石方工程

石方工程工程量清单项目设置、项目特征描述的内容、计量单位及工程量计算规则,应按表 A.2 的规定执行。

表 A.2　石方工程(编号:040102)

项目编码	项目名称	项目特征	计量单位	工程量计算规则	工作内容
040102001	挖一般石方	1. 岩石类别 2. 开凿深度	m³	按设计图示尺寸,包括工作面宽度以立方米计算	1. 排地表水 2. 石方开凿 3. 修整底、边 4. 场内运输
040102002	挖沟槽石方				
040102003	挖基坑石方				

注:1. 沟槽、基坑、一般土方的划分为:底宽≤7m且底长>3倍底宽为沟槽;底长≤3倍底宽且底面积≤150 m²为基坑;不在上述范围的则为一般石方。

2. 岩石的分类应按表 A.2-1 确定。

3. 石方体积应按挖掘前的天然密实体积计算。非天然密实石方的,按表 A.2-2 折算。

4. 挖沟槽、基坑、一般土方因工作面和放坡增加的工程量,并入相应的石方工程量。工作面和放坡增加的工程量按设计计算,设计未明确的,按表 A.1-3 计算工作面宽度。竣工结算时,工作面和放坡尺寸不再调整。

5. 挖沟槽、基坑、一般石方清单项目的工作内容中,仅包括石方场内平衡所需的运输费用,如需石方外运时,按 040103002"余方弃置"项目编码列项。

6. 石方爆破按现行国家标准《爆破工程工程量计算规范》(GB 50862)相关项目编码列项。

7. 挖沟槽石方,管道接口作业坑和沿线各种井室所需增加开挖的工程量可采用简化计算方式,即按 040102002 工程量计算规则计算出的工程数量的 2.5% 计算。

表 A.2-1　岩石分类表

岩石分类		饱和单轴抗压强度 R_c(MPa)	代表性岩石	开挖方法
极软岩		≤5	1. 全风化的各种岩石 2. 强风化的软岩 3. 各种半成岩	部分用手凿工具、部分用爆破法开挖
软质岩	软岩	5~15	1. 强风化的坚硬岩 2. 中等(弱)风化至强风化的较硬岩 3. 中等(弱)风化的较软岩 4. 未风化的泥岩、泥质页岩、绿泥石片岩、绢云母片岩等	用风镐和爆破法开挖
	较软岩	15~30	1. 中等(弱)风化至强风化的坚硬岩 2. 中等(弱)风化的较坚硬岩 3. 未风化至微风化的凝灰岩、千枚岩、砂质泥岩、泥灰岩、泥质砂岩、粉砂岩、砂质页岩等	用爆破法开挖
硬质岩	较硬岩	30~60	1. 中等(弱)风化的坚硬岩 2. 未风化至微风化的熔结凝灰岩、大理岩、板岩、白云岩、石灰岩、钙质砂岩、粗晶大理岩等	
	坚硬岩	>60	未风化至微风化的花岗岩、正长岩、闪长岩、辉绿岩、玄武岩、安山岩、片麻岩、硅质板岩、石英岩、硅质胶结的砾岩、石英砂岩、硅质石灰岩等	

注:本表依据国家标准《工程岩体分级标准》GB/T 50218—2014 和《岩土工程勘察规范》GB 50021—2001(2009 年版)定义。

表 A.2-2 石方体积换算系数表

石方类别	天然密实度体积	虚方体积	松填体积	码方体积	夯实后体积
石方	1.0	1.54	1.31		1.087
块石	1.0	1.75	1.43	1.67	
砂夹石	1.0	1.07	0.94		

A.3 填方及土石方运输

填方及土石方运输工程量清单项目设置、项目特征描述的内容、计量单位及工程量计算规则,应按表 A.3 的规定执行。

表 A.3 填方及土石方运输(编号:040103)

项目编码	项目名称	项目特征	计量单位	工程量计算规则	工作内容
040103001	填方	1. 密实度要求 2. 填方材料品种 3. 填方粒径要求 4. 填方来源、运距	m^3	1. 按挖方清单项目工程量加原地面线至设计要求标高间的体积,减去基础、构筑物等埋入体积计算 2. 按设计图示尺寸以立方米计算	1. 运输 2. 回填 3. 压实
040103002	余方弃置	1. 废弃料品种 2. 运距		按挖方清单项目工程量减去利用填方体积(正数)计算	余方点装料运输至弃置点

注:1. 对于沟、槽、坑等开挖后,再进行填方的清单项目,其工程量计算规则按第 1 条确定;场地填方等按第 2 条确定。其中,对工程量计算规则 1,当原地面线高于设计要求标高时,则其体积为负值。

2. 填方材料品种,若为土类时,项目特征可以不描述。

3. 填方粒径要求,无特殊要求的,项目特征可以不描述。

4. 填方项目特征应明确利用土方或外借土方,并分别编码列项。

5. 填方项目,若为利用土方的,工作内容中的运输包含利用土方的场内运输;若为外借土方的,外借土方的费用应列入综合单价。外借土方为购买的,综合单价应包含购土的所有费用(土源费、挖土和运土费等)。购土体积与填方清单工程数量体积的差异并入综合单价考虑。

6. 填方为压实的,按压实后体积计算;填方为松填的,按松填体积计算。

7. 业主或政府部门有明确或指定弃土点的,余方弃置工程量清单中应标明弃土运距。

8. 管道沟槽回填,当埋入物体积按设计图示尺寸计算有困难的,埋入物体积按非管道井室的构筑物断面面积×管道中心线长度×1.025 计算。

A.4 相关问题及说明

A.4.1 隧道石方开挖按附录 D 隧道工程中相关项目编码列项。

A.4.2 余方弃置清单项目中,如需发生弃置、堆放费用的,编制招标控制价和投标报价时,应根据工程项目所在地有关规定计取相应费用,并计入综合单价中。

A.4.3 未采用施工图招标的土石方项目,土石方工程分部分项工程量清单工程数量均按暂定量编制,竣工结算时,土石方工程量按实调整,其中工作面和放坡增加的工程量按表 A.1 注 6 和表 A.2 注 4 执行。

附录 B　道路工程

B.1　路基处理

路基处理工程量清单项目设置、项目特征描述的内容、计量单位及工程量计算规则应按表 B.1 的规定执行。

表 B.1　路基处理(编码:040201)

项目编码	项目名称	项目特征	计量单位	工程量计算规则	工作内容
040201021	土工合成材料	1. 材料品种、规格 2. 搭接方式	m²	按设计图示尺寸以接触面积(与铺设基层的接触面积)计算,反包面积并入工程量计算,搭接与锚固需要的面积不计算。	1. 基层整平 2. 铺设 3. 固定

注:1. 地面情况按表 A.1-1 和表 A.2-1 的规定,并根据岩土工程勘察报告按单位工程各地层所占比例(包括范围值)进行描述。对无法准确描述的地层情况,可注明由投标人根据岩土工程勘察报告自行决定报价。

2. 项目特征中的桩长应包括桩尖,空桩长度=孔深－桩长,孔深为自然地面至设计桩底的深度。

3. 如采用碎石、粉煤灰、砂等作为路基处理的填方材料时,应按附录 A 土石方工程中的"填方"项目编码列项。

4. 排水沟、截水沟清单项目中,当侧墙为混凝土时,还应描述侧墙的混凝土强度等级。

5. 水泥粉煤灰碎石桩、深层水泥搅拌桩、粉喷桩、高压旋喷桩等复合地基项目,按要求委托第三方机构对桩的强度、承载力以及桩身完整性等内容进行检测的,其检测费用不包含在相应分部分项清单项目中,应列入其他项目清单计算。

B.5 交通管理设施

交通管理设施工程量清单项目设置、项目特征描述的内容、计量单位及工程量计算规则应按表 B.5 的规定执行。

表 B.5　交通管理设施(编码:040205)

项目编码	项目名称	项目特征	计量单位	工程量计算规则	工作内容
040205006	标线	1. 材料品种 2. 工艺 3. 线型	m²	按设计图示尺寸的实线面积以平方米计算	1. 清扫 2. 放样 3. 画线 4. 护线
040205007	标记	1. 材料品种 2. 类型 3. 规格尺寸	个	按设计图示数量以个计算	

B.6　相关问题及说明

B.6.1　附录 B.2 道路基层的 040202001 路床(槽)整形项目不执行,路床(槽)整形内容并入相应底基层(或垫层)项目工作内容;B.4 人行道及其他的 040204001 人行道整形碾压项目不执行,人行道整形碾压内容并入人行道块料铺设项目工作内容。

B.6.2　附录 B.3 道路面层的 040203007 水泥混凝土路面工作内容包含传力杆、拉杆及钢筋网,水泥混凝土路面的钢筋不单独列清单项目。

附录 C　桥涵工程

C.1　桩　基

桩基工程量清单项目设置、项目特征描述的内容、计量单位及工程量计算规则应按表 C.1 的规定执行。

表 C.1　桩基(编码:040301)

项目编码	项目名称	项目特征	计量单位	工程量计算规则	工作内容
040301004	泥浆护壁成孔灌注桩	1. 地层情况 2. 空桩长度、桩长 3. 桩径 4. 成孔方式 5. 混凝土种类、强度等级	m	按设计图示尺寸的桩长(包含桩尖)以米计算	1. 工作平台搭拆 2. 桩机位移 3. 护筒埋设 4. 成孔、固壁 5. 混凝土制作、运输、灌注、养护 6. 土方、废浆外运 7. 打桩场地硬化及泥浆池、泥浆沟
040301005	沉管灌注桩	1. 地层情况 2. 空桩长度、桩长 3. 复打长度 4. 桩径 5. 沉管方式 6. 桩尖类型 7. 混凝土种类、强度等级		按设计图示尺寸的桩长(包含桩尖)以米计算	1. 工作平台搭拆 2. 桩机位移 3. 打(沉)拔钢管 4. 桩尖安装 5. 混凝土制作、运输、灌注、养护
040301006	干作业成孔灌注桩	1. 地层面积 2. 空桩长度、桩长 3. 桩径 4. 扩孔直径、高度 5. 成孔方法 6. 混凝土种类、强度等级			1. 工作平台搭拆 2. 桩机位移 3. 成孔、扩孔 4. 混凝土制作、运输、灌注、养护

C.7　钢　结　构

钢结构工程量清单项目设置、项目特征描述的内容、计量单位及工程量计算规则应按表 C.7 的规定执行。

表 C.7　钢结构(编码:040307)

项目编码	项目名称	项目特征	计量单位	工程量计算规则	工作内容
040307001	钢箱梁	1. 材料品种、规格 2. 部位 3. 探伤要求 4. 防火要求 5. 补刷油漆品种、色彩、工艺要求	t	按设计图示尺寸以吨计算,不扣除孔眼的质量,焊条、铆钉、螺栓等不另增加质量	1. 拼装 2. 安装 3. 探伤 4. 涂刷防火涂料 5. 补刷油漆
040307002	钢板梁				
040307003	钢桁梁				
040307004	钢拱				
040307005	劲性钢结构				
040307006	钢结构叠合梁				
040307007	其他钢构件				
040307008	悬(斜拉)索	1. 材料品种、规格 2. 直径 3. 抗拉强度 4. 防护方式		按设计图示尺寸以吨计算	1. 拉索安装 2. 张拉、索力调整、锚固 3. 防护壳制作、安装
040307009	钢拉杆				1. 连接、紧锁件安装 2. 钢拉杆安装 3. 钢拉杆防腐 4. 钢拉杆防护壳制作、安装

注:本表项目的工程量中均不包含金属构件的切边,不规则及多边形钢板发生的损耗在综合单价中考虑。

C.10　相关问题及说明

C.10.4　040301011 截桩头项目不执行,截桩头并入相应桩基项目工作内容。

附录 D　隧道工程

D.8　相关问题及说明

D.8.1　隧道开挖由于超挖因素增加的工程数量,不包含在相应分部分项工程量清单内,应在综合单价中考虑;超挖的工程数量根据相应定额规定计算。

附录 E　管网工程

E.4　管网附属构筑物

管网附属构筑物工程量清单项目设置、项目特征描述的内容、计量单位及工程量计算规则应按表 E.4 的规定执行。

表 E.4 管网附属构筑物（编码：040504）

项目编码	项目名称	项目特征	计量单位	工程量计算规则	工作内容
040504001	砌筑井	1. 垫层、基础材质及厚度 2. 砌筑材料品种、规格、强度等级 3. 勾缝、抹面要求 4. 砂浆强度等级、配合比 5. 混凝土强度等级 6. 盖板材质、规格 7. 井盖、井圈材质及规格 8. 踏步材质、规格 9. 防渗、防水要求	座	按设计图示数量以座计算	1. 垫层铺设 2. 模板制作、安装、拆除 3. 混凝土拌和、运输、浇筑、养护 4. 砌筑、勾缝、抹面 5. 井圈、井盖安装 6. 盖板安装 7. 踏步安装 8. 防水、止水 9. 钢筋制作安装 10. 脚手架搭拆
040504002	混凝土井	1. 垫层、基础材质及厚度 2. 混凝土强度等级 3. 井盖、井圈材质及规格 4. 踏步材质、规格 5. 防渗、防水要求			1. 垫层铺设 2. 模板制作、安装、拆除 3. 混凝土拌和、运输、浇筑、养护 4. 井圈、井盖安装 5. 盖板安装 6. 踏步安装 7. 防水、止水 8. 钢筋制作安装 9. 脚手架搭拆
040504003	塑料检查井	1. 垫层、基础材质及厚度 2. 检查井材质及规格 3. 井筒、井盖、井圈材质及规格			1. 垫层铺设 2. 模板制作、安装、拆除 3. 混凝土拌和、运输、浇筑、养护 4. 检查井安装 5. 井筒、井盖、井圈安装 6. 钢筋制作安装
040504004	砖砌井筒	1. 井筒规格 2. 砌筑材料品种、规格 3. 砌筑、勾缝、抹面要求 4. 砂浆强度等级、配合比 5. 踏步材质、规格 6. 防渗、防水要求	m	按设计图示数量以米计算	1. 砌筑、勾缝、抹面 2. 踏步安装
040504005	预制混凝土井筒	1. 井筒规格 2. 踏步规格			1. 运输 2. 安装

续表

项目编码	项目名称	项目特征	计量单位	工程量计算规则	工作内容
040504006	砌体出水口	1. 垫层、基础材质及厚度 2. 砌筑材料品种、规格 3. 砌筑、勾缝、抹面要求 4. 砂浆强度等级及配合比			1. 垫层铺筑 2. 模板制作、安装、拆除 3. 混凝土拌和、运输、浇筑、养护 4. 砌筑、勾缝、抹面 5. 钢筋制作安装 6. 脚手架搭拆
040504007	混凝土出水口	1. 垫层、基础材质及厚度 2. 混凝土强度等级			1. 垫层铺筑 2. 模板制作、安装、拆除 3. 混凝土拌和、运输、浇筑、养护 4. 钢筋制作安装 5. 脚手架搭拆
040504008	整体化粪池	1. 材质 2. 型号、规格	座	按设计图示数量以座计算	安装
040504009	雨水井	1. 雨水箅子及圈口材质、型号、规格 2. 垫层、基础材质及厚度 3. 混凝土强度等级 4. 砌筑材料品种、规格 5. 砂浆强度等级及配合比			1. 垫层铺筑 2. 模板制作、安装、拆除 3. 混凝土拌和、运输、浇筑、养护 4. 砌筑、勾缝、抹面 5. 雨水箅子安装 6. 钢筋制作安装 7. 脚手架搭拆
040504010	沉井	1. 沉井类型 2. 沉井尺寸 3. 下沉深度 4. 混凝土强度			1. 沉井制作(混凝土、模板、钢筋) 2. 沉井下沉 3. 垫层铺设 4. 防腐处理 5. 脚手架搭拆

注:1. 管道附属构筑物为标准定型附属构筑物时,应在项目特征中明确标准图集编号及页码。

附录 H 路灯工程

H.8 相关问题及说明

H.8.5 040803005 电缆终端头、040803006 电缆中间头两个项目不执行,终端头、中间头制作安装并入 040803001 电缆项目的工作内容。

H.8.6 路灯的触发器、镇流器、电容器等灯具附件,均列入相应照明器具安装清单的工作内容。

附录 L 措施项目

L.1 脚手架工程

脚手架工程工程量清单项目设置、项目特征描述的内容、计量单位及工程量计算规则,应按表 L.1 的规定执行。

表 L.1 脚手架工程(编码:041101)

目编码	项目名称	项目特征	计量单位	工程量计算规则	工作内容
41101001	墙面脚手架	墙高	m²	按墙面水平边线长度乘以墙面砌筑高度计算	1. 清理场地 2. 搭设、拆除脚手架、安全网 3. 材料场内外运输
041101002	柱面脚手架	1. 柱高 2. 柱结构外围周长		按柱结构外围周长乘以柱砌筑高度计算	
041101003	仓面脚手架	1. 搭设方式 2. 搭设高度		按仓面水平面积计算	
041101004	沉井脚手架	沉井高度		按井壁中心线周长乘以井高计算	
041101005	井字架	井深	座	按设计图示数量计算	1. 清理场地 2. 搭、拆井字架 3. 材料场内外运输

注:1. 各类井的井深按井底基础以上至井盖顶的高度计算。
2. 井字架(041101005)项目不执行,其费用并入相应检查井清单工作内容。

L.2 支架

支架工程量清单项目设置、项目特征描述的内容、计量单位及工程量计算规则应按表 L.2 的规定执行。

表 L.2 支架(编码:041102)

项目编码	项目名称	项目特征	计量单位	工程量计算规则	工作内容

具体内容见《国家计量规范》

L.6 大型机械设备进出场及安拆

大型机械设备进出场及安拆工程量清单项目设置、项目特征描述的内容、计量单位及工程量计算规则,应按表 L.6 的规定执行。

表 L.6 大型机械设备进出场及安拆(编号:041106)

项目编码	项目名称	项目特征	计量单位	工程量计算规则	工作内容
041106001	大型机械设备进出场及安拆	(无须描述)	项	按施工方案列项计算	1. 安拆费包括施工机械、设备在现场进行安装拆卸所需人工、材料、机械和试运转费用以及机械辅助设施的折旧、搭设、拆除等费用 2. 进出场费包括施工机械、设备整体或分体自停放地点运至施工现场(或由一施工地点运至另一施工地点)、运离施工现场所发生的运输、装卸、辅助材料等费用 3. 大型机械设备基础 4. 大型机械检测费

L.7 施工排水、降水

施工排水、降水工程量清单项目设置、项目特征描述的内容、计量单位及工程量计算规则,应按表 L.7 的规定执行。

表 L.7 施工排水、降水(编号:041107)

项目编码	项目名称	项目特征	计量单位	工程量计算规则	工作内容
041107002	施工排水、降水	(无须描述)	项	按施工方案列项计算	施工排水、降水

L.9 总价措施项目

总价措施项目工程量清单项目设置、项目特征描述的内容、计量单位及工程量计算规则,应按表 L.9 的规定执行。

表 L.9　总价措施项目(编码:041109)

项目编码	项目名称	项目特征	计量单位	工程量计算规则	工作内容
041109001	安全文明施工费	(无须描述)	项	按工程设置列项计算	1. 环境保护费 2. 安全施工费 3. 文明施工费 4. 临时设施费
041109008	其他总价措施费	(无须描述)	项	按工程设置列项计算	1. 夜间施工增加费 2. 已完工程及设备保护费 3. 风雨季施工增加费 4. 冬季施工增加费 5. 工程定位复测费

注:1. 安全文明施工费包括环境保护费、安全施工费、文明施工费和临时设施费,具体工作内容按照《福建省建筑安装工程费用定额》(2017版)规定执行。

2. 其他总价措施费包括夜间施工增加费、已完工程及设备保护费、风雨季施工增加费、冬季施工增加费和工程定位复测费,具体工作内容按照《福建省建筑安装工程费用定额》(2017版)规定执行。

L.10　二次搬运

二次搬运工程量清单项目设置、项目特征描述的内容、计量单位及工程量计算规则,应按表 L.10 的规定执行。

表 L.10　二次搬运(编号:041110)

项目编码	项目名称	项目特征	计量单位	工程量计算规则	工作内容
041110001	二次搬运	1. 搬运内容 2. 搬运距离	项(或其他计量单位)	按需要搬运的材料、成品、半成品计量单位或项计算	由于施工场地条件限制而发生的材料(含设备)、成品、半成品等一次运输不能到达堆放地点,必须进行的二次或多次装、运、卸、堆放

L.11　施工现场围挡

施工现场围挡工程量清单项目设置、项目特征描述的内容、计量单位及工程量计算规则,应按表 L.11 的规定执行。

表 L.11　施工现场围挡(编号:041111)

项目编码	项目名称	项目特征	计量单位	工程量 计算规则	工作内容
041111001	固定式砌体围挡	1. 围挡高度 2. 基础类型、尺寸 3. 砌体类型	m·d (m)	按施工方案或施工组织设计确定的围挡长度乘以使用天数(或按围挡长度)计算	1. 砌筑、浇捣基础 2. 围挡搭拆 3. 维护 4. 基础拆除 5. 围挡移动
041111002	固定式夹芯压型钢板围挡	1. 围挡高度 2. 基础类型、尺寸 3. 挡板类型	m·d (m)		
041111003	移动式水马围挡	1. 高度	m·d (m)		
041111004	移动式铁牌围挡	1. 高度	m·d (m)		

L.12　钢板桩支撑

钢板桩支撑工程量清单项目设置、项目特征描述的内容、计量单位及工程量计算规则,应按表 L.12 的规定执行。

表 L.12　钢板桩支撑(编号:041112)

项目编码	项目名称	项目特征	计量单位	工程量 计算规则	工作内容
041112001	钢板桩支撑	1. 钢板桩类型、布设方式 2. 沟槽或基坑深度 3. 支撑方式	m	按施工方案确定需支撑的沟槽或基坑的单边长度计算;多边支撑的,按多边长度之和计算	1. 运输 2. 打拔钢板桩 3. 安拆横撑 4. 整修、维护

L.13　相关问题及说明

L.13.1　编制工程量清单时,措施项目应按设计措施方案编制,若无设计措施方案的,清单编制人应暂定措施方案进行编制,招标文件应明确措施项目费用结算时是否调整及调整办法。

附录 M　其他项目

M.1　其他项目

其他项目工程量清单项目设置、项目特征描述的内容、计量单位及工程量计算规则,应按表 M.1 的规定执行。

表 M.1　其他项目(编号:041201)

项目编码	项目名称	项目特征	计量单位	工程量计算规则	工作内容
041201001	暂列金额		项	根据需要列项	1. 不可预见的采购 2. 设计变更 3. 现场签证 4. 合同调整 5. 索赔 6. 规定列入的项目
041201002	专业工程暂估价		项	根据需要列项	
041201003	总承包服务费		项	根据需要列项	

注:本表项目特征无须描述,各项目具体工作内容按照《福建省建筑安装工程费用定额》(2017版)规定执行。

复习思考题

1. 什么是工程造价?它有哪些特点?其计价特征有哪些?

2. 工程造价的一般商品价格职能有哪些?工程造价特有的职能有哪些?

3. 根据工程建设阶段的不同,工程造价可分为哪些类型?

4. 建设工程项目如何划分?

5. 什么叫建设项目总投资、固定资产投资、建筑安装工程造价?

6. 什么是工程造价管理?其基本内容有哪些?有效控制工程造价有哪些原则?

7. 什么叫注册造价工程师?注册造价工程师的权利和义务是什么?

8. 什么叫造价员?造价员与造价工程师的相同点和区别各有哪些?

9. 我国现行建设项目总投资由哪些费用构成?

10. 设备及工、器具购置费用有哪些构成?

11. 按费用构成要素组成划分,建筑安装工程费用由哪几部分组成?

12. 按工程造价形成顺序划分,建筑安装工程费用由哪几部分组成?

13. 工程建设其他费用由哪些费用构成?

14. 工程计量的依据有哪些?

15. 工程计量的类型有哪些?

16. 工程计量的步骤和方法有哪些?

17. 工程计量的影响因素和要求有哪些?

18. 工程计价的依据有哪些?

19. 定额计价模式与工程量清单计价模式有何区别?

20. 如何按程序计算建筑安装工程费用?

21. 市政工程定额的概念和作用是什么?

22. 市政工程定额的分类及其内容有哪些?

23. 市政工程预算定额的含义、组成及内容有哪些？

24. 施工定额的组成和作用是什么？

25. 劳动定额的概念及表现形式有哪些？

26. 材料消耗定额的概念是什么？其组成如何？

27. 周转性材料消耗量是如何确定的？

28. 福建省建筑安装工程费用定额由哪些内容组成？

29. 《清单计价规范》的适用范围有哪些？

30. 《清单计价规范》(2013)的主要内容有哪些？

31. 《清单计价规范》(2013)的专业设置有哪些？

32. 《市政工程工程量计算规范》(GB 50857—2013)的组成内容有哪些？

33. 《市政工程工程量计算规范》(GB 50857—2013)福建省实施细则与《市政工程工程量计算规范》(GB 50857—2013)的规定有哪些不同？

练习题

1. 某市政工程经计算，其中人工费 650 万元，材料费 1800 万元，施工机具使用费 550 万元，按人工费和施工机具使用费之和为基数计算的企业管理费费率为 25%、利润率为 6%，按人工费为基数计算的规费费率为 35%，计算该工程的不含税造价。

2. 某项目建设期初的建筑安装工程费和设备及工器具购置费为 4500 万元，建设期 2 年，第 1 年计划投资 65%，第 2 年计划投资 35%，年平均价格上涨率为 5%，试计算该项目建设期的涨价预备费。

3. 某新建项目，建设期为 3 年，分年均衡进行贷款，第一年贷款 400 万元，第 2 年贷款 500 万元，第三年贷款 400 万元，贷款年利率为 10%，建设期内利息只计息不支付，试计算建设期贷款利息。

4. 某企业拟建一污水处理厂，计划建设期 3 年，第 4 年工厂投产。项目运营期 20 年。该项目所需设备均为国产标准设备，其带有备件的订货合同价为 4500 万元人民币。国产标准设备的设备运杂费率为 3‰。该项目的工具、器具及生产家具购置费率为 3.5%。

该项目建筑安装工程费用估计为 5500 万元人民币，工程建设其他费用估计为 2600 万元人民币。建设期间的基本预备费率为 4%，涨价预备费为 1200 万元人民币，固定资产投资方向调节税率为 5%，流动资金估计为 4000 万元人民币。

项目的资金来源分为自有资金与贷款。其贷款计划为：建设期第一年贷款 1500 万元，第 2 年贷款 2500 万元，第 3 年贷款 2000 万元，年利率 10%（按年计息）。

问题：

(1)计算设备及工器具购置费用。

(2)计算建设期贷款利息。

(3)计算工厂建设的总投资。

5. 试计算标准 1 砖墙每立方米砌体中砖和砂浆的消耗量。（砖和砂浆损耗率均为 1%）

6. 某人行道铺设大理石火烧板面层，大理石火烧板规格为 500 mm×500 mm×5 mm，灰缝为 1 mm,结合层为 20 厚 1∶2 水泥砂浆,试计算 100 m² 地面中面砖和砂浆的消耗量。(面砖和砂浆损耗率均为 1.5%)

7. 对一名工人挖土的工作进行定额测定,该工人经过 2 天的工作(其中 4 h 为损失的时间),挖了 15 m³ 土方,计算该工人的产量定额和时间定额。

8. 某工程捣制混凝土独立基础,模板接触面积为 50 m²,查《混凝土构件模板接触面积及使用参考表》得知:一次使用模板量为每 10 m² 需板材 0.36 m³、方材 0.45 m³。模板周转 6 次,每次周转损耗 16.6%;支撑周转 9 次,每次周转损耗 11.1%。试计算混凝土模板一次使用量和摊销量。

9. 某桥涵工程直接工程费为 300 万元,以直接费为计算基础计算建安工程费,其中措施费为直接工程费的 5%,间接费费率为 8%,利润为 6%,综合税率为 9%。试计算建安工程造价。(题目中未提到的其他费用即不考虑)

模块 2　市政工程预算定额的主要内容及应用

知识目标	①会说明预算定额的查用方法； ②会理解市政工程预算定额总说明，辨析通用项目、道路工程、桥涵工程、排水工程的定额主要内容、工程量计算规则； ③会叙述其他定额册的定额内容、工程量计算规则等。
能力目标	能正确使用市政工程预算定额，完成一般市政工程项目的定额工程量计算和定额套用、定额调整等。
素质目标	培养学生遵守国家及各级政府部门颁发的定额、标准的品质，具有勤于思考、刻苦钻研、认真细致、精益求精的学习精神。

目前我国市政工程预算执行的是住房和城乡建设部发布的《市政工程消耗量定额》（ZYA 1-31—2015）及各省、自治区、直辖市的住房和城乡建设厅结合本地实际编制的地区市政工程预算定额，如福建省采用的是《福建省市政工程预算定额》（FJYD-401—2017～FJYD-409—2017），按工程内容不同分为 9 册。

本模块主要以《福建省市政工程预算定额》（FJYD-401—2017～FJYD-409—2017）[以下简称《福建省市政工程预算定额》（2017 版）]为例，介绍市政工程预算定额的查用方法，各册、各章定额主要内容、定额说明、工程量计算规则以及定额工程量计算和定额套用、定额调整等。

2.1　预算定额的查用方法

在查用市政工程定额时，首先要知道定额的查阅步骤，其次要知道定额的套用方法。

2.1.1　预算定额的查阅步骤

视频 2-1　市政工程预算定额的查用方法

预算定额的查阅，可分为以下 5 个步骤。

（1）确定定额种类。在查用定额前，应根据工程项目所在地及运用定额的目的，确定所用定额的种类。如编制福建省市政工程预算及投标报价等，应查用《福建省市政工程预算定额》（2017 版）。

（2）确定定额表。分为 6 个小步：①确认预查定额的项目名称。②判断预查项目套用定额所在专业册,查册目录。③确定套用定额所在章,查章目录。④查定定额表序号、名称及页码。⑤翻到相应页码,查看定额工作内容与项目特征、工作内容等有无出入。⑥若有出入,则需从第②步起重新查定定额表;若无出入,则可进一步确定定额子目。

(3)确定定额子目及定额编号。在确定工程项目所应套用的定额表无误后,就可以根据其项目特征、工作内容等,进一步确定定额子目及其定额编号。

福建省市政工程预算定额编号一般采用八位阿拉伯数字,其中第一位阿拉伯数字为专业工程序号4,表示市政工程;第二、三位阿拉伯数字表示定额各专业册序号,《第一册　通用项目》为 01,《第二册　道路工程》为 02,《第三册　桥涵工程》为 03,《第四册　隧道工程》为 04,《第五册　排水管道工程》为 05,《第六册　水处理工程》为 06,《第七册　生活垃圾处理工程》为 07,《第八册　给水、燃气工程》为 08,《第九册　路灯工程》为 09;第四至五位阿拉伯数字表示章序号;第六至八位阿拉伯数字表示所查子目定额在该章定额中的顺序号。若所查阅定额需换算的,定额编号后需加个字母"T"。如定额编号[40203041]指市政工程《第二册　道路工程》的第三章第 041 个子目,即水泥混凝土路面(厚度 20 cm)。

(4)查子目定额内容。在查到定额子目后再进行以下 4 个小步骤:①检查所查项目工程量的计算单位与定额子目的计量单位是否一致,是否符合定额规定的工程量计算规则;若不一致,应按照定额规定重新进行工程量计算。②进一步检查项目特征、工作内容是否与所套用的子目定额内容完全一致,若不一致,应查看定额的总说明、章说明等内容,确定是否允许定额调整。若应调整,则根据规定进行相应的调整换算,并在定额编号后加个字母"T"。③按照子目定额内容确定各项定额值,可直接引用的就直接抄录,需调整换算的则在计算后抄录。④重新按上述步骤复核。

(5)查另一项目的定额。一个项目的定额查完后,依次查下一项目的定额。

【例 2-1】编制福建省市政工程施工图预算,预查出 12 t 自卸汽车运路基土方 1 km 的定额编号及自卸汽车的定额消耗量。

【解】查阅步骤如下:

(1)确定预查定额种类:《福建省市政工程预算定额》(2017 版)。

(2)判断预查项目 12 t 自卸汽车运路基土方 1 km 套用定额在《第一册　通用项目》的第一章土石方工程中,从册、章目录中查定定额表 1.16 自卸汽车运土,在第 18 页。

(3)翻到定额第 18 页,根据所查项目中的 12 t 汽车,确定套用定额子目:自卸汽车运土,载重 10 t 以外,定额编号为 40101091。

(4)从定额 40101091 中查到自卸汽车装载质量 15 t 的定额消耗量为 0.00659 台班。

2.1.2　预算定额的套用方法

根据套用定额是否换算,定额套用一般有四种情况:直接套用、定额换算、定额合并和定额补充。

2.1.2.1　直接套用

根据施工图纸、设计说明、作业说明确定的分部分项工程项目或工程量清单项目的项目特征、工作内容与定额项目的工作内容完全一致,或虽然不一致但规定不可以换算时,直接选套相应定额,采用定额项目的人工、材料、机械台班消耗量,不做任何调整、换算。

套用时,需先把工程量计算中的数量单位换算成与定额中的单位一致。

【例2-2】人工挖沟槽,二类土,深2 m,确定套用的定额子目及工料机基价。

【解】经查《福建省市政工程预算定额》(2017版)第一册第一章目录,然后在第8页找到定额:

人工挖沟槽土方(一、二类土),定额子目[40101004]

工料机基价:17.64元

2.1.2.2 定额换算

定额换算也可称为定额调整或定额抽换。当分部分项工程项目或工程量清单项目的项目特征、工作内容与定额项目的工作内容不完全一致时,按定额规定对定额项目中的人工、全部或部分材料、机械的消耗量进行调整。经过换算的定额编号在右端应加写个字母"T"。

常见的定额换算情况有以下几种。

1. 基本换算

当分部分项工程项目或工程量清单项目的项目特征、工作内容与定额项目的工作内容不完全一致时,需要对定额项目的人工、材料、机械乘系数进行调整。

如分项工程项目"厚度18 cm水泥稳定层",厚度超过定额基本厚度15 cm,需分2层摊铺压实,套用定额时需进行基本换算:人工费×2,机械费×2,材料费×1.2(18/15=1.2)。

2. 肯定换算

当分部分项工程项目或工程量清单项目的项目特征、工作内容与定额项目的工作内容不完全一致时,按定额总说明、章说明等的规定,将整个定额或定额中的人工、材料或机械乘系数等进行调整。

【例2-3】人工挖沟槽,三类湿土,深2 m,确定套用的定额子目及人工费基价。

【解】首先查《福建省市政工程预算定额》(2017版)第一册第一章目录,在第8页找到定额:人工挖沟槽土方(三类土),套用定额子目[40101008]。

该项目的沟槽土方为湿土,而定额项目中为干土,需肯定换算。根据《福建省市政工程预算定额》(2017版)《第一册 通用项目》第一章土石方工程章说明第七条,确定套用的定额子目及人工费基价如下:

定额子目:[40101008T]

综合单价:$29.69 \times 1.18 = 35.03$元

【例2-4】挖掘机挖槽坑,三类湿土,槽坑横撑间距≤3 m,确定套用的定额子目及定额人工费、机械消耗量。

【解】该项目的沟槽土方为湿土,而定额项目中为干土,且槽坑横撑间距≤3 m,需换算。根据《福建省市政工程预算定额》(2017版)《第一册 通用项目》第一章土石方工程章说明第七条、十五条,确定套用的定额子目及定额人工费、机械消耗量如下:

定额子目:[40101058T]

定额人工费:$0.34 \times 1.15 \times 1.43 = 0.56$元

履带式推土机75 kW:$0.00040 \times 1.15 \times 1.25 = 0.00058$台班

履带式液压单斗挖掘机1.25 m³:$0.00230 \times 1.15 \times 1.25 = 0.00331$台班

3. 叠加换算

当汽车运距、路面结构层厚度、建筑物或构筑物高度等与定额基本规定不同时,需按照基本定额和辅助定额叠加进行计算。

【例 2-5】载重 10 t 的自卸汽车运土 3 km,确定套用的定额子目。

【解】经查《福建省市政工程预算定额》(2017 版)可知:载重 10 t 的自卸汽车运土 3 km 除需套用运距 1 km 以内的基本定额[40101089]外,还需叠加考虑增运 2 km,套用辅助定额每增运 1 km[40101090],数量为 2/1.0＝2,故汽车运土 3 km 套用定额子目为:

[40101089]＋[40101090]×2

【例 2-6】人工铺装碎石垫层,厚度 12 cm,确定套用的定额子目。

【解】经查《福建省市政工程预算定额》(2017 版)可知:人工铺装碎石垫层厚度 12 cm,除需套用厚度 10 cm 的基本定额[40202036]外,还需叠加考虑厚度 2 cm 的垫层,套用辅助定额厚度每增减 1 cm[40202037],数量为 2,故人工铺装碎石垫层厚 12 cm 叠加套用定额子目为:

[40202036]＋[40202037]×2

4. 砼或砂浆换算

在混凝土或砂浆工程中,往往设计要求的混凝土或砂浆拌和方式、品种、标号、混凝土中碎石最大粒径等与定额不一致,就需要按设计要求调整混凝土或砂浆的标号或规格。

在换算过程中,定额单位产品材料消耗量一般不变,仅调整与定额规定的品种或规格不相同材料的预算价格。

【例 2-7】混凝土强度等级不同的换算。

如:现浇混凝土桥台台帽,定额中混凝土为 C30 预拌混凝土,而设计要求为 C35 混凝土,则套用定额子目[40305028T],将定额中的 C30 预拌混凝土换成 C35 预拌混凝土或 C35 现拌混凝土,并按 C35 预拌混凝土或 C35 现拌混凝土的预算价格进行计算,混凝土的消耗量保持不变。

2.1.2.3　定额合并

当分部分项工程项目或工程量清单项目的工作内容是几个定额项目工作内容之和时,就必须将几个相关的定额项目进行合并套用。

【例 2-8】现场拌制混凝土浇筑水泥砼路面,长 200 m,宽 7 m,厚度 24 cm,采用真空吸水,草袋养生,锯缝机锯缝(深 4 cm),胀缝(聚氨酯)一条,宽 2 cm。试确定套用的定额子目,并计算此段路面人工费。(钢筋、套筒等不计)

【解】根据水泥砼路面的项目特征及工作内容,套用福建省市政工程预算定额,计算此段路面人工费,如表 2-1 所示。

表 2-1　套用福建省市政工程预算定额计算此段路面人工费

定额子目	定额编号及调整	人工费(元)
水泥砼路面	[40203041]＋[40203042]×4	(13.25＋0.27×4)×1400＝20062
人工切缝(伸缝,聚氨酯)	[40203046]	1.56×0.04×7＝0.44
锯缝机锯缝	[40203047]	1.85×7＝12.95
真空吸水	[40203052]	0.9×1400＝1260
合计		21335.39

2.1.2.4　定额补充

当分项工程的设计要求与定额条件完全不相符时或者由于设计采用新结构、新材料、新工艺施工方法,在预算定额中没有这类项目,属于定额缺项时,可编制补充预算定额。其方法是按补充项目的人工、材料、机械分别消耗定额的制定方法来确定。

这种方法在一般工程项目中较少使用。

2.2　定额总说明

《福建省市政工程预算定额》(2017 版)总说明是对全套定额所作的综合说明和规定,理解和掌握定额总说明是正确使用定额的重要前提。

本定额总说明共十七条,其中第一条至第五条分别介绍了定额的主要内容、作用、适用范围、编制的指导思想、编制依据;第六条说明定额的人工费包括应由企业支付的劳保费用;第七条介绍了定额中主要材料、辅助材料、周转性材料、零星材料、成品和半成品等消耗量的计算规定;第八条介绍了定额施工机械台班消耗量的有关规定;第九条介绍了本定额基价及使用注意事项;第十条介绍了本定额中的混凝土定额项目费用包含内容及调整规定;第十一条介绍了本定额中的水泥混凝土混合料、沥青混合料的计算规定;第十二条介绍了定额工作内容的考虑范围;第十三条介绍了干混砂浆的计算规定;第十四条介绍了降效增加费的计算规定;第十五条介绍了定额未编列项目的套用方法。

附:定额总说明

一、《福建省市政工程预算定额》(FJYD-401—2017～FJYD-409—2017)(以下简称本定额),依据住建部发布的《市政工程消耗量定额》(ZYA 1-31—2015),结合我省实际编制,共分 9 册,包括《第一册　通用项目》《第二册　道路工程》《第三册　桥涵工程》《第四册　隧道工程》《第五册　排水管道工程》《第六册　水处理工程》《第七册　生活垃圾处理工程》《第八册　给水、燃气工程》《第九册　路灯工程》。

二、本定额是我省完成规定计量单位市政分项工程所需的人工费以及材料、施工机具台班消耗量标准;是编制和确定国有资金投资的市政工程施工图预算、工程量清单、招标控制价(最高投标限价)、调解处理工程造价纠纷、鉴定工程造价的依据;是编制设计概算、投资估算的基础;是编制投标报价、企业定额,以及其他投资性质工程计价的参考。

三、本定额适用于我省城镇范围内新建、扩建和改建的市政工程。

四、本定额按照正常的施工条件、常用的施工方法和工艺、合理的施工工期以及合格工程进行编制。

五、本定额按照国家和省现行有关设计规范和施工验收规范、质量评定标准、产品标准、安全与技术操作规程、标准图集进行编制,并参考了有代表性的工程设计、施工资料和其他资料。

六、本定额的人工费包括应由企业支付的劳保费用。

七、本定额的材料消耗量

1. 材料包括施工中消耗的主要材料、辅助材料、周转材料和其他材料。定额消耗量已考虑施工现场堆放、场内运输以及施工操作等损耗。

2. 砂浆均按现场拌制编制。水泥混凝土混合料、沥青混合料均按运至施工现场的预拌混合料编制，定额包含了施工损耗。混凝土的养护除另有说明外均按自然养护编制。

3. 材料、成品、半成品的规格型号、强度等级、配合比等与设计不同的，应作调整，但其消耗量不变。

4. 施工工具用具性材料消耗，未列出定额消耗量，在企业管理费中考虑。

5. 用量少、占材料费比重小的材料合并为其他材料费，以占材料费（不包括带括号材料）的百分数或"元"表示。

八、本定额的施工机具台班消耗量

1. 机械按常用施工机械及仪器仪表，合理配备，并结合工程实际综合确定。

2. 单位原值 2000 元以内、使用年限在一年以内的小型施工机具，作为工具用具列入企业管理费，其消耗的燃料动力等已列入材料内。

3. 台班消耗量已考虑施工的合理间歇，以及按不同机械类型、功能及作业对象确定的机械幅度差。

4. 未列出消耗量的施工机具台班合并为其他机械费，以占机具费的百分数或"元"表示。

九、本定额基价及使用注意事项

1. 基价指以金额形式体现的费用，包括工料机基价、人工费、材料费、施工机具使用费、材料单价、施工机具台班单价、按"元"计算的其他材料费及其他机械费等。

2. 基价均按含税价格编制。

3. 使用本定额进行计价的，材料费、施工机具使用费应按配套费用定额及其他有关规定，根据工程实际，以报告期的不含税价格计算。其中：按"元"计算的其他材料费、其他机械费的不含税金额，按基期金额乘以 0.92 计算。

十、本定额中的混凝土定额项目均已综合考虑相应模板制作安装、拆除及模板摊销费用，除另有说明外，均不作调整。

十一、本定额中的水泥混凝土混合料、沥青混合料，均按预拌混合料编制，其单价按常规型号取定，仅作为形成定额基价使用。实际计价中，以上混合料应根据设计规定调整换算，并根据需要另行套用相应定额计算混合料的制作及运输费用。

十二、本定额的工作内容已说明了主要的施工工序，次要工序虽未说明，但均已包括在内。

十三、实际使用干混砂浆的，水泥砂浆定额子目中每立方米水泥砂浆人工费扣减 56.79 元，同时将定额中的灰浆搅拌机 200 L 调换为干混罐式搅拌机，台班含量不变。

十四、本定额未包含施工与生产同时进行、在有害身体健康的环境中施工时的降效增加费，发生时另行计算。

十五、本定额未编列的项目，可套用我省现行其他专业相应定额。

十六、本定额中注有"××以内"或"××以下"者均包括××本身,"××以外"或"××以上"者,则不包括××本身。

十七、本定额由福建省建设工程造价管理总站负责管理和解释。

2.3 《通用项目》定额的主要内容及套用

《通用项目》是《福建省市政工程预算定额》(2017 版)的第一册,包括 1 土石方工程,2 打拔工具桩,3 支撑工程,4 拆除工程,5 材料及半成品运输工程,6 护坡、挡土墙工程,7 施工技术措施,共 7 章,83 个分项,423 个定额子目。其中较常用的有第 1、3、5、6、7 章。

《通用项目》册适用于市政各专业工程。各专业市政工程套用定额的先后顺序为:本专业册定额项目与《通用项目》册重复时,套用本专业册定额相应项目;本专业册定额没有的项目,先套用《通用项目》册定额相应项目,若《通用项目》册缺项,则套用市政其他专业册定额相应项目。

其他专业册未考虑的混凝土半成品(混合料)的拌制、运输,根据其拌和形式、运输方式套用本册相应定额项目;采用商品混凝土(混合料)的,则无需计算混凝土半成品的拌制费用。

2.3.1 土石方工程

2.3.1.1 定额项目划分

本章定额项目划分为:人工挖一般土方,人工挖沟槽土方,人工挖基坑

视频 2-2 土石方工程
定额的主要内容

土方,人工装、运土方,人工挖运淤泥流砂,人工平整场地、填土夯实、原土夯实,推土机推土,挖掘机挖土,小型挖掘机挖土,长臂挖掘机挖土,挖掘机修整边坡,大型支撑土方开挖,机械装土方,装载机装运土方,机动翻斗车运土方,自卸汽车运土,抓铲挖掘机挖淤泥流砂,反铲挖掘机挖淤泥流砂,机械平整场地、填土夯实、原土夯实,槽、坑回填,耕地填前处理,机械松填土,人工凿石,人工清理爆破基底,人工修整爆破边坡,人工清石渣,人工装、运石渣,切割机切割石方,液压锤破碎石方,风镐破碎石方,静力裂解破碎石方,推土机推石渣,挖掘机挖石渣,机械装石方,装载机装运石渣,机动翻斗车运石渣,自卸汽车运石渣,共 37 个分项,163个定额子目。

其中,1.1～1.6 为人工土方定额;1.7～1.22 为机械土方定额;1.23～1.27 为人工石方定额;1.28～1.37 为机械石方定额。除隧道工程外,路基、桥涵、给排水等土石方工程均应套用本章定额。石方工程需爆破的应套用《爆破工程消耗量定额》(GYD-102—2008)。

2.3.1.2 章说明

本章定额说明共 31 条,这里仅介绍其主要内容。

(1)执行本章定额时,应根据合理的施工方案,选择合理的施工方式、机械配备,套用相应定额项目。一般情况下,应优先选用机械施工方式定额项目。本章定额已根据实际综合

考虑了合理的机械型号,实际使用中,不因机械型号不同而调整。

(2)土方开挖地点处于交通管制区域白天无法外弃土方的,应考虑场内盘土或夜间挖土施工;编制施工图预算、招标工程控制价时,可以按相应挖土定额乘以系数 1.2 计算费用。因交通管制产生土石方外运增加费用的,由各地根据实际情况发布相关规定另行计算。建设项目是否处于交通管制区域,按各地有关行政管理部门规定确定。

(3)土壤分类:本章土壤依据现行国家标准《岩土工程勘察规范》(GB 50021—2001),分为一、二类土及三类土、四类土,其具体分类见预算定额《第一册　通用项目》中的"土壤分类表"。表中所列Ⅰ、Ⅱ类为定额中一、二类土壤(普通土),Ⅲ类为定额中三类土壤(坚土),Ⅳ类为定额中四类土壤(砂砾坚土)。

(4)岩石分类:本章岩石依据现行国家标准《工程岩体分级标准》(GB 50218—1994)和《岩土工程勘察规范》(GB 50021—2001),分为极软岩、软岩、较软岩、较硬岩、坚硬岩,其具体分类见预算定额《第一册　通用项目》中"岩石分类表"。

(5)沟槽、基坑、平整场地和一般土石方的划分:底宽≤7 m,且底长>3 倍底宽为沟槽;底长≤3 倍底宽,且底面积≤150 m² 为基坑;厚度在 30 cm 以内的就地挖、填土为平整场地;超出上述范围的土石方为一般土石方。

通常情况下,开挖排水管槽一般按沟槽计算,如开挖长 300 m、宽 2.5 m 的雨水管槽;开挖桥梁、涵洞等构造物基础一般按基坑计算,如开挖长 12 m、宽 5 m 的桥梁扩大基础;厚度在 30 cm 以内的场地平整按平整场地计算;路基开挖土石方一般按挖土方和石方计算。

(6)干土、湿土、淤泥的划分,首先以地质勘查资料为准,土壤含水率<25%的为干土;土壤含水率≥25%,不超过液限的为湿土;含水率超过液限的为淤泥。若无地质勘查资料,以地下常水位(采用降水方式的,以降水后的水位)为准,常水位(采用降水方式的,降水后的水位)以上为干土,以下为湿土;土和水的混合物呈流动状态的为淤泥。在同一沟槽、基坑内既有干土又有湿土时,干、湿土的工程量应分别计算,并按槽、坑的全深套用相应定额项目。

(7)本章土方定额均按干土考虑。人工挖、运湿土时,相应定额乘以系数 1.18;机械挖、运湿土时,相应定额人工、机械乘以系数 1.15。

【例 2-9】斗容量 1.25 m³ 反铲挖掘机挖沟槽,三类湿土,装车,确定套用的定额子目及定额人工费、机械定额消耗量。

【解】经查《福建省市政工程预算定额》(2017 版),反铲挖掘机挖沟槽三类土套用定额子目[40101058],因土壤为湿土,定额还需按照章说明第(7)条进行肯定换算,相应定额人工、机械乘以系数 1.15,故套用定额子目[40101058T]。

定额人工费 =0.34×1.15=0.39 元

履带式推土机 75 kW 的定额消耗量 =0.00040×1.15=0.00046 台班

履带式液压单斗挖掘机 1.25 m³ 的定额消耗量 =0.00230×1.15=0.00265 台班

(8)本章定额未考虑挖湿土、淤泥时发生的湿土排水费用,应另行计算。

(9)人工挖沟槽、基坑土方,沟槽、基坑深度超过 8 m 的,套用深度 8 m 以内相应定额乘以系数 1.56;沟槽、基坑基底开挖宽度在 1 m 以内的,相应定额乘以系数 1.5。

【例 2-10】人工挖沟槽，二类土，深 1.5 m，宽 0.8 m，确定套用的定额子目及定额人工费。

【解】经查《福建省市政工程预算定额》(2017 版)，并根据章说明第(9)条进行肯定换算，故套用定额子目[40101004T]。

定额人工费=17.64×1.5=26.46 元

(10)人工开挖碎、砾石含量在 30%以上密实性土壤的，套用四类土相应定额乘以系数 1.43。

(11)人工夯实土堤、机械夯实土堤分别套用人工填土夯实平地、机械填土碾压相应定额。

(12)单个工程的单项机械土石方项目工程量在 2000 m³以内的，相应定额机械乘以系数 1.1。

(13)开挖沟槽、基坑，执行相应机械挖土方或淤泥流砂定额时，应当合理考虑人工辅助开挖(包括清底、切边、修整底边和修整沟槽底坡度)内容。人工辅助开挖比例按经批准的施工组织设计确定。编制施工图预算、招标控制价时，人工辅助开挖比例按总挖方量的 5%计算，机械开挖比例按总挖方量的 95%计算。人工辅助开挖比例≤5%的，人工挖土方或淤泥流砂定额乘以系数 1.5；人工辅助开挖比例>5%的，定额不作调整。大型支撑土方开挖相应定额不适用本条规定。

【例 2-11】人工配合机械挖三类土，总挖方工程量为 8000 m³，其中人工挖土 300 m³，确定人工挖土套用的定额子目及综合单价。

【解】因 300÷8000=0.0375<5%

经查《福建省市政工程预算定额》(2017 版)，并根据章说明第(13)条进行肯定换算，故套用定额子目[40101002T]。

综合单价=20.01×1.5=30.02 元

(14)在横撑间距≤3 m 的支撑下挖土的，套用相应定额人工乘以系数 1.43，机械乘以系数 1.2；在横撑间距>3 m 的支撑下挖土和先开挖后支撑的，定额不作调整。大型支撑土方开挖相应定额不适用本条规定。

【例 2-12】人工挖沟槽一、二类干土，深 4 m，横撑间距 3 m，确定套用的定额子目及定额人工费。

【解】经查《福建省市政工程预算定额》(2017 版)，并根据章说明第(14)条进行肯定换算，故套用定额子目[40101005T]。

定额人工费=19.59×1.43=28.01 元

(15)本章小型挖掘机是指斗容量≤0.6 m³的挖掘机。底宽≤1.20 m 的沟槽或底面积≤8 m²的基坑土方开挖时，执行小型挖掘机相应定额。

(16)开挖同一沟槽、基坑内不同类别的土方，工程量应分开计算，并按沟槽、基坑深度的全深套用相应定额。

(17)淤泥未晒干直接外运的，执行相应运土定额，自卸汽车台班数量乘以系数 1.5；淤泥晒干后外运的，执行相应运土定额不作调整。

【例 2-13】载重 10 t 以内自卸汽车运淤泥，确定套用的定额子目及定额人工费、机械定额消耗量。

【解】经查《福建省市政工程预算定额》(2017 版)，并根据章说明第(17)条进行肯定换算,故套用定额子目[40101089]。

定额人工费＝0.15 元

装载重量 4 t 自卸汽车的定额消耗量＝0.01658×1.5＝0.02487 台班

(18)回填砂性土套用回填土相应定额,砂性土材料的消耗量按 1.2 m³ 计取。

(19)台背回填砂套用槽坑回填砂定额,人工、机械乘以系数 0.9。

【例 2-14】涵洞台背回填砂,确定套用的定额子目及定额人工费、机械台班定额消耗量。

【解】经查《福建省市政工程预算定额》(2017 版),并根据章说明第(19)条进行肯定换算,故套用定额子目[40101108]。

定额人工费＝1.81×0.9＝1.63 元

电动夯实机 20～62 N·m 的定额消耗量＝0.06703×0.9＝0.06033 台班

(20)本章定额未考虑现场障碍物清除、施工前原有地表水的排除以及地下常水位以下的施工降水,实际发生时另行计算;弃土、石方的场地占用等处置费用,按各地的有关规定执行。

2.3.1.3　工程量计算规则

(1)土方的挖、推、装、运等体积均以开挖前的天然密实体积(自然方)计算;回填土夯实、碾压定额均按压实后体积(压实方)计算;人工松填土、机械松填土定额均按松填体积计算。石方的凿、挖、推、装、运、破碎等体积均以开挖前的天然密实体积计算。不同状态的土石方体积按土石方体积换算表(表 2-2、表 2-3)相应系数换算。

表 2-2　土方体积换算系数表

虚方体积	天然密实体积	压实后体积	松填体积
1.30	1.00	0.87	1.08

注:虚方是指未经碾压,堆积时间≤1 年的土方。

表 2-3　石方体积换算系数表

名称	天然密实体积	虚方体积	松填体积	码方体积	夯实后体积
石方	1.00	1.54	1.31		1.087
块石	1.00	1.75	1.43	1.67	
砂夹石	1.00	1.07	0.94		

1 个单位的天然密实度土方体积折算 1.30 个单位虚方体积,折算为 0.87 个夯实后体积,折算为 1.08 个松散填土体积。

【例 2-15】某土方工程,设计挖土方数量为 8500 m³,填土方数量为 5500 m³,挖、填土考虑现场平衡,试计算其土方外运量。

【解】查"土方体积换算系数表"得天然密实度体积:夯实后体积＝1∶0.87

本工程填土量为 5500 m³,填土所需天然密实方体积为 5500÷0.87≈6322 m³

故其土方外运量＝8500－6322＝2178 m³

(2)土方工程量按设计图示挖方尺寸以体积计算,修建机械上下坡的便道土方量并入土方工程量内。挖石方工程量按设计图示挖方尺寸以体积计算,超挖量并入石方工程量计算,超挖量根据工程地质实际情况及有关规定计算。挖土、石交接处产生的重复工程量不扣除。

(3)因放坡和坑、槽底部工作面预留宽度增加的开挖工程量并入挖方工程量计算。挖土放坡方式、放坡系数和工作面预留宽度按设计计算,设计未明确或明确不全的按表2-4、表2-5 计算。

表 2-4　土方放坡系数表

土类别	放坡起点(m)	放坡系数			
		人工挖土	机械挖土		
			在沟槽、基坑坑内作业	在沟槽侧、坑边上作业	顺沟槽方向坑上作业
一、二类土	1.20	1:0.50	1:0.33	1:0.75	1:0.50
三类土	1.50	1:0.33	1:0.25	1:0.67	1:0.33
四类土	2.00	1:0.25	1:0.10	1:0.33	1:0.25

注:1. 沟槽、基坑中土类别不同时,其放坡起点、放坡系数按设计规定计算,设计不明确的按不同土类别厚度加权平均计算。

2. 沟槽、基坑有做基础垫层的,放坡自垫层上表面开始计算。

3. 开挖土方支挡土板的,不计算土方放坡。

表 2-5　槽、坑底部每侧所需工作面宽度

管道结构宽度(mm)	混凝土管道基础90°	混凝土管道基础>90°	其他管道	构筑物	
				无防潮层	有防潮层
500 以内	400	400	300	400	600
1000 以内	500	500	400		
2500 以内	600	500	400		
2500 以上	700	600	500		

注:管道结构宽,有管座按管道基础外缘计算,无管座按管道外径计算,构筑物按基础外缘计算。设有挡土板的,每侧相应增加150 mm 计算。

(4)管道接口作业坑和沿线各种井室(包括沿线的检查井、雨水井、阀门井和雨水进水井等)所需增加开挖的土、石工程量按沟槽全部土、石方量的2.5%计算。按挖方工程量扣除埋入物体积计算回填方工程量的,2.5%系数不扣除;埋入物体积按设计图示尺寸计算有困难的,可按非管道井室的构筑物断面面积×管道中心线长度×1.025 计算。

(5)挖淤泥流砂,按设计图示挖方尺寸以体积计算。

(6)大型支撑土方开挖按设计图示尺寸以体积计算。

(7)土石方运距应以挖土石方区重心至填(弃)土石方区重心最近线路计算,挖、填、弃土石方区重心按经批准的施工组织设计确定。有下列情况的,应增加运距:

①人力及人力车运土、石方,上坡坡度在 15%以上,推土机上坡坡度大于 5%,斜道运距按斜道长度乘以如下系数(表 2-6)。

表 2-6　坡度与系数

项目	推土机			人力及人力车
坡度(%)	5~10	15 以内	25 以内	15 以上
系数	1.75	2	2.5	5

②采用人力垂直运输土、石方、淤泥流砂的,垂直深度每米折合水平运距 7 m 计算。

(8)土石方运输按天然密实体积计算。开挖后剩余的土石方,其外弃工程量应按挖方体积扣除折算为天然密实度体积的回填体积计算。挖方总体积减去回填土(折成天然密实体积),总体积为正,则为余土外运;总体积为负,则为取土内运。

(9)平整场地按设计图示尺寸以面积计算。

(10)填土、石方工程量根据设计,按设计图示填方尺寸以体积计算,或按挖方工程量扣除埋入物体积计算。

(11)原土夯实与碾压,按设计图示尺寸或施工组织设计规定的尺寸,以面积计算。

(12)人工清理爆破基底、修整爆破边坡,按设计图示尺寸以岩石爆破后的相应面积(含工作面宽度和允许超挖尺寸)计算。

【例 2-16】某排水工程沟槽开挖,采用机械在沟槽坑边上开挖,人工清底。土壤类别为三类,原地面平均标高 4.00 m,设计槽坑底平均标高为 1.50 m,设计槽坑底宽为 1.8 m,沟槽全长 350 m,机械挖土挖至基底标高以上 30 cm 处,其余采用人工开挖。试分别计算该工程机械及人工土方数量。(注:砼管道基础为 90°)

【解】该工程土方开挖深度为 2.5 m,土壤类别为三类,需放坡,查表 2-4 及表 2-5 得放坡系数为 0.67,管沟底部每侧工作面宽度为 600 mm。

土石方总量 $V_{总}=(1.8+2\times0.6+0.67\times2.5)\times2.5\times350\times1.025=4192.89$ m³

其中人工辅助开挖量 $V_{人工}=(1.8+2\times0.6+0.67\times0.3)\times0.3\times350\times1.025=344.51$ m³

机械土方量 $V_{机械}=4192.89-344.51=3848.38$ m³

【例 2-17】(1)推土机推土方上坡斜长距离为 30 m,坡度为 9%,该推土机推土运距为多少?

(2)人力车运土,斜道长 200 m,坡度 16%,该人力车斜道运距为多少?

(3)人力垂直运输土方深度 4 m,另加水平距离 10 m,试计算其运距。

【解】(1)推土机推土运距=30×1.75=52.5 m

　　　(2)人力车斜道运距=200×5=1100 m

　　　(3)人力运土运距=4×7+10=38 m

2.3.1.4　土石方工程量的计算

1. 一般土石方工程量计算

根据《福建省市政工程预算定额》(2017 版)《第一册　通用项目》中第一章土石方工程的章说明,一般土石方是指除沟槽、基坑、场地平整以外的土石方工程。路基开挖土石方属于一般土石方工程,按挖土方和石方计算。

视频 2-3　一般土石方及基坑土石方工程量计算

挖土石方和挖基坑、挖沟槽的主要区别是槽坑底面积的大小,即如下情况视为挖土方:(1)挖填土厚度大于 30 cm 的场地平整工程;(2)底长是底宽的 3 倍以上,并且底面积大于150 m²;(3)槽宽在 7 m 以上,且槽长大于槽宽 3 倍。

计算道路路基(路槽)时,路基(路槽)宽度按设计要求计算,如设计无要求时,按道路结构宽度每边加宽 30 cm 考虑。

一般土石方工程量按设计纵横断面图及平面图计算,计算方法有公式法和积距法。

(1)公式法:先按横断面图上多边形近似值用数学公式计算出每个横断面的面积,再将相邻两个横断面的面积平均后乘以两个断面之间的距离,得出两个相邻断面之间土石方量的一种计算方法,称为公式法。

$$V = \frac{A_1 + A_2}{2}L \qquad (2\text{-}1)$$

式中:V——土石方量,m³;

A_1、A_2——相邻两个横断面的面积,m²;

L——相邻两横断面的距离,m。

【例 2-18】某条道路,其桩号 K1+230~K1+255 段为石方开挖,桩号 K1+230 处的断面面积为 12.74 m²,桩号 K1+255 处的断面面积为 18.85 m²,试求此段石方开挖工程量。

【解】根据题意,$A_1 = 12.74$ m²,$A_2 = 18.85$ m²,$L = 255 - 230 = 25$ m,故此段石方开挖工程量可根据公式(2-1)计算:

$$V = \frac{A_1 + A_2}{2}L = \frac{12.74 + 18.85}{2} \times 25 = 394.88 \text{ m}^3$$

【例 2-19】某段道路工程桩号 0+000~0+100 段的路基挖方及填方横断面积如表 2-7左边部分所示,试计算该段填挖方量,填入表 2-7 中。

【解】采用公式法计算出各断面的平均面积及填挖方量,填入表 2-7 中。

表 2-7 土石方量计算表

桩号	土石方面积(m²)		平均面积(m²)		距离(m)	土石方量(m³)	
	挖方	填方	挖方	填方		挖方	填方
0+000	20.8	18.4					
			20.15	17	30	604.5	510
0+030	19.5	15.6					
			18.65	7.8	30	559.5	234
0+060	17.8						
			17.65	7.85	40	706	314
0+100	17.5	15.7					
					100	1870	1058
合计							

(2)积距法:如图 2-1 所示,先将挖方面积分为若干个宽度 L 相等的三角形或梯形,用二脚规量取各三角形、梯形的平均高度的累计值,将累计值乘以宽度 1,即得本断面的总面积。

如果断面图画在坐标纸上,比例为1:100,二脚规量取的累计高度在长尺上一量,长尺上的读数就是本断面的面积。如图 2-1 所示,ab 至 h 的高度为 6.3 cm,它的面积就是 6.3 m²。如果该图的比例为1:200,1 cm 见方的格子面积为 4 m²,那么高度为6.3 cm 时,它的面积为 6.3×4=25.2 m²。

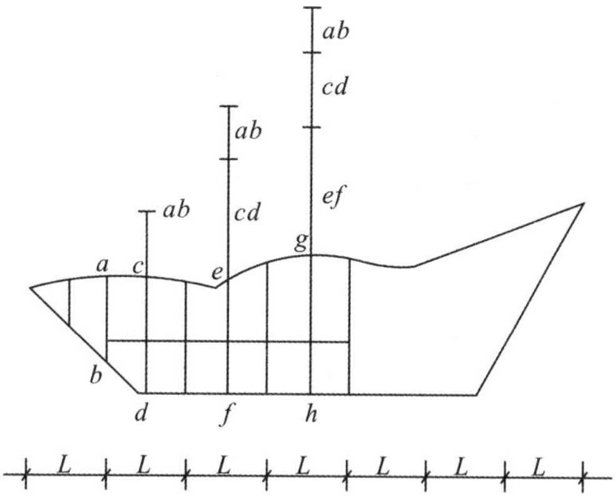

比例1:100

图 2-1　积距法

计算方法:先用二脚规量取 ab 长,随即移至 c 点,向上方量距等于 ab 长,固定上方的一脚,将在 c 点的小脚移至 d 点,即得 $ab+cd$ 长,用此法将整个断面量完,最后累计所得长度即为该断面之积距,并乘以 L 即为面积。

$$A=(ab+cd+ef+hg+\cdots)\times L=积距\times L \tag{2-2}$$

式中:A——断面面积(m²);

L——横断面所分划的等距宽度。

填方面积计算图形与挖方相反,朝下方积距计算。

2. 沟槽土石方工程量计算

在市政工程中,一般为铺设地下管道而进行的土石方开挖叫挖沟槽。挖沟槽是管道工程的主要工序,其特点是:管线长,工作量大,施工条件及开挖的土石成分复杂,施工中常因水文、地质、气候、施工地区等因素受到影响,因而一般较深的沟槽土壁常用木板或板桩支撑。当槽底位于地下水位以下时,需采取排水和降低地下水位的施工方法。

视频 2-4　沟槽土石方及平整场地工程量计算

沟槽按其断面形式分为直槽、梯形槽、混合槽,当两条或多条管道共同埋设时,还需采用联合槽。

挖沟槽工程量应根据是否增加工作面、支挡土板、放坡和不放坡等具体情况分别计算。

(1)不放坡不支挡土板的挖沟槽,工程量按下式计算:

$$V=(b+2c)HL \tag{2-3}$$

(2)有双面支撑挡土板的挖沟槽,工程量按下式计算:

$$V=(b+2a+2c)HL \tag{2-4}$$

(3)一面放坡,一面支挡土板的挖沟槽,工程量按下式计算:

$$V=(b+a+2c+0.5kH)HL \tag{2-5}$$

式中:V——沟槽土石方量(m³);　　　　b——基础或垫层底宽度(m);

a——一块挡土板所占宽度(m);　　c——每侧增加工作面宽度(m);

k——放坡系数;　　　　　　　　　　H——挖沟槽深度(m);

L——沟槽长度(m)。

【例 2-20】如图 2-2 所示,排水沟槽,沟槽长 250 m,宽 1.2 m,深 1.5 m,为三类土,不留工作面。试计算其挖方工程量。

【解】查表 2-4 知,三类土放坡起点深度为 1.5 m,挖深 1.5 m 不需放坡和支挡,故挖方

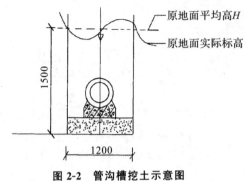

图 2-2　管沟槽挖土示意图

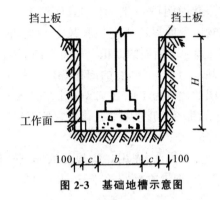

图 2-3　基础地槽示意图

工程量

$$V = bHL \times 1.025 = 1.2 \times 1.5 \times 250 \times 1.025 = 461.25 \ \text{m}^3$$

【例 2-21】如图 2-3 所示,一基础地槽长 20.0 m,基底垫层宽 $b = 1.8$ m,槽深 $H = 2.6$ m,不放坡,双面支挡土板,挡土板厚为 0.1 m,工作面每边各增加 0.3 m。试求挖土工程量。

【解】挖土工程量

$$V = (b + 2a + 2c)HL = (1.8 + 2 \times 0.1 + 2 \times 0.3) \times 2.6 \times 20 = 135.2 \ \text{m}^3$$

【例 2-22】如图 2-4 所示,一基础地槽长 $L = 25$ m,基础底宽 $b = 1.8$ m,槽深 $H = 2.2$ m,单面放坡,单面设挡土板,板厚为 0.1 m,留工作面各 0.3 m,放坡系数 $k = 0.5$。试求挖土工程量。

【解】挖土工程量

$$V = (b + 2c + a + 0.5kH)HL$$
$$= (1.8 + 2 \times 0.3 + 0.1 + 0.5 \times 0.5 \times 2.2) \times 2.2 \times 25$$
$$= 167.75 \ \text{m}^3$$

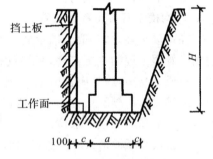

图 2-4　某基础地槽示意图

(4)放坡不支挡土板的挖沟槽,工程量分两种情况。

①自垫层上表面放坡,如图 2-5 所示,土方量按下式计算:

$$V = (b + 2c + kH_1)H_1L + b_1H_2L \qquad (2\text{-}6)$$

②自槽底面放坡,如图 2-6 所示,土方量按下式计算:

$$V = (b + 2c + kH)HL \qquad (2\text{-}7)$$

式中:V——沟槽土石方量(m^3);

　　　b——基础底宽度(m);

　　　b_1——垫层底宽度(m);

　　　c——每侧增加工作面宽度(m);

　　　k——放坡系数;

　　　H——挖沟槽深度(m);

　　　H_1——沟槽上表面至垫层上表面深度(m);

　　　H_2——垫层的厚度(m);

　　　L——沟槽长度(m)。

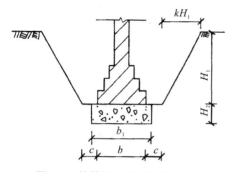

图 2-5　从垫层上表面放坡示意图

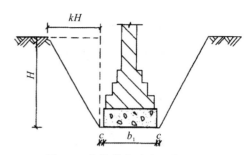

图 2-6　自沟槽底放坡示意图

【**例 2-23**】一基础地槽,如图 2-7 所示,槽长 30 m,槽深 2.5 m,基础底面垫层厚 0.3 m,垫层宽为 1.4 m,基础底部宽 1.1 m,自垫层上表面开始放坡,土质为三类,每边各留工作面 $c=0.3$ m。试求挖槽土方工程量。

【**解**】查表 2-4 得,放坡系数 $k=0.33$,$H_2=0.3$ m,$H_1=2.5-0.3=2.2$ m,则挖槽土方工程量

$$V=(b+2c+kH_1)H_1L+b_1H_2L$$
$$=(1.1+2\times0.3+0.33\times2.2)\times2.2\times30+1.4\times0.3\times30$$
$$=172.72\ m^3$$

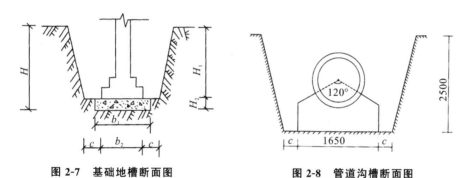

图 2-7　基础地槽断面图　　　　　　　图 2-8　管道沟槽断面图

【**例 2-24**】某排水管道工程,下部采用混凝土基础,排水管管径为 1000 mm,管道基础底宽 1650 mm,两边留工作面,沟槽长 250 m,槽深 2.6 m,沟槽断面如图 2-8 所示,采用人工开挖,土质为二类土。试求其挖土方工程量。

【**解**】查表 2-4 可知,二类土放坡系数 $k=0.5$。

查表 2-5 可知,当管道结构宽为 165 cm,管道基础 $120°>90°$ 时,管沟底部每侧工作面宽度 $c=50$ cm,则挖土方工程量

$$V=(b+2c+kH)HL\times1.025=(1.65+2\times0.5+0.5\times2.6)\times2.6\times250\times1.025=$$
$$2631.69\ m^3$$

(5)沟槽土石方计算时的其他规定

①在排水工程上面接着做道路工程,挖方、填方不能重复计算或漏算,如图 2-9 所示。

②挖土交接处产生的重复工程量不扣除。此处的挖土交接指不同沟槽管道十字或斜向

市政工程计量与计价

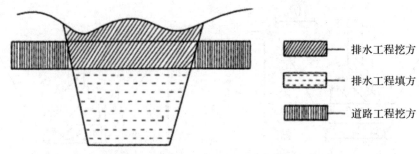

图 2-9 在排水工程上面接着做道路工程

交叉。但遇不同管道因走向相同,在施工过程中采用联合沟槽开挖的(图 2-10),土石方工程量应根据实际情况,按实计算。

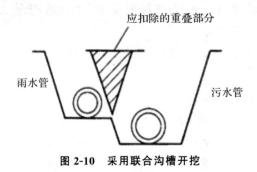

图 2-10 采用联合沟槽开挖

③如在同一断面内遇有数类土壤,其放坡系数可按各类土占全部深度的百分比加权计算。

【例 2-25】某排水工程,雨水管和污水管两条管道埋在同一槽内,槽长为 600 m,沟槽尺寸如图 2-11 所示,土质为三类土,人工开挖。试求该联合槽的挖土方工程量。

【解】查表 2-4 可知,放坡系数 $k=0.33$。

$V=[(2.1+0.5\times3\times0.33)\times3+(1.8+0.5\times2.5\times0.33)\times2.5]\times600\times1.025=8189.35 \text{ m}^3$

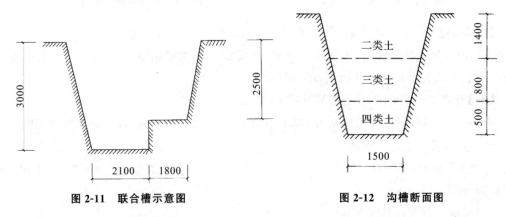

图 2-11 联合槽示意图　　　　**图 2-12 沟槽断面图**

【例 2-26】某排水沟槽开挖时,土质有二类土、三类土和四类土,沟槽长 300 m,沟槽断面如图 2-12 所示,试求其人工挖土工程量。

【解】查表2-4可知,二类土放坡系数$k_1=0.5$,三类土放坡系数$k_2=0.33$,四类土放坡系数$k_3=0.25$,则其综合放坡系数

$$k=\frac{k_1 H_1 + k_2 H_2 + k_3 H_3}{\sum H}=(0.5\times1.4+0.33\times0.8+0.25\times0.5)/(1.4+0.8+0.5)=0.40$$

$$V=(b+kH)HL\times1.025=[1.5+0.40\times(0.5+0.8+1.4)]\times(0.5+0.8+1.4)\times300\times1.025$$
$$=2142.05\ \text{m}^3$$

④沟槽回填工程量,其计算公式为:

$$V_{回填}=V_{挖}\times1.025-V_{应扣} \tag{2-8}$$

式中:$V_{挖}$——各种管道、基础、垫层的开挖量,未包括管道接口作业坑、井室增加的开挖量;

$V_{应扣}$——各种管道、基础、垫层与构筑物所占的体积。

【例2-27】某排水管槽挖方量为5600 m³(未含管道接口作业坑、井室增加的开挖量),排水管、基础、垫层、检查井等所占体积为3350 m³。求该工程回填土工程量。

【解】$V_{回填}=V_{挖}\times1.025-V_{应扣}=5600\times1.025-3350=5740-3350=2390\ \text{m}^3$

【例2-28】某雨水工程,雨水管管径为1600 mm,长度为500 m,梯形沟槽,挖土平均深度为3.8 m,工作面宽2×0.3 m,素混凝土垫层厚250 mm,混凝土基础宽2 m,高750 mm,地面以下2 m处有地下水,如图2-13所示。采用机械沿沟槽方向开挖,土质为四类土。试求该工程中挖填方的工程量。

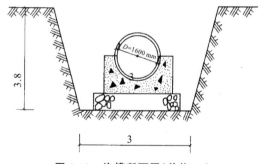

图2-13　沟槽断面图(单位:m)

【解】(1)挖土总体积

查表2-4知,四类土放坡系数为0.25

$V_1=(b+kH)HL\times1.025$

$\quad=(3+0.25\times3.8)\times3.8\times500\times1.025=7692.63\ \text{m}^3$

(2)湿土体积

$V_2=[b+k(H-2)](H-2)L\times1.025$

$\quad=[3+0.25\times(3.8-2)]\times(3.8-2)\times500\times1.025=3182.63\ \text{m}^3$

(3)干土体积

$V_3=V_1-V_2=7692.63-3182.63=4510.00\ \text{m}^3$

(4)回填土工程量(管壁厚忽略不计):

$V_4=V_1-(2.4\times0.25+2\times0.75+1/8\times3.14\times1.6^2)\times500$

$\quad=7692.63-1552.40=6140.23\ \text{m}^3$

市政工程计量与计价

3. 基坑土石方计算

基坑指坑的底长不超过底宽的 3 倍,且坑底面积在 150 m² 以内的土方工程。泵站、水厂、桥涵、柱基础、设备基础、满堂基础等的挖方均属挖基坑。基坑通常为正方形、长方形或圆形,其工程量计算可以分为如下三种情况。

(1)不放坡、不支挡土板

矩形基坑:不增加工作面时

$$V=abH \tag{2-9}$$

增加工作面时

$$V=(a+2c)(b+2c)H \tag{2-10}$$

圆形基坑:不增加工作面时

$$V=\pi R^2 H \tag{2-11}$$

增加工作面时

$$V=\pi(R+c)^2 H \tag{2-12}$$

式中:V——基坑土石方量(m³);　　　a——矩形基础或垫层底长度(m);
　　　b——矩形基础或垫层底宽度(m);　c——每侧增加工作面宽度(m);
　　　H——挖基坑深度(m);　　　　　　R——圆形基坑半径(m)。

【例 2-29】某矩形基坑,深 1.2 m,长 5.0 m,宽 3.2 m,不放坡,不支挡土板,不需增加工作面。求挖基的工程量。

【解】挖基坑土石工程量

$V=abH=5.0\times3.2\times1.2=19.2$ m³

【例 2-30】某圆形基坑,深 1.5 m,半径为 2 m,三类土,不需放坡,不支挡土板,不需增加工作面。求挖基坑工程量。

【解】挖基坑工程量

$V=\pi R^2 H=3.14\times2^2\times1.5=18.84$ m³

【例 2-31】有一圆形建筑物的基础,如图 2-14 所示,采用人工挖土,基底垫层半径为 1.3 m,工作面每边各增加 0.3 m,挖深为 3.5 m,场地土质为四类土及风化石,不放坡,不支挡土板。试求挖基坑土石工程量。

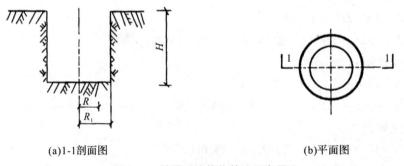

(a)1-1剖面图　　　　　　　　　　　　　　　　(b)平面图

图 2-14　某圆形建筑物基础示意图

【解】挖基坑土石工程量

$$V=\pi(R+c)^2H=3.14\times(1.3+0.3)^2\times3.5=28.13\ \text{m}^3$$

（2）放坡，留工作面

①矩形基坑，放坡，不支挡土板，留工作面，挖土石方工程量按下式计算：

$$V=(a+2c+kH)(b+2c+kH)H+\frac{1}{3}k^2H^3 \tag{2-13}$$

式中：V——基坑土石方量（m^3）；　　　　　a——矩形基础或垫层底长度（m）；

　　　　b——矩形基础或垫层底宽度（m）；　　c——每侧增加工作面宽度（m）；

　　　　k——放坡系数；　　　　　　　　　　H——挖基坑深度（m）；

　　　　$\frac{1}{3}k^2H^3$——基坑四角的一个锐角椎体的体积。

②圆形基坑，放坡，不支挡土板，留工作面，挖土石方工程量按下式计算：

$$V=\frac{1}{3}\pi H(R_1^2+R_1R_2+R_2^2) \tag{2-14}$$

式中：V——基坑土石方量（m^3）；　　　　H——挖基坑深度（m）；

　　　　R——圆形基坑半径（m）；　　　　　c——每侧增加工作面宽度（m）；

　　　　$R_1=R+c$——圆形基坑底挖土半径（m）；

　　　　$R_2=R_1+kH$——圆形基坑上口挖土半径（m）。

【例 2-32】某大桥桥台基础为扩大基础，基础长宽方向的外边线尺寸为 11.3 m、6.6 m，挖深 4.5 m，其基坑示意图如图 2-15 所示。根据施工组织设计安排，基坑开挖采用矩形放坡，不支挡土板，留工作面 0.3 m，按 1∶0.5 放坡，机械开挖。试求其开挖的土石方工程量。

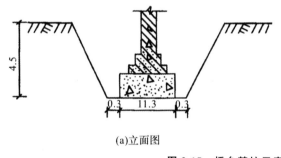

(a)立面图　　　　　　　　　　　　　　(b)平面图

图 2-15　桥台基坑示意图（单位：m）

【解】根据矩形基坑放坡、留工作面的计算式（2-13），可得基坑开挖的土石方工程量

$$V=(a+2c+kH)(b+2c+kH)H+\frac{1}{3}k^2H^3$$

$$=(11.3+2\times0.3+0.5\times4.5)\times(6.6+2\times0.3+0.5\times4.5)\times4.5+\frac{1}{3}\times0.5^2\times4.5^3$$

$$=13.95\times9.45\times4.5+7.59=600.81\ \text{m}^3$$

【例 2-33】有一圆形建筑物的基础，如图 2-16 所示，采用人工挖土，基底垫层半径为 2 m，工作面每边各增加 0.3 m，场地土为三类。试求挖土工程量。

【解】查表 2-4 得三类土挖方放坡系数 $k=0.33$

$R_1=R+c=2+0.3=2.3$ m　　　　$R_2=R_1+kH=2.3+0.33\times3.5=3.46$ m

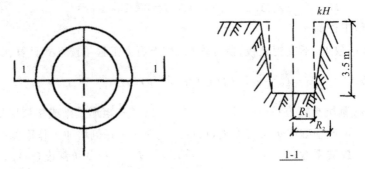

图 2-16　圆形基坑示意图

挖土工程量 $V = \dfrac{1}{3}\pi H(R_1^2 + R_1R_2 + R_2^2)$

$$= \frac{1}{3} \times 3.14 \times 3.5 \times (2.3^2 + 2.3 \times 3.46 + 3.46^2) = 92.39 \text{ m}^3$$

(3)支挡土板,留工作面

①矩形基坑,不放坡,支挡土板,留工作面,挖土石方工程量按下式计算:

$$V = (a + 2c + 0.2)(b + 2c + 0.2)H \qquad (2\text{-}15)$$

式中:V——基坑土石方量(m³);　　　　　　a——矩形基础或垫层底长度(m);

　　　b——矩形基础或垫层底宽度(m);　　　c——每侧增加工作面宽度(m);

　　　H——挖基坑深度(m)。

②圆形基坑,不放坡,支挡土板,留工作面,挖土石方工程量按下式计算:

$$V = \pi(R_1 + 0.1)^2 H \qquad (2\text{-}16)$$

式中:V——基坑土石方量(m³);　　　　　H——挖基坑深度(m);

　　　R——圆形基坑半径(m);　　　　　　c——每侧增加工作面宽度(m);

　　　$R_1 = R + c$——圆形基坑底挖土半径(m)。

【例 2-34】某雨水检查井矩形基坑,如图 2-17 所示,基底垫层长 3.0 m,宽 2.5 m,挖深为 3.5 m。采用人工挖土,不放坡,支挡土板,挡土板厚 0.1 m,工作面每边各增加 0.3 m,场地 土为一、二类。求挖土工程量。

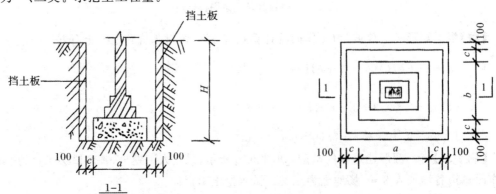

图 2-17　矩形基坑示意图

【解】挖土工程量

$$V = (a+2c+0.2) \times (b+2c+0.2) \times H$$
$$= (3.0+2\times0.3+0.2) \times (2.5+2\times0.3+0.2) \times 3.5$$
$$= 43.89 \text{ m}^3$$

【例 2-35】如图 2-18 所示圆形检查井基坑,挖深为 2.8 m,开挖时基坑底部半径为 2.5 m。不放坡,支挡土板,板厚为 0.1 m。试求基坑挖土工程量(三类土)。

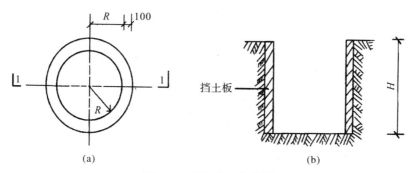

图 2-18　圆形基坑示意图

【解】挖土工程量

$$V = \pi(R+0.1)^2 H$$
$$= 3.14 \times (2.5+0.1)^2 \times 2.8$$
$$= 59.43 \text{ m}^3$$

4. 广场及大面积场地平整或挖填方的计算

大面积挖填方一般采用方格网法计算,根据地形起伏情况或精度要求,可选择适当的方格网,有 5 m×5 m、10 m×10 m、20 m×20 m、50 m×50 m、100 m×100 m 的方格,方格分得小,计算的准确性就高,方格分得大,计算的准确性就差些。方格网法既可用实测,也可在图上进行。

在图上进行,就是用施工区域已有 1:500 或 1:1000 近期测定的比较准确的地形图,选择适当的方格,按比例绘制到地形图上,按等高线求算每方格点地面高程(此过程相当于实测过程),然后按坐标关系将设计标高套用到方格网上,算出每方格点的设计高程,根据地面高程和设计高程,求出每点施工高程,标出正负,以示挖填。地面高大于设计高的,为挖方;地面高小于设计高的,为填方。从方格点和方格边上找出挖填零点(即地面标高同设计标高相等,不挖不填的点),连接相邻零点,绘出开挖零线,据此用几何方法按每格(可能是正方体,也可能是三角形或五边形)所围面积乘以各角点的平均高得每格体积,按挖填分别相加汇总即得总工程量。

方格网法计算场地土方量,具体按下述步骤进行:

(1)计算场地各方格角点的施工高度

各方格角点的施工高度(即挖、填高度)按下式计算

$$h_n = H_n - H_n' \tag{2-17}$$

式中:h_n——该角点的挖填高度,以"+"为填方高度,以"-"为挖方高度(m);

$\quad\quad H_n$——该角点的设计标高(m);

$\quad\quad H_n'$——该角点的自然地面标高(m)。

(2)确定零线

当同一方格的四个角点的施工高度全为"＋"或"－"时,该方格内的土方则全部为填方或挖方;如果一个方格中一部分角点的施工高度为"＋"而另一部分为"－"时,此方格中的土方一部分为填方,另一部分为挖方。这时,要确定挖、填的分界线,称为零线。

方格边线上的零点位置可按下式计算:

$$x = \frac{ah_1}{h_1 + h_2} \tag{2-18}$$

式中:h_1、h_2——相邻两角点填、挖方施工高度(以绝对值代入)(m);

　　　a——方格边长(m);

　　　x——零点距角点 A 的距离(m)。

(3)场地土方量的计算

计算场地土方量时,先求出各方格的挖填土方量和场地周围边坡的挖填土方量,把挖填土方量分别加起来,就得到场地挖、填方的总土方量。

场地各方格土方量计算,一般有以下四种类型。

①方格四个角点全部为填方(或挖方),其土方量为:

$$V = \frac{1}{4}a^2(h_1 + h_2 + h_3 + h_4) \tag{2-19}$$

式中:V——挖方或填方的体积(m^3);

　　　h_1、h_2、h_3、h_4——方格角点挖填高度,以绝对值代入(m)。

②方格的相邻两角点 1、2 为挖方,另两个角点 3、4 为填方,其挖方部分土方量为:

$$V_{1,2} = \frac{1}{4}a^2\left(\frac{h_1^2}{h_1 + h_2} + \frac{h_2^2}{h_2 + h_3}\right) \tag{2-20}$$

填方部分土方量为:

$$V_{3,4} = \frac{1}{4}a^2\left(\frac{h_3^2}{h_2 + h_3} + \frac{h_4^2}{h_1 + h_4}\right) \tag{2-21}$$

③方格的三个角点 1、2、3 为挖方,另一角点 4 为填方时,其填方部分土方量为:

$$V_4 = \frac{1}{6}a^2\frac{h_4^3}{(h_1 + h_4)(h_3 + h_4)} \tag{2-22}$$

挖方部分土方量为:

$$V_{1,2,3} = \frac{1}{6}a^2(2h_1 + h_2 + 2h_3 - h_4) + V_4 \tag{2-23}$$

反过来,方格的三个角点 1、2、3 为填方,另一角点 4 为挖方时,其挖方部分土方量按 V_4 计算,填方部分土方量按 $V_{1,2,3}$ 计算。

④方格的一个角点为挖方,一个角点为填方,另两个角点为零点时(零线为方格的对角线),其挖方(填)土方量为:

$$V = \frac{1}{6}a^2h \tag{2-24}$$

⑤场地挖、填方总量

$$总挖方量 = \sum V_挖$$

$$总填方量 = \sum V_填$$

【例 2-36】某建筑物场地的地形方格网如图 2-19 所示,方格网边长 20 m,试计算土方量。

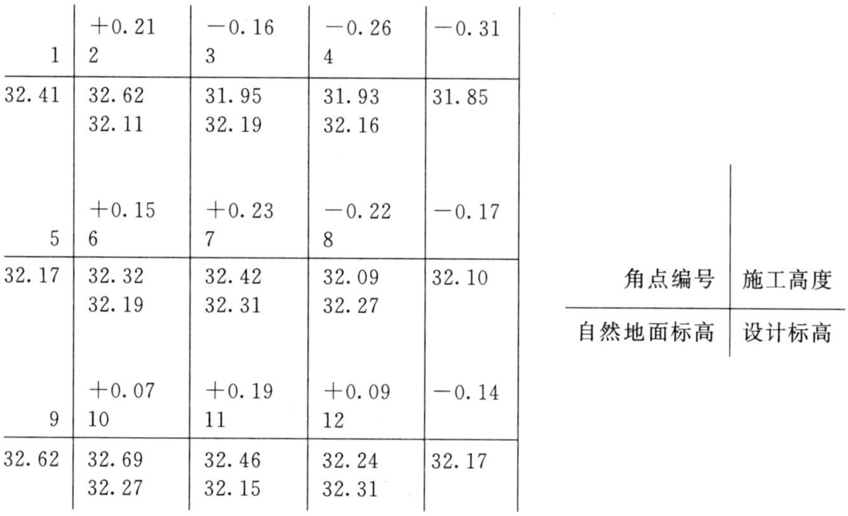

	+0.21 2	−0.16 3	−0.26 4	−0.31
32.41	32.62 32.11	31.95 32.19	31.93 32.16	31.85
	+0.15 6	+0.23 7	−0.22 8	−0.17
32.17	32.32 32.19	32.42 32.31	32.09 32.27	32.10
	+0.07 10	+0.19 11	+0.09 12	−0.14
32.62	32.69 32.27	32.46 32.15	32.24 32.31	32.17

角点编号　施工高度

自然地面标高　设计标高

图 2-19　场地地形方格网

【解】以"+"表示填方,"−"表示挖方。

(1)计算施工高度

$h_1 = 32.62 - 32.41 = 0.21$ m

$h_2 = 31.95 - 32.11 = -0.16$ m

其余计算从略,把计算出的各角点施工高度填入图 2-19 中。

(2)确定零线

1-2 线 $x_1 = [0.21/(0.21+0.16)] \times 20 = 11.35$ m,即零点距角点 1 为 11.35 m

6-7 线 $x_6 = [0.23/(0.23+0.22)] \times 20 = 10.22$ m,即零点距角点 6 为 10.22 m

2-6 线 $x_2 = [0.16/(0.16+0.23)] \times 20 = 8.21$ m,即零点距角点 2 为 8.21 m

7-11 线 $x_7 = [0.22/(0.22+0.09)] \times 20 = 14.19$ m,即零点距角点 7 为 14.19 m

11-12 线 $x_{11} = [0.09/(0.09+0.14)] \times 20 = 7.83$ m,即零点距角点 11 为 7.83 m

连接各零点即得零线。

(3)土方计算

①全挖或全填方格

$$V_{56910}^+ = \frac{1}{4} \times 20^2 \times (0.15+0.23+0.07+0.19) = 64 \text{ m}^3$$

$$V_{3478}^- = \frac{1}{4} \times 20^2 \times (0.26+0.31+0.22+0.17) = 96 \text{ m}^3$$

②一挖三填或三填一挖方格

$$V_{1256}^- = \frac{1}{6} \times 20^2 \times \frac{0.16^3}{(0.16+0.21)(0.16+0.23)} = 1.89 \text{ m}^3$$

$$V_{1256}^+ = \frac{1}{6} \times 20^2 \times (2\times0.21+0.15+2\times0.23-0.16)+1.89 = 59.89 \text{ m}^3$$

$$V_{2367}^{+} = \frac{1}{6} \times 20^2 \times \frac{0.23^3}{(0.23+0.16)(0.23+0.22)} = 4.62 \ \text{m}^3$$

$$V_{2367}^{-} = \frac{1}{6} \times 20^2 \times (2 \times 0.16 + 0.26 + 2 \times 0.22 - 0.23) + 4.62 = 57.29 \ \text{m}^3$$

$$V_{671011}^{-} = \frac{1}{6} \times 20^2 \times \frac{0.22^3}{(0.22+0.23)(0.22+0.09)} = 5.09 \ \text{m}^3$$

$$V_{671011}^{+} = \frac{1}{6} \times 20^2 \times (2 \times 0.23 + 0.19 + 2 \times 0.09 - 0.22) + 5.09 = 45.76 \ \text{m}^3$$

$$V_{781112}^{+} = \frac{1}{6} \times 20^2 \times \frac{0.09^3}{(0.09+0.22)(0.09+0.14)} = 0.68 \ \text{m}^3$$

$$V_{781112}^{-} = \frac{1}{6} \times 20^2 \times (2 \times 0.22 + 0.17 + 2 \times 0.14 - 0.09) + 0.68 = 54.01 \ \text{m}^3$$

(3)挖、填方总量

$$V_{挖} = (96 + 1.89 + 57.29 + 5.09 + 54.01) = 214.28 \ \text{m}^3$$

$$V_{填} = (64 + 59.89 + 4.62 + 45.76 + 0.68) = 174.95 \ \text{m}^3$$

2.3.1.5　综合案例分析

【案例 2-1】某段新建城市道路工程,路基长 950 m,宽 28 m。路基挖方 35800 m³(其中一、二类土 3500 m³,三类土 23500 m³,四类土 6300 m³,软岩 2500 m³),填方数量为 41000 m³。本断面挖土方可利用量为 9500 m³(其中三类土 6800 m³,四类土 2700 m³),远运利用土方量为 20300 m³(天然方)(其中三类土 16700 m³,四类土 3600 m³,运距 1 km 以内),填缺部分从取土场借三类土,运距 3 km,路基弃方运距 3 km。

问题:(1)计算该道路工程的路基土石方工程量;(2)简要叙述该段道路工程土石方拟采用的施工方法;(3)列出路基土石方套用的预算定额子目名称、工程量、定额编号及调整情况。

(1)计算该道路工程的路基土石方工程量

①挖一、二类土方:3500 m³(全部作为弃方)

②挖三类土方:23500 m³

其中:本断面利用方 6800 m³,远运利用方 16700 m³

③挖四类土方:6300 m³

其中:本断面利用方 2700 m³,远运利用方 3600 m³

④土方远运:

弃方运输 3 km:3500 m³

视频 2-5　土石方工程定额综合应用示例

远运 1 km 以内:16700+3600=20300 m³

⑤挖软岩:2500 m³(全部作为弃方)

⑥石方运输:弃方运输 3 km:2500 m³

⑦借土填方

利用路基挖土方:(23500+6300)×0.87=25926 m³(压实方)

借三类土填方:41000-25926=15074 m³(压实方)

⑧路基填方

路基填土方:41000 m³(压实方)

（2）该段道路工程土石方拟采用的施工方法

该段道路路基土、石方工程量较大，包括挖方的本断面利用方、远运利用方、弃方和填方的借土方，且弃方和借方运距达 3 km，因此，施工方法采用土、石方机械施工较为合适；路基土方挖运采用推土机推运和集料，装载机装料，载重 10 t 以外自卸汽车运输。路基石方（软岩）采用挖掘机挖装，10 t 以外自卸汽车运输。借土填方采用挖掘机开挖和装车，10 t 以外自卸汽车运输。填方选用振动压路机碾压。

（3）套用的预算定额子目名称、工程量、定额编号及调整情况见表 2-8。

表 2-8　套用的预算定额子目名称、工程量、定额编号及调整情况

序号	工程子目		计量单位	定额编号	工程量	定额调整情况	备注
1	推土机推土（推距 20 m 以内一、二类土方）		m³	40101044	3500		
2	推土机推土（推距 20 m 以内三类土方）		m³	40101045	23500		本桩利用
3	推土机推土（推距 20 m 以内四类土方）		m³	40101046	6300		本桩利用
4	装载机装土方		m³	40101084	23800		远运利用和弃方
5	载重 10 t 以外自卸汽车运土方	运距 1 km 以内	m³	40101091	23800		远运利用和弃方
		运距每增 1 km	m³	40101092T	3500	定额×2	弃方运 3 km
6	挖掘机挖石渣（装车）		m³	40101153	2500		
7	载重 10 t 以外自卸汽车运石渣	运距 1 km 以内	m³	40101162	2500		弃方运 3 km
		运距每增 1 km	m³	40101163T	2500	定额×2	
8	挖掘机挖一般土方装车三类土		m³	40101052T	15074	定额×1.15	
9	载重 10 t 以外自卸汽车运土方	运距 1 km 以内	m³	40101091T	15074	定额×1.15	
		运距每增 1 km	m³	40101092T	15074	定额×1.15×2	借方运 3.0 km
10	路基填土碾压，振动压路机		m³	40101104	41000		路基填方压实

【案例 2-2】某排水管道工程，排水管管径为 $\phi1000$，长 500 m。管道平面如图 2-20 所示，沟槽断面如图 2-21 所示。在此段管道中设置若干个雨水井，沟槽及井位挖土深度均为 2.6 m，工作面宽 0.5 m，沟槽采用机械沿沟槽方向开挖，土质主要为三类土，其中有 25 m 为挖淤泥。（注：经查表得：180°混凝土管道基础 $\phi1000$ 的管壁厚 $t = 75$ mm，管肩宽 $a = 150$ mm，管基宽 $B = 1450$ mm，管基厚 $C_1 = 150$ mm，$C_2 = 575$ mm，基础混凝土 0.5319 m³；淤泥及弃土运距为 2 km 内。）

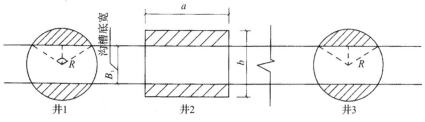

图 2-20　管道平面图

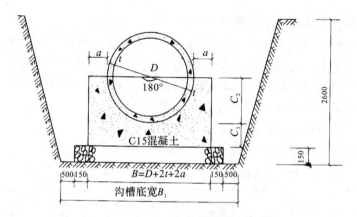

图 2-21 180°混凝土管道基础沟槽断面

问题：(1)计算该排水管工程的土方工程量；(2)简要叙述该段排水管工程土方的施工方法；(3)列出沟槽土方套用的预算定额子目名称、工程量、定额编号及调整情况。

【解】(1)计算土方工程量

①挖沟槽土方工程量：

管径为 $\phi1000$ 的 180°混凝土管道基础管基宽 $B=1450$ mm，则

沟槽底宽 $B_1=B+2\times0.15+0.5\times2$

$$=1.45+0.15\times2+0.5\times2=2.75 \text{ m}$$

构筑物底宽 $B_2=B+2\times0.15=1.45+0.3=1.75$ m

查表 2-4 可知，三类土放坡系数 $k=0.33$。

$V_1=(B_1+kH)HL_1\times1.025=(2.75+0.33\times2.6)\times2.6\times(500-25)\times1.025$

$\quad=4567.28 \text{ m}^3$

②挖淤泥工程量

$V_2=(B_1+kH)HL_1\times1.025=(2.75+0.33\times2.6)\times2.6\times25\times1.025=240.38 \text{ m}^3$

③回填土工程量

管道、基础、垫层、井所占体积(井位所占的额外体积按 2.5%计)：

$V_管=[\pi(R+t)^2+0.5319+(2.75-0.5\times2)\times0.15]\times500\times1.025$

$\quad=[3.14\times(0.5+0.075)^2+0.5319+(2.75-0.5\times2)\times0.15]\times500\times1.025$

$\quad=(1.038+0.5319+0.263)\times500\times1.025$

$\quad=939.36 \text{ m}^3$

回填土工程量：

$V_填=V_挖-V_管$

$\quad=4567.28+240.38-939.36=3868.30 \text{ m}^3$

④余方弃置工程量

淤泥应全部弃置：$V_{淤弃}=V_2=240.38 \text{ m}^3$

挖土余方弃置工程量：$V_{弃土}=V_挖-V_填=4567.28-3868.30\times1.15=118.74 \text{ m}^3$

(2)施工方法：因本工程排水管道长 500 m，总挖方量约 4500 m³，考虑采用反铲挖掘机，沿沟槽方向开挖。淤泥及余土采用载重 10 t 以内自卸汽车进行运输。槽坑回填土采用

人工摊铺机械夯实。

（3）沟槽土方套用的预算定额子目名称、工程量、定额编号及调整情况见表 2-9。

表 2-9　沟槽土方套用的预算定额子目名称、工程量、定额编号及调整情况

序号	工程子目		单位	定额编号	工程量	定额调整情况	备注
1	挖掘机挖槽坑土方三类土不装车		m³	40101055	4448.54		挖运沟槽土方
2	挖掘机挖槽坑土方三类土装车		m³	40101058	118.74		
3	载重 10 t 以内自卸汽车运土方	运距 1 km 以内	m³	40101089	118.74		
		运距每增 1 km	m³	40101090	118.74		
4	反铲挖掘机挖淤泥流砂装车		m³	40101098	240.38		挖运沟槽淤泥
5	载重 10 t 以内自卸汽车运淤泥	运距 1 km 以内	m³	40101089T	240.38	自卸汽车台班×1.50	
		运距每增 1 km	m³	40101090T	240.38	定额×1.50	
6	填土夯实，夯实机		m³	40101103	3868.30		回填压实

2.3.2　打拔工具桩

2.3.2.1　定额项目划分

本章定额项目划分为陆上打拔圆木桩、陆上打拔槽型钢板桩、陆上打拔拉森钢板桩，共 3 个分项，32 个定额子目。

2.3.2.2　章说明

视频 2-6　通用项目其他章定额的主要内容及应用

本章定额说明共十一条，这里仅介绍其主要内容。

（1）本章定额适用于市政各专业工程的打、拔工具桩。

（2）打拔工具桩水上和陆上作业的区分：距岸线 1.5 m 以外时均为水上作业；距岸线 1.5 m 以内时，水深 1 m 以内为陆上作业，水深 1 m 以上、2 m 以内按水陆各 50% 计算，水深 2 m 以上为水上作业。水深以施工期间最高水位为准。距岸线 1.5 m 是指自岸线向水面方向延伸 1.5 m。

（3）本章定额均按陆上打拔工具桩考虑，水上打拔工具桩套用陆上打拔工具桩相应定额，人工、机械乘以系数 1.20，水上打拔工具桩的作业平台费用另行计算。使用钢便桥或驳船捆扎作业平台的，钢便桥的搭拆和驳船捆扎、拆除套用《桥涵工程》册相应定额项目。

（4）本章定额打桩土方类别分为一、二类土及三类土。土方类别按第一章土石方工程中

土壤分类表划分。

(5)打拔工具桩定额均按直桩考虑,打斜桩(斜度≤1∶6,包括俯桩、仰桩)的,按相应定额人工、机械乘以系数1.35。

(6)打、拔圆木桩定额按疏打考虑,实际间距不同不予调整;打、拔槽型钢板桩定额按30号槽钢考虑,采用其他规格、型号的钢制桩(不含锁口型钢板桩)不予换算。拉森钢板桩指锁口型的钢板桩。

(7)打钢板桩定额中钢板桩的损耗率按1%考虑,未考虑钢板桩的使用费,使用费另行计算。

2.3.2.3　工程量计算规则

(1)打拔工具桩根据设计图纸或批准的施工组织设计确定的方法及数量计算。打断、打弯的桩不得重复计算工程量。

(2)打拔圆木桩以桩长 L(检尺长)和小头直径 D(检尺径)按原木材积表以体积计算。

(3)打拔钢板桩按单根钢板桩全长对应的理论质量乘以钢板桩根数以质量计算。

(4)钢板桩使用费计算公式为:钢板桩使用费=钢板桩一次使用量(t)×使用天数(d)×钢板桩使用费标准[元/(t·d)],钢板桩一次使用量按全部质量计算;钢板桩一次使用量和使用天数根据设计图纸或批准的施工组织设计确定,钢板桩使用费标准应包含钢板桩的装卸及运输费用。

2.3.2.4　应用示例

【例 2-37】陆上打圆木桩(斜桩),二类土,桩长 4.5 m,确定套用的定额子目、工料机消耗量。

【解】套用定额子目:[40102001T]

工料机消耗量按定额[40102001]及章说明第(5)条确定,见表 2-10。

表 2-10　工料机消耗量

名称		单位	定额消耗量
人工	定额人工费	元	206.97×1.35=279.41
材料	松木锯材	m³	0.07020
	圆木	m³	0.00280
	其他材料费	%	10.00000
机械	履带式液压挖掘机(带打拔桩机振动锤)	台班	0.10440×1.35=0.14094

【例 2-38】水上卷扬机疏打槽型钢板斜桩,桩长 10 m,三类土,确定套用的定额子目、工料机消耗量。

【解】套用定额子目:[40102012T]

工料机消耗量按定额[40102012]及章说明第(3)、(5)条确定,见表 2-11。

表 2-11　工料机消耗量

名称		单位	定额消耗量
人工	定额人工费	元	32.48×1.20×1.35＝52.62
材料	钢板桩	kg	0.01000
	其他材料费	%	1.43000
机械	履带式液压挖掘机（带打拔桩机振动锤）	台班	0.08900×1.20×1.35＝0.14418

2.3.3　支撑工程

2.3.3.1　定额项目划分

本章定额项目划分为木挡土板、竹挡土板、钢制挡土板、钢桩挡土板、大型支撑安装及拆除，共 5 个分项，18 个定额子目。

2.3.3.2　章说明

本章定额说明共八条。

(1)本章适用于市政各专业工程的沟槽、基坑、工作坑、检查井支撑及大型支撑工程。

(2)本章所指"密挡土板"即满铺挡板，"疏挡土板"即间隔铺挡板。疏挡土板定额已综合考虑了挡土板的间距，实际间距不同的，不作调整。

(3)本章除钢桩挡土板定额外，其他定额均按横板考虑，采用竖板的，相应定额人工乘以系数 1.20。

(4)挡土板定额按槽坑两侧同时支撑挡土板考虑，槽坑一侧支撑挡土板的，相应定额人工乘以系数 1.33，除挡土板外的材料乘以系数 1.33；槽坑宽度超过 4.1 m 时，其两侧均按一侧支挡土板计算。

(5)放坡开挖不得计算挡土板工程量，如上层放坡下层支撑则按实际支撑面积计算。

(6)钢桩挡土板定额仅考虑挡土板的安装拆除，打拔槽钢工程量应套用第二章打拔工具桩的相应定额项目。

(7)采用井字支撑的，套用相应疏撑定额乘以系数 0.61。

(8)大型支撑安拆定额中支撑的损耗率按 2.5% 考虑，定额未考虑支撑的使用费，其使用费另行计算。

2.3.3.3　工程量计算规则

(1)大型支撑安装及拆除工程量按设计图纸或批准的施工组织设计确定的方法及数量以质量计算；其余支撑工程根据设计图纸或批准的施工组织设计确定的方法及数量，按所需支撑的支撑面尺寸以面积计算。

(2)大型支撑使用费＝支撑的一次使用量(t)×使用天数(d)×使用费标准(元/t·d)，支撑的使用费标准应包含支撑材料的装卸及运输费用。

2.3.3.4 应用示例

【例2-39】如图2-22，某排水工程沟槽采用一侧密支撑木挡土板，其支撑高度为1.8 m，长度50 m，计算挡土板工程量。

【解】根据支撑工程工程量计算规则第(1)条，木挡土板工程量为：$1.8 \times 50 = 90$ m²。

【例2-40】某排水槽沟开挖，宽4.2 m，采用木挡土板(密撑、木支撑)竖板横撑，确定支撑工程套用的定额子目、工料机消耗量。

【解】经查福建省市政工程预算定额，套用定额子目[40103001T]。

工料机消耗量按定额[40103001]及章说明第(3)、(4)条确定，见表2-12。

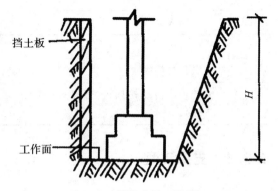

图2-22 槽坑支挡示意图

表2-12 工料机消耗量

名称		单位	定额消耗量
人工	定额人工费	元	$12.05 \times 1.2 \times 1.33 = 19.23$
材料	杉木锯材	m³	0.00400
	松木锯材	m³	$0.00070 \times 1.33 = 0.00093$
	圆木	m³	$0.00230 \times 1.33 = 0.00306$
	扒钉	kg	$0.09140 \times 1.33 = 0.12156$
	镀锌铁丝10#	kg	$0.07200 \times 1.33 = 0.09576$

【例2-41】某排水工程沟槽采用木挡土板，井字钢支撑，一侧支挡土板，确定套用的定额子目、工料机消耗量。

【解】经查《福建省市政工程预算定额》(2017版)，套用定额子目[401003004]。

工料机消耗量按定额[40103004]及章说明第(4)、(7)条确定，见表2-13。

表2-13 工料机消耗量

名称		单位	定额消耗量
人工	定额人工费	元	$7.13 \times 1.33 \times 0.61 = 5.78$
材料	杉木锯材	m³	$0.00240 \times 0.61 = 0.00146$
	松木锯材	m³	$0.00050 \times 1.33 \times 0.61 = 0.00041$
	焊接钢管DN65	kg	$0.15610 \times 1.33 \times 0.61 = 0.12664$
	铁撑脚	kg	$0.19300 \times 1.33 \times 0.61 = 0.15658$
	水泥实心砖240×115×53 MU10	块	$1.90000 \times 1.33 \times 0.61 = 1.54147$
	扒钉	kg	$0.09140 \times 1.33 \times 0.61 = 0.07415$
	镀锌铁丝10#	kg	$0.07200 \times 1.33 \times 0.61 = 0.05841$

2.3.4 拆除工程

2.3.4.1 定额项目划分

本章定额项目划分为拆除旧路,拆除人行道,拆除路缘石(立缘石),拆除混凝土管道,拆除金属管道,金属管道切割,拆除镀锌管,拆除砖石构筑物,拆除混凝土障碍物,液压锤破碎混凝土及钢筋混凝土,伐树、挖树蔸,路面凿毛,路面铣刨,路面抛丸处理,清除标线,共16个分项,89个定额子目。

2.3.4.2 章说明

本章定额说明共十四条,这里仅介绍其主要内容。

(1)本章所指拆除均不包括挖土方,挖土方应执行第一章相应定额。

(2)人工拆除各种稳定层的,执行人工拆除有骨料多合土定额;小型机械拆除石灰土的,执行小型机械拆除无筋混凝土面层定额乘以系数0.35;小型机械拆除二渣、三渣、二灰结石、水泥稳定层及沥青稳定层等半刚性基层的,执行小型机械拆除无筋混凝土面层定额乘以系数0.45。

(3)人工及小型机械拆除后的旧料应整理干净就近堆放整齐,如需运至指定地点回收利用或弃置,则另行计算运费和回收价值;液压锤破碎后的废料,其挖除清理套用第一章挖(装)石渣定额项目,外弃套用相应运输定额项目另行计算。

(4)执行液压锤破碎混凝土或钢筋混凝土构筑物定额的换算规定:

①液压锤破碎基坑、沟槽混凝土及钢筋混凝土的,按相应定额乘以系数1.3。

②液压锤破碎道路混凝土及钢筋混凝土路面的,按相应定额乘以系数0.70。

③液压锤破碎道路沥青混凝土路面的,按破碎混凝土构筑物定额乘以系数0.45。

④液压锤破碎二渣、三渣、二灰结石、水泥稳定层及沥青稳定层等半刚性道路基层或底层的,按破碎混凝土构筑物定额乘以系数0.30。

(5)机械拆除道路碎石、级配碎石、砂石垫层,套用第一章挖掘机挖石渣相应定额乘以系数1.8,外弃费用套用相应运输定额另行计算。

(6)拆除路平石的,套用拆除路缘石(截面半周长50 cm以内)定额乘以系数0.5。

(7)各类拆除管道定额,均按拆除后的旧管基本完好考虑,不适用于破坏性拆除。拆除混凝土管道定额未包括拆除基础及垫层,基础及垫层的拆除另行套用本章相应定额项目。拆除金属管道定额未考虑拆除所需的氧气、乙炔气用量,其费用另行计算;拆除法兰接口的金属管道,执行相应定额人工乘以系数1.5。

(8)本章未编制拆除井深按4 m以上检查井的定额,拆除4 m以上检查井的,执行4 m以内相应定额,人工乘以系数1.31。拆除石砌检查井的,执行拆除砖砌检查井相应定额,人工乘以系数1.1。拆除石砌构筑物的,执行拆除砖砌其他构筑物定额,人工乘以系数1.17。

2.3.4.3 工程量计算规则

(1)拆除旧路及人行道按所需拆除的面积计算。

（2）拆除侧缘石及各类管道按所需拆除的长度计算。

（3）拆除构筑物及障碍物按所需拆除的体积计算。

（4）液压锤破碎混凝土及钢筋混凝土按破碎的体积计算。

（5）伐树、挖树蔸按所需拆除的数量计算。

（6）路面凿毛、路面铣刨按所需拆除的面积计算。

（7）清除标线按所需清除的实线面积计算。

2.3.5　材料半成品运输工程

2.3.5.1　定额项目划分

本章定额项目划分为人力运输小型构件、汽车运输小型构件、汽车运水、成型钢筋水平及垂直运输、混凝土（沥青）混合料运输、沥青运输，共6个分项,26个定额子目。

2.3.5.2　章说明

本章定额说明共五条。

（1）材料、半成品在施工现场运输距离超过相应定额已考虑的场内运距的,根据下列规定计算超出距离的场内运输,套用相应定额"每增"项目计算。

①现场集中搅拌的混凝土混合料,如集中搅拌地点距施工现场的距离超过定额已考虑的场内运距,超出的距离可以计算场内运输。

②非半成品材料一般不计算场内运输,如由于施工场地限制,根据批准的施工组织设计中确定的材料集中堆放地点距施工现场的运距超过定额已考虑的场内运距,超出的距离可以计算场内运输。

（2）混凝土小型构件是指单件体积在 0.03 m³ 以内的各类小型构件。

（3）成型钢筋指在加工点切割、弯曲、接长后的钢筋。

（4）成型钢筋垂直运输定额适用于垂直运输距离超过 3 m 的情况。垂直运输以设计地坪为界,±3.00 m 以内的,不计成型钢筋垂直运输费用;超过＋3.00 m 的,±0.00 m 以上部分钢筋全部计算垂直运输费用;超过－3.00 m 的,±0.00 m 以下部分钢筋全部计算垂直运输费用。

（5）混凝土（沥青）混合料运定额适用于水泥混凝土混合料、沥青混凝土混合料及水泥稳定粒料的运输。

2.3.5.3　工程量计算规则

（1）混凝土小型构件运输按需要运输构件的尺寸以体积计算。

（2）汽车运水按需要运输水的质量计算。

（3）运输成型钢筋按需要运输的钢筋尺寸以质量计算。

（4）混凝土（沥青）混合料按需要运输的混合料的体积计算。

（5）沥青运输按需要运输的质量计算。

2.3.6 护坡、挡土墙工程

2.3.6.1 定额项目划分

本章定额项目划分为滤沟、滤层，石砌护坡、台阶，挡土墙，生态护坡、护底，石砌基础，压顶，勾缝，共 7 个分项，32 个子目。

2.3.6.2 章说明

本章定额说明共八条。

(1)碎(砾)石滤层定额按碎石考虑，使用砾石时材料类型换算，其他不变。

(2)片石利用旧料需冲洗的，套用相应定额，每立方米片石体积增加人工冲洗费 16.2 元、水 0.5 m^3。

(3)本章定额中片石、砾石、碎石数量为收方的虚体积，整毛石、方整石数量为实体积。

(4)护坡、挡土墙使用块石材料的，套用相应定额并换算材料，其他不变。

(5)挡土墙定额中已包括安放泄水管的人工，泄水管材料费用根据设计规定另行计算。

(6)现浇混凝土挡土墙及现浇混凝土压顶定额已包含模板的制作、安装及拆除，实际不同时不作调整。

(7)执行生态砖挡墙、护坡、护底定额时，设计生态砌块尺寸与定额取定不同的，调整相应材料，消耗量不变。

(8)勾缝定额按勾凸缝编制。勾平缝的，定额乘以系数 0.55;勾凹缝的，定额乘以系数 0.85。

2.3.6.3 工程量计算规则

(1)砂石滤沟、砂滤层、碎(砾)石滤层、黏土反滤层按设计图示尺寸以体积计算。

(2)砌体工程按设计图示尺寸以体积计算。

(3)混凝土挡土墙按设计图示尺寸以体积计算。

(4)生态砖挡墙、生态砖护坡、生态砖护底按设计图示尺寸以面积计算。

(5)墙面勾缝按设计图示尺寸以墙面面积计算。

【例 2-42】某路基填方段设置毛石挡土墙，全长 120 m，墙高平均 3.3 m，如图 2-23 所示，求毛石挡土墙基础、墙身和内墙面及顶面勾缝的工程量。

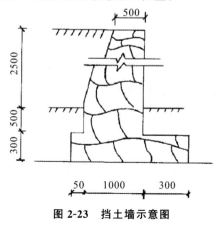

图 2-23 挡土墙示意图

【解】根据工程量计算规则,毛石挡土墙基础、墙身和内墙面及顶面勾缝的工程量分别计算如下:

(1)基础:$(1.35 \times 0.3 + 1 \times 0.5) \times 120 = 108.60$ m³

(2)墙身:$(1 + 0.5) \times 0.5 \times 2.5 \times 120 = 225.00$ m³

(3)勾缝:$(2.5 + 0.5) \times 120 = 360$ m²

【例 2-43】某路基填方段采用毛石护坡,全长 150 m,如图 2-24 所示,求护坡砌体的工程量。

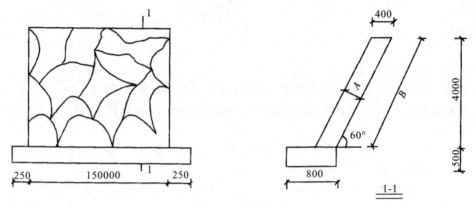

图 2-24 护坡示意图

【解】根据工程量计算规则,护坡的工程量计算如下:

护坡砌体工程量 V＝护坡断面积×护坡长度

护坡断面积＝$A \times B$

其中：$A = 0.4 \times \sin 60° = 0.4 \times \dfrac{\sqrt{3}}{2} = 0.346$ m

$$B = 4 \div \sin 60° = 4 \div \dfrac{\sqrt{3}}{2} = 4.619 \text{ m}$$

护坡砌体工程量 $V = 0.346 \times 4.619 \times 150 = 239.73$ m³

护坡基础砌体工程量 $V = 0.5 \times 0.8 \times (150 + 0.25 \times 2) = 60.2$ m³

2.3.7 施工技术措施

2.3.7.1 定额项目划分

本章定额项目划分为脚手架,围堰工程,施工现场围挡,现场签证点工、台班,混凝土搅拌站(楼)安装、拆除,混凝土拌和,水泥稳定粒料厂拌设备安装、拆除,水泥稳定粒料拌和,大型机械设备进出场,共 9 个分项,63 个子目。

2.3.7.2 章说明

本章定额说明共十九条,这里仅介绍其主要内容。

(1)本章脚手架定额除仓面脚手架定额外,均已包括斜道及拐弯平台的搭设;仓面斜道脚手架另行计算,但采用井字架或吊扒杆转运施工材料的,不计算斜道费用。

（2）设计配置双层钢筋的底板浇捣混凝土需计算仓面脚手架费用,无筋或单层布筋的基础和垫层项目不得计算仓面脚手架费用。

（3）仓面脚手架斜道、满堂脚手架执行我省现行房建工程相应定额。

（4）井深大于 1.5 m 的各种检查井,另行计算井字脚手架费用。井字架定额的井深指从井盖顶面到井基础或底板顶面的距离,没有基础或底板的,算至垫层顶面。

（5）围堰定额适用于人工筑、拆的围堰项目;采用机械筑、拆的,执行第一章相应定额。如遇特大潮汛造成人力所不能抗拒的损失的,根据实行情况另行处理。

（6）围堰定额已考虑 50 m 范围以内取土、砂、砂砾费用;取土、砂、砂砾距离超过 50 m 的,应另行计算土、砂、砂砾材料的取料费用。定额中所列黏土数量为自然方数量,可按取土的实际情况调整。

（7）围堰的尺寸按设计计算,设计未明确的按下列规定计算。按下列规定计算时,堰内坡脚至堰内基坑边缘距离根据河床土质及基坑深度确定,并不得小于 1 m。

①土草围堰的堰顶宽为 1～2 m,堰高为 4 m 以内。

②土石混合围堰的堰顶宽为 2 m,堰高为 6 m 以内。

③圆木桩围堰的堰顶宽为 2～2.5 m,堰高为 5 m 以内。

④钢桩围堰的堰顶宽为 2.5～3 m,堰高为 6 m 以内。

⑤钢板桩围堰的堰顶宽为 2.5～3 m,堰高为 6 m 以内。

⑥竹笼围堰竹笼间黏土填心的宽度为 2～2.5 m,堰高为 5 m 以内。

（8）施工现场围挡定额适用于未发布围挡单价的地区计价,设计规格与本定额取定不同的,套用相近规格定额进行换算,人工、机械不变。

（9）现场签证点工定额的人工工日单价暂按 81 元/工日编制,实际应按施工合同约定的点工单价进行计价;机械台班定额的消耗量按出口直径 ϕ100 潜水泵考虑,施工现场发生其他机械台班签证的,按实际使用的机械规格、类型进行换算,消耗量不变。

（10）混凝土搅拌站(楼)及水泥稳定层厂拌设备安装、拆除定额未包括拌和厂的场地清理、平整、垫层、碾压、围栏等内容,需要时按有关定额另行计算。

（11）本章大型机械设备进出场只编制了沥青混凝土摊铺机、路面铣刨机的相应定额,其余机械设备进出场及安拆仍执行我省现行房建工程相应定额;如仍遇缺项的,按需进出场的大型机械设备停滞台班(0.5 台班)、相应装载质量平板拖车组台班(0.5 台班)、适当的辅助人工、辅助材料及合理吨位的起重机械数量,自行补充。

2.3.7.3　工程量计算规则

（1）凡墙面垂直高度超过或低于地面在 1.2 m 以上的,可计算脚手架:

①石砌护坡按设计图示尺寸以斜面面积的 50% 套用单排脚手架计算;

②石挡土墙及砖砌工程按设计图示尺寸以垂直投影面积套用单排脚手架计算;

③混凝土工程按设计图示尺寸以垂直投影面积按双排脚手架计算。

（2）砖、石、钢筋混凝土柱形砌体按设计图示尺寸以柱结构外围周长加 3.6 m 乘以柱高以面积计算,高度在 3.6 m 以下者套用单排脚手架,3.6 m 以上者套用双排脚手架。

（3）浇混凝土用仓面脚手架按设计图示尺寸以现浇混凝土摊铺面积计算。

（4）土草、土石混合围堰按设计图示尺寸以体积计算,钢桩、钢板桩、双层竹笼围堰按设计图示长度计算。以立方米计算的围堰工程按围堰的施工断面乘以围堰中心线的长度。以延长米计算的围堰工程按围堰中心线的长度计算。

(5)围堰高度根据施工期内的最高临水面加 0.5 m 计算。

(6)施工围挡按设计或施工组织设计确定的围挡长度计算。

2.4 《道路工程》定额的主要内容及套用

《道路工程》是《福建省市政工程预算定额》(2017 版)的第二册,包括 2.1 路基处理、加固、监测,2.2 道路基层,2.3 道路面层,2.4 人行道、侧缘石及其他,2.5 交通管理设施,共 5 章,66 个分项,304 个定额子目。

在使用本册定额前,应熟悉以下四条册说明:

(1)除另有说明外,本册定额材料的场内运输距离均按 50 m 考虑。

(2)本册中混凝土的定额项目,均已综合考虑模板制作、安装、拆除费用,实际套用时不再调整。

视频 2-7 道路工程
定额的主要内容

(3)本册中混凝土的定额,均未考虑混凝土拌和费用,混凝土拌和套用《通用项目》册相应定额项目。

(4)本册未编制的钢筋、铁件工程项目,执行《桥涵工程》册相应定额。

2.4.1 路基处理、加固、监测

2.4.1.1 定额项目划分

本章定额项目划分为机械翻晒、弹软土基处理、抛石、袋装砂井、塑料排水板、振冲碎石桩、粉喷桩、水泥搅拌桩、高压水泥旋喷桩、CFG 桩、小口径灌注混凝土桩、土工合成材料、地基注浆、路基盲沟、路基回填、位移观测设施、地表监测孔布置、地下监测孔布置、隧道监控测试,共 19 个分项,85 个定额子目。

2.4.1.2 章说明

本章定额说明共十四条,主要应注意以下几条。

(1)弹软土基处理定额中已包含人工挖土内容,使用时不得重复计算。采用机械挖土的,套用《通用项目》册相应定额项目,填料套用本册相应定额项目。

(2)袋装砂井直径按 φ70 mm 考虑,设计直径与定额取定不同的,材料消耗量可以换算,其他不变。

(3)单轴、双轴、三轴水泥搅拌桩定额均按照二搅二喷施工工艺考虑,定额已综合考虑正常施工工艺需要的重复喷浆和搅拌,实际施工工艺不同的,定额不再调整。水泥搅拌桩空搅部分套用相应定额,人工及搅拌机械乘以系数 0.5,材料不计。

(4)水泥搅拌桩水泥掺量按加固土体的 15% 考虑,设计掺量与定额取定不同的,调整换算。土体容重设计未明确的,按 1800 kg/m³ 计算。

(5)高压旋喷桩设计水泥用量与定额取定不同的,根据设计进行调整。高压旋喷桩施工方法由设计确定,设计未明确的,按照各种施工方法的理论有效直径(单重管法 50 cm,双重管法 80 cm,三重管法 120 cm)确定。

(6)CFG(水泥粉煤灰碎石)桩处理软土地基定额的桩身混凝土强度按 C15 考虑,实际使用时,按设计强度及相应配合比调整材料用量。因地质原因引起的 CFG 桩的充盈系数与定额取定不同的,可以根据设计变更或现场经签证确认的试验数据进行调整。水泥粉煤灰碎石混合料的损耗率为 1.5%。

(7)CFG(水泥粉煤灰碎石)桩处理软土地基定额采用钻孔成桩时,每立方米桩体积的混凝土用量按 1.29 m³ 考虑;采用沉管沉桩时,每立方米桩体积的混凝土用量按 1.15 m³ 考虑。

(8)小口径灌注混凝土桩在原位打扩大桩时,人工乘以系数 0.85,机械乘以系数 0.5。小口径灌注混凝土桩顶至地面部分采用砂、石代替混凝土的,定额材料应进行换算。

(9)定额中分层注浆的加固半径按 0.8 m 考虑,压密注浆的加固半径按 0.75 m 考虑。浆体材料(水泥、粉煤灰、外加剂等)用量按设计含量计算,设计未明确的,按批准的施工组织设计确定的数量计算。

2.4.1.3　工程量计算规则

(1)抛石挤淤、抛石防护按设计图示尺寸以体积计算。

(2)袋装砂井、振冲碎石桩、粉喷桩按设计图示尺寸以长度计算。

(3)塑料排水板按设计图示尺寸以打入原地面以下的长度和埋入砂垫层的长度之和计算。

(4)水泥搅拌桩按设计图示尺寸以桩长乘以桩截面积的体积计算,桩长按设计桩顶标高至桩底的长度计算。

(5)高压旋喷桩的钻孔按设计图示尺寸以原地面至设计桩底的距离的长度计算,喷浆按设计图示尺寸以加固桩截面面积乘以设计桩长的体积计算。

(6)钉形双向搅拌桩、CFG 桩、小口径灌注混凝土桩工程量按设计图示尺寸,以桩横断面面积乘以桩长的体积计算。

(7)地基注浆加固以孔为单位的项目按设计图示数量计算。

(8)地基注浆加固以"m³"为单位的项目按设计图示尺寸以加固土体体积计算。

(9)土工合成材料按设计图示尺寸以锚固沟外边缘所包围的面积(含锚固沟的底面积和侧面积)计算。

(10)路基盲沟按设计图示尺寸以长度计算。

(11)路基回填按设计图示尺寸以体积计算。

(12)沉降位移观测设施,按设计图示沉降或位移观测设施的设置处数计算。其中,沉降观测设施以高 5 m 为基准,可按设计高度以米为单位进行调整。

(13)监测孔布置按批准的施工组织设计确定的数量计算。

(14)监控测试按批准的施工组织设计确定的数量和监测时间计算。

2.4.2 道路基层

2.4.2.1 定额项目划分

本章定额项目划分为路床(槽)整形,铺筑垫层料,水泥稳定土,路拌粉煤灰三渣基层,厂拌粉煤灰三渣基层,顶层多合土养生,砂砾石底层,山皮石底层,砂基层,卵石底层,碎石底层,片石底层,炉渣底层,矿渣底层,沥青稳定碎石,水泥稳定层,水泥混凝土路面共振碎石化基层,共17个分项,59个定额子目。

2.4.2.2 章说明

本章定额说明共十条,主要注意以下几条。

(1)路床整形碾压、人行道整形碾压定额的工作内容,均已包括平均厚度10 cm以内的人工就地挖高填低、平整底面,使之形成设计要求的纵横坡度,并碾压密实。路床碾压检验、人行道整形碾压项目,不论新建还是旧路改造项目,均需计算。

(2)水泥稳定层、水泥混凝土路面、沥青混凝土路面定额未包括的水泥稳定混合料、水泥混凝土、沥青混合料的场内运输(拌和地点至施工浇捣或铺筑现场),应按批准的施工组织设计确定的运输距离套用《通用项目》册相应定额项目。

(3)设计道路基层混合料配合比与定额取定不同时,材料换算,人工、机械不变。

(4)多合土基层分层铺筑时,其顶层需进行养生,养生期按7天考虑,用水量已综合考虑。

(5)级配碎石底层定额按拌制好的级配碎石混合料现场铺设考虑。计价时,应在普通碎石单价基础上增加考虑级配碎石的拌和费用。

(6)水泥稳定层定额的压实厚度按15 cm考虑。设计压实厚度小于15 cm的,换算混合料材料消耗量,人工、机械不变;设计压实厚度大于15 cm的,按分层摊铺考虑。采用商品水泥稳定粒料的,直接替换定额中混合料材料。

2.4.2.3 工程量计算规则

(1)路床槽整形碾压按设计图示尺寸以路床槽面积计算,不扣除侧缘石、平石所占面积。路床槽整形碾压宽度按设计车行道宽度另计两侧加宽值。人行道整形碾压按设计图示尺寸以人行道面积计算,应扣除与车行道连接的侧缘石面积。

(2)各种道路基层均按设计图示尺寸的车行道长度乘以宽度以面积计算,不扣除各种井所占面积,基层宽度按设计车行道宽度另计两侧加宽值。设计道路基层横断面是梯形的,应按照其截面平均宽度计算面积。

(3)多合土养生按设计图示尺寸以基层顶层的面积计算,不扣除各种井所占面积。

(4)水泥混凝土路面共振碎石化基层按设计需处理结构层的顶面面积计算。

【例2-44】某水泥混凝土路面工程长1.5 km,其横断面示意图如图2-25所示,试计算该工程路床整形工程量及基层工程量。

【解】车行道路床整形数量:[18+(0.10+0.15)×2]×1500=27750 m²

人行道路床整形数量:(6-0.15)×2×1500=17550 m²

路床整形数量：27750＋17550＝45300 m²

基层工程量：[18＋(0.10＋0.15)×2]×1500＝27750 m²

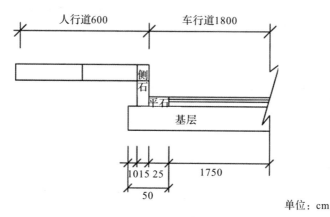

图 2-25　道路横断面示意

2.4.3　道路面层

2.4.3.1　定额项目划分

本章定额项目划分为简易路面(磨耗层)，干结碎石路面，泥结碎石路面，沥青表面处治，沥青贯入式路面，喷洒沥青油料，黑色碎石路面，粗粒式、中粒式、细粒式沥青混凝土路面，水泥混凝土路面，伸缝、锯缝，水泥混凝土路面钢筋，混凝土路面真空吸水，传力杆套筒，透层、黏层、封层、粘贴卷材，路面彩色涂层，共 17 个分项，61 个定额子目。

2.4.3.2　章说明

本章定额说明共六条。

(1)使用黑色碎石、沥青混凝土路面定额时，沥青混合料市场价格未包括运输的，另计运输费用。

(2)水泥混凝土路面定额按抗折 4.5 MPa 碎石混凝土编制，设计标号与定额取定不同的，进行换算。水泥混凝土路面定额的纵缝按平口考虑，如设计为企口时，人工乘以系数1.01，其他不作调整。

(3)水泥混凝土路面定额已综合考虑模板、养生、缩缝锯缝、缩缝灌缝等工作内容，实际套用时不得重复计算。定额中缩缝灌缝材料按照聚氨酯考虑，设计为沥青玛蹄脂的，定额中其他材料费改按 4% 计算；设计无缩缝的，定额中其他材料费改按 2% 计算。

(4)设计水泥混凝土路面有伸缝、钢筋、传力杆、真空吸水的，根据设计和现场实际要求另行计算。

(5)伸缝定额的宽度按 2.5 cm 考虑，设计缝宽与定额取定不同的，按宽度比例调整材料使用量，人工、机械不变。伸缝定额中的"人工切缝"指人工灌缝。

(6)设计透层、黏层、封层喷洒的沥青种类、用量与定额取定不同的，按设计调整；设计要求铺洒石屑的,另行增加石屑材料费用。

【例 2-45】某道路预拌水泥混凝土路面面层厚度分别为 18 cm 和 24 cm,试套用定额。

【解】根据定额子目套用时按路面厚度就近考虑及按每增子目套用的原则,经查福建省市政工程预算定额,具体套用如下:

①18 cm 厚度路面:[40203041]−[40203042]×2

②24 cm 厚度路面:[40203041]+[40203042]×4

【例 2-46】机械摊铺某道路工程中粒式沥青混凝土路面,面层厚度 5 cm,试套用定额。

【解】根据定额子目套用时按路面厚度就近考虑及按每增子目套用的原则,经查福建省市政工程预算定额,具体套用如下:

5 cm 中粒式沥青混凝土路面:[40203035]+[40203036]×1

【例 2-47】现场拌制水泥混凝土路面,厚度 26 cm,混凝土抗折强度 5.0 MPa,试套用定额。

【解】根据定额子目套用时按路面厚度就近考虑及按每增子目套用的原则,经查福建省市政工程预算定额,套用定额:[40203041]+[40203042]×6

同时定额中抗折强度 4.5 MPa 的预拌混凝土应换算为抗折强度 5.0 MPa 的现拌混凝土。

【例 2-48】现浇预拌水泥混凝土路面 4.5 MPa,厚度 19 cm,采用企口形式,试套用定额并确定定额人工费。

【解】根据定额子目套用时按路面厚度就近考虑及按每增子目套用的原则,经查福建省市政工程预算定额,套用定额:[40203041]−[40203042]×1

企口式水泥混凝土路面定额人工乘系数为 1.01

定额人工费=(13.25−0.27)×1.01=13.11 元

2.4.3.3 工程量计算规则

(1)各类道路面层、真空吸水按设计图示路面尺寸以面积计算,不扣除各种井所占面积,但应扣除与路面相连的平石、侧石、缘石所占的面积。

(2)伸缝按设计图示尺寸以缝的侧面积计算,即伸缝设计长度×设计缝深。锯缝机锯缝按设计图示长度计算。

(3)水泥混凝土路面钢筋按设计图示尺寸以质量计算。

(4)传力杆套筒按设计图示数量计算。

(5)透层、黏层、封层分别按设计图示尺寸以相应铺设的基层或面层面积计算。

(6)应力吸收卷材贴缝按设计图示尺寸,由混凝土路面缝长乘以铺设宽度以面积计算,应力吸收卷材纵横相交导致的重叠部分面积不扣除。

(7)路面彩色涂层按设计图示尺寸以刷涂面积计算。

2.4.4 人行道、侧缘石及其他

2.4.4.1 定额项目划分

本章定额项目划分为人行道垫层、铺砌人行道板、铺设花岗岩人行道、透水砖铺设、广场砖铺设、现浇混凝土人行道、侧缘石混凝土基座、侧缘石安砌,共 8 个分项,31 个定额子目。

2.4.4.2　章说明

本章定额说明共七条。

(1)人行道板铺设定额按密缝考虑,设计为宽缝的,按设计人行道板面积调整定额数量,砂浆用量按体积换算,其他材料、人工、机械不变。非镶嵌型人行道板铺设定额按不拼花考虑,设计为拼花的,人工乘以系数 1.1。

(2)人行道板铺设定额按混凝土预制块考虑,设计为石质的,按相应定额人工乘以系数 1.05。设计人行道板规格与定额取定不同的,按相近规格定额换算人行道板材料,其他不变。设计垫层、黏接层厚度与定额取定不同的,换算材料消耗量。

(3)花岗岩人行道板铺设定额按 3 cm 厚花岗岩板考虑。设计花岗岩板为 5 cm 厚的,定额人工乘以系数 1.1,切割机械台班数量乘以系数 1.3;设计花岗岩板为 8 cm 厚的,定额人工乘以系数 1.2,切割机械台班数量乘以系数 1.5。

花岗岩人行道板铺设定额已综合考虑伸缩缝制作的工作内容,实际套用时不得重复计算。设计无伸缩缝的,定额中其他材料费改按 0.5% 计算。

(4)人行道混凝土垫层、混凝土人行道定额均按以路缘石为侧模考虑,不考虑模板费用。

(5)混凝土人行道定额已综合考虑养生、缩缝锯缝、缩缝灌缝等工作内容,实际套用时不得重复计算。定额中缩缝灌缝材料按照聚氨酯考虑,设计为沥青玛蹄脂的,定额中其他材料费改按 3.5% 计算;设计无缩缝的,定额中其他材料费改按 1.5% 计算。

(6)混凝土人行道的伸缝、钢筋、传力杆、真空吸水等项目应根据设计和现场实际要求另行计算。

(7)路缘石(立缘石)、路平石定额均按石质材料考虑,按石料设计横断面的半周长尺寸套用相应定额项目,石料有倒角的均按直角计算半周长。设计采用混凝土材质的,换算路缘石、立缘石、路平石材料,其他不作调整。

2.4.4.3　工程量计算规则

(1)人行道垫层、面层按设计图示尺寸以面积计算,该面积不扣除检查井所占面积,不含两侧侧缘石所占面积,并应扣除树池、电缆沟所占面积。

(2)混凝土侧缘石基座按设计图示尺寸以体积计算。

(3)侧缘石、路平石按设计图示中心线长度计算,不包含预制混凝土雨水口所占长度。

2.4.5　交通管理设施

本章定额项目划分为标志杆(板)、减速板、诱导器,标线、箭头、标记,值警亭安装,护栏、屏障安装,电气设施安装,共 5 个分项,68 个定额子目。

交通管理设施一般不包含在路基路面施工标段中,单独进行施工,这里对其内容不做详细介绍。

2.4.6 综合应用案例

【案例 2-3】某道路工程,如图 2-26 所示,长 200 m,宽 8+20+8=36 m,路口转角半径 R =8 m,中央分隔带半径 $r=2$ m。求:(1)水泥混凝土路面面积;(2)侧石长度;(3)块料人行道板面积(包括分隔带铺筑面积)。

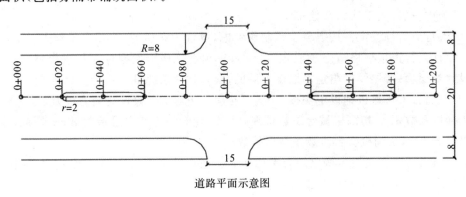

道路平面示意图

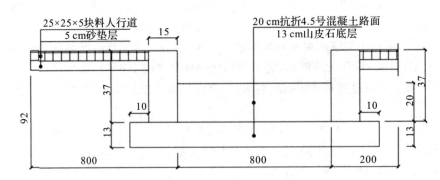

有分隔带段水泥混凝土路面结构图（单位：cm）

图 2-26 道路平面图和结构图

【解】

(1)水泥混凝土路面面积$=200\times20-[(40-2\times2)\times4+\frac{1}{2}\times\pi\times2^2\times2]\times2+15\times8\times2+$ $(1-\pi/4)\times8^2\times4=3930.31$ m²

(2)侧石长度$=(200-15-8\times2)\times2+\frac{1}{4}\times2\times\pi\times(8-\frac{0.15}{2})\times4+(40-2\times2)\times4+$ $\pi\times(2-\frac{0.15}{2})\times2\times2=555.95$ m

(3)人行道板面积$=(200-15-8\times2)\times(8-0.15)\times2+\frac{1}{4}\times\pi\times(8-0.15)^2\times4+(40$ $-2\times2)\times(4-2\times0.15)\times2+\frac{1}{2}\times\pi\times(2-0.15)^2\times4=3134.69$ m²

【案例 2-4】某水泥混凝土路面工程长 200 m,宽 26 m,车行道面层为现拌 C35 混凝土,设置胀缝 1 条,缩缝每 5 m 一条,缝深均为 4 cm,缩缝灌缝材料为沥青玛蹄脂。基层为30 cm厚粉煤灰三渣,人行道板为 C25 砼预制透水砖。其平面图及路面结构图如图 2-27(a)～(e)所示。

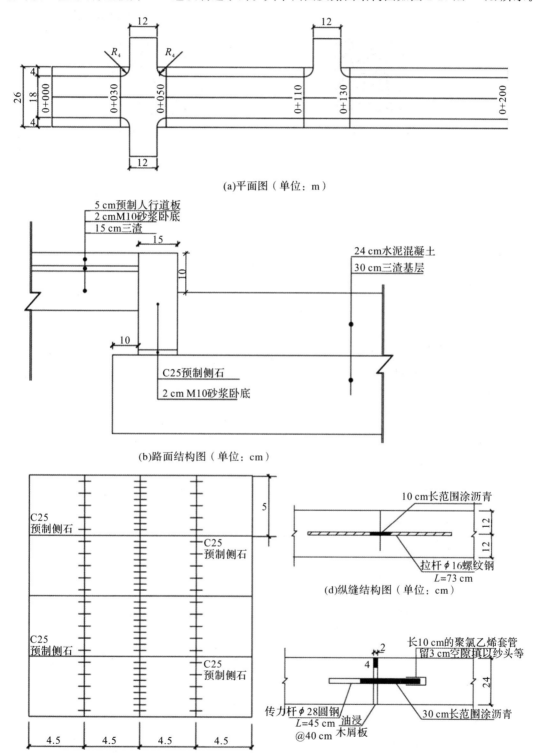

图 2-27　水泥砼路面工程图

问题：1. 计算工程量：(1)水泥混凝土面层工程量；(2)路面附属工程项目的工程量；(3)三渣基层工程量。(注：各支路工程量不计)

2. 列出问题1中各个项目套用的预算定额子目名称、定额编号、工程量及调整情况。

视频 2-8　道路工程定额综合应用示例(一)　　视频 2-9　道路工程定额综合应用示例(二)

【解】1. 计算工程量

(1)水泥混凝土面层工程量

平直段面积＝200×18＝3600 m²

交叉口面积＝$(1-\pi/4)×4^2×6+12×4×3=164.6$ m²

水泥混凝土面层总面积 $A=3600+164.6=3764.60$ m²

①水泥混凝土路面(厚度 24 cm)：3764.60 m²

②路面真空吸水：3764.60 m²

③混凝土拌和及运输：3764.60×0.24×1.015＝917.06 m³

④人工切缝(沥青玛蹄脂)伸缝：0.04×18＝0.72 m²

⑤锯缝机锯缝(4 cm)：18 m

⑥路面纵缝拉杆 $\phi16=0.73×(5×2+9)×200/5×1.578=876$ kg＝0.876 t

　　胀缝滑动传力杆 $\phi28=11×4×0.45×4.83=96$ kg＝0.09 t

⑦传力杆套筒：11×4＝44 只

(2)路面附属工程工程量

①C25 预制侧石长度＝$200×2-(4+12+4)×3+2×\pi×(4-\dfrac{0.15}{2})×6/4=376.97$ m

②人行道板(25×25×5 cm)面积：

$[200×2-(4+12+4)×3]×4+\pi×4^2×\dfrac{1}{4}×6-376.97×0.15=1378.81$ m²

(3)三渣基层工程量

①30 cm 厚三渣基层面积＝3764.60＋376.97×0.25＝3858.84 m²

②15 cm 厚三渣基层面积＝1378.81 m²

2. 列出问题1中各个项目套用的预算定额子目名称、工程量、定额编号及调整情况，见表2-14。

表 2-14　套用的预算定额子目名称、工程量、定额编号及调整情况

序号	工程子目	计量单位	定额编号	工程量	定额调整情况	备注
1	水泥砼路面厚度 24 cm	m²	40203041T	3764.60	＋40203042×4,其他材料费 4%,预拌混凝土 4.5 MPa 换 现拌 C35 砼	
2	混凝土路面真空吸水 厚度≥24 cm	m²	40203053	3764.60		
3	混凝土搅拌机拌和 容量 350 L 以内	m³	40107049	917.06		
4	机动翻斗车运输混凝土(沥青)混合料(运距 100 m 以内)	m³	40105017T	917.06	＋40105018×1	
5	人工切缝 伸缝 沥青玛蹄脂	m²	40203044T	0.72	材料×2/2.5	
6	锯缝机锯缝(缝深 4 cm)	m	40203047	18		
7	路面钢筋 拉杆、传力杆 螺纹钢	t	40203049T	0.876	圆钢 φ10 以内删除,圆钢 φ10 以外 换 螺纹钢筋 HRB335φ16,量 1030	
8	路面钢筋 拉杆、传力杆 圆钢	t	40203049T	0.096	圆钢 φ10 以内换 圆钢 φ10 以外	
9	传力杆套筒塑料管 φ30	只	40203054	44		
10	砂浆铺砌人行道板(25 cm×25 cm×5 cm)	m²	40204014	1378.81		
11	截面半周长 50 cm 以内侧缘石安砌 无基座	m	40204026T	376.97	路缘石 换 C25 预制侧石	
12	路拌粉煤灰三渣基层厚 30 cm	m²	40202014T	3858.84	＋40202015×10	
13	路拌粉煤灰三渣基层厚 15 cm	m²	40202014T	1378.81	＋40202015×(−5)	

【案例 2-5】福建省内某市政道路沥青混凝土路面面层采用 3 cm 细粒式沥青混凝土、4 cm 中粒式沥青混凝土、5 cm 粗粒式沥青混凝土,如图 2-28 所示。该路长 650 m,宽 15 m,甲型路牙沿,乙型窨井 25 座。路面面层沥青混凝土从附近的沥青混凝土拌和厂购买(沥青混

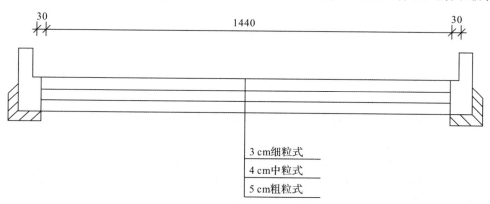

图 2-28　路面面层结构图(单位:cm)

凝土购买价格不含运费),采用15 t自卸汽车运输至现场,平均运距5 km,混合料采用机械摊铺。

问题:1. 计算工程量:(1)浇洒透层油工程量;(2)沥青面层工程量;(3)沥青混合料运输工程量。

2. 列出问题1中各个项目套用的预算定额子目名称、定额编号、工程量及调整情况。

【解】1. 计算工程量

(1)浇洒透层油工程量为

$S_1 = 650 \times (15 - 0.3 \times 2) = 9360 \text{ m}^2$

(2)沥青混凝土面层(细、中、粗)工程量均为

$S_2 = 650 \times (15 - 0.3 \times 2) = 9360 \text{ m}^2$

(3)沥青混合料运输工程量为

$9360 \times (0.03 + 0.04 + 0.05) \times 1.01 = 1134.43 \text{ m}^3$

2. 套用的预算定额子目名称、工程量、定额编号及调整情况见表2-15。

表 2-15　套用的预算定额子目名称、工程量、定额编号及调整情况

序号	工程子目	计量单位	定额编号	工程量	定额调整情况	备注
1	透层油	m²	40203055	9360		
2	粗粒式沥青混凝土路面机械摊铺 厚度5 cm	m²	40203031T	9360	预拌粗粒式沥青混凝土 换商品粗粒式沥青混凝土	
3	中粒式沥青混凝土路面机械摊铺 厚度4 cm	m²	40107035T	9360	预拌中粒式沥青混凝土 换商品中粒式沥青混凝土	
4	细粒式沥青混凝土路面机械摊铺 厚度3 cm	m²	40202039T	9360	预拌细粒式沥青混凝土 换商品细粒式沥青混凝土	
5	自卸汽车运输沥青混合料5 km	m³	40105019T	1134.43	+40105020×4	

2.5　《桥涵工程》定额的主要内容及套用

《桥涵工程》是《福建省市政工程预算定额》(2017版)的第三册,包括3.1打桩工程,3.2灌注桩工程,3.3砌筑工程,3.4钢筋工程,3.5现浇混凝土工程,3.6预制混凝土工程,3.7安装工程,3.8构件运输,3.9立交箱涵、预制管廊工程,3.10钢结构工程,3.11油漆、防腐工程,3.12施工技术措施,共12章1159个子目。其中较常用的有第2、3、4、5、6、7、8、12章。

在使用本册定额前,应先熟悉册说明中八条关于本册定额的适用范围以及混凝土工程、钢筋、模板的计算规定。

(1)本册适用于城镇各类高架桥、立交桥、天桥、跨河(线)桥和跨江大桥工程,各种板涵、拱涵工程,穿越城市道路及铁路的立交箱涵工程。圆管涵套用《第五册　排水管道工程》定额,其中管道铺设及基础项目人工、机械费乘以系数1.25。

（2）本册混凝土定额的有关规定

①预制混凝土、预制钢筋混凝土构件均按现场预制考虑。

②未包括的各类操作脚手架，发生时套用《第一册　通用项目》相应定额项目。

③本册定额根据桥涵不同部位的施工实际情况，综合考虑了构件现浇或预制所需的模板形式（木模、复合模板、组合式钢模或定型钢模等），实际不同的不作调整。

④本册定额中现浇、预制构件（木模板）子目只适用于构件中局部、零星等无法采用钢模板、复合模板的部位。

⑤本册的混凝土定额均未考虑混凝土半成品的制作费用。

⑥未按泵送混凝土编制的定额，其混凝土混合料均未考虑场内水平运输及±3.00 m以外的垂直输送费用，发生时另行套用《第一册　通用项目》或本册相应定额项目。

⑦小型预制构件指单件混凝土体积≤0.03 m³的构件，其场内运输已包含在相应定额项目内。

（3）本册定额中混凝土均按自然养护考虑；采用蒸汽养生的，其增加费用另行计算。

（4）本册中考虑输送泵车的混凝土定额，已包括混凝土混合料水平泵送50 m和向上垂直泵送所需的人工、机械。水平泵送距离超过定额考虑距离的，运输距离每增加50 m，每立方米混凝土增加人工2.28元、混凝土输送泵0.0036台班；向上垂直泵送不作调整。混凝土混合料价格已包含泵送费用的，应扣除定额中输送泵车的台班用量，同时人工费扣减2.28元。

（5）本册中的钢筋工程定额适用于市政工程中除水泥混凝土路面、隧道以外的各专业工程。

（6）定额中设备摊销费的设备指属于固定资产的金属设备，包括万能杆件、装配式钢桥桁架以及采用有关配件拼装的金属架桥设备。设备摊销费=设备重量(t)×设备使用期(d)×设备使用费[元/(t・d)]，或=设备重量(t)×设备使用期(d)×设备租赁费[元/(t・d)]。

（7）桥梁施工所需的预制场地的建设、拆除费用，套用相关定额另行计算。

（8）除另有说明外，本册定额材料的场内运输距离均按50 m考虑。

2.5.1　打桩工程

2.5.1.1　定额项目划分

本章定额项目划分为基础圆木桩、钢筋混凝土方桩、钢筋混凝土管桩、钢管桩、管内填芯，共5个分项，90个定额子目。

2.5.1.2　章说明

本章定额说明共十九条，这里仅介绍其主要内容。

（1）本章打桩、压桩定额中土质类别综合取定。

（2）本章定额按打直桩考虑，如打斜桩（包括俯打、仰打）斜率在1∶6以内时，人工乘以1.33，机械乘以1.43。

（3）本章定额按在已搭置的支架平台上操作考虑，不包括支架平台的搭设与拆除，其费用另行套用相应定额项目计算。

(4)陆上打桩采用履带式柴油打桩机时,不计算陆上工作平台费用,可计算 20 cm 碎石垫层,面积按陆上工作平台面积计算。

(5)利用打桩时搭设的工作平台拔桩的,不得重复计算搭拆工作平台的费用。确需另行搭设工作平台的,根据批准的施工组织设计规定的面积,按打桩工作平台人工消耗的 50%计算人工消耗,其他材料一律不计。

(6)若采用带打拔桩机振动锤的履带式液压挖掘机陆上打木桩,则删除陆上简易打桩机打木桩子目中电动卷扬机、简易桩架的台班用量,增加带打拔桩机振动锤的履带式液压挖掘机 0.1011 台班/m^3。

(7)打钢筋混凝土方桩的送桩定额按送 4 m 为界,如实际超过 4 m 时,按相应定额乘以下列调整系数:送桩 5 m 以内乘以系数 1.2;送桩 6 m 以内乘以系数 1.5;送桩 7 m 以内乘以系数 2.0;送桩 7 m 以上,以调整后 7 m 为基础,每超过 1 m 递增系数 0.75。

(8)静压钢筋混凝土方桩送桩、打(静压)钢筋混凝土管桩送桩,按相应打桩定额子目工日及机械台班乘以表 2-16 系数计算,不计方桩、管桩主材。

表 2-16　送桩深度及系数

送桩深度	系数
2 m 以内	1.1
4 m 以内	1.26
4 m 以上	1.47

(9)打钢管桩项目,定额中不包括接桩费用,如发生接桩,按接头数量套用钢管桩接桩定额;打钢管桩送桩,套用打桩定额,不计钢管桩主材,人工、机械数量乘以系数 1.9。

(10)本章接桩定额按在打桩时考虑,如在场地预先接桩时,扣除打桩机台班,人工数量乘以系数 0.5,其他不变;接桩法兰盘包括在预制钢筋混凝土管桩中。

(11)定额中钢筋混凝土方桩、钢筋混凝土管桩为未计价材料。实际工程应按工程所在地的材料信息价或询价资料另计桩的材料费。

2.5.1.3　工程量计算规则

(1)桩
①圆木桩按设计图示长度以 m^3 计算,圆木桩的体积按林业主管部门原木材积表计算;
②钢筋混凝土方桩按设计图示尺寸的桩长度(包括桩尖长度)乘以桩横断面面积以体积计算;
③钢筋混凝土管桩按设计图示桩长(包括桩尖长度)以 m 计算;
④钢管桩按设计图示尺寸以质量计算。
(2)混凝土桩送桩工程量按设计图示尺寸以体积计算。
①陆上打桩时,以原地面平均标高增加 1 m 为界线,界线以下至设计桩顶标高之间的打桩实体积为送桩工程量;
②支架上打桩时,以施工期间的最高潮水位增加 0.5 m 为界线,界线以下至设计桩顶标高之间的打桩实体积为送桩工程量;

③船上打桩时,以施工期间的平均水位增加 1 m 为界线,界线以下至设计桩顶标高之间的打桩实体积为送桩工程量。

(3)机械切割混凝土桩头按个计算,凿除桩顶钢筋混凝土按设计图示尺寸截面积乘以凿桩长度以体积计算。

(4)管内填芯所需的托板及吊筋按设计图示尺寸以质量计算。

2.5.2　灌注桩工程

2.5.2.1　定额项目划分

本章定额项目划分为人工挖孔桩、埋设与拆除钢护筒、钻(冲)孔桩、旋挖钻孔桩、其他,共 5 个分项,52 个定额子目。

2.5.2.2　章说明

本章定额说明共十二条,这里仅介绍其主要内容。

(1)本章人工挖孔桩、钻(冲)孔桩、旋挖钻孔桩入岩增加费:极软岩及软岩(岩石饱和单轴抗压强度≤15 MPa)不计算入岩增加费,较硬岩及以上岩石计算入岩增加费,较软岩(15 MPa<岩石饱和单轴抗压强度≤30 MPa)按相应定额乘以系数 0.7。

(2)人工挖孔桩护壁混凝土已包括规范规定高出土面的 20 cm 高度,桩芯混凝土另行套用本章相应定额子目。

(3)埋设钢护筒定额中,钢护筒重量为加工后的成品重量,包括加劲肋及连接用法兰盘等全部钢材质量,设计未提供质量的,参考下面的质量表(表 2-17)进行计算,桩径不同时可按内插法调整。本章定额中陆上埋设钢护筒按周转使用量考虑;水上埋设钢护筒为一次投入量,实际施工中护筒可回收,应计算相应的回收价值。

表 2-17　不同桩径对应的每米护筒质量

桩径(mm)	800	1000	1200	1500	2000	2500
每米护筒质量(kg/m)	155.06	184.87	285.93	345.09	554.6	693.25

(4)钻(冲)孔桩定额中已综合考虑陆上施工所需的钢护筒埋设及拆除、泥浆池砌筑及拆除。实际需要单独计算桩钢护筒埋设及拆除费用的,应扣减相应定额中钢护筒及汽车式起重机用量。

(5)灌注桩检测管制作安装适用于灌注桩的超声波检测。

(6)灌注桩充盈系数按 1.2 考虑,混凝土施工损耗率按 1.5% 考虑。

(7)本章未包括钻机安拆场外运输、废泥浆处理及外运,实际发生的另行计算。泥浆外运应区分直接外运或晒干后外运,分别套用本章泥浆运输定额或《通用项目》册淤泥外运的定额。

2.5.2.3　工程量计算规则

(1)人工挖孔桩按设计图示桩长乘以成孔护壁外径截面面积以体积计算。人工挖孔桩桩芯混凝土按设计图示尺寸以体积计算；当设计未提供桩芯详细尺寸时，参考表 2-18 数据计算。

表 2-18　不同桩外径对应桩芯混凝土含量

桩外径	150 cm 以内	200 cm 以内	250 cm 以内	300 cm 以内
桩芯混凝土含量（m³/m³桩体积）	0.735	0.751	0.801	0.837

人工挖孔桩挖淤泥、流砂以及入岩增加费按相应土（岩）层设计厚度乘以成孔护壁外径截面面积以体积计算；扩大头预算时工程量按设计图示尺寸以体积计算，结算按实际签证确认体积并入主体工程量计算；凿人工挖孔桩护壁的工程量应扣除人工挖孔桩桩芯体积以体积计算。

（2）钢护筒埋设及拆除按设计质量或设计图示护筒长度乘以每米护筒质量计算。

（3）钻（冲）孔灌注桩按设计图示桩长增加 1.0 m 乘以设计桩截面积以体积计算；入岩增加费按设计入岩体积计算；泥浆运输按桩的成孔体积（成孔深度乘以设计桩截面积）乘以1.8 以体积计算。

（4）旋挖钻孔桩按设计图示入土深度乘以设计桩截面面积计算；入岩增加费按设计入岩体积计算；混凝土工程量按设计桩长增加 1.0 m 乘以设计桩径截面面积计算。

（5）灌注桩钢筋笼、插筋、钢桩尖按设计图示尺寸以质量计算。

（6）灌注桩凿桩头工程量按凿桩头长度乘以设计桩截面积再乘 1.2 以体积计算。

（7）声测管按设计图示尺寸管道规格及长度以质量计算。

（8）桩头钢筋截断按实际所需截断的钢筋根数计算。

【例 2-49】某桥梁基础有直径 1500 mm 钻孔混凝土（C25）陆上灌注桩 18 根。自然地坪平均标高 -0.5 m，桩顶标高 -2.80 m，桩底平均标高 -38 m。其中标高 -32.0 m 以上为土方，标高 -32.0 m 以下为岩层，采用旋挖法成孔，凿除桩头长 1 m。试计算埋设及拆除钢护筒、成孔、桩身混凝土、凿除桩头混凝土的工程量，并确定各项目套用的定额编号。

【解】（1）埋设及拆除钢护筒：$L=1 \times 18=18$ m，$18 \times 345.09=6211.62$ kg$=6.212$ t

套用定额：[40302016]

（2）成孔

旋挖钻孔桩总体积：$V=1/4 \times \pi \times 1.5^2 \times [-0.5-(-38.0)] \times 18=1192.22$ m³

套用定额编号：[40302038]

钻孔桩入岩体积：$V=1/4 \times \pi \times 1.5^2 \times [-32-(-38.0)] \times 18=190.76$ m³

入岩增加费套用定额编号：[40302042]

（3）成桩混凝土：$V=1/4 \times \pi \times 1.5^2 \times (38-2.8+1) \times 18=1150.89$ m³

灌注桩身混凝土套用定额编号：[40302044]

（4）凿除桩头混凝土：$V=1 \times 1/4 \times \pi \times 1.5^2 \times 18=31.79$ m³

套用定额编号：[40302049]

2.5.3　砌筑工程

2.5.3.1　定额项目划分

本章定额项目划分为浆砌乱毛石、浆砌方整石、砖砌体、拱圈底模等项目,共 6 个分项, 16 个定额子目。

2.5.3.2　章说明

(1)砌筑子目中未包括垫层、拱背和台背的填充项目,如发生上述项目,可套用《第一册 通用项目》相应项目。

(2)拱圈底模子目中不包括拱盔和支架,可按本册第十二章相应项目计算。

2.5.3.3　工程量计算规则

(1)砌筑工程量按设计图示尺寸以体积计算,嵌入砌体中的钢管、沉降缝、伸缩缝以及 0.3 m² 以内的预留孔所占体积不予扣除。

(2)拱圈底模按设计图示尺寸以模板接触砌体的面积计算。

【例 2-50】某 M10 水泥砂浆砌筑片石石涵台,涵台为梯形,台顶宽 0.6 m,底宽 2.1 m,高 2 m,长 15 m,试计算涵台砌体工程量并套用定额。

【解】涵台砌体工程量:(0.6+2.1)×0.5×2×15＝40.5 m³

套用定额:[40103001]

【例 2-51】某石拱桥拱圈底弧长 22 m,宽 7 m,试计算拱圈底模工程量并套用定额。

【解】拱圈底模工程量:22×7＝154 m²

套用定额:[40103016]

2.5.4　钢筋工程

2.5.4.1　定额项目划分

本章定额项目划分为钢筋制作安装,主筋焊接,套筒连接,铁件、拉杆制作安装,植筋增 加费,冷却管,劲性骨架,预应力钢筋、钢丝束及钢绞线,安装压浆管道和压浆,共 9 个分项, 70 个定额子目。

2.5.4.2　章说明

本章定额说明共十一条,主要应注意以下几条。

(1)本章的钢筋定额按 φ10 以内、φ10 以外分列项目,定额区分不同项目分别取定的钢 材种类及规格,设计与定额取定不同的,材料进行调整。

(2)钢筋挤压套筒定额按成品编制。如实际为现场加工时,挤压套筒按加工铁件进行换 算;套筒重量按设计要求计算,设计未明确的,参考表 2-19 计算。

表 2-19　套筒规格对应重量

规格	φ22	φ25	φ28	φ32
重量(kg/个)	0.62	0.78	1.00	1.21

注:表内套筒内径按钢筋规格加 2 mm、壁厚 8 mm、长 300 mm 计算重量。如不同时,重量予以调整。

(3)定额中已包括锚具安装的人工费,锚具材料费另行计算。

(4)钢绞线定额按 φ15.24 考虑,束长为一次张拉长度考虑。束长大于 40 m 的钢绞线设计每吨钢丝的束数与定额取定不同时,进行换算。

(5)本章后张法预应力钢筋、钢丝束及束长 40 m 内的钢绞线张拉定额均未包括张拉脚手架,实际发生时可另计。但束长大于 40 m 的钢绞线张拉定额已包括临时脚手架及操作平台,不得重复计算。

(6)钢绞线不同型号的锚具,使用定额时按表 2-20 规定计算。

表 2-20　设计锚具对应套用定额锚具

设计采用锚具型号(孔)	1	4	5	6	8	9	10	14	15	16	17	24
套用定额的锚具型号(孔)	3		7					12		19		22

(7)植筋增加费工作内容包括钻孔和装胶。定额中的钢筋埋深按以下规定:

①钢筋直径规格为 20 mm 以下的,按钢筋直径的 15 倍计算,并大于等于 100 mm;

②钢筋直径规格为 20 mm 以上的,按钢筋直径的 20 倍计算。

③当设计埋深长度与定额取定不同时,定额中的人工和材料可以调整。

④植筋用钢筋的制作、安装,按钢筋质量执行普通钢筋相应子目。

2.5.4.3　工程量计算规则

(1)钢筋工程,区别现浇、预制构件、不同钢种和规格,分别按设计图示尺寸以质量计算。计算钢筋工程量时,钢筋搭接长度按设计规定计算,非设计接驳及下料损耗在相应的钢筋子目中考虑,不另计算。

(2)T 形、I 形梁现浇横隔板及桥面板的钢筋并入预制构件的钢筋数量。

(3)钢筋套筒接头、主筋焊接按设计图示数量计算。

(4)预埋铁件,按设计图示尺寸以质量计算。

(5)冷却管、劲性骨架分别按设计图示尺寸以质量计算。

(6)先张法的预应力钢筋及后张法的预应力钢筋、钢丝束、钢绞线按设计图示尺寸按质量计算。其中,预应力钢绞线、预应力螺纹粗钢筋及配锥形(弗氏)锚的预应力钢丝的工程量按设计图示尺寸以锚固长度与工作长度的质量之和计算;配冷铸镦头锚及镦头锚的预应力钢丝按设计图示尺寸以锚固长度的质量计算。

(7)锚具工程量按设计用量乘以系数以套计算。系数为:锥形锚:1.02;OVM 锚:1.02;墩头锚:1.00。

(8)构件预留的孔压浆管道安装按设计图示孔道长度以延长米计算。

(9)管道压浆孔按构件的设计图示张拉孔道断面面积乘管道长度以体积计算,钢筋所占体积不扣除。

(10)植筋增加费按设计图示数量计算。

2.5.4.4　钢筋计算

计算定额钢筋工程量与按计价规范计算钢筋工程量有所不同,后者不包括钢筋超定长可能发生的接头增加长度。

$$钢筋工程量(质量)=钢筋长度×钢筋单位米质量 \tag{2-25}$$

其中：　　钢筋单位米质量$=\pi/4×d^2×7850×10^{-6}=0.00617d^2(\text{kg/m})$　　(2-26)

式中,d 为钢筋直径,单位为毫米。

根据钢筋的直径和以上公式,可计算出钢筋单位米质量,见表 2-21。

表 2-21　钢筋直径对应理论质量

钢筋直径(mm)	φ6	φ6.5	φ8	φ10	φ12	φ14	φ16	φ18	φ20	φ22	φ25	φ28
钢筋理论质量（kg/m）	0.222	0.260	0.395	0.617	0.888	1.210	1.58	2.00	2.47	2.98	3.85	4.83

1. 直钢筋长度计算

直钢筋长度＝构件结构长度－钢筋两端保护层厚度＋钢筋弯钩增加长度＋

　　　　　　　规定可计算的长度　　　　　　　　　　　　　　　　　(2-27)

(1)构件长度:按设计图纸的结构构件尺寸计算。

(2)保护层厚度:按施工图纸标示或混凝土设计规范的规定。

(3)钢筋弯钩增加长度

①半圆弯钩增加 $6.25d$；

②直弯钩增加 $3.5d$；

③斜弯钩增加 $4.9d$。

d 为弯钩钢筋直径。见图 2-29。

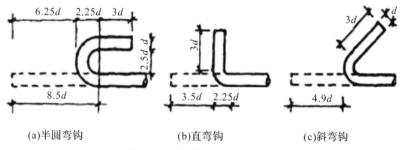

(a)半圆弯钩　　　　　(b)直弯钩　　　　　(c)斜弯钩

图 2-29　钢筋弯钩计算简图

以上弯钩增加长度中,直线段长度均为 $3d$,弯心半径为 $2.5d$。

(4)规定可计算的长度

①当构件所需钢筋长度大于定长钢筋长度时,可计算搭接长度；

②设计图中标示的搭接长度；

③规范明确要求的搭接和锚固长度；

④造价管理部门规定可计算的其他长度。

2. 弯起钢筋长度计算

弯起钢筋长度＝构件结构长度－钢筋两端保护层厚度＋斜段增加长度＋

钢筋弯钩增加长度＋规定可计算的长度　　　　(2-28)

除斜段增加长度外,其余计算长度与直钢筋计算式含义相同。

斜段增加长度＝(斜长－水平投影长)×2　　　　(2-29)

斜段增加长度根据斜段与水平线夹角不同,计算参数也不同,具体见表 2-22。

表 2-22　斜段与水平线夹角对应计算参数

序号	θ	S	L	$S-L$	示意图
1	30°	2.00H	1.73H	0.27H	
2	45°	1.41H	1.00H	0.41H	
3	60°	1.15H	0.58H	0.57H	

3. 箍筋长度计算

(1)等截面钢筋砼构件双肢箍筋长度计算

单根箍筋长度 $L_单=[(A-2b+d)+(B-2b+d)]×2+$钢筋弯钩增加长度

$=(A+B)×2-8b+4d+$箍筋弯钩增加长度　　　　(2-30)

单构件箍筋根数＝布箍范围÷布箍间距＋1　　　　(2-31)

单构件箍筋总长度＝单根箍筋长×单构件箍筋根数　　　　(2-32)

如果有抗震要求,箍筋弯钩直线段长度为10d,则箍筋弯钩增加长度为：

①180°半圆弯钩增加 $6.25d+10d-3d=13.25d$ ；

②90°直弯钩增加 $3.5d+10d-3d=10.5d$ ；

③135°斜弯钩增加 $4.9d+10d-3d=11.9d$ 。

(2)变截面钢筋砼构件箍筋长度计算

以变截面布箍范围的中截面为不变界面计算箍筋长度,计算方法与等截面箍筋计算相同。

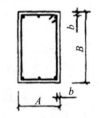

图 2-30　箍筋计算简图

(3)螺旋箍筋长度计算

单箍长度：　　　　$L_单=N\sqrt{P^2+(D-2a+d)^2}×\pi^2$　　　　(2-33)

式中：N——螺旋箍圈数；

D——圆形构件直径；

P——螺距；

a——保护层厚度。

单构件箍筋根数＝布箍范围÷布箍间距　　　　(2-34)

单构件箍筋总长度＝单根箍筋长×单构件箍筋根数＋2×1.5×水平箍长＋

2×弯钩长度　　　　(2-35)

【例 2-52】某钢筋混凝土预制板长 3.85 m,宽 0.65 m,厚 0.1 m,保护层厚为 2.5 cm。如图 2-31 所示,计算钢筋工程量。

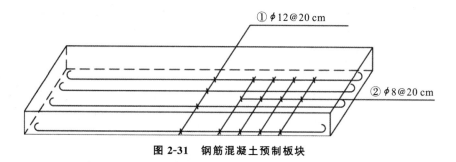

图 2-31 钢筋混凝土预制板块

【解】单根 $\phi 12$ 长度＝$3.85-0.025\times 2+6.25\times 0.012\times 2=3.95$ m

$\phi 12$ 筋根数＝$(0.65-0.025\times 2)\div 0.2+1=4$

$\phi 12$ 筋质量＝$3.95\times 4\times 0.888=14.03$ kg

单根 $\phi 8$ 筋长度＝$0.65-0.025\times 2=0.6$

$\phi 8$ 根数＝$(3.85-0.025\times 2)\div 0.2+1=20$

$\phi 8$ 筋质量＝$0.6\times 20\times 0.395=4.74$ kg

钢筋合计＝$14.03+4.74=18.77$ kg

2.5.5 现浇混凝土工程

2.5.5.1 定额项目划分

本章定额项目划分为基础,承台、支撑梁与横梁,墩身、台身,墩台盖梁,墩台帽,索塔立柱与横系梁,拱桥,现浇箱梁,悬浇箱梁,板、板梁,其他,混凝土接头及灌缝,小型构件,桥面混凝土铺装,桥头搭板,桥面防水层,混凝土输送及泵管安拆使用,共 17 个分项,85 个定额子目。

2.5.5.2 章说明

本章定额说明共十四条,这里仅介绍其主要内容。

(1)本章适用于桥涵工程各种现浇混凝土构筑物。

(2)毛石混凝土基础定额中的块石含量为 15%,设计块石含量与定额取定不同时可以换算,但人工及机械消耗量不变。

(3)墩台高度为基础顶、承台顶到盖梁、墩台帽底或 0 号块件底的高度。

(4)本章中高度 20 m 以上空心墩、索塔定额,按提升模架配合施工考虑。定额已考虑提升模架上升和下降的费用,但提升模架的费用应另行计算。

(5)高 20 m 内非泵送、泵送 Y 形墩,套用本章高度 10 m 内的相应定额分别乘以系数 1.22、1.08,但混凝土用量不变。

(6)高 20 m 内非泵送、泵送薄壁墩,套用本章高度 10 m 内的相应定额分别乘以系数 1.21、1.035,但混凝土用量不变。

(7)对于高度大于 40 m 的高墩、索塔,使用本定额时应考虑设置必要的施工电梯和塔式起重机配合施工。

(8)采用沥青混合料铺装桥面时,套用《道路工程》册相应定额项目,铺装面积在 800 m^2 以内的,人工、机械乘以系数 1.2。

2.5.5.3　工程量计算规则

(1)混凝土工程量按设计图示尺寸以体积计算(不包括空心板、梁的空心体积),不扣除钢筋、铁丝、铁件、预留压浆孔道和螺栓所占的体积,不扣除 0.03 m^3 以内孔洞所占体积。

(2)现浇构筑物混凝土制作工程量,按现浇混凝土浇捣相应子目的定额混凝土含量计算。

(3)混凝土输送按混凝土相应定额的混凝土消耗量以体积计算,若采用多级输送时,工程量应分级计算;泵管安拆按需要的长度计算;泵管使用按需要的长度以及使用天数以"m·d"计算。

(4)桥面防水层按设计图示尺寸以面积计算。

【例 2-53】C20 现浇钢筋混凝土(预拌)无底模桥梁承台,试套用定额。

【解】查福建省市政工程定额《第三册　桥涵工程》第 5 章,无底模承台应套用定额 [40305005]。

【例 2-54】非泵送 C30 商品混凝土现浇轻型桥台,试套用定额。

【解】查福建省市政工程定额《第三册　桥涵工程》第 5 章,现浇轻型桥台应套用定额 [40305009]。另根据定额总说明第十条,使用非泵送 C30 商品混凝土,定额中每 m^3 混凝土工程量扣除 0.655 工日和混凝土搅拌机的全部台班,其他消耗量不变,混凝土单价按非泵送 C30 商品混凝土单价计。

【例 2-55】某现浇混凝土箱形梁,单箱室,如图 2-32 所示,梁长 29.96 m,梁高 2.4 m,梁上顶面宽 12.8 m,下顶面宽 7.6 m,其他的尺寸如图中标注,求该箱梁混凝土工程量。

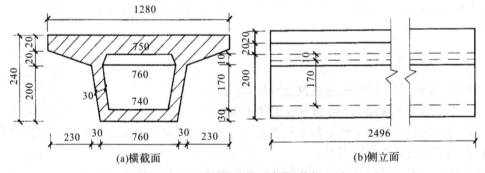

图 2-32　混凝土箱型梁示意图(单位:cm)

【解】大矩形面积:$S_1 = 12.8 \times 2.4 = 30.72$ m^2

两翼下空心面积:$S_2 = 0.2 \times 2.3 + 2 \times (2.3 + 2.6 \times 2) \times 0.5 = 10.26$ m^2

箱梁箱室面积:$S_3 = (7.5 + 7.6) \times 0.5 \times 0.1 + (7.4 + 7.6) \times 0.5 \times 1.7 = 13.505$ m^2

箱梁横截面面积:$S = S_1 - S_2 - S_3 = 30.72 - 10.26 - 13.505 = 6.955$ m^2

箱梁混凝土工程量:$V = SL = 6.955 \times 29.96 = 208.37$ m^2

2.5.6　预制混凝土工程

2.5.6.1　定额项目划分

本章定额项目划分为桩、立柱,板,梁,拱桥构件,小型构件,共 5 个分项,37 个定额子目。

2.5.6.2　章说明

本章定额说明共十二条,这里仅介绍主要内容。

(1)本章适用于桥涵工程现场制作的预制构件。

(2)本章中均未包括预埋铁件,如设计要求预埋铁件时,按设计用量套用本册相应定额项目。

(3)本章预制构件定额均未包括胎、地模,胎、地模执行我省现行房建工程定额相关项目。

(4)本章预制构件定额安装均未考虑脚手架内容,脚手架套用《通用项目》册相应定额项目。

(5)预制空心板(梁)定额已综合考虑堵头混凝土内容,不得重复计算。空心板梁定额均采用橡胶囊施工考虑,橡胶囊的摊销已包括在定额内。

2.5.6.3　工程量计算规则

(1)预制桩按设计图示尺寸以桩长度(包括桩尖长度)乘以桩横断面面积以体积计算。

(2)预制构件按设计图示尺寸以构件的实际体积(不包括空心部分所占体积)计算,不扣除 0.03 m^3 以内孔洞所占体积,构件端头封锚混凝土数量并入工程量计算。

(3)预制空心板梁采用橡胶囊做内模的,应考虑其压缩变形因素导致可能增加的混凝土数量。当梁长在 16 m 以内时,可按设计计算体积增加 7% 计算;若梁长大于 16 m 时,增加 9% 计算。设计图已注明考虑橡胶囊变形时,不得再增加计算。

(4)预应力混凝土构件的封锚混凝土数量并入构件混凝土工程量计算。

【例 2-56】某钢筋混凝土空心板梁如图 2-33 所示,采用混凝土施工,板内设一直径为 67 cm 的圆孔,截面形式和相关尺寸在图中已标注,求该空心板梁混凝土工程量。

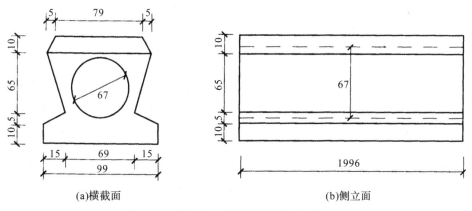

(a)横截面　　　　　(b)侧立面

图 2-33　混凝土空心板梁示意图(单位:cm)

【解】空心板梁横截面面积：

$$S = (0.79+0.89)\times 0.1/2+(0.89+0.69)\times 0.65/2+(0.69+0.99)\times 0.05/2+$$
$$\qquad 0.99\times 0.1\times \pi \times 0.67^2/4$$
$$\quad = 0.084+0.514+0.042+0.099-0.352=0.387 \text{ m}^2$$

空心板梁混凝土工程量 $V=SL=0.387\times 19.96=7.72 \text{ m}^3$

2.5.7 安装工程

2.5.7.1 定额项目划分

本章定额项目划分为排架、立柱、柱式墩、台管节、板，梁，拱桥构件，板拱，小型构件，安装支座，安装泄水孔，桥梁截水管，安装伸缩缝，安装沉降缝，安装桥上安全设施，共 13 个分项，123 个定额子目。

2.5.7.2 章说明

本章定额说明共十四条，主要应注意以下几条。

(1)本章适用于桥涵工程预制混凝土构件及其他部件的安装。

(2)预制构件的安装，应根据施工方案或施工组织设计采用合理的施工方法，执行相应定额项目。

(3)本章所称安装指从架设孔起吊至安装就位、整体化完成的全部施工工序。

(4)除安装梁分陆上、水上安装外，其他构件安装均未考虑船上吊装，发生时增加的船只费用另行计算。

(5)本章未编制安装矩形板、空心板及连续板的后浇混凝土项目，发生时，执行第五章现浇混凝土工程的桥面铺装定额。

(6)桥上钢板防落网定额适应于混凝土护栏上打设膨胀螺栓固定连接板并焊接型钢立柱的安装形式。定额按立柱间距 2 m、网高 1.2 m 编制，并已考虑钢材的镀锌镀塑处理费用。定额中钢板网按镀锌镀塑的成品件考虑。

(7)中央带防眩板定额适应于混凝土护栏上打设膨胀螺栓固定支撑架的安装形式。定额按防眩板间距 1.0 m、高 1.0 m 编制。定额中已考虑钢材的镀锌镀塑等处理费用，防眩板按成品件考虑。

2.5.7.3 工程量计算规则

(1)预制构件安装按设计图示构件尺寸以构件混凝土实体积(不包括空心部分)计算。

(2)橡胶支座按设计图示支座橡胶板(含四氟)尺寸以体积计算;盆式金属支座、STU 支座、抗风支座按设计图示数量计算;辊轴钢、切线、摆式支座按设计图示支座尺寸以重量计算。

(3)桥梁伸缩缝按设计图示尺寸以长度计算,沉降缝按设计图示尺寸以面积计算。

(4)桥梁截水管按设计图示尺寸以长度计算;落水管按设计图示设置道数计算,并以梁底离地面高 6 m 为基准,按设计高度以米为单位进行调整。

(5)桥上防落网按设计图示尺寸以防护网面积计算。

2.5.8 构件运输

2.5.8.1 定额项目划分

本章定额项目划分为垫滚子绞运、载重汽车运输、平板拖车组拖运、轨道平车运输、驳船运输、钢构件场外运输,共 6 个分项,64 个定额子目。

2.5.8.2 章说明

本章定额说明共四条。

(1)本章适用于桥涵工程的混凝土预制构件及钢构件场内外运输。

(2)钢构件场外运输定额适用于运距在 30 km 以内的运输,超过 30 km 的按市场价格确定相应运费;编制预算且无法确定市场价格的,执行本章定额时,按每增加一千米相应定额乘以系数 0.65 进行调整。

(3)构件场外运输定额未考虑因沿路路桥限载(限高)而发生的加固、扩宽等费用,以及交通管理部门收取的相关费用,发生时另行计算。

(4)钢构件运输定额适用于天桥、立交桥(高架桥)钢构件。

2.5.8.3 工程量计算规则

(1)运输混凝土预制构件按设计图示尺寸以混凝土实体积(不包括空心部分)计算。

(2)运输钢构件按设计图示尺寸以钢构件质量计算,不包括螺栓、焊缝所占质量,单个面积在 0.1 m² 以内的孔洞不予扣除。

2.5.9 立交箱涵工程

本章定额项目划分为透水管铺设,箱涵制作,箱涵外壁及滑板面处理,气垫安装、拆除及使用,箱涵顶进,箱涵内挖土,箱涵接缝处理,预制管廊安装及接口,共 8 个分项,38 个子目。

本章定额在工程项目中应用较少,这里不作详细介绍。

2.5.10 钢结构工程

2.5.10.1 定额项目划分

本章定额项目划分为高强螺栓栓接钢桁梁,钢桁梁拖拉架设法连接及加固,钢桁梁纵移、横移与就位,钢桁梁施工用滑道,钢索吊桥上部构造,索塔,钢箱梁,钢管拱,天桥钢构件制作、安装,立交箱涵金属顶柱、钢构件、护套及支架制作,金属栏杆及扶手制作、安装,共 11 个分项,52 个定额子目。

2.5.10.2 章说明

本章定额说明共十三条，主要应注意以下几条。

(1)本章适用于桥涵工程的钢构件制作、安装。

(2)钢桁梁桥定额按高强螺栓连接、连孔拖拉架设法编制，钢索吊桥的加劲桁拼装定额按高强螺栓连接编制，采用其他方法施工的另行计算。

(3)本章定额中，钢桁架桥中的钢桁梁、施工用的导梁桁和连接及加固杆件、钢索吊桥中的钢桁、钢纵横梁、悬吊系统构件、套筒及拉杆构件均按半成品考虑，应按半成品价格计算。

(4)钢索吊桥定额已综合考虑了缆索吊装设备及钢桁油漆。

(5)钢管拱桥定额中未考虑钢塔架、扣塔、地锚、索道的费用，其费用应根据施工组织设计另行计算。

(6)钢管拱桥拱肋起重机吊装定额按利用汽车式起重机进行拱肋吊装的施工工艺编制。定额中已包含安装拱肋所用的临时性或永久性的固定扣件、钢管、钢板等费用。

(7)钢箱梁定额适用于斜拉桥、悬索桥钢箱梁及桥面板的安装。钢箱梁按半成品件考虑，应按半成品价格计价。

(8)设计金属栏杆材料与定额取定不同的，定额材料品种、规格可换算。栏杆面油漆执行本册相应定额，本册定额缺项的执行我省现行房建工程相应定额。

2.5.10.3 工程量计算规则

(1)各种钢结构工程量均按设计图示尺寸以质量计算。

(2)高强螺栓栓接钢桁梁按设计图示尺寸以质量计算；钢桁梁拖拉架设法的连接及加固按设计图示尺寸以需要的导梁或连接及加固杆件的质量计算；钢桁梁纵移、横移按图示尺寸以钢桁梁重量与移动距离的乘积计算，钢桁梁就位按设计图示钢桁梁的孔数计算；钢桁梁施工用滑道按经批准的施工组织设计确定的滑道长度计算。

(3)钢索吊桥的主索、悬吊系统构件、套筒及拉杆、抗风缆结构、加劲桁拼装、安装钢纵横梁按设计图示尺寸以钢结构质量进行计算；套筒灌锌按设计图示套筒的数量计算；木桥面板制作与铺设按设计图示尺寸以桥面板的木材体积计算。

(4)索塔锚固套筒按设计图示尺寸以混凝土箱梁中锚固套筒钢管的质量计算；钢锚箱按设计图示尺寸以钢锚箱钢板、剪力钉、定位件的质量之和计算，不包括钢管和型钢的质量；铁梯按设计图示尺寸以铁梯质量计算。

(5)钢箱梁按设计图示尺寸以钢箱梁(包括箱梁内横隔板)、桥面板(包括横肋)、横梁质量之和计算。

(6)钢管拱桥拱肋起重机吊装，按设计图示尺寸以构成钢管拱肋实体的需吊装的设计成品质量计算，不包括吊装后焊接后加的钢材质量。

(7)钢拱肋的工程量按设计图示尺寸以质量计算，包括拱肋钢管、横撑、腹板、拱脚处外侧钢板、拱脚接头钢板及各种加劲块，不包括支座和钢拱肋的混凝土质量。

(8)天桥钢箱梁和钢梯道构件制作、安装工程量按设计图示尺寸以质量计算(不包括螺栓、焊缝质量)，单个孔洞面积在 0.1 m² 以内的不予扣除。

(9)金属栏杆工程量按设计尺寸，以主材质量计算。不锈钢管栏杆按设计图示尺寸质量计算,弯头安装按设计图示数量以个计算。

2.5.11　油漆、防腐工程

2.5.11.1　定额项目划分

本章定额项目划分为金属面油漆、防腐,圬工表面油漆,共 2 个分项,15 个定额子目。

2.5.11.2　章说明

本章定额说明共六条。

(1)本章定额适用于桥涵工程金属面、圬工表面的油漆及防腐。

(2)钢构件表面涂刷环氧铁红防锈漆、环氧铝粉防锈漆、环氧磷酸锌防锈漆、环氧云铁防锈漆、环氧富锌底漆均适用钢构件环氧防锈漆定额。使用定额时,应按实际采用的油漆品种调整定额中相关材料单价,其余不变。

(3)钢构件丙烯酸磁漆定额,适用于钢构件表面涂刷脂肪族丙烯酸聚氨酯磁(面)漆等双组分涂料。使用定额时,按实际采用的油漆品种调整定额中相关材料单价,其余不变。

(4)钢构件内、外防锈喷涂 VCI396 定额,适用于钢构件表面喷涂 VCI-396 高性能气相阻聚防锈涂料。

(5)钢构件的现场除锈套用我省现行安装工程定额相应项目;钢构件的防火涂料、氟碳漆套用我省现行房建工程定额相应项目。

(6)钢管拱防腐定额适用于钢管拱内外表面的工厂化集中处理防腐保护,定额已综合考虑了钢板厚度及结构形式,实际使用时不再调整。

2.5.11.3　工程量计算规则

(1)钢构件油漆、防腐按设计图中尺寸以油漆涂刷或防腐部位所对应的构件质量计算。

(2)钢管拱防腐分钢管内外壁,按设计图示尺寸以所需的钢管拱防腐单面面积计算;缀板、型钢平弦件和其他部位钢结构除锈,按设计图示尺寸钢管外壁计算工程量。

(3)圬工表面油漆按设计图示尺寸以需要刷涂的圬工表面面积计算。

2.5.12　施工技术措施

2.5.12.1　定额项目划分

本章定额项目划分为支架工程,搭、拆桩基工作平台,组装、拆卸船排,组装、拆卸柴油打桩机,套箱围堰,沉井,金属结构吊装设备安拆,移动模架安装、拆除,木结构吊装设备安拆,缆索吊装设备,大型预制构件底座,先张法预应力钢筋张拉、冷拉台座,筑拆胎地模,临时码头,临时汽车便桥,临时水上钢平台,轨道铺设,共 17 个分项,146 个定额子目。

2.5.12.2 章说明

本章定额说明共十四条,主要应注意以下几条。

(1)桥涵拱盔、支架

①桥涵拱盔、支架定额均不包括底模及地基加固在内。

②钢管桩支架定额适用于采用直径大于 30 cm 的钢管作为立柱,在立柱上采用金属构件搭设水平支撑平台的支架。定额中下部指立柱顶面以下部分,上部指立柱顶面以上部分。

③桥梁拱盔、桥梁简单支架定额的有效宽度按 8.5 m 考虑,实际宽度与定额不同的,按比例进行换算。

④满堂式钢管支架、万能杆件定额的钢管、万能杆件按租赁考虑,应按经批准的施工组织设计确定的钢管、万能杆件重量另计租赁费。当无法明确相关重量时,按 50 kg/m³ 空间体积计算钢管支架重量,按 125 kg/m³ 空间体积计算万能杆件重量。

(2)桩基础工作平台

①本章桩基础工作平台适用于陆上、支架上、船上打桩及钻孔灌注桩施工。支架平台分陆上平台与水上平台两类,其划分范围如下:

水上支架平台:凡河道原有河岸线向陆地延伸 2.50 m 范围,均可套用水上支架平台。

陆上支架平台:除水上支架平台范围以外的陆地部分,均属陆上支架平台,但不包括坑洼地段。坑洼地段平均水深超过 2 m 的部分,可套用水上支架平台。平均水深在 1~2 m 时,按水上支架平台和陆上支架平台各取 50% 计算。如平均深度在 1 m 以内时,不作坑洼处理。

②打桩机械锤重的选择可参考本章说明中表格,根据施工实际具体情况选择使用。

③搭、拆水上工作平台定额已综合考虑了组装、拆卸船排及组装、拆卸打拔桩架工作内容,不得重复计算。

④灌注桩浮箱工作平台定额中的浮箱质量按 5.321 t/只考虑,浮箱质量与定额取定不同的,可以调整。

(3)套箱围堰

①本定额适用于水深在 10 m 以内的单壁钢套箱围堰。

②为避免套箱漏水而在桩与套箱底板间的缝隙、侧板块件与块件之间采用橡胶板塞缝、加设止水橡胶条等处理费用,及钢套箱水上拼装所需吊装设备的费用,均已综合在定额中,不得重复计算。

③无底钢套箱定额中已综合考虑套箱基底的处理和套箱外侧底部加固的费用。

④计算工程量时,工程量为钢套箱本身钢结构的质量,套箱悬吊系统、支撑及换柱等钢材已按摊销方式综合在定额中,不得重复计量。

(4)金属结构吊装设备

①金属结构吊装设备定额根据不同的安装方法划分子目,如"单导梁"系指安装用的拐脚门架、蝴蝶架、导梁等全套设备。定额以"t 金属设备"为单位计量,但设备质量不包括列入材料部分的铁件、钢丝绳、鱼尾板、道钉及列入其他机械费内的滑车等。

②预制场用龙门架、悬浇箱梁用的墩顶拐脚门架,套用高度 9 m 以内的跨墩门架定额项目,重量按实计算。

③本定额的金属结构吊装设备参考质量见表 2-23、表 2-24、表 2-25、表 2-26。实际质量与定额数量不同的,可根据实际质量计算。

表 2-23　导梁全套设备质量表

标准跨径(m)	13	16	20	25	30	40	50
单导梁	43.5	46.2	53.1	—	—	—	—
双导梁	—	—	—	115.7	130.0	165.0	200.0

表 2-24　跨墩门架一套(二个)设备质量表

门架高(m)		9	12	16
跨径(m)	20	29.7	43.9	—
	30	35.2	52.5	73.9

表 2-25　一个悬臂吊机及悬浇挂篮设备质量表

块件重(t)	50	70	100	130	150	200
悬臂吊机	47.4	59.8	90.0	117.0	135.0	180.0
悬浇挂篮	—	—	55.5	63.3	105.0	140.0
零号块托架	按零号块顶面梁宽 7 t/m 计算质量					

表 2-26　提升模架及墩顶拐脚门架设备质量表

项目	提升模架			墩顶拐脚门架
断面尺寸	方柱式墩(间距 6.4 m)	空心墩	索塔	
	2 个×1.6 m×1.8 m 墩	8.6 m×2.6 m	2 个×2 m×4 m 塔柱间距 25 m	
全套设备质量(t)	9.7	11.0	60.0	36.0

④高度 40 m 以内空心墩提升架套用高度 40 m 内双柱墩提升架子目,人工乘以 1.17 系数,其他机械费用量调整为 3.3%,其余不变;高度 40 m 以上空心墩提升架套用高度 40 m 内双柱墩提升架子目,人工乘以 1.4 系数,其他机械费用量调整为 5.2%,其余不变。

(5)移动模架安装、拆除

本定额给出移动模架金属设备参考质量如下(表 2-27),实际质量与定额数量不同时,可根据实际质量计算。

市政工程计量与计价

表 2-27 移动模架设备质量

箱梁跨径(m)		30～40	40～50	50～60	60～65
移动模架设备 质量(t)	上行式	500	660	900	1400
	下行式	450	600	800	1100

(6)大型预制构件底座的平面底座定额适用于空心板梁、T形梁、I形梁等截面箱梁,曲面底座定额适用于梁底为曲面的箱形梁(如T形刚构等)。

(7)其他

①临时汽车便桥载重按汽车-15级、桥面净宽4 m、单孔跨径21 m考虑。其中,墩定额中的钢管桩的使用期按1年考虑,使用期与定额取定不同的,调整换算。

②临时水上钢平台定额适用于打桩平台以外的其他施工操作平台,使用工期按一年编制,工期超过一年的,超过部分的单价双方协商。钢平台(钢管桩)单价按每吨每月180元,并按4个月编制,使用5～12个月时,其每吨每月单价乘0.85系数。单价中已含材料运输与回程运输。

③轨道铺设定额中轻轨(11 kg/m,15 kg/m)部分未考虑道砟铺筑,轨距为75 cm,枕距为80 cm,枕长为1.2 m;重轨(32 kg/m)部分已考虑了道砟铺筑,轨距为1.435 m,枕距为80 cm,枕长为2.5 m,岔枕长为3.35 m。路基上铺设重轨定额已按道砟实际使用量的30%考虑了其摊销用量。

(8)本章未编制施工电梯、塔吊相应定额项目,需要使用时,其基础、安拆、场外运输费用根据批准的施工组织设计确定的数量执行我省现行建筑工程相应定额,其使用费用根据批准的施工组织设计确定的时间计算。

2.5.12.3　工程量计算规则

本章工程量计算规则共二十条。

(1)桥涵拱盔、支架

①桥涵拱盔按设计图示尺寸以起拱线以上的弓形侧面积计算。弓形侧面积=$K \times$(跨净)^2,K按表2-28取定。

表 2-28　K 值

拱矢度	1/2	1/2.5	1/3	1/3.5	1/4	1/4.5	1/5	1/5.5
K	0.393	0.298	0.241	0.203	0.172	0.154	0.138	0.125
拱矢度	1/6	1/6.5	1/7	1/7.5	1/8	1/9	1/10	
K	0.113	0.104	0.096	0.09	0.084	0.076	0.067	

②桥涵满堂支架按设计图示尺寸以结构底至原地面(水上支架为水上支架平台顶面)平均标高乘以纵向距离再乘以宽度(桥宽+2 m)的体积计算。拱桥高度为起拱线以下至原地面的高度。

③钢拱架的工程量为钢拱架及支座金属构件的质量之和,其设备摊销费另行计算。

154

④组装、拆卸万能杆件按批准的施工组织设计确定的体积计算。

⑤钢管支架下部工程量按立柱质量(包含横撑和斜撑)计算,上部工程按支架水平投影面积计算。

⑥支架预压按设计预压质量计算,设计未明确时按支架承载的梁体积设计质量乘以1.1系数计算。

(2)桩基础工作平台

搭拆打桩工作平台按设计图示尺寸以面积计算(图 2-34):

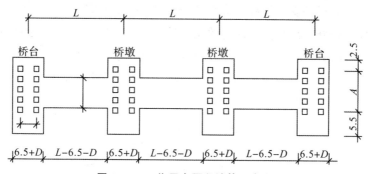

图 2-34　工作平台面积计算示意图

①桥梁打桩面积:$F=N_1F_1+N_2F_2$

每座桥台(桥墩):$F_1=(5.5+A+2.5)\times(6.5+D)$

每条通道:$F_2=6.5\times[L-(6.5+D)]$

②钻孔灌注桩面积:$F=N_1F_1+N_2F_2$

每座桥台(桥墩):$F_1=(A+6.5)\times(6.5+D)$

每条通道:$F_2=6.5\times[L-(6.5+D)]$

式中:F——工作平台总面积;

　　　F_1——每座桥台(桥墩)工作平台总面积;

　　　F_2——桥台至桥墩间或桥墩至桥墩间通道工作平台总面积;

　　　N_1——桥台和桥墩总数量;

　　　N_2——通道总数量;

　　　D——两排桩之间距离(m)

　　　L——桥梁跨径或护岸的第一根桩中心至最后一根桩中心之间的距离(m);

　　　A——桥台(桥墩)每排桩的第一根桩中心至最后一根桩中心之间的距离(m)。

(3)组装、拆卸船排按批准的施工组织设计确定的数量计算。

(4)凡台与墩或墩与墩之间不能连续施工时,每个墩、台可计算一次组装、拆卸柴油打桩架及设备运输费。

(5)套箱围堰按设计图示尺寸以套箱金属结构的重量计算。套箱整体下沉时的悬吊平台及套箱内支撑的钢结构质量均已综合在定额内,不得重复计算。

(6)钢壳沉井的工程量为设计图示尺寸的钢材总质量。

(7)沉井下沉的工程量按沉井刃脚外缘所包围的面积乘沉井刃脚下沉入土深度以体积计算。沉井下沉按土、石所在的不同深度分别采用不同下沉深度的定额。定额中的下沉深度指沉井顶面到作业面的高度。定额中已综合了溢流(翻砂)的数量,不得另行计算。

(8)沉井浮运、接高、定位落床的工程量按沉井刃脚外缘所包围的面积计算,分节施工的沉井接高的工程量按各节沉井接高工程量之和计算。

(9)锚碇系统的工程量按施工组织设计确定的锚碇数量计算。

(10)金属结构吊装设备安拆按施工组织设计确定的质量计算。

(11)木结构吊装设备安拆按施工组织设计确定的数量计算。

(12)移动模架按施工组织设计确定的质量计算[包括托架(牛腿)、主梁、鼻梁、横梁、吊架、工作平台及爬梯的质量],液压构件和内外模板(含模板支撑系统)不计入移动模架质量。

(13)大型预制构件底座按设计图示尺寸以面积计算:平面底座面积=(梁长+2.00 m)×(梁宽+1.00 m),曲面底座面积=构件下弧长×底座实际修建宽度。

(14)张拉、冷拉台座按施工组织设计确定的数量计算。

(15)筑、拆胎、地模按施工组织设计确定的面积计算。

(16)钢桁架栈桥式码头按施工组织设计确定的栈桥码头跨河向的长度计算。重力式砌石码头按施工组织设计确定的码头修建长度计算。浮箱码头按施工组织设计确定的浮箱码头的面积和锚碇的个数分别计算。

(17)钢便桥按施工组织设计确定的便桥长度计算,便桥墩按施工组织设计确定的需要设置的墩的数量计算。

(18)临时水上钢平台按施工组织设计确定的平台质量计算。

(19)轨道铺设按施工组织设计确定的临时轨道的铺设长度计算。实际施工需设置道岔时,每处道岔按相应轨道增加的铺设长度,并入总铺设长度计算,其中,轨重 11 kg/m 或 15 kg/m 的增加 16 m,轨重 32 kg/m 的增加 31 m。

(20)施工电梯按施工组织设计确定的设置数量和使用时间计算。

【例 2-57】某大桥上部结构为 6~25 m 预制钢筋混凝土箱梁,结构如图 2-35 所示。桥面总宽 26.0 m,每跨横向按 7 根梁布置。根据施工组织安排,箱梁拟在预制场设置 7 个预制底座进行预制,采用跨径 20 m,高 9 m 的龙门架起吊出坑,双导梁安装。试计算该工程的预制箱梁模板面积、箱梁预制底座面积、龙门架及双导梁的工程量。

【解】该桥梁工程所需预制箱梁共 6×7=42 根。

根据工程量计算规则,模板工程量按模板与混凝土的接触面积计算,故预制箱梁的模板工程量:

$$S = (3.5+2.0+2.7\times2+0.54\times2+0.2\times2+0.9+1.4+0.35\times4+1.75\times2)\times25\times42$$
$$= 20559.00 \text{ m}^2$$

箱梁预制底座面积:(25+2)×(3.5+1)×7=850.50 m²

跨径 20 m,高 9 m 的龙门架:29.7 t

跨径 25 m 双导梁:115.70 t

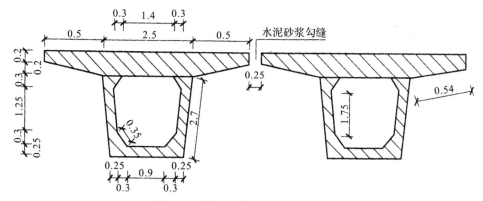

图 2-35　箱梁结构示意图(单位:m)

【例 2-58】某现浇钢筋混凝土拱涵的拱盔及支架结构如图 2-36 所示,试计算该拱涵的拱盔和支架工程量。

【解】拱矢度 $=\dfrac{1\,\text{m}}{4\,\text{m}}=1/4$,查表 2-28 得 $K=0.172$

拱盔:$0.172 \times 4.0^2 \times (6+2)=22.02\ \text{m}^3$

支架:$4 \times 4 \times (6+2)=128\ \text{m}^3$

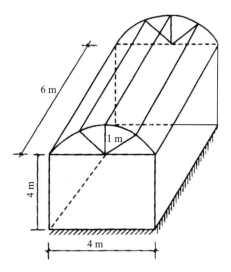

图 2-36　拱涵拱盔、支架图

2.5.13　综合应用案例

某中桥为 3～13 m 钢筋混凝土简支空心板桥,桥长 48 m,桥宽 39 m,其中车行道宽 32 m,人行道宽 2×3.5 m。根据相关地质报告,原地面以下 16 m 以内为砂黏土,16 m 以下为岩层。

两端桥台为重力式 U 形桥台,采用 M10 浆砌方整石,M10 水泥砂浆勾缝。桥台基础采用 C25 毛石混凝土,垫层为 C15 混凝土。桥台台帽采用 C30 钢筋混凝土,桥台顶设 φ250×45 mm 型四氟滑板支座。中间 2 座桥墩为 C25 钢筋混凝土柱式结构,直径为 1.2 m,盖梁为 C30 混凝土。桥墩基础为平均长 20 m 的 C25 钢筋混凝土钻孔灌注桩,每座桥墩 7 根桩,直径 1.5 m,桩顶距原地面 0.5 m,桩间横系梁为 C25 钢筋混凝土。

桥梁上部为预制 C40 预应力钢筋混凝土空心板,桥头搭板为 C30 钢筋混凝土板。桥面铺装为 10 cm 厚 C30 钢筋混凝土,并设沥青防水层一道。(注:此处桥台挖基坑、钻孔泥浆制作及外运,其余附属结构及构造物模板不计算。)

该桥梁工程的主要工程数量如表 2-29 所示。

问题:(1)确定该桥的主要施工方案;(2)计算定额工程量(泥浆、钻渣及桩头砼外运不计,桩头阶段钢筋不计);(3)列出以上项目套用的预算定额子目名称、定额编号、工程量及调整情况。

表 2-29　桥梁工程主要数量表

项目名称	桩基础钢筋(kg)		下部结构钢筋(kg)							
	Ⅰ级钢筋 φ10以内	Ⅱ级钢筋 φ10以外	Ⅰ级钢筋 φ10以内				Ⅱ级钢筋 φ10以外			
	桥墩桩基	桥墩桩基	系梁	桥墩柱	盖梁	桥台台帽	系梁	桥墩柱	盖梁	桥台台帽
序号	1	2	3	4	5	6	7	8	9	10
数量	2468	27236	480	800	3860	1660	3950	7020	11360	3980

上部结构钢筋(kg)				附属结构(kg)
Ⅰ级钢筋 φ10以内		Ⅱ级钢筋 φ10以外		Ⅱ级钢筋 φ10以外
空心板	桥面铺装	空心板	桥面铺装	桥头搭板
11	12	13	14	15
62005	15329	244079	2175	4200

系梁 C25 砼(m³)	墩柱 C25 砼(m³)	盖梁 C30 砼(m³)	桥台(m³)				
			垫层 C15 砼	基础 C25 片石砼	M10 浆砌方整石台身	M10 水泥砂浆勾缝	台帽 C30 砼
16	17	18	19	20	21	22	23
64.22	72.04	145.6	115.68	981.54	2682	687.20	95.45

空心板(m³)		桥头搭板 C30 砼 (m³)	10 cm 桥面铺装 C30 砼 (m³)
预制 C40 砼	灌缝 C40 砼		
24	25	26	27
630.03	178.48	96	187.20

【解】(1)施工方案确定

①桩基采用回旋钻机钻孔,每根桩埋设钢护筒长度为 1.5 m。

②预制空心板在预制厂集中预制,平板拖车运输,只考虑运费,不考虑其他摊销费用,预制厂距施工现场的平均运距为 500 m。空心板采用汽车起重机起吊安装。

③混凝土及砂浆在现场拌制,机动翻斗车运输。钢筋均为现场加工安装。

(2)根据桥梁设计图、工程数量表及福建省市政工程预算定额的工程量计算规则计算相关工程量

①桩基础

a.埋设及拆除钢护筒:$2\times7\times1.5=21$ m,$21\times345.09=7246.89$ kg$=7.247$ t

b.回旋钻机钻孔:$2\times7\times(0.5+20)=287$ m,$287\times0.75^2\times3.14=506.91$ m³

c.回旋钻机钻孔入岩体积:$14\times(0.5+20-16)=63$ m,$63\times0.75^2\times3.14=111.27$ m³

d.灌注桩身混凝土(C25 砼):$(20+1.0)\times14\times0.75^2\times3.14=519.28$ m³

e.混凝土拌和及运输(运距 100 m 以内):$519.28\times1.218=632.48$ m³

f.钢筋笼制作安装(圆形钢筋 φ10 以内):2.468 t

g.钢筋笼制作安装(螺纹钢筋 φ10 以外):27.236 t

h.凿除桩顶混凝土:$1 \times 0.75^2 \times 3.14 \times 14 \times 1.2 = 29.67$ m³

②桩间横系梁(C25 砼):64.22 m³

③钢筋混凝土柱(C25 砼):72.04 m³

④盖梁(C30):145.60 m³

⑤桥台

a.桥台垫层(C15 砼):115.68 m³

b.桥台基础(C25 片石混凝土):981.54 m³

c.方整石桥台:

M10 浆砌方整石:2682 m³

M10 水泥砂浆勾缝:687.20 m³

d.台帽(C30 砼):95.45 m³

⑥预制空心板

a.预制空心板制作(C40 砼):630.03 m³

b.预制空心板运输(500 m):630.03 m³

c.预制空心板安装(起重机起吊):630.03 m³

d.板间灌缝(C40 砼):178.48 m³'

⑦桥头搭板(C30 砼):96 m³

⑧桥面铺装

a.10 cm C30 钢筋混凝土车行道:$32 \times 48 \times 0.1$ m³$= 153.6$ m³

b.10 cm C30 钢筋混凝土人行道:$3.5 \times 2 \times 48 \times 0.1$ m³$= 33.6$ m³

c.沥青防水层:$39 \times 48 = 1872$ m²

⑨钢筋

a.预制混凝土钢筋

圆钢 φ10 以内:预制空心板 62005 kg$= 62.005$ t

螺纹钢筋 φ10 以外:预制空心板 244079 kg$= 244.079$ t

b.现浇混凝土钢筋

圆钢 φ10 以内:系梁 0.480 t,桥墩柱 0.800 t,盖梁 3.860 t,桥台台帽 1.660 t,桥面铺装 2175 kg$= 2.175$ t

小计:$0.48 + 0.80 + 3.86 + 1.66 + 2.175 = 8.975$ t

螺纹钢筋 φ10 以外:系梁 3.950 t,桥墩柱 7.020 t,盖梁 11.360 t,桥台台帽 3.98 t

桥面铺装 15329 kg$= 15.329$ t,现浇桥台搭板 4200 kg$= 4.2$ t

小计:$3.95 + 7.02 + 11.36 + 3.98 + 15.329 + 4.20 = 45.839$ t

⑩混凝土拌和及运输(除灌注桩砼外):

$(64.22 + 72.04 + 145.60 + 115.68 + 95.45 + 630.03 + 178.48 + 96 + 153.6 + 33.6) \times 1.015 + 981.54 \times 0.85 \times 1.015 = 2455.29$ m³

(3)套用的预算定额子目名称、工程量、定额编号及调整情况见表 2-30。

表 2-30　套用的预算定额子目名称、工程量、定额编号及调整情况

序号	工程子目	计量单位	定额编号	工程量	定额调整情况
1	桩基础				
(1)	埋设与拆除钢护筒(陆上)	t	40302016	7.247	
(2)	旋挖钻机钻孔 φ≤1600	m³	40302038	506.91	
(3)	旋挖钻孔桩入岩增加费 φ≤1600	m³	40302042	111.27	
(4)	旋挖钻孔桩灌注桩身混凝土	m³	40302044	519.28	预拌 C25 砼 换 现拌 C25 砼
(5)	混凝土搅拌机拌和(容量 500 L 以内)	m³	40107050	632.48	
(6)	机动翻斗车运输混凝土(沥青)混合料(运距 100 m 以内)	m³	40105017T	632.48	+40105018×1
(7)	钢筋笼制作安装圆钢 φ10 以内	t	40302045T	2.468	圆钢 1.03 t,螺纹钢筋 0
(8)	钢筋笼制作安装螺纹钢筋 φ10 以外	t	40302045T	27.236	螺纹钢筋 1.03 t,圆钢 0
(9)	凿除桩顶钢筋混凝土	m³	40302049	29.67	
2	C25 横系梁混凝土	m³	40305008T	64.22	预拌 C30 砼 换 现拌 C25 砼
3	C25 柱式墩台身(组合钢模)	m³	40305011T	72.04	预拌 C30 砼 换 现拌 C25 砼
4	C30 墩盖梁混凝土	m³	40305025T	145.60	预拌 C30 砼 换 现拌 C30 砼
5	桥台				
(1)	C15 垫层(混凝土)	m³	40305002T	115.68	预拌 C20 砼 换 现拌 C15 砼
(2)	C25 基础(片石混凝土)	m³	40305003T	981.54	预拌 C20 砼 换 现拌 C25 砼
(3)	浆砌方整石墩台	m³	40303005	2682	
(4)	勾缝浆砌整毛石、方整石石面勾缝	m²	40106032	687.20	
(5)	C30 台帽混凝土	m³	40305028T	95.45	预拌 C30 砼 换 现拌 C30 砼
6	预制空心板				
(1)	C40 空心板	m³	40306005T	630.03	预拌 C30 砼 换 现拌 C40 砼
(2)	平板拖车组运输混凝土板、梁(构件运输)(构件长度 20 m 以内 1 km 内)	m³	40308019	630.03	

续表

序号	工程子目	计量单位	定额编号	工程量	定额调整情况
(3)	空心板起重机安装	m³	40307006	630.03	
(4)	C40 混凝土接头及灌缝板梁间灌缝	m³	40305058T	178.48	预拌 C30 砼 换 现拌 C40 砼
7	桥头搭板	m³	40305070T	96	预拌 C30 砼 换 现拌 C30 砼
8	桥面铺装				
(1)	桥面混凝土铺装车行道	m³	40305068T	153.6	预拌 C30 砼 换 现拌 C30 砼
(2)	桥面混凝土铺装人行道	m³	40305067T	33.6	预拌 C30 砼 换 现拌 C30 砼
(3)	桥面防水层—涂沥青	m²	40305071	1872	
9	钢筋				
(1)	预制混凝土圆钢筋 φ10 以内	t	40304001	62.005	
(2)	预制混凝土螺纹钢筋 φ10 以外	t	40304003	244.079	
(3)	现浇混凝土圆钢筋 φ10 以内	t	40304005	8.975	
(4)	现浇混凝土螺纹钢筋 φ10 以外	t	40304007	45.839	
10	混凝土拌和及运输(除灌注桩砼外)				
(1)	混凝土搅拌机拌和(容量 500 L 以内)	m³	40107050	2455.29	
(2)	机动翻斗车运输混凝土(沥青)混合料(运距 100 m 以内)	m³	40105017T	2455.29	＋40105018×1

2.6 《隧道工程》定额内容简介

《隧道工程》是福建省市政工程预算定额的第四册,包括 4.1 隧道土、石方,4.2 明洞、洞门,4.3 隧道内衬,4.4 防排水工程,4.5 垂直顶升,4.6 地下连续墙,4.7 地下混凝土结构,4.8 金属构件制作,4.9 钢筋工程,4.10 施工技术措施,共 10 章,58 个项目,279 个子目。其中较常用的有第 1、2、3、4、9、10 章。

因隧道工程在市政工程中应用相对较少,故隧道工程定额的应用不作详细介绍,这里只简单介绍其册说明。

(1)本定额适用于市政工程的各种车行隧道、人行隧道、越江隧道、地铁隧道、给排水隧道及电缆(公用事业)隧道等工程。

（2）本定额未包括隧道施工发生降水、排水等项目费用，发生时，其费用应执行《通用项目》的相应定额。

（3）本定额中钢筋用量均不包括预埋铁件，预埋铁件按设计（或批准的施工组织设计）确定的数量另行计算。

（4）隧道内装饰执行我省现行房屋建筑工程定额相应项目。隧道洞内项目执行市政定额其他专业册或其他专业定额时，人工、机械乘以系数1.2。

（5）除另有说明外，本册定额材料的场内运输距离均按50 m考虑。

（6）本定额材料洞内运输是按无轨运输方式（机动翻斗车）考虑的；采用有轨运输方式，按表2-30对应的机械台班数量换算相应定额，表2-31未列的定额项目不再调整；采用自卸汽车运输的，不再调整。

表2-31　有轨运输方式机械台班换算

定额名称			机动翻斗车		轨道运输	
			机动翻斗车 1.5 t	电瓶车 8T	硅整流充电机 90 A/190 V	轨道矿车 1 t
单线隧道开挖	人工开挖隧道	土层	0.19000	0.07800	0.03900	0.39000
	机械开挖隧道	土层	0.12880	0.05300	0.02700	0.26500
		松石	0.11179	0.04600	0.02300	0.23000
		次坚石	0.11400	0.04700	0.02400	0.23500
		普坚石	0.13100	0.05400	0.02700	0.27000
		特坚石	0.14600	0.06000	0.03000	0.30000
双线隧道开挖	人工开挖隧道	土层	0.17000	0.07000	0.03500	0.35000
	机械开挖隧道	土层	0.11400	0.04700	0.02400	0.23500
		松石	0.10000	0.04100	0.02100	0.20500
		次坚石	0.10200	0.04200	0.02100	0.21000
		普坚石	0.10500	0.04300	0.02200	0.21500
		特坚石	0.11900	0.04900	0.02500	0.24500
土石方清理	不需解小		0.12898	0.05300	0.02650	0.26500
	需解小		0.20320	0.08350	0.04175	0.41750
洞内回填	土		0.12700	0.05200	0.02600	0.26000
	砂石		0.19000	0.07800	0.03900	0.39000
喷射支护	混凝土	隧道临时支护	0.34600	0.14200	0.07100	0.71000
		弧形隧道	0.36500	0.15000	0.07500	0.75000
		矩形隧道	0.38000	0.15600	0.07800	0.78000
	钢纤维混凝土	弧形隧道	0.36500	0.15200	0.07600	0.76000
		矩形隧道	0.38000	0.15800	0.07900	0.79000

续表

定额名称			机动翻斗车		轨道运输	
			机动翻斗车 1.5 t	电瓶车 8T	硅整流充电机 90 A/190 V	轨道矿车 1 t
砂浆锚杆	5 m 以内		0.00511	0.0021	0.00105	0.00158
	10 m 以内		0.00538	0.00221	0.00110	0.00166
	15 m 以内		0.00565	0.00232	0.00116	0.00174
	15 m 以外		0.00591	0.00243	0.00121	0.00183
自进式锚杆	5 m 以内		0.00526	0.00216	0.00108	0.00216
	10 m 以内		0.00552	0.00227	0.00113	0.00227
	15 m 以内		0.00579	0.00238	0.00119	0.00238
	15 m 以外		0.00608	0.00250	0.00124	0.00250
注浆	水泥浆	钻孔压浆	0.14600	0.06000	0.03800	0.06000
		预留孔压浆	0.14600	0.06000	0.03800	0.06000
	水泥砂浆	钻孔压浆	0.14600	0.06000	0.03800	0.06000
		预留孔压浆	0.14600	0.06000	0.03800	0.06000
	水泥水玻璃双液浆	钻孔压浆	0.14600	0.06000	0.03800	0.06000
		预留孔压浆	0.14600	0.06000	0.03800	0.06000
钢格栅	圆钢	φ10 以内	0.69100	0.28400	0.14200	0.28400
		φ10 以外	0.69100	0.28400	0.14200	0.28400
	螺纹钢	φ25 以内	0.69100	0.28400	0.14200	0.28400
		φ25 以外	0.69100	0.28400	0.14200	0.28400
	小型金属构件		0.69100	0.28400	0.14200	0.28400
	型钢		0.69100	0.28400	0.14200	0.28400
	隧道临时钢格栅		0.69100	0.28400	0.14200	0.28400
	隧道钢筋网片		0.69100	0.28400	0.14200	0.28400
超前小导管	DN32		0.00200	0.00100	0.00100	0.00100
	DN42		0.00500	0.00200	0.00100	0.00100
	DN52		0.00500	0.00200	0.00100	0.00100
管棚	DN108		0.01900	0.00800	0.00400	0.00800
	DN159		0.02200	0.00900	0.00450	0.00900
	DN203		0.02400	0.01000	0.00500	0.01000
	DN377		0.03900	0.01600	0.00800	0.01600
隧道拆除	临时支护混凝土		0.09710	0.03990	0.02000	0.11970
	钢构件		1.06300	0.47300	0.23600	0.47300

续表

定额名称			机动翻斗车		轨道运输	
			机动翻斗车 1.5 t	电瓶车 8T	硅整流充电机 90 A/190 V	轨道矿车 1 t
隧道衬砌	弧形	钢模板	0.02348	0.00962	0.00481	0.00962
		零星木模板	0.00654	0.00269	0.00135	0.00269
	矩形	钢模板	0.02194	0.00905	0.00443	0.00905
		复合模板	0.00654	0.00269	0.00135	0.00269
	圆钢	φ10 以内	0.69100	0.28400	0.14200	0.28400
		φ10 以外	0.69100	0.28400	0.14200	0.28400
	螺纹钢	φ25 以内	0.69100	0.28400	0.14200	0.28400
		φ25 以外	0.69100	0.28400	0.14200	0.28400
防水工程	EVA 防水板		0.02850	0.01170	0.00590	0.01170
	无纺布		0.02850	0.01170	0.00590	0.01170

注:弧形、矩形隧道衬砌中运输机械是指模板材及支撑洞内倒运所需的机械。

2.7 《排水管道工程》定额的主要内容及套用

视频 2-10 排水管道工程定额的主要内容

《排水管道工程》是福建省市政工程预算定额的第五册,包括 5.1 排水井渠、管道基础及砌筑,5.2 管道铺设,5.3 水平导向钻进工程,5.4 顶管工程,共 4 章,35 个分项,673 个定额子目。

在使用本册定额前,应熟悉以下 7 条册说明:

(1)本册定额是按无地下水考虑的,有地下水时发生的降水费用套用《第一册 通用项目》相应定额计算;需设排水盲沟的,套用《第二册 道路工程》相应定额计算;基础需铺设垫层的,套用本册第一章相应定额项目。

(2)本册混凝土项目均已综合考虑不同模板形式(木模、复合模板、组合式钢模或定型钢模等)的制作、安装、拆除费用,实际使用与定额考虑不同的,不予换算。

(3)本册所称管径均指内径。

(4)本册所有混凝土定额均采用预拌混凝土运至施工现场考虑,实际采用现场搅拌混凝土的,拌制费用根据拌和形式执行《第一册 通用项目》相应定额。

(5)本册各类构件的钢筋、铁件制作,执行《第三册 桥涵工程》的相应定额。

(6)本册未编制各类按标准图集设计的排水构筑物,采用标准图集设计的构筑物,按照非定型原则套用定额,即区分不同部位,分别套用本册第一章"排水井渠、管道基础及砌筑"的相应定额。各类按标准图集设计的构筑物,其各部位的具体工程数量参照省造价总站另行公布的《给水排水标准图集常用管道附属设施工程数量表》。

(7)除另有说明外,本册定额材料的场内运输距离均按 50 m 考虑。

2.7.1　排水井渠、管道基础及砌筑

2.7.1.1　定额项目划分

本章定额项目划分为排水井垫层,排水井,排水井盖(箅)制作安装,排水渠(管)道垫层及基础,排水方沟、渠道,排水渠道抹灰与勾缝,渠道沉降缝,钢筋砼盖板、过梁的预制、安装,井壁(墙)凿洞,混凝土管截断,整体井池安装,管道支墩(挡墩),共 12 个分项,153 个子目。

2.7.1.2　章说明

本章定额说明共十四条,主要应注意以下几条。

(1)本章定额均不包括脚手架内容。井深超过 1.5 m 的,计算井字脚手架费用;砌墙高度超过 1.2 m 或抹灰高度超过 1.5 m 的,其搭设脚手架的费用套用《通用项目》册的相应定额项目计算。

(2)本章小型构件指单件体积在 0.03 m³ 以内的构件。

(3)混凝土枕基和管座不分角度套用相应定额项目。

(4)本章石砌体定额均按块石考虑,如采用片石时,材料进行替换,原块石与砂浆用量分别乘以系数 1.09 和 1.19,其他不变。

(5)井筒定额适用于检查井的砖砌或混凝土井筒,井筒采用模块砌筑的,执行模块式检查井井壁厚 180 mm 定额。

(6)渠、管道垫层已考虑找坡,设计要求找坡的,定额不作调整;设计不需要找坡的,人工费乘以系数 0.87,其他不变。

(7)排水井混凝土底板套用给排水构筑物中的现浇钢筋混凝土池底定额,人工、机械乘以系数 1.05,其他不变。

(8)拱(弧)型混凝土盖板的安装套用相应体积的矩形板定额,人工、机械乘以系数 1.15。

(9)预制混凝土井盖井座、雨水井箅、小型混凝土构件、混凝土预制枕基、预制混凝土盖板、预制混凝土过梁安装损耗为 1%。

(10)按《给水排水标准图集》设计的各类定型井、混凝土管道基础、管道出水口,分别套用本章及《通用项目》册的相应定额项目。

2.7.1.3　工程量计算规则

(1)各类石砌、砖筑项目及现浇混凝土项目按均设计图示尺寸以体积计算,不扣除截面积 0.3 m² 以内管道所占体积。模块式检查井按设计图示尺寸以体积计算。

(2)抹灰、勾缝按设计图示尺寸以面积计算。

(3)各种井的预制构件按设计图示尺寸以体积计算,安装按设计图示数量或体积计算。

(4)井、渠垫层、基础按设计图示尺寸以体积计算。

(5)渠道沉降缝按设计图示尺寸以断面积或铺设长度计算。

(6)混凝土盖板的制作按设计图示尺寸以体积计算,安装区分单块体积按设计图示尺寸

以体积计算。

(7)井筒按设计图示尺寸以井筒长度计算。

(8)塑料检查井按设计图示数量计算。玻璃钢化粪池按设计图示尺寸以化粪池的容积计算。

(9)井壁(墙)凿洞按实际凿洞面积计算。

(10)管道支墩按设计图示尺寸以体积计算,不扣除钢筋、铁件所占的体积。

【例 2-59】某非定型矩形雨水井垫层为 10 cm 厚砂碎石,基础为预拌 C15 混凝土,井身为 M7.5 砂浆砌筑粉煤灰砖,井内侧采用 1:2 水泥砂浆抹灰,试套用定额。

【解】经查《福建省市政工程预算定额》(2017 版),雨水井各细目所套用定额分别为:

砂碎石垫层:[40501004]

C15 混凝土基础:[40501005]

M7.5 水泥砂浆砖砌井身:[40501007]

1:2 水泥砂浆井内侧抹灰:[40501025]

【例 2-60】某矩形混凝土模块式四通雨水落底井(沉泥深 0.5 m),垫层用 C15 非泵送商品混凝土,底板为 C25 非泵送商品混凝土,底板钢筋为 φ12 的 HRB400 钢筋,井壁厚 300 mm,采用 M10 水泥砂浆砌 C25 非泵送商品混凝土模块,井内外壁用 M10 防水水泥砂浆勾缝,试套用定额。

【解】经查《福建省市政工程预算定额》(2017 版),雨水井各细目所套用定额及定额调整情况如下:

砼垫层:[40501005T],定额调整:预拌 C15 混凝土 换 C15 非泵送商品混凝土

C25 混凝土基础:[40601058T],定额调整:预拌 C25 混凝土 换 C25 非泵送商品混凝土,人工、机械乘以系数 1.05

现浇混凝土螺纹钢筋(φ10 mm 以外):[40304007]

M10 水泥砂浆砌 C25 非泵送商品混凝土模块井身:[40501020]

【例 2-61】某非定型渠道垫层为 10 cm 碎石,基础为预拌 C15 混凝土平基,渠道墙身采用 M7.5 水泥砂浆片石砌筑,1:2 水泥砂浆勾凹缝,渠道沉降缝为二毡三油,试套用定额。

【解】经查《福建省市政工程预算定额》(2017 版),渠道各细目所套用定额分别为:

碎石垫层:[40501058]

C15 混凝土平基:[40501064]

M7.5 水泥砂浆片石砌筑渠道墙身:[40501073]

1:2 水泥砂浆勾凹缝:[40501090]

二毡三油渠道沉降缝:[40501095]

2.7.2 管道铺设

2.7.2.1 定额项目划分

本章定额项目划分为管道铺设、管道接口、闭水试验,共 3 个分项,298 个定额子目。

2.7.2.2　章说明

本章定额说明共十条。

(1)本章定额中的管道铺设工作内容除另有说明外,均包括沿沟排管、清沟底、外观检查及清扫管材。

(2)本章定额中的管道的管节长度为综合取定。

(3)本章定额中的管道铺设采用胶圈接口时,胶圈接口形式、规格尺寸不同时允许换算;管材为成套购置时如管材单价中已包括了胶圈价格,胶圈价值不再计取。

(4)如必须在横撑间距≤3 m 的支撑下串管铺设的,人工、机械数量乘以系数 1.33。

(5)塑料排水管是指由高分子材料或高分子材料与金属材料复合制成以埋地方式输送的管道总称,本章塑料排水管适用于除玻璃钢管以外的各类塑料排水管。

(6)无筋混凝土管的损耗率为 2.5%,钢筋混凝土管的损耗率为 1%,设计混凝土管材质与定额取定不同时,应调整损耗率。

(7)在沟槽土基上直接铺设混凝土管道时,人工、机械乘以系数 1.18。

(8)混凝土管道需满包混凝土加固时,满包混凝土加固执行现浇混凝土枕基项目,人工、机械乘以系数 1.2。

(9)水泥砂浆接口均不包括内抹口,如设计要求内抹口,按抹口周长每 100 m 增加水泥砂浆 0.042 m³、人工 750 元计算。

(10)闭水试验

①闭水试验水源是按自来水考虑的,如试验介质有特殊要求,介质可按实调整。

②试验水如需加温,热源及排水设施费用另行计算。

2.7.2.3　工程量计算规则

(1)排水管道铺设工程量,按设计井中至井中的中心线长度扣除井内径的长度另加 30 cm 计算。采用标准图集定型检查井扣除长度按表 2-32 计算。

表 2-32　采用标准图集定型检查井扣除长度

检查井规格(mm)	扣除长度(m)	检查井规格	扣除长度(m)
φ700	0.40	各种矩形井	1.00
φ1000	0.70	各种交汇井	1.20
φ1250	0.95	各种扇形井	1.00
φ1500	1.20	圆形跌水井	1.60
φ2000	1.70	矩形跌水井	1.70
φ2500	2.20	阶梯式跌水井	按实扣

(2)排水管道接口区分管径和做法按实际接口个数计算。

(3)管道闭水试验以实际闭水长度计算,不扣除各种井所占长度。

(4)方沟闭水试验的工程量按实际闭水长度乘以断面积以体积计算。

【例2-62】某段雨水管线工程,J1为非定型矩形检查井1750×1000,主管为DN1200;支管为DN500,单侧布置,具体如图2-37所示。计算该检查井处应扣除的长度。

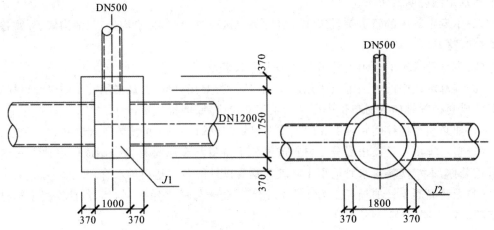

图2-37 某段管线工程(单位:mm)　　　　图2-38 某段管线工程图(单位:mm)

【解】DN1200管在J1处应扣除长度为1−0.3=0.70 m

DN500在J1处应扣除长度为(1.75−0.30)÷2=0.725 m

【例2-63】某段管线工程,J2为非定型圆形检查井ϕ1800,主管为DN1200,长30 m;支管为DN500,长8 m,单侧布设,具体如图2-38所示。试计算该段管线工程主管和支管的长度。

【解】DN1200主管在J2检查井处应扣除长度为1.8−0.30=1.50 m

主管长度为30−1.50=28.50 m

DN500支管在J2处应扣除长度为1.8÷2−0.15=0.75 m

支管长度为8−0.75=7.25 m

【例2-64】某塑料管道采用DN400双壁波纹管安装,胶圈接口,垫层为10 cm碎石,基础为C15混凝土平基及管座。试套用定额。

【解】经查《福建省市政工程预算定额》(2017版),管道各细目所套用定额分别为:

DN400双壁波纹管安装(胶圈接口):[40502073]

碎石垫层:[40501058]

C15混凝土平基:[40501064]

C15混凝土管座基础:[40501071]

2.7.3　水平导向钻进工程

2.7.3.1　定额项目划分

本章定额项目划分为小型定向钻机穿越敷管、孔隙注浆,共2个分项,12个定额子目。

2.7.3.2　章说明

本章定额说明共六条。

(1)本章定额适用于各类市政管道定向穿越工程。

(2)定向钻机穿越敷管定额已综合考虑了适合采用定向钻施工的地层土质类别,实际不再调整。设计在特殊地层施工需要铺设套管的,费用另行计算。

(3)定向钻机穿越敷管定额适用于给水燃气管道时,管材消耗量调整为1.01。排水管道两端导洞套用定向钻机穿越敷管定额,工程量按经批准的施工组织设计或施工方案确定的长度计算,管材不计。

(4)定向钻机穿越敷管定额未考虑工作坑、接收坑的费用,实际有发生的,套用《通用项目》册相应定额项目计算。

(5)定向钻机穿越敷管定额适用于回拖钢管时,钢管的组装焊接另套用《燃气工程》册相应定额项目。

(6)一次性拉多根小管道的拉管施工工艺,按一次性拉设多根管道的外接圆形直径套用相应定额,人工、机械乘以系数1.02。

2.7.3.3　工程量计算规则

(1)定向钻机穿越敷管工程量按设计图示尺寸以管道穿越长度计算。穿越铺设排水管道,穿越长度包含检查井位置的,检查井所占长度不扣除。只穿越不铺设管道的,工程量应单列。

(2)孔隙注浆按设计图示尺寸以管道穿越长度计算。

2.7.4　顶管工程

2.7.4.1　定额项目划分

本章定额项目划分为工作坑、交汇坑土方开挖及支撑安拆,顶进坑洞口处理,顶进后座及坑内平台安拆,挤压法顶管设备及附属设施安拆,泥水机械及附属设施安拆,切削机械及附属设施安拆,中继间安拆,顶进触变泥浆减阻,敞开式混凝土管顶进(挤压顶进),封闭式混凝土管顶进(泥水机械),封闭式混凝土管顶进(切削机械),水泥砂浆内接口,T型接口,F型接口,顶管钢板套环制作,顶管接口钢制外套环安装,顶管接口钢制内套环安装,泥浆置换,共18个分项,210个定额子目。

2.7.4.2　章说明

本章定额说明共十七条,主要应注意以下几条。

(1)本章适用于雨、污管道以及外套管的不开槽顶管工程项目。

(2)工作坑垫层、基础套用第一章的相应项目,人工乘以系数1.10,其他不变。

(3)工作坑人工挖土方已综合考虑土壤类别,实际不再调整;采用机械挖土的,套用《通用项目》册相应定额项目。工作坑回填土套用《通用项目》册相应项目。

(4)工作坑内管道明敷,应根据管径、接口做法执行第二章管道铺设的相应定额,人工、机械乘以系数1.10,其他不变。

(5)本章定额是按无地下水考虑的,如遇地下水时,排(降)水费用按相关定额另行计算。

(6)管道顶进定额中的顶镐均为液压自退式,采用人力顶镐的,人工乘以系数1.43;人力退顶(回镐)的,人工乘以系数1.20。

(7)水力机械顶进定额中,未包括泥浆处理、运输费用,发生时另行计算。

(8)顶管采用中继间顶进时,相应顶进定额中的人工、机械乘以下列系数(表2-33)分级计算。

表 2-33　中继间顶进时人工费、机械费调整系数

中继间顶进分级	一级顶进	二级顶进	三级顶进	四级顶进	超过四级
人工费、机械费调整系数	1.36	1.64	2.15	2.80	另计

(9)顶进断面大于 4 m² 的方(拱)涵工程,执行《桥涵工程》册相应定额。

(10)单位工程中,管径 1650 mm 以内敞开式顶进在 100 m 以内、封闭式顶进(不分管径)在 50 m 以内时,顶进相应项目人工、机械乘以系数 1.3。

2.7.4.3　工程量计算规则

(1)各种材质管道的顶管工程量,按设计图示尺寸以顶进长度计算。

(2)人工挖工作坑、交汇坑土方按设计图示尺寸以体积计算。

(3)工作坑、接收坑支撑设备安拆按设计图示工作坑、接收坑数量计算。

(4)顶进坑洞口处理、顶进后座及坑内平台安拆、各种顶管及附属设施安拆按设计图示工作坑数量计算。

(5)中继间安拆按设计或经批准的施工组织设计确定的数量计算。

(6)顶进触变泥浆减阻、管道顶进按设计图示尺寸以顶进长度计算。

(7)顶管接口区分接口材质,按设计图示接口数量或断面积计算。

(8)钢板内、外套环的制作,按设计图示尺寸以套环质量计算,安装按设计图示数量计算。

2.7.5　综合应用案例

【案例 2-6】某段雨水管道平面图如图 2-39 所示,管道均采用钢筋混凝土管(每节长 2 m),承插式水泥砂浆接口,基础均采用 C20 混凝土条形基础,管道基础结构如图 2-40 所示。Y1、Y2、Y3、Y4、Y5 均为 1100×1100 mm 非定型 M7.5 砖砌检查井,其中 Y1、Y2、Y3、Y5 为不落底井,Y4 为落底井,落底为 500 mm。不落底井结构如图 2-41 所示,图中四个井室平均高度 $H_1 = 1800$ mm,井室盖板厚度 $t = 120$ mm,井筒平均高度 $h = 1550$ mm,发砖券(砖拱圈)高 $\delta = 240$ mm。检查井垫层为 100 mm 厚素砼,底板为 200 mm 厚 C20 钢筋砼,每座井底板钢筋 ϕ12 mm 用量为 169 kg;流槽采用砖砌,高度为 250 mm,每个井流槽砌砖 0.35 m³,井底流槽 1∶2 砂浆抹灰 2.14 m²;检查井井室盖板尺寸为 1450 mm×1400 mm,采用 C20 钢筋砼预制安装,每块盖板钢筋用量 ϕ10 mm 以内为 8.082 kg,ϕ10 mm 以外为 15.15 kg;井圈为预制 C30 钢筋砼,每个井圈高度为 200 mm,体积为 0.15 m³,钢筋用量 ϕ10 mm 以内为 8.0 kg,井圈顶为 D700 铸铁井盖。混凝土均为现场拌制,机动翻斗车运输平均 50 m 以内。

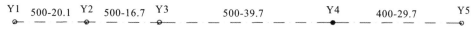

图 2-39　某段雨水管道平面图

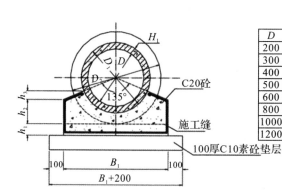

基础尺寸表

D	D_1	D_2	H_1	B_1	h_1	h_2	h_3	C20砼(m^3/m)
200	260	365	30	465	60	86	47	0.07
300	380	510	40	610	70	129	54	0.11
400	490	640	45	740	80	167	60	0.17
500	610	780	55	880	80	208	66	0.22
600	720	910	60	1010	80	246	71	0.28
800	930	1104	65	1204	80	303	71	0.36
1000	1150	1346	75	1446	80	374	79	0.48
1200	1380	1616	90	1716	80	453	91	0.66

图 2-40　管道基础结构图(单位:mm)

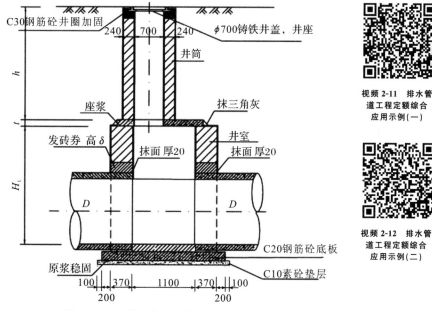

视频 2-11　排水管道工程定额综合应用示例(一)

视频 2-12　排水管道工程定额综合应用示例(二)

图 2-41　不落底井剖面结构图(单位:mm)

问题:1. 计算 D500 雨水管道和 Y1、Y2、Y3、Y5 不落底井的定额工程量(注:此处不计挖沟槽项目);

2. 列出 1 中各个项目套用的预算定额子目名称、定额编号、工程量及定额调整情况。

【解】1. 根据雨水管道、不落底井结构图及《福建省市政工程预算定额》(2017 版)的工程量计算规则计算相关工程量

(1)D500 钢筋混凝土管道

D500 钢筋混凝土管道总长度:20.1+16.7+39.7=76.5 m

D500 钢筋混凝土管道净长度:(20.1-1.1-2×0.37)+(16.7-1.1-2×0.37)+

$(39.7-1.1-2\times0.37)=70.98$ m

①C10 素砼垫层:$0.1\times(0.88+0.1\times2)\times70.98=7.67$ m³

②C20 砼平基基础:$0.08\times0.88\times70.98=5.00$ m³

③C20 砼管座基础:$0.22\times70.98-5.00=10.62$ m³

④D500 钢筋混凝土管道铺设:$20.1-1.1+0.3+16.7-1.1+0.3+39.7-1.1+0.3=74.10$ m

⑤承插式水泥砂浆接口:$(20.1-1.1)/2-1\approx9$ 口,$(16.7-1.1)/2-1\approx7$ 口,$(39.7-1.1)/2-1\approx19$ 口,$9+7+19=35$ 口

(2)Y1、Y2、Y3、Y5 四座不落底井

①C10 素砼垫层

C10 混凝土浇筑:$0.1\times[(0.1+0.2+0.37)\times2+1.1]^2\times4=2.38$ m³

②C20 钢筋砼底板

底板钢筋 $\phi12$ mm:169 kg$\times4=676$ kg$=0.676$ t

C20 混凝土浇筑:$0.2\times[(0.2+0.37)\times2+1.1]^2\times4=4.01$ m³

③检查井井身 M10 砖砌筑

井室砌筑:

$(1.1+0.37)\times4\times0.37\times1.80\times4=15.66$ m³

井底流槽砌筑:$0.35\times4=1.40$ m³

井筒砌筑:$(1.55-0.2)\times4=5.4$ m

钢管井字架(井深 4 m 以内):4 座

④检查井抹灰

井内侧抹灰:$1.1\times1.80\times4\times4+\pi\times0.7\times(1.55-0.2)\times4=43.55$ m²

井底流槽抹灰:$2.14\times4=8.56$ m²

⑤检查井 C20 钢筋混凝土井室盖板

钢筋制作安装:$\phi10$ mm 以内 $8.082\times4=32.33$ kg$=0.032$ t

$\phi10$ mm 以外 $15.15\times4=60.6$ kg$=0.061$ t

混凝土浇筑:$(1.45\times1.4-\pi/4\times0.7^2)\times0.12\times4=0.79$ m³

盖板安装:0.79 m³

⑥检查井 C30 钢筋混凝土井圈

钢筋制作安装:$\phi10$ mm 以内 $8.0\times4=32.0$ kg$=0.032$ t

混凝土浇筑:$0.15\times4=0.60$ m³

井圈安装:0.60 m³

⑦检查井铸铁井盖、座安装:4 套

(3)混凝土拌和及运输:$(7.67+5.00+10.62+2.38+4.01+0.79+0.60)\times1.015=31.54$ m³

2. 套用的预算定额子目名称、工程量、定额编号及调整情况见表 2-34。

表 2-34　套用定额子目名称、工程量、定额编号及调整情况

序号	工程子目	计量单位	定额编号	工程量	定额调整情况
(1)	D500 钢筋混凝土管道				
①	渠(管)道 C10 素砼垫层	m³	40501053T	7.67	预拌 C15 砼 换 现拌 C10 砼
②	渠(管)道基础 砼平基 混凝土	m³	40501064T	5.00	预拌 C15 砼 换 现拌 C20 砼
③	渠(管)道基础 砼管座 现浇	m³	40501071T	10.62	预拌 C15 砼 换 现拌 C20 砼
④	承插式钢筋砼管铺设(φ200～2000)(人机配合下管,管径 φ500 mm 以内)	m	40502053	74.1	
⑤	水泥砂浆承插接口(φ500 mm 以内)	口	40502165	35	
(2)	Y1、Y2、Y3、Y5 四座不落底检查井				
①	排水井垫层 混凝土	m³	40501005T	2.38	预拌 C15 砼 换 现拌 C10 砼
②	现浇混凝土 螺纹钢筋(φ10 mm 以外)	t	40304007	0.676	
	现浇钢筋混凝土平池底(厚度 50 cm 以内)	m³	40601058T	4.01	人工、机械乘以系数 1.05,预拌 C15 砼 换 现拌 C20 砼
③	砖砌井壁 矩形	m³	40501007	15.66	
	井底流槽 砖砌	m³	40501023	1.40	
	砌筑井筒	m	40501032	5.40	
	钢管井字架(井深 4 m 以内)	座	40107012	4	
④	勾缝及抹灰 砖墙 抹灰 井内侧	m²	40501025	43.55	
	勾缝及抹灰 砖墙 抹灰 流槽	m²	40501027	8.56	
⑤	预制混凝土圆钢筋(φ10 mm 以内)	t	40304001	0.032	
	预制混凝土螺纹钢筋(φ10 mm 以外)	t	40304003	0.061	
	预制矩形井室盖板	m³	40501111T	0.79	预拌 C20 砼 换 现拌 C25 砼,定额×1.01
	安装矩形井室盖板(每块体积在 0.3 m³ 以内)	m³	40501122	0.79	

续表

序号	工程子目	计量单位	定额编号	工程量	定额调整情况
⑥	预制混凝土圆钢筋（φ10 mm 以内）	t	40304001	0.032	
	钢筋砼井圈制作	m³	40501036T	0.60	预拌 C20 砼 换 现拌 C30 砼，定额×1.01
	安装矩形井室盖板（每块体积在 0.3 m³ 以内）	m³	40501122	0.60	
⑦	检查井井盖、座安装铸铁	套	40501039	4	
(3)	混凝土拌和及运输（除灌注桩砼外）				
①	混凝土搅拌机拌和（容量 500 L 以内）	m³	40107050	31.54	
②	机动翻斗车运输混凝土（沥青）混合料（运距 50 m 以内）	m³	40105017	31.54	

2.8 《水处理工程》等其他四册定额内容简介

《福建省市政工程预算定额》（2017 版）第六册为《水处理工程》，第七册为《生活垃圾处理工程》，第八册为《给水、燃气工程》，第九册为《路灯工程》。这四册专业工程的专业性较强，通常由专业队伍进行施工。定额内容在一般的市政工程中使用相对较少，因本书篇幅限制，这里仅对这四册定额内容作简单介绍。

2.8.1 水处理工程

《水处理工程》是《福建省市政工程预算定额》（2017 版）的第六册，包括 6.1 给排水构筑物、6.2 水处理设备，共 2 章，59 个项目，761 个定额子目。

2.8.2 生活垃圾处理工程

《生活垃圾处理工程》是《福建省市政工程预算定额》（2017 版）的第七册，包括 7.1 生活垃圾卫生填埋、7.2 生活垃圾焚烧，共 2 章，24 个项目，156 个定额子目。

2.8.3　给水、燃气工程

《给水、燃气工程》是《福建省市政工程预算定额》(2017 版)的第八册,包括 8.1 管道安装,8.2 管件制作、安装,8.3 铸铁管、钢管、塑料管新旧管连接及通气置换,8.4 管道防腐,8.5 法兰、阀门、水表、消火栓安装,8.6 燃气用设备安装,8.7 管道压力试验与冲洗、吹扫,8.8 管道焊口无损探伤,8.9 取水工程,8.10 管道穿跨越河流,共 10 章,75 个项目,1055 个定额子目。

2.8.4　路灯工程

《路灯工程》是《福建省市政工程预算定额》(2017 版)的第九册,包括 9.1 变配电设备工程、9.2 架空线路工程、9.3 电缆工程、9.4 配管配线工程、9.5 照明器具安装工程、9.6 防雷接地装置工程、9.7 电气调整试验、9.8 路灯灯架制作安装工程、9.9 刷油防腐工程,共 9 章,65 个项目,569 个定额子目。

复习思考题

1. 在套用定额时,如何区分沟槽、基坑、平整场地、一般土石方?

2. 干、湿土如何划分?挖、运湿土应该如何套用定额?

3. 采用井点降水的土方是按干土计算,还是按湿土计算?

4. 打拔工具桩时,水上作业与陆上作业是如何区分的?

5. 钢板桩使用费如何计算?

6. 打拔工具桩时,竖、拆打拔桩架的次数如何计算?

7. 打拔工具桩时,土质级别如何划分?与"土石方工程"中土壤的分类有何不同?

8. 如槽坑宽度超过 4.1 m,其挡土板支撑如何套用定额?

9. 什么是混凝土小型构件?

10. 计算道路工程路床(槽)碾压工程量,碾压宽度如何确定?

11. 多合土基层中,各种材料的设计配合比与定额配合比不同时,如何套用、换算定额?

12. 水泥混凝土路面工程伸缩缝工程量如何计算?模板工程量如何计算?

13. 水泥混凝土路面相关定额子目是否包括路面养生、锯缝、伸缝、缩缝、路面刻防滑槽、路面钢筋等工作内容?

14. 如设计采用的人行道板、侧平石的砌料或垫层强度等级、厚度与定额不同时,如何套用定额?

15. 如何进行送桩工程量的计算?

16. 钻孔灌注桩成孔工程量计算时,如何确定成孔长度?

17. 钻孔灌注桩混凝土工程量如何计算？

18. 桥梁工程现浇混凝土工程量、模板工程量应如何计算？

19. 桥梁工程预制混凝土工程的模板工程量如何计算？

20. 如何界定陆上支架平台、水上支架平台？

21. 排水管道基础、垫层、管道铺设工程量计算时，是否需扣除检查井所占长度？管道闭水试验工程量计算时，是否需扣除检查井所占长度？

练习题

1. 已知某排水沟槽长 750 m，宽 2.50 m，原地面标高为 4.200 m，沟槽底标高为 0.800 m，地下常水位标高为 2.300 m。试计算沟槽开挖时干土、湿土的工程量。

2. 某道路路基工程，已知挖土方 2800 m^3，其中可利用方 2200 m^3，路基填方 4300 m^3，现场挖、填平衡。试计算余土外运量、填土缺方量。

3. 某段道路 K0+000～K0+100 的挖填方横断面积如下列土石方表所示，试计算该段土石方量，填入表中相应位置。

桩号	土方面积（m^2）		平均面积（m^2）		距离	土方量（m^3）	
	挖方	填方	挖方	填方	（m）	挖方	填方
K0+000	20.8	8.4					
K0+030	19.5	5.6					
K0+060	7.8						
K0+100	17.5	5.7					
合计							

4. 已知某排水沟槽长 7560 m，宽 2.50 m，原地面标高为 4.200 m，沟槽底标高为 2.800 m，三类土，不留工作面。试计算沟槽开挖的工程量。

5. 设有一基础地槽（如图 2-42 所示），地槽长度为 20 m，槽底尺寸为 1.2 m，槽深 3 m，土壤类别为三类土，采用人工开挖，施工工作面为 30 cm。试求该地槽挖土方工程量。

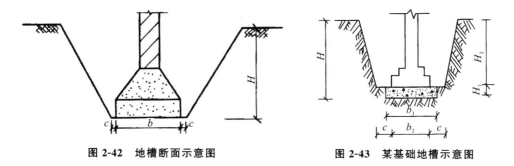

图 2-42　地槽断面示意图　　　　图 2-43　某基础地槽示意图

6. 某地槽长 25 m，基础底部宽 1.4 m，不放坡，支挡土板，板厚为 0.1 m，工作面每边各增加 0.2 m。求该地槽挖方工程量。

7. 如图 2-43 所示，一基础地槽，槽长 20 m，槽深 2.0 m，混凝土基础底面垫层厚 0.3 m，垫层宽 1.1 m，基础底部宽 0.8 m，每边工作面宽 0.3 m，自垫层上表面开始放坡，土质类别为三类土。试求人工挖地槽土方工程量。

8. 某排水沟槽断面如图 2-44 所示，采用人工挖土，沟槽长 250 m，沟底宽 1.8 m；沟槽深 3.6 m，土壤类别分为两层：下层为四类土，厚度为 2.4 m；上层为三类土，厚度为 1.2 m，每边各留工作面 200 mm。试分别求出三、四类土的挖方量。

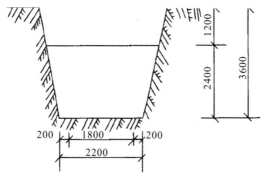

图 2-44　沟槽挖土示意图(单位:mm)

9. 某矩形地坑，长 3.0 m，宽 1.6 m，深 1.4 m，为三类土，开挖时不放坡，不支挡土板，也不留工作面。试计算其挖方工程量。

10. 某圆形检查井基坑，半径为 1.2 m，深 1.5 m，为三类土，开挖时不放坡，不支挡土板，留 0.3 m 工作面。求人工挖基坑工程量。

11. 某矩形基础的基坑如图 2-45 所示，其中基础长 $a=2.5$ m，宽 $b=2.2$ m，挖深 $h=2.8$ m，工作面 $c=0.3$ m，放坡系数 $k=0.6$。计算基坑挖土方体积。

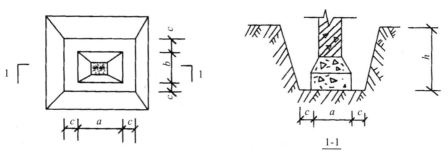

图 2-45　矩形地坑示意图

12. 有一圆形检查井的基坑,采用人工挖土,基底垫层半径为 1.6 m,工作面每边各增加 0.3 m,场地土为四类。试求挖土工程量。

13. 如图 2-46 所示,一留工作面的矩形基坑,不放坡,支挡土板,板厚 0.1 m。基底垫层长 2.0 m,宽 1.5 m,工作面每边各增加 0.3 m,挖深为 3.2 m,场地土为三类,采用人工挖土。求挖土工程量。

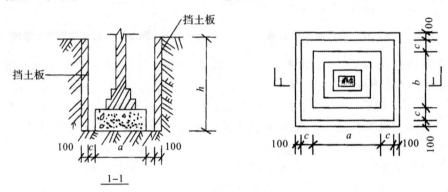

图 2-46 矩形地坑示意图

14. 某建筑场地地形图如图 2-47 所示。方格网边长 20 m,土质为亚黏土,设计泄水横向坡度 $i_1 = 2‰$,纵向坡度 $i_2 = 3‰$,不考虑土的可松性对设计标高的影响。试确定场地各方格角点的设计标高并计算挖、填方总土方量(不考虑边坡土方量,填方密实度为 97%)。

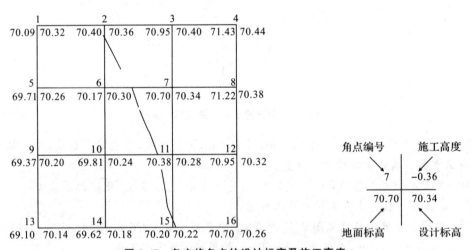

图 2-47 各方格角点的设计标高及施工高度

15. 某管道沟槽开挖时采用钢制挡土板竖板、横撑(密排、钢支撑),已知沟槽长 211 m,宽 2 m,挖深为 3 m。试计算该支撑工程钢挡土板的总用量。

16. 某道路工程长 1 km,设计车行道宽度为 18 m,设计要求路床碾压宽度按设计车行道宽度每侧加宽 30 cm 计,以利于路基的压实。试计算该工程路床整形碾压的工程量,并计算其人工、机械的用量。

17. 某道路工程采用拌和机拌制的石灰、粉煤灰、碎石基层,厚 20 cm,设计配合比为石灰∶粉煤灰∶碎石＝9∶18∶73。已知道路长 800 m,基层宽 15.6 m,该段道路范围内各类井的面积为 100 m²。试确定该基层套用的定额子目,并计算确定人工、机械的用量。

18. 某桥在支架上打钢筋混凝土方桩共 36 根,桩截面积为 0.4 m×0.4 m,设计桩顶标高为 0.000 m,施工期间最高潮水位标高为 5.500 m。试计算该工程送桩的工程量、送桩所消耗的人工量。

19. 某桥梁采用钻孔灌桩基础,采用回旋转机陆上成孔。已知南侧桥台下共有 10 根桩,设计桩顶标高为 0.000 m,桩底标高为－25.000 m,南侧原地面平均标高为 3.500 m;北侧桥台下共有 10 根桩,设计桩顶标高为 0.000 m,桩底标高为－25.500 m,北侧原地面平均标高为 3.800 m。要求钻孔灌注桩入岩 20 cm。试计算该桩基础工程的成孔工程量、灌注混凝土工程量、入岩工程量。

20. 某工程采用钢筋混凝土方桩 20 根,桩截面为 0.4 m×0.4 m,桩长为 28 m,分两段预制。试计算钢筋混凝土方桩预制时模板的工程量。

21. 某桥梁轻型桥台采用 C25 现浇混凝土,现场拌制。试确定其套用的定额子目及基价。

22. 某两跨桥梁,跨径为 10 m＋12 m,两侧桥台均采用双排 φ800 mm 钻孔灌注桩 12 根,桩距为 1.5 m,排距为 1.2 m;中间桥台采用单排 φ1000 mm 钻孔灌注桩 6 根,桩距为 1.5 m。

试计算钻孔灌注桩施工时搭拆工作平台的面积。

案例练习题

【案例题 1】背景:某段新建城市道路工程,长 5 km,路基宽度 26 m,其中挖方路段长 1.5 km,填方路段长 3.5 km。该合同段的路基土石方工程量如下:

挖方(天然密实方):开挖土方(三类土)150000 m³,其中本桩利用土填方 33500 m³,远运利用土填方 116500 m³(平均运距 2.5 km);挖石方(风化软石)85000 m³,全部作为弃方(远运 3 km)。

填方(压实方):填方总数量 350000 m³,除本桩利用及远运利用开挖的土方外,填缺部分从取土场借三类土,运距 3 km。

问题:(1)计算该道路工程的路基土石方工程量;(2)列出路基土石方套用的预算定额子目名称、工程量、定额编号及调整情况。

【案例题 2】背景:某道路工程,如图 2-48 所示,长 350 m,宽 4.5＋15＋4.5＝24 m。机动车道路面下层为 15 cm 厚级配碎石调平层,中间为 18 cm 厚 5% 水泥稳定碎石基层,面层为 22 cm 厚 C35 混凝土板;人行道板为 C25 混凝土,缘石为石料,底座为 C20 混凝土。

(a)路面平面示意图

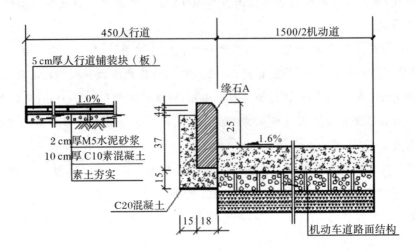

(b)路面结构图

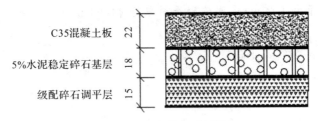

(c)行车道路面结构图

图 2-48　道路平面图和结构图(单位:cm)

问题:

(1)求路面工程量:①行车道路面各结构层工程量;②侧石及基座的工程量;③块料人行道板及 C10 素混凝土垫层的工程量。(注:路面面层只需考虑路面混凝土铺筑,混凝土按预拌考虑)

(2)列出(1)中各项目应套用的预算定额子目名称、定额编号、工程量及调整情况。

【案例题3】背景:某段雨水管道平面图如图 2-49 所示,管道均采用钢筋混凝土管(每节长 2 m),承插式水泥砂浆接口,基础均采用 C20 混凝土条形基础,管道基础结构如图 2-50 所示。Y1、Y2、Y3、Y4、Y5 均为 1100 mm×1100 mm 非定型 M7.5 砖砌检查井,其中 Y1、Y2、Y3、Y5 为不落底井,Y4 为落底井,落底为 500 mm。落底井结构如图 2-51 所示,图中井室高度 $H_1 = 2200$ mm,检查井井室盖板厚度 $t = 120$ mm,井筒高度 $h = 1800$ mm,发砖券(砖拱圈)高 $\delta = 240$ mm。检查井垫层为 100 mm 厚素砼,底板为 200 mm 厚 C20 钢筋砼,每座井底板钢筋 $\phi12$ mm 用量为 169 kg。检查井井室盖板尺寸为 1450×1400 mm,采用

图 2-49　某段雨水管道平面图

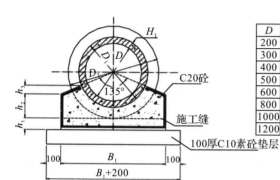

基础尺寸表

D	D_1	D_2	H_1	B_1	h_1	h_2	h_3	C20砼（m³/m）
200	260	365	30	465	60	86	47	0.07
300	380	510	40	610	70	129	54	0.11
400	490	640	45	740	80	167	60	0.17
500	610	780	55	880	80	208	66	0.22
600	720	910	60	1010	80	246	71	0.28
800	930	1104	65	1204	80	303	71	0.36
1000	1150	1346	75	1446	80	374	79	0.48
1200	1380	1616	90	1716	80	453	91	0.66

图 2-50　管道基础结构图（单位：mm）

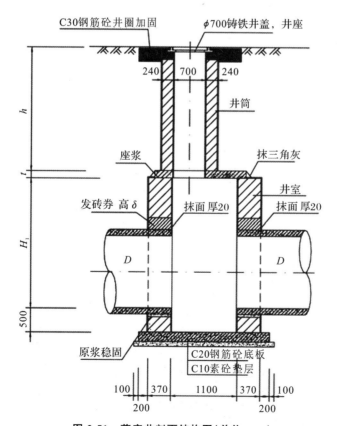

图 2-51　落底井剖面结构图（单位：mm）

C20 钢筋砼预制安装,每块盖板钢筋用量 ϕ10 mm 以内为 8.082 kg,ϕ10 mm 以外为 15.15 kg;井圈为预制 C30 钢筋砼,每个井圈高度为 200 mm,体积为 0.15 m³,钢筋用量 ϕ10 mm 以内为 8.0 kg,井圈顶为 D700 铸铁井盖。混凝土均为现场拌制,机动翻斗车运输,平均运距 50 m 以内。

问题:(1)计算 D400 雨水管道和 Y4 落底井的定额工程量(注:此处不计挖沟槽土石方工程量);

(2)列出(1)中各个项目套用的预算定额子目名称、定额编号、工程量及定额调整情况。

模块 3　工程量清单的编制

知识目标	①会概述市政工程招投标的基本知识； ②理解工程量清单的概念,辨析工程量清单的组成及格式； ③会概述工程量清单的编制程序及方法。
能力目标	能参与市政工程招投标活动,完成一般市政工程项目的清单工程量计算和工程量清单的编制。
素质目标	①培养学生遵守国家及各级政府主管部门颁发的法律、法规、部门规范、标准及细则等的法制意识； ②培养学生独立分析问题、解决问题的能力,具有勤于思考、刻苦钻研、认真细致、精益求精的学习精神以及团队协作精神,养成良好的职业道德。

　　按照工程造价管理改革的要求,本着国家宏观调控、市场竞争形成价格的原则,我国在建设工程招投标中,逐步采用工程量清单计价的做法,与国际惯例接轨。为规范市政工程造价计价行为,统一建设工程工程量清单的编制和计价方法,建设主管部门组织编制了《建设工程工程量清单计价规范》及《市政工程工程量计算规范》(GB 50857—2013),并发布实施。因此,在工程招投标时,必须严格按照《建设工程工程量清单计价规范》及《市政工程工程量计算规范》的要求,同时遵循各地的贯彻实施意见或实施细则,进行相应的工程量清单的编制。

　　本模块主要介绍市政工程招投标的基础知识,工程量清单的概念、组成内容、清单格式,工程量清单的编制依据、程序及方法,清单列项及清单工程量计算,并介绍了工程量清单的编制实例。

3.1　市政工程招投标概述

视频 3-1　市政工
程招投标概述

　　建设项目招标投标是市场经济中的一种竞争方式,是国际上广泛采用的业主择优选择工程承包商的主要交易方式。招标投标必须按照《招标投标法》的规定,采取一定的招标方式,根据规定的原则和程序进行。

3.1.1　工程招标投标的概念

3.1.1.1　招标投标的概念

招标投标是指由招标人向数人或公众发出招标邀请或公告,在诸多投标人中选择自己认为最优的投标人并与之订立合同的方式。招标投标是订立合同过程中的要约与承诺的过程。

3.1.1.2　工程项目招标

工程项目招标是指业主(建设单位)为发包方,根据拟建工程的内容、工期、质量和投资额等技术经济要求,邀请有资格和能力的企业或单位参加投标报价,从中择优选取承担可行性研究方案论证、科学试验或勘察、设计、施工和监理等任务的承包单位的过程。

3.1.1.3　工程项目投标

工程项目投标是指经审查获得投标资格的投标人,以同意发包方招标文件所提出的条件为前提,经过广泛的市场调查掌握一定的信息并结合自身情况(能力、经营目标等),以投标报价的竞争形式获取工程任务的过程。

3.1.2　招标投标的基本性质和法律特征

3.1.2.1　招标投标的基本性质

(1)招标投标是建设市场的一种交易方式;
(2)招标投标是市场竞争的表现形式;
(3)招标投标方式是建筑产品的价格形成方式;
(4)招标投标方式是合同的订立方式,招标投标过程是合同的形成过程。

3.1.2.2　招标投标的法律特征

招标投标是一种法律行为。招标投标过程是要约与承诺的实现过程,是当事人合同法律关系产生的过程。

工程项目招标投标通常要经过要约—承诺—再要约—再承诺的过程。

3.1.2.3　招标投标的三大特性

程序性:招投标程序由招标人事先拟定,不能随意改变(现在都有严格的规定),招投标当事人必须按照规定的条件和程序进行招投标活动。这些设定的程序和条件不能违反相应的法律法规。

公开性:即程序公开、结果公开。招标的信息和程序向所有投标人公开,开标也要公开进行,使招投标活动接受公开的监督。

公平性:这种公平性主要是针对投标人而言的。任何有能力、有条件的投标人均可在招标公告或投标邀请书发出后参加投标,在招标规则面前各投标人具有平等的竞争机会,招标人不能有任何歧视行为。

3.1.3　建设工程招标的范围

3.1.3.1　必须招标的工程建设项目范围

《招标投标法》第 3 条第 1 款规定:"在中华人民共和国境内进行下列工程建设项目,包括项目的勘察、设计、施工、监理以及与工程建设有关的重要设备、材料等的采购,必须进行招标:

(1)大型基础设施、公用事业等关系社会公共利益、公众安全的项目;

(2)全部和部分使用国有资金投资或者国家融资的项目;

(3)使用国际组织或者外国政府资金的项目。"

3.1.3.2　工程建设项目必须招标的规模标准

根据《工程建设项目招标范围和规模标准规定》第 7 条及国家发展改革委有关文件规定,必须招标的各类工程建设项目,包括项目的勘察、设计、施工、监理以及与工程建设有关的重要设备、材料等的采购,达到下列标准之一的,必须进行招标:

(1)施工单项合同估算价在 400 万元人民币以上的;

(2)重要设备、材料等货物的采购,单项合同估算价在 200 万元人民币以上;

(3)勘察、设计、监理等服务的采购,单项合同估算价在 100 万元人民币以上的;

(4)单项合同估算价低于第(1)、(2)、(3)项规定的标准,但项目总投资额在 3000 万元人民币以上的。

3.1.3.3　可以不进行招标的工程建设项目

《招标投标法》第 66 条规定:"涉及国家安全、国家机密、抢险救灾或者属于利用扶贫资金实行以工代赈、需要使用农民工等特殊情况,不适宜招标的项目,按照国家规定,可以不进行招标。"

3.1.4　建设工程招投标分类与招标方式

3.1.4.1　建设工程招投标的分类

按照不同的分类标准,建设工程招投标有不同的分类方法。详见图 3-1。

3.1.4.2　工程项目招标方式

《招标投标法》规定的招标方式为公开招标和邀请招标。

(1)公开招标:又称为无限竞争性招标,是指招标人以招标公告的方式邀请不特定的法人或者其他组织投标的招标方式。建设项目立项审批后,招标人在国家指定的报刊和信息网络上公开发布招标公告,潜在投标人按照招标公告的要求报名投标,在规定时间内接受招标人的资格审查,递交投标文件。招标人不推荐投标人,不内定投标人,不排斥外地投标人。在确定中标人前,招标人不得与投标人就投标价格、投标方案等实质性内容进行谈判。

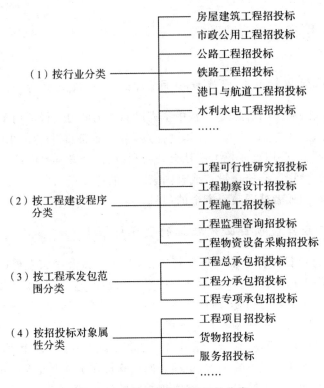

（1）按行业分类
- 房屋建筑工程招投标
- 市政公用工程招投标
- 公路工程招投标
- 铁路工程招投标
- 港口与航道工程招投标
- 水利水电工程招投标
- ……

（2）按工程建设程序分类
- 工程可行性研究招投标
- 工程勘察设计招投标
- 工程施工招投标
- 工程监理咨询招投标
- 工程物资设备采购招投标

（3）按工程承发包范围分类
- 工程总承包招投标
- 工程分承包招投标
- 工程专项承包招投标

（4）按招投标对象属性分类
- 工程项目招投标
- 货物招投标
- 服务招投标
- ……

图 3-1　建设工程招标投标的分类

（2）邀请招标：也称为有限竞争招标，是指招标人选择若干投标人，向其发出投标邀请，由被邀请的投标人投标竞争，从中选定中标者的招标方式。邀请招标时，受邀请的投标人应不少于 3 家。

3.1.4.3　招标工作的组织

建设工程招标工作的组织方式有两种。一种是业主自行组织，另一种是招标代理机构组织。业主具有编制招标文件和组织评标能力的，可以自行办理招标事宜；不具备的，应当委托招标代理机构办理招标事宜。

从事工程建设项目招标代理业务的招标代理机构，其资格由国务院或者省、自治区、直辖市人民政府的建设行政主管部门认定。

招标代理机构与行政机关和其他国家机关不得存在隶属关系或者其他利益关系。

3.1.5　建设工程招投标程序

我国《招标投标法》中规定的招标工作包括招标、投标、开标、评标和中标几大步骤。建设工程招标程序可分为三个阶段：准备阶段、招标投标阶段、评标定标阶段。公开招标的程序如图 3-2 所示。

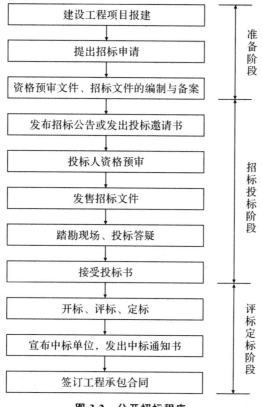

图 3-2 公开招标程序

3.1.5.1 招标前的准备工作

招标前的准备工作由招标人或招标代理机构完成,主要是建设工程项目报建、确定招标方式、编制招标公告或投标邀请书、编制招标文件等。

1. 建设工程项目报建

《工程建设项目报建管理办法》规定,在工程建设项目可行性研究报告或其他立项文件被批准后,由建设单位或其代理机构向当地建设行政主管部门或其授权机构进行报建。

2. 确定招标方式

招标方式由招标人依据有关部门批准进行确定,一般选择公开招标。如果采用邀请招标,应获得有关部门的批准。招标方式一般在可行性研究报告审批时一并审批。

3. 提出招标申请(自行招标或委托招标),报主管部门备案

招标人在发布招标公告或投标邀请书 5 日前,应向建设行政主管部门办理招标备案。建设行政主管部门在收到备案资料之日起 5 个工作日内没有异议的,招标人可以发布招标公告或投标邀请书;不具备招标条件的,责令其停止办理招标事宜。

4. 编制资格预审文件、招标文件

资格预审文件、招标文件应按要求进行编制,可以由招标人组织技术力量进行编制,也可以委托招标代理机构进行编制。招标文件编制完成后,应组织有关的工程项目管理专家审查或相关部门会审。根据专家审查意见或会审意见修改完善后,报行政主管部门备案。

3.1.5.2 招标投标阶段

1. 刊登招标公告或发出投标邀请书

招标人采用公开招标方式的,应当发布招标公告。依法必须进行招标的项目招标公告,应当在国家指定的报刊和信息网络发布。

采用邀请招标方式的,招标人应当向 3 家以上具备承担施工招标项目能力、资信良好的特定法人或其他组织发出投标邀请书。

2. 投标人资格审查

工程项目招标通常应对有意向的投标人的资格进行审查,资格审查有两种方式,一是资格预审,一般由招标人负责。二是资格后审,一般由评标委员会负责。

资格预审,是指在投标前对潜在投标人进行的资格审查。采取资格预审的招投标项目,为了减少投标人的投标成本,招标分两个阶段进行。第一阶段为资格预审,投标人根据资格预审文件的要求,先提交证明其具有圆满履行合同的能力的证明文件或者资料,招标人及招标中介机构应当对提交的资格预审申请文件组织专家进行评审并作出预审决定。第二分阶段是只对通过资格预审的投标人发投标邀请书,未通过资格预审的不再要求提交投标文件。为了减少投标人来往的次数,往往资格预审文件和投标文件同时递交,然后分两个阶段评审,对未通过资格预审的投标文件不再进行投标文件的评审。

资格后审,是指在开标后进行的资格审查。对一些工程相对简单,没有特殊要求的工程项目的招标,经常采用资格后审的方式进行招标。招标时,先对投标文件(经济标部分)进行评审,根据招标文件的要求,组织专家评审判分,按得分高低进行排序。随后,对参加排序的前几名(通常是 5~10 名)投标人进行资格审查,剔除资格审查不合格的投标人并否定其投标有效。

资格审查资料通常包括 5 个方面:(1)投标人基本情况表;(2)近年财务状况表;(3)近年完成的类似项目情况表;(4)在实施的和新承接的项目情况表;(5)其他资格审查资料。

3. 发售招标文件

实行资格预审的,潜在投标人或被邀请的投标人可以按照招标公告或投标邀请书载明的时间,到定地点购买招标文件。发售招标文件的时间自公告之日起,不得少于 5 个工作日,一般可延长至投标截止日期。

4. 踏勘现场、投标答疑

踏勘现场由招标人统一组织或者投标人自行进行,目的在于了解工程场地和周围环境状况,以获取投标人认为有必要的信息。投标单位在勘察现场后如有问题,应以书面形式向招标单位提出。

招标单位在发出招标文件、投标单位踏勘现场之后,根据投标单位在领取招标文件、图纸和有关资料及勘察现场中提出的问题,招标单位应当以会议纪要或补遗书的书面形式进行解答,并将解答同时送达所有获得招标文件的投标单位。

5. 接受投标书

投标人应当在招标文件要求提交投标文件的截止时间前,将投标文件密封送达投标地点。招标人或者招标投标中介机构对在提交投标文件截止日期后收到的投标文件,应不予开启并退还。招标人或者招标投标中介机构应当对收到的投标文件签收保存,在开标前任何单位和个人不得开启投标文件。

投标人可以撤回、补充或者修改已提交的投标文件,但是应当在提交投标文件截止日之前,书面通知招标人或者招标代理机构。

投标人少于 3 个的,招标人应当依法重新招标。

3.1.5.3　评标定标阶段

1. 开标

开标应当按照招标文件规定的时间、地点和程序以公开方式进行。开标由招标人或者招标代理机构主持,邀请所有投标人参加。

投标人检查投标文件的密封情况,确认无误后,由有关工作人员当众拆封、验证投标资格,并宣读投标人名称、投标价格以及其他主要内容。投标人可以对唱标做必要的解释,但所作的解释不得超过投标文件记载的范围或改变投标文件的实质性内容。开标应当作记录,存档备查。

2. 评标与定标

评标应当按照招标文件的规定进行。

招标人或者招标投标中介机构负责组建评标委员会。评标委员会由招标人的代表及其聘请的技术、经济、法律等方面的专家组成,总人数一般为 5 人以上单数,其中受聘的专家不得少于三分之二。与投标人有利害关系的人员不得进入评标委员会。政府投资项目评标委员会的评标专家必须在国家或省级综合评标专家库中随机抽取。

评标委员会负责评标。评标委员会对所有投标文件进行审查,对与招标文件规定有实质性不符的投标文件,应当决定其无效。

评标委员会可以要求投标人对投标文件中含义不明确的地方进行必要的澄清,但澄清不得超过投标文件记载的范围或改变投标文件的实质性内容。

评标委员会应当按照招标文件的规定对投标文件进行评审和比较,出具专家评标报告,并向招标人推荐一至三个中标候选人。

招标人根据评标委员会提出的书面评标报告和推荐的中标候选人确定中标人。招标人也可以授权评标委员会直接确定中标人。

中选的投标者应当符合下列条件之一:(1)满足招标文件各项要求,并考虑各种优惠及税收等因素,在合理条件下所报投标价格最低的;(2)最大满足招标文件中规定的综合评价标准的。

3. 宣布中标单位,发出中标通知书

招标人确定的中标候选人应当公示,政府投资项目,招标人应当自收到评标报告之日起 3 日内公示中标候选人,公示期不得少于 3 天。

在中标候选人公示期满,无异议的,招标人可宣布第一中标候选人为中标单位,并发送中标通知书。

4. 签订工程承包合同

招标人或者招标代理机构应当将中标结果书面通知所有投标人。招标人应按招标投标法规定,在中标通知书发出后 30 天内与中标人按照招标文件的规定和中标结果签订工程承包合同。

3.1.6 招标文件的组成

招标文件一般应当载明下列事项:(1)投标人须知;(2)招标项目的性质、数量;(3)技术规格;(4)投标价格的要求及其计算方式;(5)评标的标准和方法;(6)交货、竣工或提供服务的时间;(7)投标人应当提供的有关资格和资信证明文件;(8)投标保证金的数额或其他形式的担保;(9)投标文件的编制要求;(10)提供投标文件的方式、地点和截止日期;(11)开标、评标、定标的日程安排;(12)合同格式及主要合同条款;(13)需要载明的其他事项。

招标人或者招标代理机构应按照国家有关部门颁布的《标准施工招标文件》,根据招标项目的要求编制招标文件。目前招标文件的编制依据有《中华人民共和国标准施工招标文件》(2007 年版)、《中华人民共和国简明标准施工招标文件》(2012 年版)、《房屋建筑和市政工程标准施工招标文件》(2010 年版),还有一些地方建设行政主管部门发布的规定,如《福建省房屋建筑和市政基础设施工程标准施工招标文件》(2008 年版)等。

3.1.6.1 《中华人民共和国简明标准施工招标文件》(2012 年版)

《中华人民共和国简明标准施工招标文件》(2012 年版)规定,工程施工招标文件由以下 8 章内容组成:

第一章　招标公告(适用于公开招标)

[第一章　投标邀请书(适用于邀请招标)]

第二章　投标人须知

第三章　评标办法(经评审的最低投标价法)

第三章　评标办法(综合评估法)

第四章　合同条款及格式

第五章　工程量清单

第六章　图纸

第七章　技术标准和要求

第八章　投标文件格式

3.1.6.2 《房屋建筑和市政工程标准施工招标文件》(2010 年版)

根据《房屋建筑和市政工程标准施工招标文件(2010 年版)》,市政工程标准施工招标文件由 4 卷 8 章组成:

第一卷

第一章　投标邀请书(代资格预审通过通知书)

第二章　投标人须知

第三章　评标办法(经评审的最低投标价法)

第三章　评标办法(综合评估法)

第四章　合同条款及格式

第五章　工程量清单

第二卷

第六章　图纸

第三卷

第七章　技术标准和要求

第四卷

第八章　投标文件格式

3.1.6.3　《福建省房屋建筑和市政基础设施工程标准施工招标文件》(2022年版)

根据《福建省房屋建筑和市政基础设施工程标准施工招标文件》(2022年版),市政工程标准施工招标文件通常由8章组成:

第1章　招标公告/投标邀请书

第2章　投标须知

第3章　评标办法和标准

第4章　合同条款及格式

第5章　工程量清单

第6章　招标图纸

第7章　技术标准和要求

第8章　投标文件格式

同时,招标人在招标期间发出的有编号的补遗书和其他正式有效函件等,均是招标文件的组成部分

3.1.7　投标文件的组成

投标文件是投标人编制的响应招标文件要求的文件,核心内容是对招标文件提出的实质性要求和条件作出响应。

目前,各行各业均有行业特色的投标文件格式,其依据是相应行业发布的行业标准文件提供的格式。但投标文件的内容无非是商务文件、技术文件、资格审查文件三部分内容。根据工程规模、性质、技术难易程度、行业要求不同,这三部分内容有不同的组合。一般小型工程、技术简单的工程可采用三合一的形式,即商务文件、技术文件和资格审查文件合在一起装订,形成一份投标文件,甚至还可以精简,不提供技术文件。规模以上的工程项目或技术要求比较复杂的工程项目一般应提交技术文件。

3.1.7.1　商务文件

商务文件主要包括投标函、法定代表人身份证明和授权委托书以及报价文件(标价的工程量清单、单价分析表、预算书等)。

3.1.7.2　技术文件

技术文件主要包括施工组织设计(包括文字说明和其他表格)。

3.1.7.3 资格审查文件

资格审查文件主要包括资格审查申请书和法人资质、营业执照、行政许可、银行开户许可、企业信用、类似工程项目业绩、主要人员资格和类似工程业绩、投标报价等方面的资料。实行预审的,资格审查文件应单独装订密封。实行后审的可以与商务文件一起装订。

涉及施工方案的投标文件单独装订,一般称为技术标;工程监理投标和勘察设计投标,监理方案(大纲)和勘察设计方案的投标文件单独装订,一般称为技术建议书。

商务文件中涉及工程报价的文件单独装订时,一般称为报价文件或称为经济标,监理标和勘察设计标一般称为财务建议书。

标准施工招标文件规定的投标文件内容包括以下几项:

一、投标函及投标函附录,内容为(一)投标函、(二)投标函附录

二、法定代表人身份证明

三、授权委托书

四、投标保证金

五、已标价工程量清单

六、施工组织设计

    附表一:拟投入本标段的主要施工设备表

    附表二:拟配备本标段的试验和检测仪器设备表

    附表三:劳动力计划表

    附表四:计划开、竣工日期和施工进度网络图

    附表五:施工总平面图

    附表六:临时用地表

七、项目管理机构

    (一)项目管理机构组成表

    (二)主要人员简历表

八、拟分包项目情况表

九、资格审查资料

    (一)投标人基本情况表

    (二)近年财务状况表

    (三)近年完成的类似项目情况表

    (四)正在施工的和新承接的项目情况表

    (五)近年发生的诉讼及仲裁情况

十、其他材料

3.2　工程量清单概述

视频 3-2　工程量
清单基础知识

3.2.1　工程量清单的概念及作用

3.2.1.1　工程量清单的概念

工程量清单是依据施工图纸和招标文件要求,将拟建工程的全部项目和有关内容按照《清单计价规范》(2013)附属各专业工程计量规范中统一的项目编码、项目名称、项目特征、计量单位和工程量计算规则,表现拟建工程的分部分项工程项目、措施项目、其他项目、规费项目和税金项目的名称和相应数量等的明细清单。

3.2.1.2　招标工程量清单的概念

招标工程量清单是指招标人依据国家标准、招标文件、设计文件以及施工现场实际情况编制的,随招标文件发布供投标报价的工程量清单。

招标工程量清单由具有编制能力的招标人或受其委托,具有相应资质的工程造价咨询人编制。招标工程量清单必须作为招标文件的组成部分,其准确性和完整性由招标人负责。投标人依据工程量清单进行投标报价,对工程量清单不负有核实的义务,更不具有修改和调整的权力。

3.2.1.3　已标价工程量清单的概念

已标价工程量清单是指构成合同文件组成部分的投标文件中已标明价格,经算术性错误修正(如有)且承包人已确认的工程量清单,包括对其的说明和表格。

3.2.1.4　工程量清单的作用

工程量清单是工程量清单计价的基础,应作为编制招标控制价、投标报价、计算工程量、支付工程款、调整合同价款、办理竣工结算以及工程索赔等的依据之一。

3.2.2　工程量清单的组成内容

工程量清单作为招标文件的组成部分,其内容应全面、准确。工程量清单包括工程量清单说明和工程量清单表两部分。

3.2.2.1　工程量清单说明

清单说明主要体现拟招标工程的工程量清单的编制依据,明确工程量清单中的工程数量是估算的或设计的预计数量,仅作为投标报价的共同基础,不能作为最终结算与支付的依据。结算时的工程量应以招标人或由其委托的监理工程师核准的实际完成量为依据。同时对工程量清单表中一些不便于理解的规定、数量等进行说明。

3.2.2.2　工程量清单表

工程量清单表作为清单项目和工程数量的载体,是工程量清单的重要组成部分,主要由分部分项工程量清单、措施项目清单、其他项目清单、规费和税金项目清单组成。

3.2.3　工程量清单的格式

工程量清单采用统一格式,由招标人填写。清单内容包括:封面,总说明,工程项目、单项工程及单位工程投标报价汇总表,分部分项工程量清单与计价表,措施项目清单与计价表,其他项目清单与计价汇总表,规费、税金项目清单与计价表等。

各省、自治区、直辖市建设行政主管部门和行业建设主管部门可根据本地区、本行业的实际情况,在《清单计价规范》计价表格的基础上补充完善。

3.2.3.1　《清单计价规范》(2013)的表格格式

《清单计价规范》(2013)规定工程量清单编制使用表格包括:封-1、表-01、08、10、11、12(不含表-12-6~8)、13。具体格式详见中国计划出版社出版的国家标准《清单计价规范》(2013)第15章或扫描二维码2"《清单计价规范》(2013)工程计价表格"进行查看。

二维码2　《清单计价规范》(2013)工程计价表格

15.1.1　封面

　　1　工程量清单封-1

15.1.2　总说明:表-01

15.1.3　汇总表

　　1　工程项目招标控制价(投标报价)汇总表:表-02

　　2　单项工程招标控制价(投标报价)汇总表:表-03

　　3　单位工程招标控制价(投标报价)汇总表:表-04

　　4　工程项目竣工结算汇总表:表-05

　　5　单项工程竣工结算汇总表:表-06

　　6　单位工程竣工结算汇总表:表-07

15.1.4　分部分项工程量清单表

　　1　分部分项工程量清单与计价表:表-08

　　2　工程量清单综合单价分析表:表-09

15.1.5　措施项目清单表

　　1　措施项目清单与计价表(一):表-10

　　2　措施项目清单与计价表(二):表-11

15.1.6　其他项目清单表

　　1　其他项目清单与计价汇总表:表-12

　　2　暂列金额明细表:表-12-1

　　3　材料(工程设备)暂估单价表:表-12-2

　　4　专业工程暂估价表:表-12-3

　　5　计日工表:表-12-4

　　6　总承包服务费计价表:表-12-5

　　7　索赔与现场签证计价汇总表:表-12-6

　　8　费用索赔申请(核准)表:表-12-7

　　9　现场签证表:表-12-8

15.1.7　规费、税金项目清单与计价表:表-13

15.1.8　工程款支付申请(核准)表:表-14

3.2.3.2　福建省市政工程执行《清单计价规范》(2013)的工程量清单表格格式

　　福建省市政工程最新的工程量清单格式按照福建省住房和城乡建设厅 2017 年 6 月 19 日发布的闽建筑〔2017〕20 号文《关于执行〈福建省建筑安装工程费用定额〉(2017 版)有关规定的通知》中附件 7《福建省建设工程工程量清单计价表格》(2017 版)执行,具体格式可扫描二维码 3"《福建省建设工程工程量清单计价表格》(2017 版)"进行查看。

3.2.4　工程量清单的编制依据

二维码 3　《福建省建设工程工程量清单计价表格》(2017 版)

　　(1)《清单计价规范》(2013)和相关工程的国家工程量计算规范;

　　(2)国家或省级、行业建设主管部门颁发的计价依据和办法;

　　(3)建设工程设计文件;

　　(4)与建设工程项目有关的标准、规范、技术资料;

　　(5)招标文件及其补充通知、答疑纪要;

　　(6)施工现场情况、工程特点及常规施工方案;

　　(7)其他相关资料。

3.2.5　工程量清单的编制程序

　　(1)准备工作

　　①熟悉施工图纸,了解现场;

　　②熟悉《清单计价规范》(2013)及《市政计量规范》(2013)的项目划分和工程量计算规则;

　　③熟悉工程造价管理部门发布的相关计价依据;

　　④熟悉工程造价计价应用软件;

　　(2)划分分部分项工程项目,计算工程量。根据《清单计价规范》(2013)和《市政计量规范》(2013)的有关规定,划分分部分项工程项目,描述项目特征,计算分部分项工程量,(利用计价软件)编制分部分项工程量清单。

　　(3)编制措施项目清单、其他项目清单、规费项目清单、税金项目清单。

（4）撰写工程量清单总说明。

（5）输出结果，装订、分发。

3.3 工程量清单的编制

3.3.1 分部分项工程量清单的编制

分部分项工程量清单反映拟建工程的全部分项实体的内容，包括项目编码、项目名称、项目特征、计量单位和工程量。

分部分项工程量清单应根据《清单计价规范》（2013）和《市政计量规范》（2013）规定的项目编码、项目名称、项目特征、计量单位和工程量计算规则进行编制。

视频 3-3　分部分项
工程量清单编制

3.3.1.1 项目编码——分部分项工程量清单项目名称的数字标识

1. 项目编码的设置要求

分部分项工程量清单的项目编码采用十二位阿拉伯数字表示，其中一至九位为全国统一编码，应按《市政计量规范》（2013）附录的规定设置，十至十二位是具体清单项目名称顺序码，应根据拟建工程的工程量清单项目名称及项目特征设置，自001起顺序编制。同一招标工程的项目编码不得有重码。

2.《市政计量规范》（2013）附录清单项目中各级编码的含义

工程量清单编码同样分为五级，各级编码的含义如下：

（1）第一级（一、二位）表示专业工程代码（01—房屋建筑与装饰工程；02—仿古建筑工程；03—通用安装工程；04—市政工程；05—园林绿化工程；06—矿山工程；07—构筑物工程；08—城市轨道交通工程；09—爆破工程）。

（2）第二级（三、四位）表示附录章顺序码（工程分类顺序码）；

（3）第三级（五、六位）表示附录各章的节顺序码（分部工程顺序码）；

（4）第四级（七、八、九位）表示清单项目码（分项工程项目名称顺序码）；

（5）第五级（十至十二位）表示具体清单项目顺序码，由清单编制人从001开始按顺序编制。

以040303004001为例，各级项目编码划分、含义如下所示。

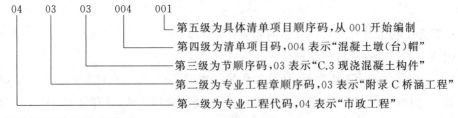

3. 项目编码设置注意事项

需特别注意的是，当同一标段（或合同段）的一份工程量清单中含有多个单项或单位（以下简称单位)工程且工程量清单是以单位工程为编制对象时,在编制工程量清单时应特别注意对项目编码十至十二位的设置不得有重码的规定。

例如一个标段(或合同段)的工程量清单中含有三个单位工程,如 3 座桥,每一座桥中都有项目特征相同的泥浆护壁成孔灌注桩,在工程量清单中又需反映 3 座不同桥的泥浆护壁成孔灌注桩工程量,此时工程量清单应以每一座桥(单位工程)为编制对象,则第一座桥的泥浆护壁成孔灌注桩的项目编码应为 040301004001,第二座桥的泥浆护壁成孔灌注桩的项目编码应为 040301004002,第三座桥的泥浆护壁成孔灌注桩的项目编码应为 040301004003,并分别列出各座桥的泥浆护壁成孔灌注桩的工程量。

3.3.1.2　项目名称

分部分项工程量清单的项目名称应按《市政计量规范》(2013)中相应的项目名称结合拟建工程的实际确定。

项目名称原则上以形成工程实体而命名。编制工程量清单出现附录中未包括的项目,招标人可按相应的原则进行补充,并报省级或行业工程造价管理机构备案,省级或行业工程造价管理机构应汇总报住房和城乡建设部标准定额研究所。

补充项目的编码由附录的顺序码与 B 和三位阿拉伯数字组成,并应从×B001 起顺序编制,市政工程补充项目的编码从 04B001 起顺序编制,同一招标工程的项目不得重码。工程量清单中需附有补充项目的名称、项目特征、计量单位、工程量计算规则、工程内容。

3.3.1.3　项目特征

项目特征是构成分部分项工程量清单项目、措施项目自身价值的本质特征,应按《市政计量规范》(2013)附录中规定的项目特征,结合拟建工程项目的实际予以描述,能满足确定综合单价的需要。

分部分项工程量清单的项目特征是确定一个清单项目综合单价的重要依据,建设工程的项目特征表现在以下几个方面:

(1)项目的自身特性:主要表现为项目的材质、几何特征、强度等级、配合比等。

(2)项目的构造特性:主要表现为所在的工程部位、构造要求、做法、构造类型等。

(3)项目的施工方法特性:按不同的施工方法分别进行描述或分别编码列项。例如"灌注桩"项目,采用泥浆护壁成孔、沉管、干作业成孔、人工挖孔等施工方法,在清单编制时,分别编码列项,项目特征按不同的施工方法分别进行描述。

3.3.1.4　计量单位

分部分项工程量清单的计量单位应按《市政计量规范》(2013)中规定的计量单位确定。除各专业另有特殊规定外,按以下单位计量。

(1)以重量计算的项目,单位为"t"或"kg";

(2)以体积计算的项目,单位为"m³";

(3)以面积计算的项目,单位为"m²";

(4)以长度计算的项目,单位为"m";

(5)以自然计量单位计算的项目,单位为个、套、块;

(6)没有具体数量的项目,单位为系统、项等。

3.3.1.5　工程数量

分部分项工程量清单中所列工程量应按《市政计量规范》(2013)附录中规定的工程量计算规则计算。工程数量的有效位数应遵守下列规定:

(1)以"t"为单位,应保留小数点后三位数字,第四位小数四舍五入;

(2)以"m³"、"m²"、"m"为单位,应保留小数点后两位数字,第三位小数四舍五入;

(3)以"个"、"项"等为单位,应取整数。

3.3.2　措施项目清单的编制

措施项目清单是指为完成工程项目施工,发生于该工程施工前或施工过程中技术、生活、安全等方面的非工程实体项目。所谓非实体性项目,一般来说,其费用的发生和金额的大小与使用时间、施工方法或者两个以上工序相关,与实际完成的实体工程量的多少关系不大,典型的如安全文明施工、冬雨季施工等,按规定的费率进行计算,以"项"计价。但有的非实体性项目,典型的如混凝土浇筑的模板工程,与完成的工程实体具有直接关系,并且是可以精确计量的项目,用分部分项工程量清单的方式,通过套用定额,采用综合单价进行计价。

3.3.2.1　《清单计价规范》(2013)中措施项目清单

根据计价方式的不同,措施项目通常可分为以费率形式计价的措施项目和以综合单价形式计价的措施项目。这两类项目分列于措施项目清单与计价表(一)、(二)中。

1. 以费率形式计价的措施项目

以费率形式计价的措施项目,不能计算工程量,在《市政计量规范》(2013)附录 L.9 表中,仅列出项目编码、项目名称,未列出项目特征、计量单位和工程量计算规则。以"项"计价的措施项目,可按照《市政计量规范》(2013)附录 L.9 表中规定的项目编码、项目名称,根据拟建工程的实际情况列项,若出项规范位列的项目,可根据工程实际情况补充。

编制工程量清单时,以费率形式计价的措施项目列入表 10 措施项目清单与计价表(一)中。

2. 以综合单价形式计价的措施项目

以综合单价形式计价的措施项目一般属于技术措施项目,可计算工程量,在《市政计量规范》(2013)附录 L.1~8 表中列出了项目编码、项目名称、项目特征、计量单位和工程量计算规则。编制工程量清单时,这类措施项目应按照分部分项工程量清单的编制规定,根据拟建工程的实际情况列项,并列入表 11 措施项目清单与计价表(二)中。表格格式详见《清单计价规范》(2013)。

3.3.2.2　福建省的执行规定

根据计价方式的不同,福建省市政工程的措施项目通常可分为以费率形式计价的总价措施项目和以综合单价形式计价的单价措施项目。这两类项目分列于总价措施项目清单与计价表和单价措施项目清单与计价表中。表格格式可扫描二维码 3 查看。

1. **总价措施项目费**

包括安全文明施工费(包括安全施工、文明施工、临时设施、环境保护)、其他总价措施费(包括夜间施工增加费、已完工程及设备保护、风雨季施工增加费、冬季施工增加费、工程定位复测费)、结算时从招标工程量清单的暂列金额中移入的费用。

2. **单价措施项目费**

单价措施项目费包括二次搬运费、大型机械设备进出场及安拆等相关费用、脚手架工程费、现行国家各专业工程工程量清单计算规范及其我省规定的其他各项措施费。单价措施项目根据《市政计量规范》(2013)及福建省实施细则,进行项目划分及其工程量计算,其综合单价计算同分部分项工程费。

3.3.3　其他项目清单的编制

3.3.3.1　《清单计价规范》(2013)中其他项目清单

根据《清单计价规范》,其他项目清单应按照下列内容列项:(1)暂列金额;(2)暂估价,包括材料暂估单价、工程设备暂估单价、专业工程暂估价;(3)计日工;(4)总承包服务费。

1. **暂列金额**

招标人在工程量清单中暂定并包括在合同价款中的一笔款项,只有按照合同约定程序实际发生后,才能成为中标人的应得金额,纳入合同结算价款中。具体金额由招标人根据拟建工程的具体情况,按有关计价规定估算。

2. **暂估价**

包括材料暂估单价、工程设备暂估单价、专业工程暂估价,指招标阶段直至签订合同协议时,招标人在招标文件中提供的用于支付必然要发生但暂时不能确定价格的材料、设备以及需另行发包的专业工程金额。暂估价中的材料、工程设备暂估单价应根据工程造价信息或参照市场价格估算,专业专业工程暂估价按有关计价规定估算。

3. **计日工**

计日工是为了解决现场发生的零星工作的计价而设立的。计日工以完成零星工作所消耗的人工工时、材料数量、机械台班进行计量,并按照计日工表中填报的适用项目的单价进行计价支付。清单编制时,由招标人列出人工、材料、机械的名称,计量单位和相应数量。

计日工适用的所谓零星工作一般是指合同约定之外的或者因变更而产生的、工程量清单中没有相应项目的额外工作,尤其是那些时间不允许事先商定价格的额外工作。

4. **总承包服务费**

总承包服务费是为了解决招标人在法律、法规允许的条件下进行专业工程发包以及自行采购供应材料、设备时,要求总承包人对发包的专业工程提供协调和配合服务(如分包人使用总包人的脚手架、水电接剥等);对供应的材料、设备提供收、发和保管服务以及对施工现场进行统一管理;对竣工资料进行统一汇总整理等发生并向总承包人支付的费用。招标人应当预计该项费用并按投标人的投标报价向投标人支付该项费用。

3.3.3.2　福建省的执行规定

按照《福建省建筑安装工程费用定额》(2017 版)的有关规定,福建省市政工程的其他项目有暂列金额、专业工程暂估价、总承包服务费,其中暂列金额中包含设计变更和现场签证暂列金额、优质工程增加费、缩短定额工期增加费、远程监控系统租赁费、发包人检测费、工程噪声超标排污费、渣土收纳费。其他项目清单的列项如表 3-1 所示。

表 3-1　其他项目清单与计价汇总表

序号	项目名称	金额(元)	备注
1	暂列金额		
2	专业工程暂估价		
3	总承包服务费		
	合计		

3.3.4　规费和税金项目清单的编制

3.3.4.1　《清单计价规范》(2013)规定

1. 规费项目清单

根据《清单计价规范》(2013),规费项目清单的内容包括 4 项,分别为:1.1 工程排污费;1.2 社会保障费,包括养老保险费、失业保险费、医疗保险费;1.3 住房公积金;1.4 工伤保险。

在清单编制时,规费项目清单可按各省级政府或省级有关权力部门的规定调整或增补列项。

2. 税金项目清单

税金项目清单中的税金指国家税法规定的应计入建筑安装工程造价内的增值税。

3.3.4.2　福建省的执行规定

根据《福建省建筑安装工程费用定额》(2017 版)的有关规定,福建省市政工程计价中不再编列规费和税金项目清单,规费和税金并入分部分项工程费、措施项目费、其他项目费中计算。

3.3.5　清单封面及总说明的编制

(1)工程项目、单项工程及单位工程投标报价汇总表根据拟建工程的具体情况和工程量清单的格式要求进行填写。

(2)清单封面按清单格式中规定的内容填写、签字、盖章,造价员编制的工程量清单应有负责审核的造价工程师签字、盖章。

(3)总说明按下列内容填写:

①工程概况:建设规模、工程特征、计划工期、施工现场实际情况、自然地理条件、环境保护要求等。

②工程招标和分包范围。

③工程量清单编制依据。

④工程质量、材料、施工等的特殊要求。

⑤其他需要说明的问题。

3.4　清单列项及工程量计算示例

在编制市政工程工程量清单时,需按照《清单计价规范》(2013)及《市政计量规范》(2013)的规定,结合拟建工程的实际情况,把各个分部分项工程项目和以综合单价计价的措施项目,按照规定的项目编码、项目名称、项目特征,分别列入分部分项工程量清单与计价表及措施项目清单与计价表(二)中,并按照《市政计量规范》(2013)附录中规定的单位和工程量计算规则计算清单工程量。

分部分项工程项目和措施项目的清单工程量计算及清单项目列项是工程量清单编制工作中的重点和难点,也是能否编制好工程量清单的关键。下面结合以下几个综合案例进行讲述。

【案例 3-1】某排水管道工程,排水管管径为 $\phi1000$,长 500 m。管道平面如图 3-3 所示,沟槽断面如图 3-4 所示。在此段管道中设置若干个雨水井,沟槽挖土深度均为 2.6 m,工作面宽 0.5 m,沟槽采用机械沿沟槽方向开挖,土质主要为三类土,其中有 25 m 为挖淤泥,淤泥及弃土运距为 2 km。(注:经查表得:180°混凝土管道基础 $\phi1000$ 的管壁厚 $t=75$ mm,管肩宽 $a=150$ mm,管基宽 $B=1450$ mm,管基厚 $C_1=150$ mm,$C_2=575$ mm,基础混凝土 0.5319 m³/m)

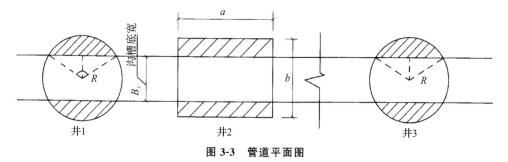

图 3-3　管道平面图

问题:1. 根据背景材料、《清单计价规范》(2013)及《市政计量规范》(2013),对该排水管道工程的土石方项目进行清单列项,把项目编码、项目名称、项目特征、计量单位填入分部分项工程量清单与计价表中。

2. 计算问题 1 中各分部分项工程的清单工程量。

3. 把问题 2 中计算出的各清单工程量填入分部分项工程量清单与计价表中。

【解】1. 根据背景材料中的文字描述及图 3-3、图 3-4 可知,本排水管道工程中土石方项目有挖沟槽土方,挖淤泥、流沙、回填土方、余方弃置等,所涉及的分部分项工程量清单项目属于《市政计量规范》(2013)附录 A 土石方工程的表 A.1 土方工程、A.3 回填方及土石方运输。因此,可以根据表 A.1、表 A.3 的清单项目顺序来进行清单列项,把项目编码、项目名

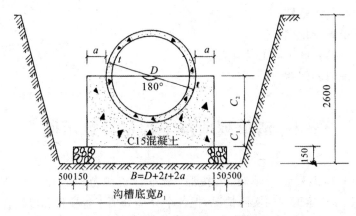

图 3-4　180°混凝土管道基础沟槽断面图

称、项目特征、计量单位填入表 3-2 分部分项工程量清单与计价表中。

表 3-2　分部分项工程量清单与计价表

工程名称:某排水管道工程

序号	项目编码	项目名称	项目特征描述	计量单位	工程量	金额(元)		
						综合单价	合价	其中:暂估价
1	040101002001	挖沟槽土方	(1)土壤类别:三类土 (2)挖土深度:2.6 m	m³				
2	040101005001	挖淤泥、流沙	(1)挖掘深度:2.6 m (2)运距:2 km	m³				
3	040103001001	回填方	(1)密实度要求:满足设计和规范要求 (2)填方材料品种:土 (3)填方来源:利用挖沟槽土方	m³				
4	040103002001	余方弃置	(1)废弃类品种:三类土 (2)运距:2 km	m³				
			合计					

2. 根据背景材料及《市政计量规范》(2013)附录 A 中的工程量计算规则计算问题 1 中各分部分项的清单工程量。

(1)挖沟槽土方工程量

管径为 φ1000 的 180°混凝土管道基础管基宽 $B=1450$ mm,垫层宽 1750 mm,沟槽挖土深 2.6 m,长 $500-25=475$ m

$V_1 = 1.75 \times 2.6 \times 475 \times 1.025 = 2215.28 \ \mathrm{m}^3$

（2）挖淤泥工程量

$V_2 = 1.75 \times 2.6 \times 25 \times 1.025 = 116.59 \ \mathrm{m}^3$

（3）回填土工程量

①管道、基础、垫层、井所占体积（井位所占的额外体积按 2.5% 计）

$$V_{管} = [\pi(R+t)^2 + 0.5319 + 1.75 \times 0.15] \times 500 \times 1.025$$
$$= [3.14 \times (0.5+0.075)^2 + 0.5319 + 1.75 \times 0.15] \times 500 \times 1.025$$
$$= (1.038 + 0.5319 + 0.263) \times 500 \times 1.025$$
$$= 939.36 \ \mathrm{m}^3$$

②回填土工程量：

$$V_{填} = V_{挖} - V_{管}$$
$$= 2215.28 + 116.59 - 939.36 = 1392.51 \ \mathrm{m}^3$$

（4）余方弃置工程量

挖土余方弃置工程量：$V_{弃土} = V_{挖土} - V_{填} = 2215.28 - 1392.51 \times 1.15 = 613.89 \ \mathrm{m}^3$

3. 把问题 2 中计算出的各清单工程量填入表 3-3 中。

表 3-3   分部分项工程量清单与计价表

工程名称：某排水管道工程　　　　　　　　　　标段：　　　　　　　　　　　　　　第　页　共　页

序号	项目编码	项目名称	项目特征描述	计量单位	工程量	金额（元）		
						综合单价	合价	其中：暂估价
1	040101002001	挖沟槽土方	（1）土壤类别：三类土 （2）挖土深度：2.6 m	m³	2215.28			
2	040101005001	挖淤泥、流沙	（1）挖掘深度：2.6 m （2）运距：2 km	m³	116.59			
3	040103001001	回填方	（1）密实度要求：满足设计和规范要求 （2）填方材料品种：土（3）填方来源：利用挖沟槽土方	m³	1392.51			
4	040103002001	余方弃置	（1）废弃类品种：三类土 （2）运距：2 km	m³	613.89			
合计								

【案例 3-2】某水泥混凝土路面工程长 200 m，宽 26 m，车行道面层为现拌 C35 混凝土，设置胀缝 1 条，缩缝每 5 m 一条，缝深均为 4 cm，缩缝灌缝材料为沥青玛蹄脂，基层为 30 cm 厚粉煤灰三渣，人行道板为 C25 砼预制透水砖，其平面图及路面结构图如图 3-5（a）～（e）所示。

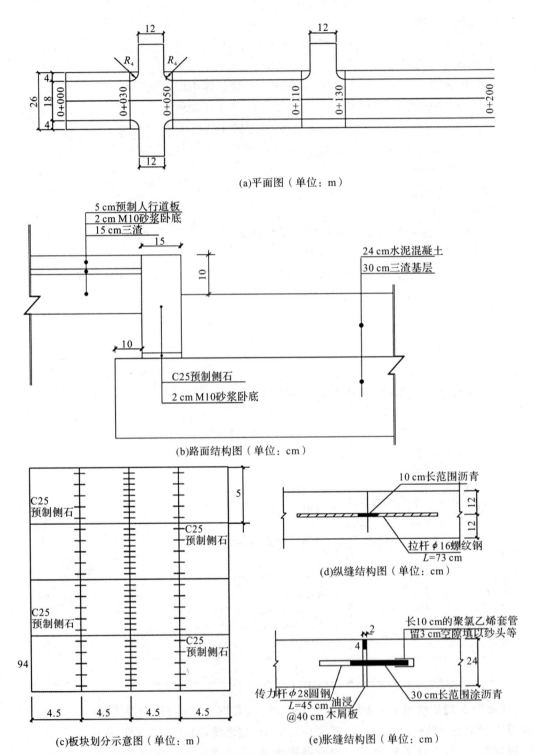

(a)平面图（单位：m）

(b)路面结构图（单位：cm）

(c)板块划分示意图（单位：m）

(d)纵缝结构图（单位：cm）

(e)胀缝结构图（单位：cm）

图 3-5 水泥砼路面工程图

　　问题:1. 根据背景材料、《清单计价规范》(2013)及《市政计量规范》(2013),对该水泥混凝土路面工程进行清单列项,把项目编码、项目名称、项目特征、计量单位填入分部分项工程量清单与计价表中。

　　2. 计算各分部分项工程的清单工程量。(注:各支路工程量不计)

　　3. 把问题2中计算出的各清单工程量填入分部分项工程量清单与计价表中。

视频 3-4　清单列项及工程量计算示例

　　【解】1. 根据背景材料中的文字描述及图 3-5 水泥砼路面工程图可知,本路面工程中有 30 cm 厚粉煤灰三渣基层、24 cm 厚水泥混凝土面层、路面钢筋、C25 砼预制侧石、5 cm 厚预制人行道板、15 cm 厚三渣垫层,所涉及的分部分项工程量清单项目属于《市政计量规范》(2013)附录 B 道路工程的表B.2道路基层、B.3道路面层、B.4人行道及其他,以及附录 J 钢筋工程的表J.1钢筋工程。因此,可以根据表B.2、表B.3、表J.1及表B.4的清单项目顺序来进行清单列项,把项目编码、项目名称、项目特征、计量单位填入表 3-4 分部分项工程量清单与计价表中。

表 3-4　分部分项工程量清单与计价表

工程名称:某水泥混凝土路面工程

序号	项目编码	项目名称	项目特征描述	计量单位	工程量	金额(元)		
						综合单价	合价	其中:暂估价
1	040202001001	路床整形	(1)部位:机动车道	m²				
2	040202014001	粉煤灰三渣基层	(1)厚度:30 cm	m²				
3	040203007001	水泥混凝土面层	(1)砼强度等级:C35 (2)掺和料:无 (3)厚度:24 cm (4)嵌缝材料:沥青码碲脂	m²				
4	040901001001	现浇构件钢筋	(1)钢筋种类:路面拉杆,螺纹钢筋 (2)钢筋规格:φ16	t				
5	040901001002	现浇构件钢筋	(1)钢筋种类:路面传力杆,圆钢筋 (2)钢筋规格:φ28	t				
6	040204001001	人行道整形碾压	(1)部位:人行车道	m²				
7	040204002001	人行道块料铺设	(1)块料品种、规格:C25 砼透水砖 (2)垫层:粉煤灰三渣,厚 15 cm	m²				
8	040204004001	安砌侧石	(1)材料品种、规格:花岗岩石,标号不低于 Mu40,尺寸 18 cm×45 cm	m				
合计								

2. 根据背景材料及《市政计量规范》(2013)附录 B 中的工程量计算规则计算问题 1 中各分部分项工程的清单工程量。(注:各支路工程量不计)

(1)水泥混凝土面层

平直段面积＝200×18＝3600 m²

交叉口面积＝[12×4＋(4²－π×4²÷4)×2]×3＝164.6 m²

水泥混凝土面层总面积 A＝3600＋164.6＝3764.6 m²

水泥混凝土面层:3764.60 m²

(2)现浇构件钢筋(纵缝拉杆)

路面纵缝拉杆 ϕ16:(5×2＋9)×200/5×0.73×1.578＝876 kg＝0.876 t

(3)现浇构件钢筋(胀缝传力杆)

胀缝滑动传力杆 ϕ28:11×4×0.45×4.83＝96 kg＝0.096 t

(4)安砌侧石

200×2－(4＋12＋4)×3＋2×π×(4－0.15/2)/4×6＝376.97 m

(5)人行道整形碾压

[200×2－(4＋12＋4)×3]×4＋π/4×4²×6－376.97×0.15＝1378.81 m²

(6)人行道块料铺设

[200×2－(4＋12＋4)×3]×4＋π/4×4²×6－376.97×0.15＝1378.81 m²

(7)粉煤灰三渣基层

3764.60＋376.97×0.25＝3858.84 m²

(8)路床整形

3858.84 m²

3. 把问题 2 中计算出的各清单工程量填入表 3-5 分部分项工程量清单与计价表中。

表 3-5 分部分项工程量清单与计价表

序号	项目编码	项目名称	项目特征描述	计量单位	工程量	金额(元)		
						综合单价	合价	其中:暂估价
1	040202001001	路床整形	(1)部位:机动车道	m²	3858.84			
2	040202014001	粉煤灰三渣基层	(1)厚度:30 cm	m²	3858.84			
3	040203007001	水泥混凝土面层	(1)砼强度等级:C35 (2)掺和料:无 (3)厚度:24 cm (4)嵌缝材料:沥青玛蹄脂	m²	3764.60			
4	040901001001	现浇构件钢筋	(1)钢筋种类:路面拉杆,螺纹钢筋 (2)钢筋规格:ϕ16	t	0.876			
5	040901001002	现浇构件钢筋	(1)钢筋种类:路面传力杆,圆钢筋 (2)钢筋规格:ϕ28	t	0.096			
6	040204001001	人行道整形碾压	(1)部位:人行车道	m²	1378.81			

续表

序号	项目编码	项目名称	项目特征描述	计量单位	工程量	金额（元）		
						综合单价	合价	其中：暂估价
7	040204002001	人行道块料铺设	(1)块料品种、规格：C25 砼透水砖 (2)垫层：粉煤灰三渣，厚 15 cm	m²	1378.81			
8	040204004001	安砌侧石	(1)材料品种、规格：花岗岩石，标号不低于 Mu40，尺寸 18 cm×45 cm	m	376.97			
合计								

注：根据《市政计量规范》(2013)福建省实施细则 B.6 相关问题及说明，附录 B.2 道路基层的 040202001 路床(槽)整形项目不执行，路床(槽)整形内容并入相应底基层(或垫层)项目工作内容；B.4 人行道及其他的 040204001 人行道整形碾压项目不执行，人行道整形碾压内容并入人行道块料铺设项目工作内容。若工程项目为福建省项目，表中路床整形和人行道整形碾压两个项目可不列，分别并入粉煤灰三渣和人行道块料铺设项目中。

【案例 3-3】某段雨水管道平面图如图 3-6 所示，管道均采用钢筋混凝土管（每节长 2 m），承插式水泥砂浆接口，基础采用 C20 混凝土条形基础，管道基础结构如图 3-7 所示。检查井均为 1100 mm×1100 mm 非定型 M7.5 砖砌检查井，其中 Y1、Y2、Y3、Y5 为不落底井，结构如图 3-8 所示，四个井室平均高度 H_1＝1800 mm，井室盖板厚度 t＝120 mm，井筒平均高度 h＝1550 mm，发砖券(砖拱圈)高 δ＝240 mm。检查井垫层为 100 mm 厚 C10 素砼，底板为 200 mm 厚 C20 钢筋砼，每座井底板钢筋 ϕ12 mm 用量为 169 kg；流槽采用砖砌，高度为 250 mm，每个井流槽砌砖 0.35 m³，井底流槽 1∶2 砂浆抹灰 2.14 m²；检查井井室盖板尺寸为 1450 mm×1400 mm，采用 C20 钢筋砼预制安装，每块盖板钢筋用量 ϕ10 mm 以内为 8.082 kg，ϕ10 mm 以外为 15.15 kg；井圈为预制 C30 钢筋砼（模板安拆不计），每个井圈高度为 200 mm，体积为 0.15 m³，钢筋用量 ϕ10 mm 以内 8.0 kg，井圈顶为 D700 铸铁井盖。混凝土均为现场拌制，机动翻斗车运输平均运距 50 m 以内。

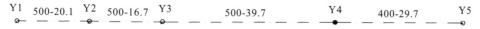

图 3-6 某段雨水管道平面图

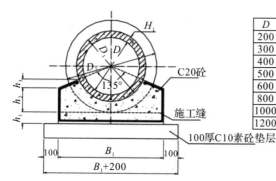

基础尺寸表

D	D₁	D₂	H₁	B₁	h₁	h₂	h₃	C20砼(m³/m)
200	260	365	30	465	60	86	47	0.07
300	380	510	40	610	70	129	54	0.11
400	490	640	45	740	80	167	60	0.17
500	610	780	55	880	80	208	66	0.22
600	720	910	60	1010	80	246	71	0.28
800	930	1104	65	1204	80	303	71	0.36
1000	1150	1346	75	1446	80	374	79	0.48
1200	1380	1616	90	1716	80	453	91	0.66

图 3-7 管道基础结构图

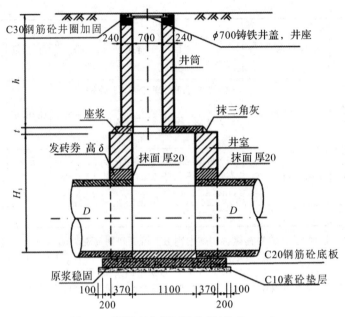

图 3-8 不落底井剖面结构图(单位:mm)

问题:1. 计算 D500 雨水管道和 Y1、Y2、Y3、Y5 不落底井的分部分项工程清单工程量及措施项目工程量(注:此处不计挖沟槽项目)。

2. 把问题 1 中各分部分项工程清单项目列入分部分项工程量清单与计价表中。

3. 把问题 1 中各措施项目列入措施项目清单与计价表(二)中。

4. 根据《市政计量规范》(2013)福建省实施细则,把问题 1 中各分部分项清单项目及措施项目分别列入分部分项工程量清单与计价表及措施项目清单与计价表中。

【解】1. 根据雨水管道、不落底井结构图及《市政计量规范》(2013)附录 E 及附录 L 中的工程量计算规则计算相关工程量。

(1)分部分项工程清单工程量计算

①混凝土管:20.1+16.7+39.7=76.5 m

②砌筑检查井:4 座

③砖砌井筒:(1.55−0.2)×4=5.40 m

④现浇检查井底板钢筋,ϕ10 以外:169 kg×4=0.676 t

⑤预制检查井盖板钢筋,ϕ10 以外:15.15×4=60.6 kg=0.061 t

⑥预制检查井盖板钢筋,ϕ10 以内:8.082×4=32.33 kg=0.032 t

⑦预制检查井井圈钢筋,ϕ10 以内:8.0×4=32.0 kg=0.032 t

(2)措施项目清单工程量计算

①井字架:4 座

②管道垫层模板:0.1×73.5×2=14.70 m²

③检查井垫层模板:0.1×[(0.1+0.2+0.37)×2+1.1]×4×4=3.90 m²

④井基础模板::0.2×[(0.2+0.37)×2+1.1]×4×4=7.17 m²

⑤管道平基模板:0.08×73.5×2=11.76 m²

⑥管道管座模板:$(0.208+0.066/\cos 67.5°)×73.5×2=55.93$ m²

⑦井室盖板模板:$(1.4+1.45)×2×0.12×4=2.74$ m²

⑧检查井井圈模板:不计

2. 把问题 1 中各分部分项工程清单项目列入表 3-6 中。

表 3-6　分部分项工程量清单与计价表

工程名称:某段雨水管道工程　　　　　　　　标段:　　　　　　　第　页　共　页

序号	项目编码	项目名称	项目特征描述	计量单位	工程量	金额(元)		
						综合单价	合价	其中:暂估价
1	040501001001	混凝土管	(1)厚 100 mm C10 素砼垫层,厚 80 mm C20 砼基础 (2)C20 混凝土管座 (3)D500 钢筋砼雨水管 (4)水泥砂浆承插接口 (5)铺设深度:3.47 m	m	76.5			
2	040504001001	砌筑井	(1)厚 100 mm C10 素砼垫层,厚 200 mm C20 钢筋砼底板 (2)M7.5 砖 (3)勾缝、抹面:1:2 水泥砂浆 (4)C20 钢筋砼预制板 (5)φ710 铸铁井盖座 (6)不落底雨水井,平均井深 3.47 m,尺寸 1100×1100 mm	座	4			
3	040504004001	砖砌井筒	(1)φ700 (2)M7.5 砖 (3)勾缝、抹面:1:2 水泥砂浆	m	5.40			
4	040901001001	现浇构件钢筋	(1)检查井底板,带肋钢筋 (2)φ10 以外	t	0.676			
5	040901002001	预制构件钢筋	(1)井口盖板,锰钢 (2)φ10 以外	t	0.061			
6	040901002002	预制构件钢筋	(1)井口盖板,3 号圆钢 (2)φ10 以内	t	0.032			
7	040901002003	预制构件钢筋	(1)井圈,3 号圆钢 (2)φ10 以内	t	0.032			
			本页小计					
			合计					

3. 把问题 1 中各措施项目工程列入表 3-7 中。

表 3-7 措施项目清单与计价表（二）

工程名称：某段雨水管道工程　　　　　　标段：　　　　　　　第 页 共 页

序号	项目编码	项目名称	项目特征描述	计量单位	工程量	金额（元）	
						综合单价	合价
1	041101005001	井字架	平均井深 3.47 m	个	4		
2	041102001001	垫层模板	雨水管道垫层	m²	14.70		
3	04110201002	垫层模板	检查井基础垫层	m²	3.90		
4	041102002001	基础模板	检查井基础	m²	7.17		
5	041102031001	管道平基模板		m²	11.76		
6	041102032002	管道管座模板		m²	55.93		
7	041102033001	井顶（盖）板模板	雨水井预制盖板	m²	2.74		
		本页小计					
		合计					

4. 根据《市政计量规范》（2013）福建省实施细则总说明第七条，市政管网工程的附属构筑物（包括检查井、雨水井等）工作内容包括完成除土石方之外的所有内容，故表 3-6 中第 4～7 项目构件钢筋可不单列，并入相应的砌筑井项目中计算。因此问题 1 中各分部分项工程清单项目列入表 3-8 分部分项工程量清单与计价表（福建省格式）中。

表 3-8 分部分项工程量清单与计价表

工程名称：某段雨水管道工程

序号	项目编码	项目名称	项目特征描述	计量单位	工程量	金额（元）	
						综合单价	合价
1	040501001001	混凝土管	（1）厚 100 mm C10 素砼垫层，厚 80 mm C20 砼基础 （2）C20 混凝土管座 （3）D500 钢筋砼雨水管 （4）水泥砂浆承插接口 （5）铺设深度：3.47 m	m	76.5		

续表

序号	项目编码	项目名称	项目特征描述	计量单位	工程量	金额(元)	
						综合单价	合价
2	040504001001	砌筑井	(1)厚 100 mm C10 素砼垫层,厚 200 mm C20 钢筋砼底板 (2)M7.5 砖 (3)勾缝、抹面:1:2 水泥砂浆 (4)C20 钢筋砼预制板 (5)φ710 铸铁井盖座 (6)不落底雨水井,平均井深 3.47 m,尺寸 1100 mm×1100 mm	座	4		
3	040504004001	砖砌井筒	(1)φ700 (2)M7.5 砖 (3)勾缝、抹面:1:2 水泥砂浆	m	5.40		
合计							

另根据《市政计量规范》(2013)福建省实施细则总说明第五条,模板项目列入相应混凝土及钢筋混凝土分部分项清单考虑,不再单独列入措施项目清单,故表 3-7 中第 2～7 项模板可不单列,并入相应的混凝土管和砌筑井项目中计算。再根据福建省实施细则附录 L.1 脚手架工程表下方"注:2 井字架(041101005)项目不执行,其费用并入相应检查井清单工作内容",因此表 3-7 中第 1 项井字架也不需要单列。

3.5　工程量清单编制实例

3.5.1　工程项目概况

某县宝新工业园区 A 道路为宝新工业园区的主干道,规划宽度 24 m,起点桩号为 K0＋000,终点桩号为 K0＋555.135,全长 555.135 m,建设范围包括道路、交通、排水、综合管线、电气照明、绿化工程等。因篇幅等限制,本书只选用 A 道路工程的土石方、道路工程、排水管网工程进行招标工程量清单和计价文件编制。

某县宝新工业园区 A 道路工程的图纸详见本书附录。

3.5.2　工程量清单编制任务书

根据某县宝新工业园区为道路工程项目概况、设计图纸、《清单计价规范》(2013)、《市政计量规范》(2013)附录以及《市政计量规范》(2013)福建省实施细则、《福建省建设工程工程量清单计价表格》(2017 版)、《福建省房屋建筑和市政基础设施工程标准施工招标文件》

(2022 年版)等,编制一份某县宝新工业园区 A 道路工程的招标工程量清单。

3.5.3 清单列项及清单工程量计算

在工程量清单编制前,需按照《清单计价规范》(2013)、《市政计量规范》(2013)附录以及《市政计量规范》(2013)福建省实施细则中的项目设置及工程量计算规则,结合某县宝新工业园区 A 道路工程的图纸,计算出分部分项工程项目和以综合单价计价的措施项目的清单工程量。详见表 3-9 清单工程量计算表。

3.5.4 招标的工程量清单

按照工程量清单的编制程序及方法,参照《福建省建设工程工程量清单计价表格》(2017版)格式,编制出某县宝新工业园区 A 道路工程工程量清单,附后。

表 3-9 清单工程量计算表

工程名称:某县宝新工业园区 A 道路工程

编号	项目编码	项目名称	单位	工程量	计算式	备注
				通用项目		
1	040101001001	挖一般土方:地面杂填土(一、二类土)	m³	34801.31	13436.8×2.59＝34801.31	
2	040101001002	挖一般土方:三类土	m³	44336.40	55420.5×80％＝44336.4	
3	040101001003	挖一般土方:四类土	m³	11084.10	55420.5×20％＝11084.10	
4	040103001001	填方 (1)密实度要求:满足设计和规范要求 (2)填方材料品种:符合填方要求的土方 (3)填方来源、运距:路基及园区开挖土方,1 km 以内	m³	113243.81	34801.31÷0.87＋73065.8＝113243.81	参见土石方方格网计算图
5	040103002001	余方弃置 (1)废弃品品种:地面杂填土 (2)运距:2 km	m³	34801.31	13436.8×2.59＝34801.31	
6	040101002001	挖沟槽土方 (1)土壤类别:三类土 (2)挖土深度:4 m 以内	m³	7521.91	358.00＋4324.38＋1251.28＋1122.75＋465.50＝7521.91	
a		D300 雨水支管沟槽	m³	358.00	(1.0＋0.04＋0.20＋0.08)×0.98×270×1.025＝358.00	
b		D400 UPVC 污水管沟槽	m³	4324.38	[(3.42＋0.10＋0.15)×(1.50＋0.33×3.67)×90＋(2.99＋0.10＋0.15)×(1.50＋0.33×3.24)×225.135＋(2.67＋0.10＋0.15)×(1.40＋0.33×2.92)×210]×1.025＝4324.38	

续表

编号	项目编码	项目名称	单位	工程量	计算式	备注
c		D500 雨水管沟槽	m³	1251.28	$(1.77+0.055+0.12+0.20)\times$ $(1.40+0.33\times2.145)\times270\times$ $1.025=1251.28$	
d		D600 雨水管沟槽	m³	1122.75	$(1.99+0.06+0.20+0.14)\times$ $(1.56+0.33\times2.39)\times195.135$ $\times1.025=1122.75$	
e		D800 雨水管沟槽	m³	465.50	$(2.22+0.08+0.25+0.16)\times$ $(1.98+0.33\times2.71)\times60\times$ $1.025=465.50$	
7	040103001002	填方 (1)密实度要求:满足设计和规范要求 (2)填方材料品种:砂	m³	2272.59	$279.31+844.33+557.63+$ $410.64+180.68=2272.59$	
a		D300 雨水支管沟槽	m³	279.31	$[(0.5+0.04\times2+0.3+0.08)$ $\times0.98+0.33\times(0.5+0.04\times2$ $+0.3+0.08+0.2)^2-0.48\times$ $(0.08+0.238)-3.14\times(0.15$ $+0.04)^2\times0.5]\times(13.2\times18)$ $=279.31$	
b		D400 UPVC 污水管沟槽	m³	844.33	$[(0.4+0.0023\times2+0.5)\times1.5$ $+0.33\times(0.5+0.0023\times2+$ $0.4+0.10+0.15)^2-3.14\times$ $(0.20+0.0023)^2]\times(525.135$ $-18)=844.33$	
c		D500 雨水管沟槽	m³	557.63	$[(0.5+0.055\times2+0.50)\times$ $1.60+0.33\times(0.5+0.055\times2$ $+0.5+0.12+0.20)^2-3.14\times$ $(0.25+0.055)^2]\times(270-11)$ $=557.63$	
d		D600 雨水管沟槽	m³	410.64	$[(0.5+0.06\times2+0.6+0.14)$ $\times1.56+0.33\times(0.5+0.06\times2$ $+0.60+0.14+0.20)^2-0.96$ $\times(0.14+0.427)-3.14\times(0.3$ $+0.06)^2\times0.5]\times(195.135-$ $6.5)=410.64$	
e		D800 雨水管沟槽	m³	180.68	$[(0.5+0.08\times2+0.8+0.16)$ $\times1.98+0.33\times(0.5+0.08\times2$ $+0.80+0.16+0.25)^2-1.28$ $\times(0.16+0.552)-3.14\times(0.4$ $+0.08)^2\times0.5]\times(60-1.5)=$ 180.68	
8	040103001003	填方 (1)密实度要求:满足设计和规范要求 (2)填方材料品种:土 (3)填方来源:利用挖沟槽土方	m³	4293.66	$37.26+3126.90+514.77+$ $443.16+171.57=4293.66$	

续表

编号	项目编码	项目名称	单位	工程量	计算式	备注
a		D300 雨水支管沟槽	m³	37.26	$(1-0.5-0.04-0.3)\times0.98\times(13.2\times18)=37.26$	
b		D400 UPVC 污水管沟槽	m³	3126.90	$(3.42-0.5-0.0023-0.4)\times[1.50+0.33\times(0.5+0.0023\times2+0.4+0.25)+0.33\times(3.42+0.0023+0.25)]\times90+(2.99-0.5-0.0023-0.4)\times[1.50+0.33\times(0.5+0.0023\times2+0.4+0.25)+0.33\times(2.99+0.0023+0.25)]\times225.135+(2.67-0.5-0.0023-0.4)\times[1.50+0.33\times(0.5+0.0023\times2+0.4+0.25)+0.33\times(2.67+0.0023+0.25)]\times210=3126.90$	
c		D500 雨水管沟槽	m³	514.77	$(1.77-0.5-0.055-0.50)\times[1.6+0.33\times(0.5+0.055\times2+0.5+0.12+0.20)+0.33\times(1.77+0.055+0.12+0.20)]\times(270-11)=514.77$	
d		D600 雨水管沟槽	m³	443.16	$(1.99-0.5-0.06-0.6)\times[1.56+0.33\times(0.5+0.06\times2+0.6+0.14+0.20)]\times(195.135-6.5)=443.16$	
e		D800 雨水管沟槽	m³	171.57	$(2.22-0.5-0.08-0.8)\times[1.98+0.33\times(0.5+0.08\times2+0.8+0.16+0.25)+0.33\times(2.22+0.08+0.16+0.25)]\times(60-1.5)=171.57$	
9	040103002003	余方弃置 (1)废弃类品种:沟槽土方 (2)运距:2 km	m³	2586.67	$7521.91-4293.66\div0.87=2586.67$	
道路工程						
10	040202011001	碎石 (1)石料规格:级配碎石 (2)厚度:15 cm	m²	8723.89	$555.135\times15+76.71+320.15=8723.89$	
11	040202015001	水泥稳定碎石 (1)水泥含量:5% (2)石料规格:4 cm 碎石 (3)厚度:18 cm	m²	8723.89	$555.135\times15+76.71+320.15=8723.89$	
12	040203007001	水泥混凝土 (1)砼强度等级:C35 (2)掺和料:无 (3)厚度:22 cm (4)嵌缝材料:沥青玛蹄脂	m²	8723.89	$555.135\times15+76.71+320.15=8723.89$	

续表

编号	项目编码	项目名称	单位	工程量	计算式	备注
13	040204002001	人行道块料铺设 (1)块料品种、规格:C25 砼透水砖 (2)基础、垫层:C10 素混凝土,厚 10 cm	m²	4610.37	555.135×(4.5－0.18)×2－1.0×1.0×186=4610.37	
14	040204004001	安砌侧石 (1)材料品种、规格:花岗岩石,标号不低于 Mu40,尺寸 18 cm×45 cm (2)基础、垫层:C20 混凝土底座,厚 15 cm	m	1110.27	555.135×2=1110.27	
15	040204007001	树池砌筑 (1)材料品种、规格:花岗岩石,尺寸 100 mm×200 mm×1000 mm (2)树池尺寸:1000 mm×1000 mm (3)树池盖材料品种:400 mm×400 mm×30 mm 植草砖	个	186.00	555.135÷6≈93 93×2=186	
		排水管网工程				
16	040501001001	混凝土管 (1)厚 200 mm 碎石垫层,厚 80 mm C15 砼基础 (2)管座 C15 混凝土 (3)D300 砼雨水支管 (4)水泥砂浆承插接口 (5)铺设深度:1.0 m	m	270.00	18×15=270	
17	040501001002	混凝土管 (1)厚 200 mm 碎石垫层,厚 120 mm C15 砼基础 (2)C15 混凝土管座 (3)D500 钢筋砼雨水管 (4)水泥砂浆承插接口 (5)铺设深度:1.77 m	m	270.00	详见排水排污工程数量表及雨水平面图	
18	040501001003	混凝土管 (1)厚 200 mm 碎石垫层,厚 140 mm C15 砼基础 (2)C15 混凝土管座 (3)D600 钢筋砼雨水管 (4)水泥砂浆承插接口 (5)铺设深度:1.99 m	m	195.14	详见排水排污工程数量表及雨水平面图	
19	040501001004	混凝土管 (1)厚 200 mm 碎石垫层,厚 160 mm C15 砼基础 (2)C15 混凝土管座 (3)D800 钢筋砼雨水管 (4)水泥砂浆承插接口 (5)铺设深度:2.22 m	m	60.00	详见排水排污工程数量表及雨水平面图	

续表

编号	项目编码	项目名称	单位	工程量	计算式	备注
20	040501004001	塑料管 (1)厚 150 mm 碎石灌砂基础，厚 100 mm 中粗砂基础 (2)DN400 双壁波纹管污水管 (3)橡胶圈接口 (4)铺设深度:2.67～3.42 m	m	525.14	详见排水排污工程数量表及雨水平面图	
21	040504001001	砌筑井 (1)厚 200 mm 碎石灌砂垫层，厚 200 mm C25 砼基础 (2)M10 砖 (3)勾缝、抹面要求:1:2 水泥砂浆 (4)甲型 C25 钢筋砼预制盖板 (5)φ710 铸铁井盖座 (6)不落底雨水井,平均井深 1.89 m,尺寸 1000 mm×1000 mm	座	9.00	平均井深 $H=(2.22+1.99\times3+1.77\times5)/9=1.89$ m	
22	040504001002	砌筑井 (1)厚 200 mm 碎石灌砂垫层，厚 200 mm C25 砼基础 (2)M10 砖 (3)勾缝、抹面:1:2 水泥砂浆 (4)甲型 C25 钢筋砼预制盖板 (5)φ710 铸铁井盖座 (6)落底雨水井,平均井深 1.92 m,尺寸 1000 mm×1000 mm	座	9.00	平均井深 $H=(2.22+1.99\times4+1.77\times4)/9=1.92$ m	
23	040504001003	砌筑井 (1)厚 200 mm 碎石灌砂垫层，厚 200 mm C25 砼基础 (2)M10 砖 (3)勾缝、抹面要求:1:2 水泥砂浆 (4)乙型 C25 钢筋砼预制盖板 (5)φ710 铸铁井盖座 (6)落底污水井,平均井深 2.94 m,尺寸 750 mm×750 mm	座	10.00	平均井深 $H=(3.42\times2+2.99\times3+2.67\times4)/9=2.94$ m	
24	040504001004	砌筑井 (1)厚 200 mm 碎石灌砂垫层，厚 200 mm C25 砼基础 (2)M10 砖 (3)勾缝、抹面要求:1:2 水泥砂浆 (4)乙型 C25 钢筋砼预制盖板 (5)φ710 铸铁井盖座 (6)落底污水井,平均井深 2.86 m,尺寸 750 mm×750 mm	座	8.00	平均井深 $H=(3.42+2.99\times3+2.67\times5)/9=2.86$ m	

续表

编号	项目编码	项目名称	单位	工程量	计算式	备注
25	040504009001	雨水口 (1)B 级钢纤维砼盖座 (2)厚 150 mm 碎石灌砂垫层，厚 200 mm C15 砼基础 (3)M10 砖 (4)1∶2 水泥砂浆	座	36.00	详见排水排污工程数量表及雨水平面图	
措施项目						
26	041111002001	固定式夹芯压型钢板围挡 (1)2.5 m (2)水泥实心砖基础 (3)5 cm 泡沫夹芯板	m	300.00		

某县宝新工业园区 A 道路工程

工程量清单

某县宝新工业园区 A 道路工程

工程量清单

工程造价

招标人：　某县宝新工业园区管委会　　　咨询人：　×××造价咨询公司

　　　　　（单位盖章）　　　　　　　　　　　　（单位资质专用章）

法定代表人　　　　　　　　　　　法定代表人

或其授权人：　　　张××　　　　或其授权人：　　　李××

　　　　　（签字或盖章）　　　　　　　　　　（签字或盖章）

造价工程师：　　　　　　　　　陈××

　　　　　（签字盖专用章）

编制时间:20××年××月××日

表 1　总说明

工程名称:某县宝新工业园区 A 道路工程　　　　　　　　　　　　　　　第 1 页　共 1 页

1. 工程概况:某县宝新工业园区 A 道路为宝新工业园区的主干道,规划宽度 24 m,起点桩号为 K0
+000,终点桩号为 K0+555.135,全长 555.135 m,建设范围包括道路、交通、排水、综合管线、电气照明、
绿化工程等。建筑面积为 13323 m²。

2. 招标范围:路基工程、路面工程、排水管网工程。

3. 工程质量要求:合格。

4. 工程量清单编制依据:

4.1 ×××建筑设计有限公司设计的施工图一套;

4.2 招标人及其代理单位编制的招标文件及招标答疑;

4.3 工程量清单根据《清单计价规范》(2013)、《市政计量规范》(2013)、《市政计量规范》(2013)福建
省实施细则及《福建省建设工程工程量清单计价表格》(2017 版)编制。

5. 暂列金额为 50000 元。

表 2　工程项目造价汇总表

工程名称:某县宝新工业园区 A 道路工程　　　　　　　　　　　　　第 1 页　共 1 页

序号	单项工程名称	金额(元)	其中:安全文明施工费(元)
1	单项工程		
合计			

表 3　单项工程造价汇总表

工程名称:某县宝新工业园区 A 道路工程　单项工程　　　　　　　　第 1 页　共 1 页

序号	单位工程名称	金额(元)	其中:安全文明施工费(元)
1	市政工程		
合计			

表 4　单位工程造价汇总表

工程名称:某县宝新工业园区 A 道路工程　单项工程(市政工程)　　　第 1 页　共 1 页

序号	汇总内容	金额(元)
1	分部分项工程费	
1.1	通用项目	
1.2	道路工程	
1.3	排水管网工程	
2	措施项目费	
2.1	总价措施项目费	
2.1.1	安全文明施工费	
2.1.2	其他总价措施费	
2.2	单价措施项目费	
3	其他项目费	
3.1	暂列金额	
3.2	专业工程暂估价	
3.3	总承包服务费	
合计＝1＋2＋3－甲供设备费		
总计		

表5 分部分项工程量清单与计价表

工程名称:某县宝新工业园区 A 道路工程   第 1 页 共 4 页

序号	项目编码	项目名称	项目特征描述	计量单位	工程量	金额(元)	
						综合单价	合价
			市政工程				
			通用项目				
1	040101001001	挖一般土方	(1)土壤类别:地面杂填土(一、二类土) (2)挖土深度:路基	m³	34801.31		
2	040101001002	挖一般土方	(1)土壤类别:三类土 (2)挖土深度:路基	m³	44336.40		
3	040101001003	挖一般土方	(1)土壤类别:四类土 (2)挖土深度:路基	m³	11084.10		
4	040103001001	填方	(1)密实度要求:满足设计和规范要求 (2)填方材料品种:土方 (3)填方来源、运距:路基及园区开挖土方,1 km 以内	m³	113243.81		
5	040103002001	余方弃置	(1)废弃料品种:地面杂填土 (2)运距:2 km	m³	34801.31		
6	040101002001	挖沟槽土方	(1)土壤类别:三类土 (2)挖土深度:4 m 以内	m³	7521.91		
7	040103001002	填方	(1)密实度要求:满足设计和规范要求 (2)填方材料品种:砂	m³	2272.59		
8	040103001003	填方	(1)密实度要求:满足设计和规范要求 (2)填方材料品种:土 (3)填方来源、运距:挖沟槽土方	m³	4293.66		
9	040103002003	余方弃置	(1)废弃料品种:沟槽土方 (2)运距:2 km	m³	2586.67		
			道路工程				
10	040202011001	碎石	(1)石料规格:级配碎石 (2)厚度:15 cm	m²	8723.89		
11	040202015001	水泥稳定碎石	(1)水泥含量:5% (2)石料规格:4 cm 碎石 (3)厚度:18 cm	m²	8723.89		

表 5　分部分项工程量清单与计价表

工程名称:某县宝新工业园区 A 道路工程　　　　　　　　　　　　第 2 页　共 4 页

| 序号 | 项目编码 | 项目名称 | 项目特征描述 | 计量单位 | 工程量 | 金额(元) | |
						综合单价	合价
12	040203007001	水泥混凝土	(1)混凝土强度等级:C35 (2)掺和料:无 (3)厚度:22 cm (4)嵌缝材料:沥青玛蹄脂	m²	8723.89		
13	040204002001	人行道块料铺设	(1)块料品种、规格:C25 砼透水砖 (2)基础、垫层材料品种、厚度:C10 素混凝土,厚 10 cm	m²	4610.37		
14	040204004001	安砌侧(平、缘)石	(1)材料品种、规格:花岗岩石,标号不低于 Mu40,尺寸 18 cm×45 cm (2)基础、垫层材料品种、厚度:C20 混凝土底座,厚 15 cm	m	1110.27		
15	040204007001	树池砌筑	(1)材料品种、规格:花岗岩石,尺寸 100 mm×200 mm×1000 mm (2)树池尺寸:1000 mm×1000 mm (3)树池盖面材料品种:400 mm×400 mm×30 mm 植草砖	个	186		
			排水管网工程				
16	040501001001	混凝土管	(1)垫层、基础材质及厚度:厚 200 mm 碎石垫层,厚 80 mm C15 砼基础 (2)管座材质:管座 C15 混凝土 (3)规格:D300 砼雨水支管 (4)接口方式:水泥砂浆承插接口 (5)铺设深度:1.0 m	m	270.00		
17	040501001002	混凝土管	(1)垫层、基础材质及厚度:厚 200 mm 碎石垫层,厚 120 mm C15 砼基础 (2)管座材质:管座 C15 混凝土 (3)规格:D500 钢筋砼雨水管 (4)接口方式:水泥砂浆承插接口 (5)铺设深度:1.77 m	m	270.00		

表 5 分部分项工程量清单与计价表

工程名称:某县宝新工业园区 A 道路工程　　　　　　　　　　　　第 3 页　共 4 页

序号	项目编码	项目名称	项目特征描述	计量单位	工程量	金额(元)	
						综合单价	合价
18	040501001003	混凝土管	(1)垫层、基础材质及厚度:厚 200 mm 碎石垫层,厚 140 mm C15 砼基础 (2)管座材质:管座 C15 混凝土 (3)规格:D600 钢筋砼雨水管 (4)接口方式:水泥砂浆承插接口 (5)铺设深度:1.99 m	m	195.14		
19	040501001004	混凝土管	(1)垫层、基础材质及厚度:厚 200 mm 碎石垫层,厚 160 mm C15 砼基础 (2)管座材质:管座 C15 混凝土 (3)规格:D800 钢筋砼雨水管 (4)接口方式:水泥砂浆承插接口 (5)铺设深度:2.22 m	m	60.00		
20	040501004001	塑料管	(1)垫层、基础材质及厚度:厚 150 mm 碎石灌砂基础,厚 100 mm 中粗砂基础 (2)材质及规格:DN400 双壁波纹管污水管 (3)连接形式:橡胶圈接口 (4)铺设深度:2.67～3.42 m (5)管道检验及试验要求:闭水试验	m	525.14		
21	040504001001	砌筑井	(1)厚 200 mm 碎石灌砂垫层,厚 200 mm C25 砼基础 (2)MU10 砖 (3)1:2 水泥砂浆 (4)甲型 C25 钢筋砼预制盖板 (5)φ710 铸铁井盖座 (6)不落底雨水井,平均井深 1.89 m,尺寸 1000 mm×1000 mm	座	9		
22	040504001002	砌筑井	(1)厚 200 mm 碎石灌砂垫层,厚 200 mm C25 砼基础 (2)MU10 砖 (3)1:2 水泥砂浆 (4)甲型 C25 钢筋砼预制盖板 (5)φ710 铸铁井盖座 (6)落底雨水井,平均井深 1.92 m,尺寸 1000 mm×1000 mm	座	9		

表 5　分部分项工程量清单与计价表

工程名称:某县宝新工业园区 A 道路工程　　　　　　　　　　　　　　　第 4 页　共 4 页

序号	项目编码	项目名称	项目特征描述	计量单位	工程量	金额(元)	
						综合单价	合价
23	040504001003	砌筑井	(1)厚 200 mm 碎石灌砂垫层,厚 200 mm C20 砼基础 (2)MU10 砖 (3)1∶2 水泥砂浆 (4)乙型 C25 钢筋砼预制盖板 (5)φ710 铸铁井盖座 (6)不落底污水井,平均井深 2.92 m,尺寸 750 mm×750 mm	座	10		
24	040504001004	砌筑井	(1)厚 200 mm 碎石灌砂垫层,厚 200 mm C20 砼基础 (2)MU10 砖 (3)1∶2 水泥砂浆 (4)乙型 C25 钢筋砼预制盖板 (5)φ710 铸铁井盖座 (6)落底污水井,平均井深 2.85 m,尺寸 750 mm×750 mm	座	8		
25	040504009001	雨水口	(1)B 型钢纤维混凝土盖座 (2)厚 150 mm 碎石灌砂垫层,厚 200 mm C15 砼基础 (3)MU10 砖 (4)1∶2 水泥砂浆	座	36		
合计							

表 6　总价措施项目清单与计价表

工程名称:某县宝新工业园区 A 道路工程　　　　　　　　　　　　　　　第 1 页　共 1 页

序号	项目名称	计算基础	费率(%)	金额(元)
1	安全文明施工费			
2	其他总价措施项目费			
合计				

表 7 单价措施项目清单与计价表

工程名称:某县宝新工业园区 A 道路工程   第 1 页 共 1 页

序号	项目编码	项目名称	项目特征描述	计量单位	工程量	综合单价	合价
						金额(元)	
市政工程							
排水管网工程							
1	041111002001	固定式夹芯压型钢板围挡	(1)2.5 m (2)水泥实心砖基础 (3)5 cm 泡沫夹芯板	m	300		
本页小计							
合计							

表 8 其他项目清单与计价汇总表

工程名称:某县宝新工业园区 A 道路工程   第 1 页 共 1 页

序号	项目名称	金额(元)	备注
1	暂列金额	50000.00	
2	专业工程暂估价		
3	总承包服务费		
	合计	50000.00	

表 9-1 暂列金额明细表

工程名称:某县宝新工业园区 A 道路工程   第 1 页 共 1 页

序号	项目名称	金额(元)	备注
1	设计变更现场签证暂列金额	50000.00	
	合计	50000.00	

表 9-2 专业工程暂估价明细表

工程名称:某县宝新工业园区 A 道路工程

序号	项目名称	金额(元)	备注
合计			—

表 9-3 总承包服务费计价表

工程名称:某县宝新工业园区 A 道路工程   第 1 页   共 1 页

序号	项目名称	计算基础(元)	费率(%)	金额(元)
合计				

表 12 甲供材料一览表

工程名称:某县宝新工业园区 A 道路工程   第 1 页   共 1 页

序号	工料机编码	工料机名称	规格、型号等特殊要求	单位	数量	单价(元)	合价(元)	质量等级	供应时间	送达地点	备注
		甲供材料费合计(元)						—	—	—	—

复习思考题

1. 建设工程必须招标的范围有哪些?

2. 建设工程招标投标的分类有哪些?

3. 建设工程招标方式有哪些?

4. 简述建设工程施工招标的程序。

5. 施工招标文件的组成有哪些?投标文件的组成有哪些?

6. 什么是工程量清单?它有哪些作用?

7. 工程量清单的组成内容有哪些?

8. 工程量清单编制的表格有哪些?

9. 工程量清单编制的依据和程序有哪些?

10. 分部分项工程量清单项目编码中各级编码分别代表什么含义?

11. 分部分项工程量清单的计量单位有哪些规定?

12. 分部分项工程量清单中所列工程数量的有效位数应遵守下列哪些规定?

13. 根据计价方式的不同,措施项目通常可分为哪两类?

14. 根据《清单计价规范》(2013),其他项目清单应按照哪些内容列项?

15. 根据《清单计价规范》(2013),规费项目清单的内容有哪些?

16. 根据《清单计价规范》(2013)福建省实施细则,模板项目应如何列项?

案例练习题

【案例题1】背景:某段新建城市道路工程,长 5 km,路基宽 26 m,其中挖方路段长 1.5 km,填方路段长 3.5 km。该合同段的路基土石方工程量如下:

挖方(天然密实方):开挖土方(三类土)150000 m³,其中本桩利用土填方 33500 m³,远运利用土填方 116500 m³(平均运距 2.5 km);挖石方(风化岩)85000 m³,其中本桩利用石填方 16500 m³,远运利用石填方 54300 m³(平均运距 2.5 km),其余为弃方(远运 3 km)。

填方(压实方):填方总数量 350000 m³,除本桩利用及远运利用开挖的土石方外,填缺部分从取土场借三类土,运距 3 km。

问题:(1)根据背景材料、《清单计价规范》(2013)及《市政计量规范》(2013),对该道路工程的土石方项目进行清单列项,把项目编码、项目名称、项目特征、计量单位填入分部分项工程量清单与计价表中;(2)计算该道路工程路基土石方的清单工程量;(3)把问题(2)中计算出的各清单工程量填入分部分项工程量清单与计价表中。

【案例题2】背景:某道路工程,如图 3-9 所示,长 350 m,宽 4.5+15+4.5=24 m。机动车道路面下层为 15 cm 厚级配碎石调平层,中间为 18 cm 厚5%水泥稳定碎石基层,面层为 22 cm 厚 C35 混凝土板;人行道板为 C25 混凝土,缘石为石料,底座为 C20 混凝土。

问题:(1)根据背景材料、《清单计价规范》(2013)、《市政计量规范》(2013)及福建省实施细则,对该路面工程项目进行清单列项,把项目编码、项目名称、项目特征、计量单位填入分部分项工程量清单与计价表中;(2)求路面工程的清单工程量;(3)把问题(2)中计算出的各清单工程量填入分部分项工程量清单与计价表中。

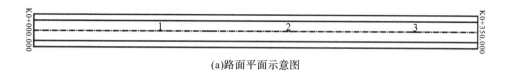

(a)路面平面示意图

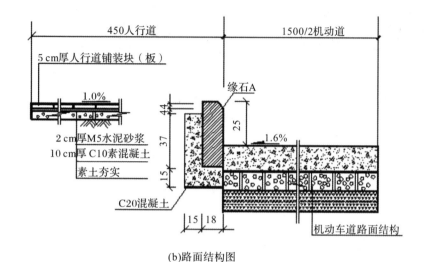

(b)路面结构图

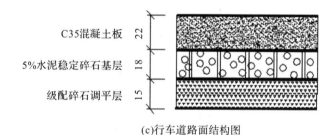

(c)行车道路面结构图

图 3-9　道路平面图和结构图

【案例题 3】背景:某段雨水管道平面图如图 3-10 所示,管道均采用钢筋混凝土管,承插式水泥砂浆接口,基础均采用 C20 混凝土条形基础,管道基础结构如图 3-11 所示。Y1、Y2、Y3、Y4、Y5 均为 1100 mm×1100 mm 非定型砖砌检查井,其中 Y1、Y2、Y3、Y5 为不落底井,Y4 为落底井,落底为 500 mm。落底井结构如图 3-12 所示,图中井室高度 $H_1 = 2200$ mm,检查井井室盖板厚度 $t = 120$ mm,井筒高度 $h = 1800$ mm,发砖券(砖拱圈)高 $\delta = 240$ mm。

Y1　500-20.1　Y2　350-16.7　Y3　　　500-39.7　　　Y4　　400-29.7　　　Y5

图 3-10　某段雨水管道平面图

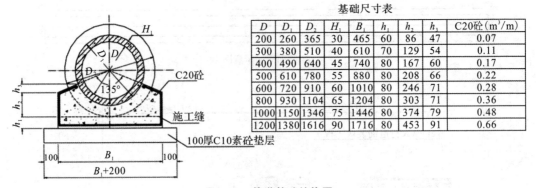

基础尺寸表

D	D_1	D_2	H_1	B_1	h_1	h_2	h_3	C20砼（m³/m）
200	260	365	30	465	60	86	47	0.07
300	380	510	40	610	70	129	54	0.11
400	490	640	45	740	80	167	60	0.17
500	610	780	50	880	80	208	66	0.22
600	720	910	60	1010	80	246	71	0.28
800	930	1104	65	1204	80	303	71	0.36
1000	1150	1346	75	1446	80	374	79	0.48
1200	1380	1616	90	1716	80	453	91	0.66

图 3-11　管道基础结构图

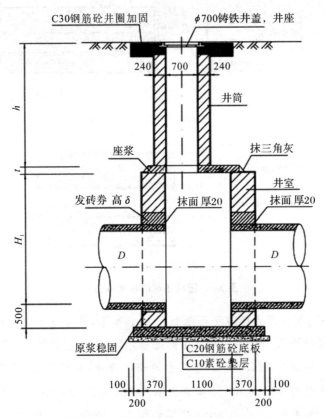

图 3-12　落底井剖面结构图（单位：mm）

　　问题：(1)根据背景材料、《清单计价规范》(2013)、《市政计量规范》(2013)及福建省实施细则,对 D400 雨水管道和 Y4 落底井进行清单列项,把项目编码、项目名称、项目特征、计量单位填入分部分项工程量清单与计价表中;(2)计算 D400 雨水管道和 Y4 落底井的清单工程量(注:此处不计挖沟槽及措施项目工程量);(3)把问题(2)中计算出的各清单工程量填入分部分项工程量清单与计价表中。

模块 4　工程量清单计价

⚑学习目标

知识目标	①理解工程量清单计价的概念,能概述工程量清单价格构成、计价格式、总体要求、步骤、方法; ②能辨析国标和福建省工程量清单计价方法; ③能说明施工招标控制价和投标报价的含义、范围、总要求、方法及主要程序等; ④会概述应用造价软件编制工程量清单计价文件的基本步骤和方法。
能力目标	能手工编制或使用计价软件完成一般市政工程工程量清单计价,并知道如何编制招标控制价及投标报价。
素质目标	①培养学生遵守国家及各级政府主管部门颁发的规范、标准及细则的意识; ②培养学生独立分析问题、解决问题的能力; ③培养学生勤于思考、刻苦钻研、认真细致、精益求精的精神以及团队协作精神,养成良好的职业道德。

4.1　工程量清单计价概述

4.1.1　工程量清单计价的概念

工程量清单计价是指按招标文件和工程量清单要求,合理确定工程量清单所列项目的全部费用,包括分部分项工程费、措施项目费、其他项目费和规费、税金。

视频 4-1　工程量
清单计价概述

工程量清单计价包括招标控制价计价、投标报价计价和竣工结算造价计价三种。

4.1.2　工程量清单价格构成

工程量清单计价模式的费用构成包括分部分项工程费、措施项目费、其他项目费以及规费和税金。

(1)分部分项工程费:是指完成工程量清单列出的各分部分项清单工程量所需的费用,包括人工费、材料费、机械使用费、管理费、利润以及风险费。

(2)措施项目费:是指为完成建设工程施工,发生于该工程施工前和施工过程中的技术、生活、安全、环境保护等方面的费用,包括通用措施项目和可以计算工程量的措施项目。

（3）其他项目费：指暂列金额、暂估价（包括材料暂估单价、工程设备暂估单价、专业工程暂估价）、计日工、总承包服务费的总和。

（4）规费：是指按国家法律、法规规定，由省级政府和省级有关权力部门规定必须缴纳或计取的费用。

（5）税金：是指国家税法规定应计入建筑安装工程造价内的营业税、城市维护建设税、教育费附加以及地方教育附加。

工程量清单计价模式下的市政安装工程费用构成详见模块 1 图 1-6。

4.1.3　工程量清单计价的总体要求

4.1.3.1　工程量清单计价价款应包括完成工程量清单项目所需的全部费用

包括：（1）分部分项工程费、措施项目费、其他项目费和规费、税金；（2）完成每分项工程所含全部工程内容的费用；（3）完成每项工程内容所需的全部费用（规费、税金除外）；（4）工程量清单项目中没有体现的，施工中又必须发生的工程内容所需的费用（如：①挖土方时放坡、支挡土板清单项目来体现，计价时要报上；②招标人提出的要求增加费用——优质工程费）；（5）考虑风险因素面增加的费用。

4.1.3.2　工程量在招标阶段的作用及在竣工结算中的确定原则

招标文件中的工程量清单标明的工程量是投标人投标报价的共同基础，竣工结算的工程量按发、承包双方在合同中约定应予计量且实际完成的工程量确定。

4.1.3.3　分部分项工程量清单应采用综合单价计价

根据《清单计价规范》的规定，分部分项工程量清单应采用综合单价计价。综合单价包含完成规定计量单位合格产品所需除规费、税金以外的全部费用。分部分项工程量清单的综合单价应根据《清单计价规范》规定的综合单价组成，根据清单项目特征描述内容套用定额，计算综合单价。福建省的市政工程项目采用分部分项工程量清单综合单价分析计算表（福建省补充表格，招标人要求时填写）进行计算。综合单价也适用于措施项目清单（二）、其他项目清单等。

4.1.3.4　措施项目清单计价

措施项目清单（一）的措施项目以"项"为单位，按费率形式计价。措施项目清单（二）的措施项目可以计算工程量，应根据拟建工程的施工方案或施工组织设计，按分部分项工程量清单的方式采用综合单价形式计价。措施项目清单计价包括除规费、税金外的全部费用。

福建省市政工程的总价措施项目费包括安全文明施工费和其他总价措施费，按分部分项工程费（不含设备费）乘以相应取费标准（见费用定额）计算。单价措施项目的综合单价采用单价措施项目清单综合单价分析表（福建省补充表格，招标人要求时填写）进行计算。

4.1.3.5　其他项目清单计价

其他项目清单的金额应按下列规定确定。

(1)招标人部分的金额即暂列金额按招标人的规定确定。

(2)投标人部分的总承包服务费应根据招标人提出要求所发生的费用确定,计日工费用应根据"计日工表"确定。

(3)计日工表的综合单价应参照《清单计价规范》(2013)规定的综合单价组成填写。

其他项目清单中的暂列金额为估算、预测数量,虽在投标时计入投标人的报价中,但不应视为投标人所有。竣工结算时,应按承包人实际完成的工作内容结算,剩余部分仍归招标人所有。

4.1.3.6　规费和税金计价

规费和税金应按国家或省级、行业建设主管部门的规定计算,不得作为竞争性费用。

根据建设部、财政部印发的《建筑安装工程费用项目组成》(建标〔2013〕44 号)的规定,规费是政府和有关权力部门规定必须缴纳的费用。税金是国家按照税法预先规定的标准,强制地、无偿地要求纳税人缴纳的费用。它们都是工程造价的组成部分,但是其费用内容和计取标准都不是发、承包人能自主确定的,更不是由市场竞争决定的。

4.1.3.7　工程风险的确定原则

采用工程量清单计价的工程,应在招标文件或合同中明确风险内容及其范围(幅度),不得采用无限风险、所有风险或类似语句规定风险内容及范围(幅度)。

4.1.4　工程量清单计价的格式

4.1.4.1　《清单计价规范》(2013)中规定的表格(投标文件)

封面

投标总价,封 3

总说明,表 01

工程项目造价汇总表,表 02

单项工程造价汇总表,表 03

单位工程造价汇总表,表 04

分部分项工程量清单与计价表,表 05

措施项目清单与计价表(一),表 06

措施项目清单与计价表(二),表 07

其他项目清单与计价汇总表,表 08

暂列金额明细表,表 09

计日工表,表 10

总承包服务费计价表,表 11

规费、税金项目清单与计价表,表 12

工程计价表格格式可参见《清单计价规范》(2013)或扫描二维码 2"《清单计价规范》(2013)工程计价表格"查看。

二维码 2 《清单计价规范》(2013)工程计价表格

4.1.4.2 福建省规定的计价表格

福建省市政工程计价表格采用福建省住房和城乡建设厅 2017 年 6 月发布的《福建省建设工程工程量清单计价表格》(2017 版)的格式。

表格格式可扫描二维码 3"《福建省建设工程工程量清单计价表格》(2017 版)"查看。

二维码 3 《福建省建设工程工程量清单计价表格》(2017 版)

4.1.5 工程量清单计价的步骤

(1)收集、审阅编制依据;

(2)取定市场要素价格;

(3)确定各定额子目的消耗量;

(4)计算组成分部分项工程清单项目的各定额子目的人工费、材料费、施工机械使用费、企业管理费、利润及风险费用;

(5)计算清单项目综合单价;

(6)计算分部分项工程清单项目费用;

(7)计算措施项目费用;

(8)计算其他项目费;

(9)计算规费、税金;

(10)汇总各项费用,计算出工程总造价。

4.2　工程量清单计价方法

4.2.1　国标工程量清单计价方法

视频 4-2 工程量清单计价方法

4.2.1.1 分部分项工程量清单计价

分部分项工程量清单计价采用综合单价法。

1. 综合单价包含的内容

综合单价包括人工费、材料费、施工机械使用费、企业管理费、利润及一定的风险费用。

2. 综合单价的计算方法和步骤

（1）分解分部分项工程量清单项目，套用定额，计算定额工程量。

工程量清单计价项目基本以一个综合实体考虑，一般一个清单项目包括多个定额项目的工程内容，需要分别套用定额，并需按照定额的工程量计算规则、设计图纸、施工规范等计算出各定额项目工程量。

（2）计算各定额项目的工程费用及综合单价。

①人工费，按人工消耗量乘以人工单价计算。人工单价由各省级建设主管部门不定期发布。

②材料费，按材料消耗量乘以材料单价计算。材料单价参照各地工程造价管理机构发布的材料市场价格信息确定。

③施工机械使用费，按照施工机械台班消耗量乘以施工机械台班单价计算。施工机械台班预算单价由各省级建设主管部门定期发布或按规定计算。

④企业管理费，按照各省级建设主管部门颁发的费用定额所规定的取费基数乘以企业管理费费率计算。

⑤利润，按照各省级建设主管部门颁发的费用定额所规定的工程类别、取费基数乘以利润率计算。

⑥风险费，以人工费、材料费、施工机械使用费、企业管理费之和为取费基数，根据实际工程项目规定的风险费率计算。

（3）合计各定额项目的工程费用和综合单价，得出分部分项工程量清单项目的工程费用和综合单价。分部分项工程量清单综合单价采用分部分项工程量清单综合单价分析计算表进行计算。

3. 综合单价计算程序表

见表 4-1。

表 4-1 综合单价计算程序表

序号	项目名称	计算办法
1	人工费	$\sum$（人工消耗量×人工单价）
2	材料费	$\sum$（材料消耗量×材料单价）
3	施工机械使用费	$\sum$（施工机械台班消耗量×台班单价）
4	企业管理费	规定的取费基数×企业管理费费率
5	利润	（1＋2＋3＋4）×利润率
6	风险费	（1＋2＋3＋4）×风险费率
7	综合单价	1＋2＋3＋4＋5＋6

4. 分部分项工程费

在各个分部分项工程量清单项目的综合单价计算出来后，把综合单价乘以相应的清单工程量，得出该分部分项工程量清单项目的分部分项工程费，再把所有的清单项目的分部分项工程费相加,即可得出一个单位工程的分部分项工程费。

$$分部分项工程费 = \sum(分部分项工程量 \times 综合单价)$$

分部分项工程费采用分部分项工程量清单与计价表进行计算。

4.2.1.2 措施项目清单计价

措施项目费是指为完成建设工程施工,发生于该工程施工前和施工过程中的技术、生活、安全、环境保护等方面的费用。措施项目费的内容和计算方法按照《清单计价规范》(2013)、《市政工程工程量计算规范》(GB 50857—2013)及各省住房和城乡建设厅颁发的费用定额的有关规定计算。

根据计价方式的不同,措施项目分为以费率形式计价的措施项目和以综合单价形式计价的措施项目。这两类项目分列于措施项目清单与计价表(一)、(二)中。

1. 以费率形式计价的措施项目

以费率形式计价的措施项目一般属于通用措施项目,不能计算工程量,通常按照取费基数乘以一定的费率计算,包括人工费、材料费、机械使用费、企业管理费和利润。

2. 以综合单价形式计价的措施项目

以综合单价形式计价的措施项目通常为技术措施项目,可参照分部分项工程量清单综合单价的计算方法,通过套用预算定额计算出人工费、材料费、施工机械使用费,再按取费标准计算企业管理费、利润、风险费用,得出其综合单价。措施项目的综合单价采用措施项目清单(二)综合单价分析表进行计算。

在各个措施项目的综合单价计算出来后,把综合单价乘以相应的清单工程量,得出该措施项目费,再把所有的措施项目费相加,即可得出一个单位工程的措施项目清单(二)的费用。

$$以综合单价形式计价的措施项目费 = \sum(措施项目工程量 \times 综合单价)$$

以综合单价形式计价的措施项目费采用措施项目清单与计价表(二)进行计算。

3. 措施项目费

把以费率形式计价的措施项目费和以综合单价形式计价的措施项目费相加,即可得出该项目的措施项目费。

措施项目费 = 以费率形式计价的措施项目费 + 以综合单价形式计价的措施项目费

4.2.1.3 其他项目清单计价

包括发包人部分和承包人部分。发包人部分包括暂列金额,承包人部分包括总承包服务费、计日工费用等,有发生时计算。

(1)暂列金额应按照其他项目清单中列出的金额填写,不得变动。

(2)专业工程暂估价。按专业工程暂估造价(含税费)进行估算,有多个专业工程的应当列出明细。

(3)计日工应按照其他项目清单列出的项目和估算的数量,自主确定各项综合单价并计算费用。

(4)总承包服务费应依据招标人在招标文件中列出的分包专业工程内容和供应材料、设备情况,按照招标人提出的协调、配合与服务要求及施工现场管理需要自主确定。

其他项目费在其他项目清单与计价汇总表中进行计算。

4.2.1.4　规费和税金项目清单计价

1. 规费

包括工程排污费、社会保障费、住房公积金、危险作业意外伤害保险等。按照《清单计价规范》(2013)和各省住房和城乡建设厅颁发的费用定额的有关规定计算。

2. 税金

税金是指增值税,按不含税工程造价,即分部分项工程费(不含甲供材料设备)、措施项目费、其他项目费(不含暂列金额和专业工程暂估价)、规费之和乘以适用税率(现行为 9%)计算。

4.2.1.5　单位工程造价的构成和计价方法

1. 单位工程造价的构成

采用工程量清单计价,单位工程造价由分部分项工程费、措施项目费、其他项目费、规费和税金组成。

2. 单位工程造价计算程序

见表 4-2。

表 4-2　单位工程造价计算程序表

序号	项目名称	计算办法
1	分部分项工程费	$\sum$(分部分项工程量×综合单价)
2	措施项目费	$\sum$(各项措施项目费)
3	其他项目费	$\sum$(各项其他项目费)
4	规费	$\sum$(各项规费)
5	税金	(1+2+3+4)×税率
6	含税工程造价	1+2+3+4+5

4.2.1.6　工程量清单计价表格的填写规定

(1)工程量清单计价表格应由投标人填写。

(2)封面应按规定内容填写、签字、盖章。

(3)投标总价应按工程项目总价表合计金额填写。

(4)工程项目总价表

①表中单项工程名称应按单项工程费汇总表的工程名称填写。

②表中金额应按单项工程费汇总表的合计金额填写。

（5）单项工程造价汇总表

①表中单位工程名称应按单位工程造价汇总表的工程名称填写。

②表中金额应按单位工程造价汇总表的合计金额填写。

（6）单位工程造价汇总表中的金额应分别按照分部分项工程量清单计价表、措施项目清单计价表和其他项目清单计价表的合计金额和按有关规定计算的规费、税金填写。

（7）分部分项工程量清单计价表中的序号、项目编码、项目名称、计量单位、工程数量必须按分部分项工程量清单中的相应内容填写。

（8）措施项目清单计价表

①表中的序号、项目名称必须按措施项目清单中的相应内容填写。

②投标人可根据施工组织设计采取的措施增加项目。

（9）其他项目清单计价表

①表中的序号、项目名称必须按其他项目清单中的相应内容填写。

②投标人部分的金额必须按《清单计价规范》（2013）5.1.3 条中招标人提出的数额填写。

（10）分部分项工程量清单综合单价分析表和措施项目费分析表，应由招标人根据需要提出要求后填写。

（11）主要材料价格表

①招标人提供的主要材料价格表应包括详细的材料编码、材料名称、规格型号和计量单位等。

②所填写的单价必须与工程量清单计价中采用的相应材料的单价一致。

工程量清单计价采用综合单价法。综合单价包括人工费、材料费、机械使用费、管理费和利润及一定的风险费用。

4.2.2 福建省工程量清单计价方法

根据《福建省建筑安装工程费用定额》（2017 版）的规定，福建省市政工程建筑安装工程费按照工程造价形成，由分部分项工程费、措施项目费、其他项目费组成。其中，分部分项工程费、措施项目费、其他项目费包含人工费、材料费、施工机具使用费、企业管理费、利润、规费、税金。因此，福建省市政工程工程量清单由分部分项工程量清单、措施项目清单、其他项目清单三部分组成，不再单列规费和税金项目清单。

视频 4-3 福建省工程量清单计价方法

4.2.2.1 分部分项工程量清单计价

与《清单计价规范》（2013）相同，分部分项工程量清单计价采用综合单价法。

1. 综合单价包含的内容

综合单价包含人工费、材料费、施工机具使用费、企业管理费、利润、规费、税金。

2. 综合单价的计算方法

（1）人工费：按定额人工费基价乘以人工费调整指数计算。人工费调整指数按各设区市建设行政主管部门发布或其文件规定执行。

（2）材料费：按材料消耗量乘以材料单价加上工程设备数量乘以工程设备单价之和计算。其中：材料单价＝（原价＋运杂费）×（1＋运输损耗率）；

工程设备单价＝原价＋运杂费。

（3）施工机具使用费：包括施工机械使用费和仪器仪表使用费，施工机械使用费按照施工机械台班消耗量乘以施工机械台班单价计算。施工机械台班单价按照福建省 2017 年版定额机械台班单价（不含税）计算，或按福建省住房和城乡建设厅按季发布的施工机械台班信息价计算。

（4）企业管理费：按人工费、材料费（不含工程设备费）、施工机具使用费之和乘以企业管理费费率计算。

（5）利润：按人工费、材料费（不含工程设备费）、施工机具使用费、企业管理费之和乘以利润率计算。

（6）规费：按人工费、材料费（不含工程设备费）、施工机具使用费、企业管理费、利润之和乘以规费费率计算。

（7）税金：按不含税工程造价乘以适用税率计算。不含税工程造价为人工费、材料费、施工机具使用费、企业管理费、利润、规费之和。

企业管理费、利润、规费、税金的取费标准详见本书模块 1 中 1.7.5 建筑安装工程费用取费标准或《福建省建筑安装工程费用定额》（2017 版）及其调整文件。

分部分项工程量清单综合单价采用分部分项工程量清单综合单价分析表进行计算。

3. 综合单价计算程序

综合单价计算程序见表 4-3。

表 4-3　综合单价计算程序表

序号	项目名称	计算办法
1	人工费	人工费基价×人工费调整指数
2	材料费	$\sum$（材料消耗量×材料单价＋工程设备数量×工程设备单价）
3	施工机具使用费	$\sum$（施工机械台班消耗量×台班单价）＋仪器仪表使用费
4	企业管理费	（1＋2－工程设备费＋3）×企业管理费费率
5	利润	（1＋2－工程设备费＋3＋4）×利润率
6	规费	（1＋2－工程设备费＋3＋4＋5）×规费费率
7	税金	（1＋2＋3＋4＋5＋6）×增值税适用税率
8	综合单价	1＋2＋3＋4＋5＋6＋7

4. 分部分项工程费

与《清单计价规范》（2013）相同，分部分项工程费按下列公式进行计算。

$$分部分项工程费＝\sum（分部分项工程量×综合单价）$$

4.2.2.2　措施项目清单计价

措施项目费由总价措施项目费和单价措施项目费两部分组成。

1. 总价措施项目费

总价措施项目费包括安全文明施工费和其他总价措施费,按分部分项工程费(不含工程设备费)与单价措施项目费之和乘以相应费率计算。安全文明施工费和其他总价措施费的费率详见本书模块 1 中表 1-8 或《福建省建筑安装工程费用定额》(2017 版)。其中,安全文明施工费费率在招投标时不可竞争,安全文明施工费按照最低金额计算的,投标报价时不得低于规定的最低金额。

总价措施项目费在总价措施项目清单与计价表中进行计算。

2. 单价措施项目费

单价措施项目费按照工程量乘以综合单价计算。其中,工程量按照设计图纸或施工组织设计确定,综合单价的组成及计算方法与分部分项工程相同,采用单价措施项目清单综合单价分析表进行计算。

单价措施项目费在单价措施项目清单与计价表中进行计算。

3. 措施项目费

把总价措施项目费和单价措施项目费相加,即可得出该项目的措施项目费。

4.2.2.3 其他项目清单计价

(1)暂列金额:由发包人按照《福建省建筑安装工程费用定额》(2017 版)第五章的规定确定。承包人按照工程量清单中发包人确定的金额进行计价。

(2)专业工程暂估价:由发包人确定。

(3)专业工程总承包服务费按单独发包专业工程的建安造价(不含工程设备费)乘以专业工程总承包服务费费率计算,甲供材料总承包服务费按甲供材料总金额乘以甲供材料总承包服务费费率计算。

(4)优质工程增加费:根据相应级别的优质工程,按分部分项工程费(不含工程设备费)与单价措施项目费之和乘以相应的优质工程增加费费率计算。

(5)缩短定额工期增加费:施工工期较定额工期缩短的,以分部分项工程费(不含工程设备费)与单价措施项目费之和乘以缩短定额工期增加费费率计算。

(6)发包人检测费:发包时按被检测项目的工程量或造价,根据有关收费标准进行估算,结算时按实际发票金额扣除可抵扣进项税额后再加上税金计算。

(7)工程噪声超标排污费:发包时按有关规定进行估算,结算时按实际发票金额扣除可抵扣进项税额后再加上税金计算。

(8)渣土收纳费:发包时按有关规定进行估算,结算时按实际发票金额扣除可抵扣进项税额后再加上税金计算。

其他项目费在其他项目清单与计价汇总表、暂列金额明细表、专业工程暂估价明细表、总承包服务费计价表中计列。

4.2.2.4 单位工程造价的构成和计价方法

1. 单位工程造价的构成

根据《福建省建筑安装工程费用定额》(2017 版)的规定,采用工程量清单计价时,单位工程造价由分部分项工程费、措施项目费、其他项目费组成。

2. 单位工程造价计算程序

单位工程造价计算程序见表 4-4。

表 4-4　单位工程造价计算程序表

序号	项目名称	计算办法
1	分部分项工程费	$\sum$（工程量×综合单价）
2	措施项目费	$\sum$（总价措施项目费＋单价措施项目费）
3	其他项目费	编制施工图预算、工程量清单、招标控制价（最高投标限价）、投标报价时：其他项目费＝$\sum$（暂列金额＋专业工程暂估价＋总承包服务费）
		编制结算时：其他项目费＝$\sum$（总承包服务费＋优质工程增加费＋缩短定额工期增加费＋发包人检测费＋工程噪声超标排污费＋渣土收纳费）
4	总造价	1＋2＋3

4.2.3　施工招标控制价的编制

4.2.3.1　施工招标控制价的概念

《清单计价规范》(2013)规定,招标控制价是指招标人根据国家或省级、行业建设主管部门颁发的有关计价依据和办法,按设计施工图纸计算的,对招标工程限定的最高工程造价。通常也有不规范的名称,如有的省、市将其称为拦标价、预算控制价或最高报价值等。

4.2.3.2　招标控制价的计价规定

《清单计价规范》(2013)对招标控制价的计价规定,有以下几点:

(1)国有资金投资的工程建设项目应实行工程量清单招标,并应编制招标控制价。

(2)招标控制价超过批准的概算时,招标人应将其报原概算审批部门审核。

(3)投标人的投标报价高于招标控制价的,其投标应予以拒绝。

(4)招标控制价应由具有编制能力的招标人或受其委托,具有相应资质的工程造价咨询人编制和审核。

(5)招标控制价应在招标时予以公布,不能只公布总价,还应公布组成明细;编制招标控制价时,综合单价中应包括招标文件中要求投标人承担的风险费用,公布前一般应报当地审计部门或财政投资评审机构审核。经审核确定后的公布的招标控制价不应上调或下浮,招标人应将招标控制价及有关资料报送工程所在地工程造价管理机构备查。招标控制价不同于标底,无需保密。

(6)投标人经复核认为招标人公布的招标控制价未按照《清单计价规范》(2013)的规定进行编制的,应在开标前 5 日向招投标监督机构或(和)工程造价管理机构投诉。招投标监督机构应会同工程造价管理机构对投诉进行处理,发现确有错误的,应责成招标人修改。

4.2.3.3 施工招标控制价的编制原则及依据

1. 施工招标控制价的编制原则

编制招标控制价应遵循以下原则。

(1)反映社会平均水平原则。设置招标控制价的主要目的是防止恶性哄抬报价,遏制串通投标、损害国家利益。因此,招标控制价应反映社会平均水平,保证大部分企业通过精心组织和精心管理的经营之后,能够获得合理的经营利润。所以一定要注意招标控制价强调的是合理造价和正常施工条件,体现公正性,而不是越低越好。

(2)准确性原则。编制招标控制价时,应根据具体工程的内容、施工规范要求、技术特点、施工具体条件、工程质量要求和工期要求,在社会正常的施工管理水平下确定价格水平,是衡量和评审投标人报价是否合理的尺度。

(3)公开性原则。招标控制价不同于标底价,无需保密。在 2008 清单计价规范颁发之前,采用标底价作为衡量投标报价的尺度,曾不断地爆出一些问题,如泄露标底、暗箱操作等,部分投标人为中标,不惜行贿,盗取标底,使招标投标公平性受到挑战。

2. 施工招标控制价的编制依据

(1)《清单计价规范》(2013);

(2)国家或省级、行业建设主管部门颁发的计价依据和计价办法;

(3)建设工程设计文件及相关资料;

(4)招标文件中的工程量清单及有关要求;

(5)与建设工程项目有关的标准、规范、技术资料;

(6)施工现场情况、工程特点及常规施工方案;

(7)工程造价管理机构发布的工程造价信息,工程造价信息没有发布的参照市场价;

(8)其他有关资料,主要指施工现场情况、工程特点及常规施工方案等。

4.2.3.4 施工招标控制价的编制程序

建设工程项目的施工招标控制价通常按照以下程序进行编制。

1. 确定编制单位

根据《清单计价规范》(2013)第 5.1.4 条规定,招标控制价应由具有编制能力的招标人,或受其委托具有相应资质的工程造价咨询人编制和复核。《建设工程招标控制价编审规程》3.0.1 条款规定,工程造价咨询企业应在其资质规定的范围内接受招标人的委托,独立承担可胜任专业领域的招标控制价的编制与审查。因此,编制招标控制价首先要确定编制单位或编制人。确定编制单位和编制人时重点考察其资质是否符合要求,能否独立承担编制任务。

2. 搜集审阅编制依据

编制单位应搜集和审阅编制依据,全面掌握编制要求。

3. 取定市场要素价格

主要是确定编制招标控制价的资源价格,包括人工单价、材料单价、机械台班台价。取定市场要素价格时应注意有关政策规定。如人工单价和机械台班台价应执行政府指导价,材料价格执行市场价,可以进行市场询价并且以市场询价为主,也可根据各地建设工程信息价取定。

4. 确定工程计价要素消耗量指标

主要反映人工、材料、机械台班消耗量。编制招标控制价时,工程计价要素消耗量指标应执行当地省级建设主管部门颁布的相关的市政工程消耗量定额或市政工程预算定额。

5. 勘察施工现场

为编制施工组织设计收集依据,主要包括现场情况、临时工程数量、应包含的风险等,以便确定施工方案、主要工程施工方法、临时工程造价及风险费用等。

6. 熟悉招标文件

招标控制价应根据招标文件规定进行编制,编制人在编制前,应认真熟悉招标文件的规定,包括工程量清单说明、招标工程范围、技术规范、计量与支付规定及风险范围等。

7. 按工程量清单进行计价

严格按照《清单计价规范》(2013)进行计价。同时认真执行《建设工程招标控制价编审规程》,以认真务实的态度独立编制并认真审查,确保编制质量,确实体现招标控制价的公开、公平、公正的要求。

应当说明的是,各省市均颁发了执行《清单计价规范》(2013)的实施细则。福建省住房和城乡建设厅发布了《关于执行〈福建省建筑安装工程费用定额〉(2017 版)有关规定的通知》(闽建筑〔2017〕20 号文件)和附件,同时发布了《福建省建筑安装工程费用定额》(2017 版)、《市政计量规范》(2013)福建省实施细则、福建省工程量清单计价表格(2017 版)。福建省行政区划范围内的市政工程招标控制价的编制应从其规定。

4.2.3.5　施工招标控制价的审查

1. 审查目的

目的是加强建设工程造价计价活动的监督管理,合理确定和有效控制工程造价,规范建设工程招标控制价审查行为,维护建设市场秩序和建设各方的合法权益。

2. 审查时间

一般应在招标文件或招标控制价备案之前完成审查,特殊情况下也应在发布招标控制价之前完成审查。未经审查的招标控制价不得公布。

3. 审查单位的要求

一般要求审查单位要有资质(包括审查单位的从业资质和审查及复核人的执业资格)或是专门的审查部门,如各地的财政投资评审机构、交通造价管理站、审计评审中心。

4. 分级管理

按建设资金的来源和性质不同进行区分,由相应的审查部门对招标控制价进行审查。一般按批准投资的部门指定审查机构。目前,一些地方作了一些规定,如杭州市规定:市本级财政预算安排或纳入财政管理专项建设资金(不含市区拼盘资金)的建设工程,由市财政部门负责审查;使用市级体建设资金,或使用市区拼盘资金并由市级部门建设的工程,由市建设行政主管部门委托市建设工程造价管理部门负责审查;各区自行安排建设资金,或使用市区拼盘资金并由区级部门建设的工程,由各区自行安排相关部门负责审查。福建省各设区市利用财政预算资金建设的建设项目,一般由各市财政投资评审中心审查;实行跟踪审计的建设项目一般由审计局或审计评审中心审查。

5. 审查方法

应根据 2011 年 6 月中国建设工程造价管理协会发布的《建设工程招标控制价编审规程》(中价协〔2011〕013 号)规定进行审查。

6. 审查应提交的材料

(1)招标文件、答疑澄清纪要和招标补充通知;

(2)工程量清单;

(3)招标控制价书;

(4)设计概算批准文件、相关职能部门加盖公章的招标控制价审核意见书原件(不属事前审查范围的建设工程无需提供审核意见书原件);

(5)招标控制价编制人资质(格)证明;

(6)招标控制价备案表;

(7)其他需提交的材料。

7. 审查内容

(1)招标控制价是否由具有自行招标资格的招标人或受其委托具有相应资质的工程造价咨询机构或招标代理机构编制。

(2)招标控制价编制单位的公章、资质印章和工程造价从业人员(注册造价师、造价员)的签字、印章是否齐全和真实有效。

(3)工程量清单格式是否符合《清单计价规范》(2013)和政府行业主管部门的相关规定。

(4)招标控制价的计费程序、取费标准、计价表格式是否符合各省、市工程造价计价管理的有关规定。

(5)招标控制价的人工、主要材料和机械台班的价格是否符合政府行业主管部门的文件规定以及编制期的材料信息价水平。

4.2.4 投标报价的编制

4.2.4.1 投标报价的概念

投标报价是投标人投标时报出的工程造价,是指投标人向招标人出示的愿意成交的完成招标文件规定工作的价位。正确理解投标报价的概念,应注意以下几个方面。

(1)投标报价是要约,在招标投标中,投标价是完成招标文件规定工作的价格。与工作内容一一对应,工作内容有变化,相应的价格也应变动。投标报价在截止投标后,一般不能更改,是一口价。

(2)投标报价包括单价和总价两方面,即投标价既可能是单价,也可能是总价,还可能包括总价和单价。

(3)投标报价由投标人自主确定,即投标人可以根据自己的实力、技术条件、企业定额等进行测算,一般不受政府指导价的影响,但不得低于成本价。但市政工程投标报价中,根据《清单计价规范》(2013)第 3.1.4 条款和第 3.1.5 条款规定,安全文明施工费、规费和税金应执行政府指导价,不得作为竞争性费用。

(4)投标报价应由投标人或受其委托具有相应资质的工程造价咨询人编制。

(5)投标人应按招标人提供的工程量清单填报价格。填写的项目编码、项目名称、项目特征、计量单位、工程量必须与招标人提供的一致。

4.2.4.2　投标报价的组成

市政工程投标报价由分部分项工程费、措施项目费、其他项目费、规费、税金等部分组成。部分省市调整人工单价时,还增加人工费价差。

1. 分部分项工程费

分部分项工程费应根据招标文件中的分部分项工程量清单项目的特征描述及有关要求,按《清单计价规范》(2013)第 4.2.3 条的规定确定综合单价计算。

《福建省建筑安装工程费用定额》(2017 版)规定:

(1)分部分项工程费包括规费和税金。

(2)投标人在编制投标报价时,应根据工程项目特点、市场供应以及合同工期等因素,充分考虑市场价格波动的风险。工程结算时,应按照合同约定的风险幅度调整合同价款。

2. 措施项目费

措施项目费包括总价措施项目费和单价措施项目费两部分。

(1)总价措施项目费,包括文明施工费、安全施工费、临时设施费、夜间施工费、已完工程及设备保护费、风雨季施工增加费、生产工具用具使用费、工程点交和场地清理费 8 项组成。其中文明施工费、安全施工费、临时设施费为不可竞争的费用。夜间施工费不包括市政工程白天因保证交通无法施工而必须在夜间施工所发生的费用,如发生应另行计取。总价措施项目费一般按照费率形式进行组价。

(2)单价措施项目费为直接费中不构成工程实体的费用。如模板、支架、脚手架、围堰、筑岛、便道、便桥、临时电力线路、施工围栏、抽水、桩基平台、套箱制安、沉井制安、运输轨道、结构吊装设备安拆、大型机械进退场费、拌和场站建设、张拉台座、构件底座等施工临时设施、辅助设施的建设费用。单价措施项目费应采用综合单价的形式进行组价计算。

(3)《市政计量规范》(2013)福建省实施细则总说明第五条规定,《市政计量规范》(2013)

附录中,模板项目列入相应混凝土及钢筋混凝土分部分项清单考虑,模板工程不再单独列项。大型预制构件(如桥梁的板梁、箱梁、T 梁,预制箱涵等)需要的预制场地处理及底模,列入分部分项工程。

(4)《福建省建筑安装工程费用定额》(2017 版)规定,单价措施费与分部分项工程费合并作为总价措施项目费的计算基数。

3. 其他项目费

其他项目费包括暂列金额、暂估价、计日工和总承包服务费。

(1)暂列金额:招标人在工程量清单中暂定并包括在合同价款中的一笔款项。用于施工合同签订时尚未确定或者不可预见的材料、设备、服务的采购,施工中可能发生的工程变更、合同约定调整因素出现时的工程价款调整以及发生的索赔、现场签证确认等的费用。暂列金额相当于概、预算中的预备费或不可预见费。费用的性质是可能动用,也可能部分动用,或者根本不予动用。

(2)暂估价:招标人在工程量清单中提供的用于支付必然发生但暂时不能确定的材料的单价以及专业工程的暂估费用。

(3)计日工:在施工过程中,完成发包人提出的施工图纸以外的零星项目或工作的费用。

(4)总承包服务费:总承包人为配合协调发包人进行的工程分包自行采购的设备、材料等费用及施工现场管理、竣工资料汇总整理等服务所需的费用。

《福建省建筑安装工程费用定额》(2017 版)规定:

①编制施工图预算、工程量清单、招标控制价(最高投标限价)、投标报价时:其他项目费 $= \sum ($暂列金额 ＋ 专业工程暂估价 ＋ 总承包服务费$)$。

②编制结算时:其他项目费 $= \sum ($总承包服务费 ＋ 优质工程增加费 ＋ 缩短定额工期增加费 ＋ 远程监控系统租赁费 ＋ 发包人检测费 ＋ 工程噪声超标排污费 ＋ 渣土收纳费$)$。

③专业工程总承包服务费按单独发包专业工程的建安造价(不含工程设备费)乘以专业工程总承包服务费费率计算,甲供材料总承包服务费按甲供材料总金额乘以甲供材料总承包服务费费率计算。

④优质工程增加费:根据相应级别的优质工程,按分部分项工程费(不含工程设备费)与单价措施项目费之和乘以相应的优质工程增加费费率计算。

⑤缩短定额工期增加费:施工工期较定额工期缩短的,以分部分项工程费(不含工程设备费)与单价措施项目费之和乘以缩短定额工期增加费费率计算。

⑥发包人检测费:发包时按被检测项目的工程量或造价,根据有关收费标准进行估算;结算时按实际发票金额扣除可抵扣进项税额后再加上税金计算。

⑦工程噪声超标排污费:发包时按有关规定进行估算,结算时按实际发票金额扣除可抵扣进项税额后再加上税金计算。

⑧渣土收纳费:发包时按有关规定进行估算,结算时按实际发票金额扣除可抵扣进项税额后再加上税金计算。

4. 规费

规费是根据省级以上政府或省级以上有关权力部门规定必须缴纳的,应计入建筑安装工程造价的费用。规费包括工程排污费、社会保障费、住房公积金、危险作业意外伤害保险。

《福建省建筑安装工程费用定额》(2017 版)规定,社会保障费、住房公积金、危险作业意外伤害保险费等费用已调整计入人工费或企业管理费项中,目前规费的费率为零。

5. 人工费价差

部分省市在调整人工单价时,规定增加的人工费部分只计税,不计费,由此产生税前人工费价差。

目前,福建省已取消人工费价差,人工费按各设区市公布的人工价格指数调整。

6. 税金

税金按增值税的税率 9% 计算。

4.2.4.3　投标报价的计价规定

1. 投标报价的确定原则

投标报价应由投标人或受其委托具有相应资质的工程造价咨询人编制。投标报价由投标人自主确定,但不得低于成本。

2. 投标报价项目编码、项目名称、项目特征、计量单位、工程量的填写原则

投标人应按招标人提供的工程量清单填报价格。填写的项目编码、项目名称、项目特征、计量单位、工程量必须与招标人提供的一致。

3. 分部分项工程项目综合单价的确定原则

分部分项工程费应依据综合单价的组成内容,按招标文件中分部分项工程量清单项目特征描述确定的综合单价计算。综合单价中应考虑招标文件中要求投标人承担的风险费用。

4. 投标人对措施项目费投标报价的原则

投标人可根据工程实际情况结合施工组织设计,对招标人所列的措施项目进行增补。措施项目费应根据招标文件中的措施项目清单及投标时拟定的施工组织设计或施工方案按《清单计价规范》(2013)第 4.1.4 条的规定自主确定。

措施项目清单中的安全文明施工费(由文明施工费、环境保护费、临时设施费、安全施工费 4 项费用组成)应按照国家或省级、行业建设主管部门的规定计价,不得作为竞争性费用。按照福建省规定,安全文明施工费和优质工程增加费均为不可竞争费用,投标报价时不得低于招标控制价的公布金额。

5. 其他项目费的计价

(1)暂列金额应按照其他项目清单中列出的金额填写,不得变动。

(2)计日工应按照其他项目清单列出的项目和估算的数量,自主确定各项综合单价并计算费用。

(3)总承包服务费应依据招标人在招标文件中列出的分包专业工程内容和供应材料、设

备情况,按照招标人提出的协调、配合与服务要求及施工现场管理需要自主确定。

6. 投标人投标总价的计算原则

实行工程量清单招标,投标人的投标总价应当与组成工程量清单的分部分项工程费、措施项目费、其他项目费和规费、税金的合计金额相一致,即投标人在进行工程量清单招标的投标报价时,不能进行投标总价优惠(或降价、让利),投标人对投标报价的任何优惠(或降价、让利)均应反映在相应清单项目的综合单价中。

4.2.4.4 投标报价的编制原则及依据

1. 投标报价的编制原则

投标报价的编制原则即编制过程应遵循的准则。包括以下几个方面:

(1)自主确定报价原则。投标报价是市场价,应具有竞争性。编制投标报价总的原则是自主确定报价,不受政府指导价的限制。但国家规定的强制性条文必须执行,如《清单计价规范》(2013)强制性条文规定的不可竞争费用等。

(2)投标报价不得低于成本价的原则。国际上通常不作此项规定,但是我国规定投标报价不得低于成本价。至于如何界定是否低于成本价,各行各业有各自的做法,没有统一规定。假如某工程有多家投标,必有一家是最低价的,怎样能认定投标单位所报价格是不是低于成本呢?"最低成本"如何确定,确实是一件很难的事。目前的做法有交纳低价风险金以证明不是最低成本价,也有采用系数法确定最低成本价,如按平均价下浮一个系数等做法,其实这些做法都不是最科学的。问题将留给学术界继续探讨。

(3)投标报价与招标文件规定的责任相对应原则。即投标报价应符合招标文件规定的责任划分和风险划分,在明确责任和风险的基础上进行报价。

(4)反映报价企业的技术管理水平的原则。投标报价是竞争性价格,是一个企业技术水平和管理水平的综合体现。同样一个报价相对不同的企业,可能有两种结果:一种是亏本价,一种是利润价。

(5)科学严谨的原则。投标报价计算要有一套科学的方法,每个数据都要有根有据,不可以随便估计。

(6)简明适用的原则。投标报价的计算既要有科学的方法,又要简明适用,数据在一定的变更幅度内,不求精确,只求相对准确。

2. 投标报价的编制依据

(1)《清单计价规范》(2013);

(2)国家或省级以及行业建设主管部门颁发的计价办法;

(3)企业定额,国家或省级以及行业建设主管部门颁发的计价定额;

(4)招标文件、工程量清单及补充通知、答疑纪要;

(5)建设工程设计文件及相关资料;

(6)施工现场情况、工程特点及拟定的投标施工组织设计或施工方案;

(7)与建设项目相关的标准、规范等技术资料;

(8)市场价格信息或工程造价管理机构发布的工程造价信息;

（9）其他的相关资料。

4.2.4.5　投标报价的编制程序

投标报价编制的一般程序如图 4-1 所示。

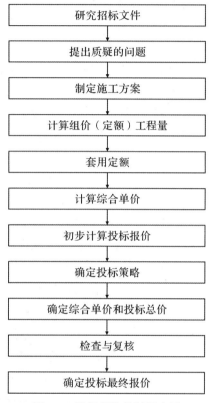

图 4-1　投标报价编制程序图

（1）研究招标文件。编制投标报价前应认真研究招标文件，根据招标文件规定，进行投标报价前期的调查研究。收集信息资料，包括政治和法律方面的资料，自然条件、市场状况、工程项目方面的情况，以及业主情况、投标人自身情况、竞争对手资料等。

（2）提出疑问。认真核对图纸、工程量清单单位、数量、评标定标办法及招标文件等，确认应明确的问题是否已经明确。如有问题，应在招标文件规定的时间内向招标人提出质询。

（3）制定施工方案。投标报价编制时应有一般的、通用的施工方案，如果报价编制人员无法制定相应的施工方案，请提请企业生产技术部门提出。

（4）计算组价（定额）工程量。根据招标文件和招标单位的答疑及项目通用施工方案和定额工程量计算规则，认真计算工程量清单综合单价的组价（定额）工程量。

计算组价工程量包括计算分部分项工程量和措施项目工程量。

（5）套用定额。根据企业定额或参考行业（专业）预算定额、已计算的组价工程量，确定每一清单项目的定额子目和定额调整。

（6）计算综合单价。按招标文件的规定，分别确定人工、材料、机械台班预算价，确定相应的管理费、风险费以及利润的费率,进而计算各清单项目的综合单价。

(7)初步计算投标报价。完成综合单价的计算后,应进一步确定规费费率和税金税率,进而计算工程总造价。

(8)确定投标策略。投标策略主要指不平衡报价和预测中标价位。

①不平衡报价。不平衡报价是指在保持总价不变的前提下,调整个别清单项目的投标报价,达到竣工结算收益最大化的一种方法。

不平衡报价通常可以考虑在以下几方面采用:

a. 能够早日结账收款的项目(如开办费、基础工程、土方开挖、桩基等)可适当提高,以利于资金周转;后期完成的工程,单价可适当降低。

b. 预计今后工程量会增加的项目,单价适当提高,这样在最终结算时可增加利润;将工程量可能减少的项目单价降低,工程结算时损失不大。

c. 工程内容解说不清楚(项目特征描述含糊)的,则可适当降低单价,待澄清后可再要求提价。

d. 施工条件差的特殊工程,报价可高一些;施工条件好,工作简单,工程量大的报价可低一些。

②预测中标价位。预测中标价位是在满足招标文件规定和经营收益率的前提下,预测中标概率最大的投标报价价位的一种方法。

预测中标价位,应根据评标定标办法,使投标报价计算得分最大化。

除此之外,投标策略还包括:①突然降价法;②先亏后盈法;③优惠取胜法;④以人为本法;⑤扩大标价法;⑥联合保标法。

(9)根据确定的投标策略,计算确定综合单价和投标总价。

(10)检查与复核。投标报价编制完成后,应进行认真检查和复核。实际工作中通常是采用计算机辅助计算,编制人员利用造价管理系统,完成工程量清单录入、套用定额、定额换算、录入各项费率和选择打印报表等工作。因此,检查和复核也应重点放在这几个环节。检查和复核时首先应按经验检查综合单价是否在正常值之内,综合单价与投标总价是否超出规定的控制价范围,非竞争性费用是否符合要求。

确定投标最终报价,还要注意以下几个方面的问题:一是在同一工程项目投多个标段时,各标段的最终报价不要在一个标准水平上,要有一定的阶梯度;二是要分析研究竞争对手的投标报价,做到知己知彼;三是在有些情况吃不准时,最终报价以偏低不偏高为原则。总之,测算、确定投标最终报价是一项系统而复杂的工作,往往有许多因素无法确定,要靠积累的经验分析判断。

应当指出的是,严格意义的投标报价,除了非竞争性费用之外,其他竞争性费用是企业自主决定的,即确定投标报价,除了非竞争性费用,其他费用(包括人工费、材料费、机械台班使用费以及管理费、利润和安全文明施工费之外的通用措施费用)可以根据经验填写,或者按预算编制程序,自主决定人工、材料、机械台班价格,自主确定各项费率。但实际工作中很多企业没有企业定额,而参考使用政府部门颁发的预算定额及相应的费率。同时,很多招标文件规定投标报价应提交单价分析表,因此需进行定额套用,而不能直接填写投标单价。

4.3　工程量清单计价文件编制实例

本节以福建省某县宝新工业园区 A 道路工程投标报价计价为编制实例,投标报价文件及清单计价工程量计算表附后。

4.3.1　工程量清单报价手工编制任务书

4.3.1.1　任务工作内容

根据福建省内某县宝新工业园区 A 道路工程招标工程量清单、施工图及相关资料,采用手工计算及填写,完成该工程投标报价文件编制。

4.3.1.2　任务相关资料

1. 某县宝新工业园区 A 道路工程招标工程量清单及施工图

招标工程量清单详见模块 3 中 3.5.4 招标的工程量清单,施工图详见附录。

2. 施工条件及取费标准

(1)管网施工设置施工围挡。混凝土及稳定层混合料采用现场拌制,机动翻斗车运输 200 m 以内。

(2)企业管理费、规费、总价措施项目费费率按照《福建省建筑安装工程费用定额》(2017 版)及调整文件进行取费,现场按未实行标准化管理考虑。利润率按 2% 计算,税金按增值税 9% 计算。

3. 人工、材料、机械价格信息

(1)人工费:人工费按照福州市城乡建设局榕建价〔2021〕8 号文件中的人工费调整指数 1.2075 计算。

(2)主要材料、机械价格:主要材料价格按照福州市造价站发布的 2023 年 6 月份某县的材料信息价,机械台班价格按照福建省造价站发布的 2021 年机械台班费用定额计算,具体见附件一表 14 人工、材料设备、机械汇总表。

4. 编制依据

《清单计价规范》(2013)、《市政计量规范》(2013)及福建省实施细则等有关规定。

4.3.1.3　具体任务

任务 1　清单分解及计价工程量计算

任务 2　分部分项工程量清单计价

　　子任务 2-1　通用项目清单计价

　　子任务 2-2　道路工程清单计价

　　子任务 2-3　管网工程清单计价

任务 3　措施项目清单计价、其他项目清单计价及其他报价文件的填写

附件一

表14 人工、材料设备、机械汇总表

工程名称:某县宝新工业园区 A 道路工程　　　　　　　　　　　　　　　第 1 页　共 4 页

序号	工料机编码	工料机名称	规格、型号等特殊要求	单位	单价
一		人工			
1	00010040	定额人工费		元	
二		材料			
2	01000030	型钢	综合	kg	3.416
3	01010060	螺纹钢筋	HRB335φ14	t	3630.090
4	01010120	螺纹钢筋	HRB335φ16	t	3541.590
5	01030080	镀锌铁丝	10#	kg	9.670
6	01030110	镀锌铁丝	16#	kg	10.330
7	01030140	镀锌铁丝	22#	kg	11.480
8	01090210	圆钢	φ10 以内	kg	3.720
9	01090210	圆钢	φ10 以外	kg	3.849
10	01090290	圆钢	φ10	t	3676.110
11	01292030	单层彩钢板	820 型	m²	33.630
12	01610250	铁件		kg	5.255
13	02051410	橡胶圈(混凝土管)	DN400	个	3.780
14	02090050	塑料薄膜		m²	0.410
15	02330010	草袋		个	1.460
16	03010550	圆钉		kg	9.930
17	03130330	电焊条	结 422φ3.2	kg	6.680
18	03210610	零星卡具		kg	5.730
19	04010001	水泥	32.5	kg	0.411
20	04010010	水泥	42.5	kg	0.438
21	04010170	散装水泥	42.5	kg	0.402
22	04030120	中(细)砂	损耗 2%＋膨胀 1.18	m³	161.210
23	04030150	中(粗)砂	损耗 2%＋膨胀 1.18	m³	161.210
24	04030200	天然中砂		m³	134.340
25	04030230	净干砂(机制砂)		m³	131.400
26	04050191	碎石	φ0～5	m³	121.260
27	04050200	碎石	φ5～10 细石	m³	121.260
28	04050230	碎石	φ5～25	m³	81.390
29	04050240	碎石	φ5～31.5	m³	81.390

表 14　人工、材料设备、机械汇总表

工程名称：某县宝新工业园区 A 道路工程　　　　　　　　　　第 2 页　共 4 页

序号	工料机编码	工料机名称	规格、型号等特殊要求	单位	单价
30	04050250	碎石	φ5～40	m³	81.390
31	04050281	碎石	φ10～25	m³	81.390
32	04050410	碎石(级配)		m³	120.720
33	04070040	石屑		m³	84.470
34	04110090	路缘石	12×28～35 露明二凿、倒棱一刹	m	41.740
35	04110100	路缘石	12×38～45 露明二凿、倒棱一刹	m	54.920
36	04130390	透水砖	8 cm	m²	46.110
37	04130720	水泥实心砖	240×115×53 MU10	块	0.360
38	04270050	混凝土垫块		m³	488.490
39	05030220	松木锯材		m³	1379.000
40	05050050	胶合板	13 厚	m²	26.550
41	13010390	煤焦沥青漆	L01-17	kg	10.620
42	13310050	石油沥青	10#	kg	2.960
43	14070260	润滑油		kg	4.730
44	14350570	脱模剂		kg	2.920
45	17010470	焊接钢管	DN40	m	15.725
46	17250170	塑料管	φ30	m	1.470
47	17251740	HDPE 缠绕管	φ400	m	282.910
48	17270190	橡胶管		m	20.480
49	17290040	混凝土排水管承插口	φ300	m	28.000
50	17290690	钢筋混凝土排水管承插口	φ500	m	139.820
51	17290700	钢筋混凝土排水管承插口	φ600	m	175.220
52	17290720	钢筋混凝土排水管承插口	φ800	m	230.970
53	33050060	铸铁爬梯		kg	6.840
54	34050010	草板纸	80#	张	1.050
55	34090130	金刚石刀片		片	386.360
56	34090340	锯末		m³	88.060
57	34110001	木柴		kg	0.460

表14　人工、材料设备、机械汇总表

工程名称：某县宝新工业园区A道路工程　　　　　　　　　　　　　　　第3页　共4页

序号	工料机编码	工料机名称	规格、型号等特殊要求	单位	单价
58	34110030	电		kW·h	0.660
59	34110050	煤		kg	0.769
60	34110080	水		m³	3.280
61	35010001	钢模板		kg	6.190
62	35020030	木支撑		m³	2168.000
63	36010260	铸铁井盖井座		套	642.000
64	36010320	钢纤维砼井盖井座	φ700	套	483.540
65	36050070	人行道板	250×250×50	块	3.330
66	49010040	其他材料费		元	1.000
67	80010020	水泥砂浆	1：2(32.5)	m³	376.959
68	80010040	水泥砂浆	1：3(32.5)	m³	331.462
69	80010150	砌筑水泥砂浆	M5(32.5)	m³	256.660
70	80010210	砌筑水泥砂浆	M7.5(42.5)	m³	262.654
71	80010350	现拌砌筑砂浆	M5(42.5)	m³	207.428
72	80210345	现拌普通混凝土	C15(42.5)(碎石 31.5 mm 坍落度 10～30 mm)	m3	232.359
73	80210840	现拌普通混凝土	C25(42.5)(碎石 31.5 mm 坍落度 30～50 mm)	m³	257.346
74	80213210	现拌普通混凝土	C25(42.5)(碎石 10 mm 坍落度 30～50 mm)	m³	299.997
75	80213230	现拌普通混凝土	C15(42.5)(碎石 25 mm 坍落度 30～50 mm)	m³	238.537
76	80215545	路面抗折混凝土	5.0 MPa(42.5)(碎石 31.5 mm)	m³	388.090
77	80215720	现拌普通混凝土	C15(42.5)(碎石 25 mm 坍落度 90～110 mm)	m³	246.757
78	80215725	现拌普通混凝土	C20(42.5)(碎石 25 mm 坍落度 90～110 mm)	m³	259.308
79	80251110	水泥稳定粒料	水泥用量 5%	m³	291.110
三		机械			
80	99010030-1	履带式单斗挖掘机	液压 斗容量 1.25 m³	台班	1398.054
81	99050080-1	双锥反转出料混凝土搅拌机	出料容量 350 L	台班	350.877

表 14 人工、材料设备、机械汇总表

工程名称：某县宝新工业园区 A 道路工程　　　　　　　　　　　　　第 4 页　共 4 页

序号	工料机编码	工料机名称	规格、型号等特殊要求	单位	单价
82	99050090-1	双锥反转出料混凝土搅拌机	出料容量 500 L	台班	374.366
83	99050210-1	灰浆搅拌机	200 L	台班	166.768
84	99050660-1	混凝土磨光机		台班	17.605
85	99050670-1	混凝土振动梁		台班	23.236
86	99070030-1	履带式推土机	75 kW	台班	863.222
87	99070520-1	载货汽车	装载质量 5 t	台班	539.934
88	99070640-1	自卸汽车	8 t	台班	741.117
89	99070670-1	自卸汽车	15 t	台班	948.367
90	99070870	机动翻斗车	1 t	台班	288.932
91	99090300	汽车式起重机	5 t	台班	496.358
92	99090310	汽车式起重机	8 t	台班	840.251
93	99090620	叉式起重机	3 t	台班	621.001
94	99091170	电动卷扬机	单筒慢速　牵引力 50 kN	台班	172.533
95	99130010	平地机	90 kW	台班	761.743
96	99130100	钢轮内燃压路机	工作质量 8 t	台班	516.059
97	99130120	钢轮内燃压路机	工作质量 15 t	台班	742.158
98	99130190	振动压路机	工作质量 12 t	台班	722.400
99	99130200	振动压路机	工作质量 15 t	台班	971.360
100	99130220	手扶振动压实机	工作质量 1 t	台班	67.767
101	99130280	电动夯实机	夯击能力 20～62 N.m	台班	27.160
102	99130610	混凝土路面锯缝机	不含刀片	台班	11.675
103	99130690	真空吸水机		台班	31.790
104	99170020	钢筋切断机	ϕ40 mm	台班	38.824
105	99170040	钢筋弯曲机	ϕ40 mm	台班	23.829
106	99210001	木工圆锯机	ϕ500 mm	台班	23.964
107	99210060	木工单面压刨床	刨削宽度 600 mm	台班	30.071
108	99250010	交流弧焊机	容量 30 kV·A	台班	89.460
109	99250150	对焊机	容量 75 kV·A	台班	102.380
110	99070930	洒水车	罐容量 4000 L	台班	591.357

4.3.2　任务1　清单分解及计价工程量计算

任务1　清单分解及计价工程量计算就是根据分部分项工程量清单的项目特征、设计图纸、施工方案及市政工程预算定额等，查出每个清单项目应套用的定额子目名称、定额编号、定额单位、定额调整情况，并列式计算出相应的工程量（套用的定额子目计价工程量与清单工程量一致的，不用列式计算），填写到表15.1清单计价工程量计算表（一）中。

1. 任务1示例

对某县宝新工业园区A道路工程分部分项工程量清单与计价表中部分清单项目进行分解、套用定额、计算定额计价工程量，填写到表15.1清单计价工程量计算表（一）中。其中，挖沟槽土方、水泥稳定碎石、塑料管这三个清单项目的分解及计价工程量计算过程可扫描微课视频"4-4清单分解及计价工程量计算"观看。

视频4-4　报价编制示例（一）——清单分解及计价工程量计算

2. 学生实训练习

任课老师根据学生的实际情况，选择表15.1清单计价工程量计算表（一）中未分解及计价工程量计算的分部分项工程量清单项目，作为实训练习，由学生独立或分小组进行分解及计价工程量计算。

4.3.3　任务2　分部分项工程量清单计价

任务2　分部分项工程量清单计价就是根据任务1所填的表15.1清单计价工程量计算表（一），查询《福建省市政工程预算定额》（2017），按照清单项目逐项分别填写清单项目单位工料机费用计算表，计算出各定额子目1个定额计量单位的工料机消耗量，再乘以附件一中相应的人工、材料、机械台班单价，计算出1个定额计量单位的人工费、材料费、机械使用费，然后转抄到分部分项工程量清单综合单价分析计算表中，并查阅任务书相关资料、费用定额等，确定出企业管理费费率、利润率、规费费率、税率等，按照综合单价计算程序和方法，计算出企业管理费、利润、规费、税金，汇总得出分部分项工程量清单综合单价。最后把各分部分项工程量清单综合单价填入分部分项工程量清单与计价表中，乘以相应的工程量，计算得出其合价，进一步合计得出分部工程或单位工程的分部分项工程费。

4.3.3.1　子任务2-1　通用项目清单计价

1. 任务示例

（1）以通用项目中挖沟槽土方计价为例，分3个步骤进行：①参照表15.1清单计价工程量计算表（一）中第6项挖沟槽土方的清单分解情况，填写挖沟槽土方的清单项目单位工料机费用计算表（一）（表16.1），进行单位工料机费用计算。

②填写分部分项工程量清单综合单价分析计算表（一）（表10.1），计算出挖沟槽土方的清单综合单价。

视频4-5　报价编制示例（二）——通用项目清单计价

表 15.1　清单计价工程量计算表（一）

工程名称：某县宝新工业园区 A 道路工程

编号	项目编码	项目名称	单位	工程量	计算式	备注
		通用项目				
1	040101001001	挖一般土方 (1)土壤类别:地面杂填土(一、二类土) (2)挖土深度:路基	m³	34801.31		
1.1	40101051	挖掘机挖一般土方(装车 一、二类土)	m³	34801.31		
2	040101001002	挖一般土方 (1)土壤类别:三类土 (2)挖土深度:路基	m³	44336.40		
2.1	40101052	挖掘机挖一般土方(装车 三类土)	m³	44336.40		
3	040101001003	挖一般土方 (1)土壤类别:四类土 (2)挖土深度:路基	m³	11084.10		
3.1	…	…	…	…	…	
4	040103001001	填方 (1)密实度要求:满足设计和规范要求 (2)填方材料品种:土方 (3)填方来源,运距:路基及园区开挖园区开挖土方,1 km 以内	m³	113243.81		
4.1	40101091	自卸汽车运土(载重 10 t 以外 运距 1 km 以内)	m³	113243.81		
4.2	40101104	填土碾压(振动压路机)	m³	113243.81		
5	040103002001	余方弃置 (1)废弃料品种:地面杂填土 (2)运距:2 km	m³	34801.31		

续表

编号	项目编码	项目名称	单位	工程量	计算式	备注
5.1	40101091T	自卸汽车运土(载重10 t以内 运距2 km以内)	m³	34801.31		+40101092×1
6	04010100 2001	挖沟槽土方 (1)土壤类别:三类土 (2)挖土深度:4 m以内	m³	7521.91		
6.1	40101009T	人工挖沟槽土方 三类土 槽深(4 m以内)	m³	376.10	7521.91×5%=376.10	定额×1.5
6.2	40101055	挖掘机挖沟槽土方(不装车 三类土)	m³	4559.14	4293.66÷0.87=4935.24 4935.24-376.10=4559.14	
6.3	40101058	挖掘机挖沟槽土方(装车 三类土)	m³	2586.67	7521.91-4559.14-376.10=2586.67	
7	04010300 1002	填方 (1)密实度要求:满足设计和规范要求 (2)填方材料品种:砂	m³	2272.59		
7.1	40101108	槽、坑回填砂(人工摊铺机械夯实)	m³	2272.59		
8	04010300 1003	填方 (1)密实度要求:满足设计和规范要求 (2)填方材料品种:土 (3)填方来源,运距:挖沟槽土方	m³	4293.66		
8.1	...	...	...	...	...	
9	04010300 2003	余方弃置 (1)废弃料品种:沟槽土方 (2)运距:2 km	m³	2586.67		
9.1	...	...	...	...		

续表

道路工程

编号	项目编码	项目名称	单位	工程量	计算式	备注
10	040202011001	碎石 (1)石料规格:级配碎石 (2)厚度:15 cm	m²	8723.89		
10.1~10.2	...	...	...	...	...	
11	040202015001	水泥稳定碎(砾)石 (1)水泥含量:5% (2)石料规格:4 cm 碎石 (3)厚度:18 cm	m²	8723.89		预拌水泥稳定粒料 换 现拌水泥稳定粒料，水泥含量5%，人工、机械×2，材料×1.2
11.1	40202057T	水泥稳定层(人工摊铺 现场拌制 厚度18 cm)	m²	8723.89		
11.2	40107049	混凝土搅拌机拌和(容量350 L以内)	m³	1593.85	8723.89×0.18×1.015=1593.85	
11.3	40105017T	机动翻斗车运输混凝土混合料(运距200 m以内)	m³	1593.85	8723.89×0.18×1.015=1593.85	+40105018×3
12	040203007001	水泥混凝土 (1)混凝土强度等级:C35 (2)掺和料:无 (3)厚度:22 cm (4)嵌缝材料:沥青玛蹄脂	m³	8723.89	555.135×15+76.71+320.15=8723.89	
12.1	40203041T	水泥混凝土路面(厚度22 cm)	m²	8723.89		+40203042×2，预拌 现拌 C35 4.5 MPa 砼 换 现拌 C35 砼，其他材料费4%

续表

编号	项目编码	项目名称	单位	工程量	计算式	备注
12.2	40107050	混凝土搅拌机拌和 容量(500 L以内)	m³	1948.04	8723.89×0.22×1.015=1948.04	
12.3	40105017T	机动翻斗车运输混凝土(沥青)混合料(运距200 m以内)	m³	1948.04	8723.89×0.22×1.015=1948.04	+40105018×3
12.4	40203044	人工切缝(伸缩缝 沥青玛蹄脂)	m²	3.00	15×0.04×5=3.0 m²	
12.5	40203047	锯缝机锯缝(缝深4 cm)	m	75.00	5×15=75 m	
12.6	40203049T	路面钢筋(拉杆)	t	2.186	详见路面钢筋工程数量表	圆钢φ10以内删除,圆钢φ10以外换螺纹钢筋φ14,量1.030
12.7	40203050T	路面钢筋(其他钢筋)	t	0.435	详见路面钢筋工程数量表	圆钢φ10以内删除,圆钢φ10以外换螺纹钢筋φ14,量1.026
12.8	40203049T	路面钢筋(传力杆)	t	0.580	详见路面钢筋工程数量表	圆钢φ10以内量0,圆钢φ10以外量1030
12.9	40203052	混凝土路面真空吸水 混凝土路面厚度15~24 cm	m²	8723.89		
12.10	40203054	传力杆套筒 塑料管φ30	只	240.00	555.135÷150+1≈5条 12×4×5=240只	
13	040204002001	人行道块料铺设 (1)块料品种、规格:C25砼透水砖 (2)基础、垫层材料品种、厚度:C10素混凝土,厚10 cm	m²	4610.37		
13.1~13.5	…	…	…	…	…	

续表

编号	项目编码	项目名称	单位	工程量	计算式	备注
14	040204004001	安砌侧(平、缘)石 (1)材料品种、规格:花岗岩石,标号不低于Mu40,尺寸18 cm×45 cm (2)基础、垫层材料品种,厚度:C20混凝土底座,厚15 cm	m	1153.27		
14.1~14.4	...	...	...	...	...	
15	040204007001	树池砌筑 (1)材料品种、规格:花岗岩石,尺寸100 mm×200 mm×1000 mm (2)树池尺寸:1000 mm×1000 mm (3)树池盖面材料品种:400 mm×400 mm×30 mm植草砖	个	186		
15.1	40204027	路缘石立缘石安砌 截面半周长50 cm以内 有基座	m	669.60	0.9×4×186=669.60	
15.2	40204025T	C20侧缘石混凝土基座	m³	16.74	(0.2×0.2-0.1×0.1-0.1×0.05)×0.9×4×186=16.74	预拌C15砼换现拌C20砼
15.3	40107050	混凝土搅拌机拌和 容量(500 L以内)	m³	16.99	16.74×1.015=16.99	
15.4	40105017T	机动翻斗车运输混凝土(沥青混合料)(运距200 m以内)	m³	16.99	16.74×1.015=16.99	+40105018×3
15.5	40204020	透水砖	m²	119.04	0.8×0.8×186=119.04	
		排水管网工程				
16	040501001001	混凝土管 (1)垫层、基础材质及厚度:厚200 mm碎石垫层,厚80 mm C15砼基础 (2)规格:管座C15混凝土 (3)管座材质:D300砼雨水支管 (4)接口方式:水泥砂浆承插接口 (5)铺设深度:1.0 m	m	270.00		

续表

编号	项目编码	项目名称	单位	工程量	计算式	备注
16.1	40501058	垫层 碎石	m³	41.88	$15-(0.24-0.18+0.4/2)\times2=14.48$ $14.48-(1+2\times0.365)-(0.40+0.24\times2)$ $=11.87$ $11.87\times18=213.66$ $0.98\times0.2\times213.66=41.88$	
16.2	40501064T	渠(管)道基础 混凝土平基混凝土	m³	8.20	$0.48\times0.08\times213.66=8.20$	预拌 C15 砼 换 现拌 C15 砼
16.3	40501071T	渠(管)道基础混凝土管座 现浇	m³	12.30	$[(0.48\times0.238-0.5\times\pi\times(0.15+0.04)^2]$ $\times213.66=12.30$	预拌 C15 砼 换 现拌 C15 砼
16.4	40107050	混凝土搅拌机拌和 容量(500 L 以内)	m³	20.81	$(8.20+12.30)\times(1+1.5\%)=20.81$	
16.5	40105017T	机动翻斗车运输混合料(沥青)混合料(运距 200 m 以内)	m³	20.81	$(8.20+12.30)\times(1+1.5\%)=20.81$	+40105018 ×3
16.6	40502047	承插式钢筋混凝土管 人工下管 管径(300 mm 以内)	m	246.24	$14.48-1+0.3-0.4+0.3=13.68$ $13.68\times18=246.24$	
16.7	40502161	水泥砂浆接口 管径(300 mm 以内)	口	108	$(14.48-1-0.4)\div2-1\approx6,6\times18=108$	
17	040501001002	混凝土管 (1)垫层,基础材质及厚度:厚 200 mm 碎石垫层,厚 120 mm C15 砼基础 (2)管座材质:管座 C15 混凝土 (3)规格:D500 钢筋砼雨水管 (4)接口方式:水泥砂浆承插接口 (5)铺设深度:1.77 m	m	270.00		
17.1	40501058	垫层 碎石	m³	71.24	$270-9-0.365\times2\times9=254.43$ $1.4\times0.2\times254.43=71.24$	
17.2	40501064T	渠(管)道基础 混凝土平基混凝土	m³	24.43	$0.8\times0.12\times254.43=24.43$	预拌 C15 砼 换 现拌 C15 砼

续表

编号	项目编码	项目名称	单位	工程量	计算式	备注
17.3	40501071T	渠(管)道基础 混凝土管座 现浇	m³	36.91	$[(0.8\times0.364-0.5\times\pi\times(0.25+0.055)^2]\times254.43=36.91$	预拌 C15 砼 换 现拌 C15 砼
17.4	40107050	混凝土搅拌机拌和 容量(500 L 以内)	m³	62.26	$(24.43+36.910)\times1.015=62.26$	
17.5	40105017T	机动翻斗车运输混凝土(沥青)混合料(运距 200 m 以内)	m³	62.26	$(24.43+36.910)\times1.015=62.26$	＋40105018 ×3
17.6	40502053	承插式 钢筋混凝土管 人工下管 管径(500 mm 以内)	m	263.70	$270-9+0.3\times9=263.70$	
17.7	40502165	水泥砂浆接口 管径(500 mm 以内)	口	126	$(30-1)\div2-1\approx14,14\times(5+4)=126$	
18	040501001003	混凝土管 (1)垫层、基础材质及厚度:厚 200 mm 碎石 垫层,厚 140 mm C15 砼基础 (2)管座材质:D600 钢筋砼雨水管 (3)规格:D600 钢筋砼雨水管 (4)接口方式:水泥砂浆插接口 (5)铺设深度:1.99 m	m	195.14		
18.1～ 18.7	…	…	…	…	…	
19	040501001004	混凝土管 (1)垫层、基础材质及厚度:厚 200 mm 碎石 垫层,厚 160 mm C15 砼基础 (2)管座材质:D800 钢筋砼雨水管 (3)规格:D800 钢筋砼雨水管 (4)接口方式:水泥砂浆插承插接口 (5)铺设深度:2.22 m	m	60.00		
19.1～ 19.7	…	…	…	…	…	

续表

编号	项目编码	项目名称	单位	工程量	计算式	备注
20	040501004001	塑料管 (1)垫层,基础材质及厚度:厚150 mm 碎石灌砂基础,厚100 mm 中粗砂基础 (2)材质及规格:DN400 双壁波纹管污水管 (3)连接形式:橡胶圈接口 (4)铺设深度:2.67～3.42 m (5)管道检验及试验要求:闭水试验	m	525.14	$525.14-17\times0.75-0.365\times(21+13)=499.98$	
20.1	40501055	垫层碎石灌砂	m³	116.21	$(1.5+0.33\times0.15)\times0.15\times499.98=116.21$	
20.2	40501056	垫层砂	m³	149.13	$[(1.5+0.33\times0.35)\times0.35-(1.5+0.33\times0.15)\times0.15-(120°/360°\times\pi\times0.223^2-0.1\times\sqrt{3}/10)]\times499.98=149.13$	
20.3	40502073	塑料管铺设 管径(400 mm 以内)	m	517.49	$525.14-0.75\times17+0.3\times17=517.49$	
20.4	40502241	承插口,企口橡胶圈接口橡胶圈连接 管径(400 mm 以内)	个	87	$(15-0.75/2)\div5-1\approx2$ $(30-0.75)\div5-1\approx5$ $(30.15-0.75/2)\div5-1\approx5$ $2+5\times16+5=87$	
20.5	40502281	管道闭水试验(φ400 mm 以内)	km	0.525	$525.14\div1000\approx0.525$	
21	040504001001	砌筑井 (1)厚200 mm 碎石灌砂垫层,厚200 mm C25 砼基础 (2)MU10 砖 (3)1∶2水泥砂浆 (4)甲型 C25 钢筋砼预制盖板 (5)φ710 铸铁井盖板座 (6)不落底雨水井,平均井深1.89 m,尺寸1000 mm×1000 mm	座	9		
21.1	40501004	排水井垫层砂碎石	m³	12.45	$[1.73+(0.25+0.20)\times2]^2\times0.2\times9=12.45$	

续表

编号	项目编码	项目名称	单位	工程量	计算式	备注
21.2	40601058T	半地下室池底(平池底,厚度50 cm以内)排水井底底板	m³	8.95	$(1.73+0.25\times2)^2\times0.2\times9=8.95$	人工、机械系数以1.05,预拌C25砼换现拌C25砼
21.3	40501007	砖砌井壁(矩形)	m³	32.48	$(1.0+0.365)\times4\times0.365\times1.89\times9-0.48^2\times\pi\times0.365\times2-0.36^2\times\pi\times0.365\times6=32.48$	
21.4	40501023	井底流槽 砖砌	m³	1.92	$(0.48\times1-0.5\times\pi\times0.40^2)\times1\times1+(0.36\times1-0.5\times\pi\times0.30^2)\times1\times3+(0.305\times1-0.5\times\pi\times0.25^2)\times1\times5=1.92$	
21.5	40501025	勾缝及抹灰 砖墙抹灰 井内侧	m²	61.52	$1.0\times1.89\times4\times9-0.48^2\times\pi\times6-0.305^2\times\pi\times9=61.52$	
21.6	40501027	勾缝及抹灰 砖墙抹灰 流槽	m²	11.91	$(1-0.8+\pi\times0.4)\times1\times1+(1-0.6+\pi\times0.3)\times1\times3+(1-0.5+\pi\times0.25)\times1\times5=1.457+4.027+6.427=11.91$	
21.7	40501111T	钢筋混凝土盖板,过梁预制井室盖板 矩形盖	m³	2.45	$(1.45\times1.45\times0.16-\pi\times0.48^2\times0.025-\pi\times0.33^2\times0.135)\times9=2.45$	预拌C20砼换现拌C25砼,定额×1.01
21.8	40501122	钢筋混凝土盖板,过梁安装井室盖板 矩形盖板每块体积在0.3 m³以内	m³	2.45	$(1.45\times1.45\times0.16-\pi\times0.48^2\times0.025-\pi\times0.33^2\times0.135)\times9=2.45$	
21.9	40304003	预制混凝土螺纹钢筋(φ10以外)	t	0.129	$(11.2+4.88)\times0.89\times9\div1000=0.129$	
21.10	40304001	预制混凝土圆钢筋(φ10以内)	t	0.062	$[(5.7+2.36)\times0.612+(4.44\times0.22+2.6\times0.39)]\times9\div1000=0.062$	
21.11	40501039	井盖,井篦安装(检查井井盖,座 普通铸铁)	套	9.00		
21.12	40107050	混凝土搅拌机拌和 容量(500 L以内)	m³	11.57	$(8.95+2.45)\times1.015=11.57$	

市政工程计量与计价

续表

编号	项目编码	项目名称	单位	工程量	计算式	备注
21.13	40105017T	机动翻斗车运输混凝土（沥青）混合料（运距200 m以内）	m³	11.57	(8.95+2.45)×1.015=11.57	+4010501 8×3
22	040504001002	砌筑井 (1)厚200 mm碎石灌砂垫层，厚200 mm C25砼基础 (2)MU10砖 (3)1：2水泥砂浆 (4)甲型C25钢筋砼预制盖板 (5)φ710铸铁井盖座 (6)落底雨水井，平均井深1.92 m，尺寸1000 mm×1000 mm	座	9		
22.1~22.11	...	...	...	...	...	
23	040504001003	砌筑井 (1)厚200 mm碎石灌砂垫层，厚200 mm C20砼基础 (2)MU10砖 (3)1：2水泥砂浆 (4)乙型C25钢筋砼预制盖板 (5)φ710铸铁井盖座 (6)不落底污水井，平均井深2.92 m，尺寸750 mm×750 mm	座	10		
23.1~23.13	...	...	...	...	...	
24	040504001004	砌筑井 (1)厚200 mm碎石灌砂垫层，厚200 mm C20砼基础 (2)MU10砖 (3)1：2水泥砂浆 (4)乙型C25钢筋砼预制盖板 (5)φ710铸铁井盖座 (6)落底污水井，平均井深2.85 m，尺寸750 mm×750 mm	座	8		

续表

编号	项目编码	项目名称	单位	工程量	计算式	备注
24.1	40501004	排水井垫层砂碎石	m³	8.32	$2.28^2 \times 0.2 \times 8 = 8.32$	
24.2	40601058T	半地下室池底(平池底,厚度50 cm以内)排水井井底板	m³	5.66	$(1.48 + 0.20 \times 2)^2 \times 0.2 \times 8 = 5.66$	人工、机械系数以乘1.05,预拌现拌C25砼换现拌C25砼
24.3	40501007	砖砌井壁(矩形)	m³	37.12	$(0.75 + 0.365) \times 4 \times 0.365 \times 2.85 \times 8 = 37.12$	
24.4	40501025	勾缝及抹灰 砖墙抹灰 井内侧	m²	65.90	$0.75 \times 2.85 \times 4 \times 8 - 0.223^2 \pi \times 16 = 65.90$	
24.5	40501111T	钢筋混凝土盖板、过梁 预制井室盖板 矩形盖板	m³	0.90	$(1.1 \times 1.1 \times 0.14 - \pi \times 0.48^2 \times 0.025 - \pi \times 0.33^2 \times 0.115) \times 8 = 0.90$	预拌C20砼 现拌C25砼换算,定额×1.01
24.6	40501122	钢筋混凝土盖板、过梁安装井室盖板 矩形盖板每块体积在0.3 m³以内	m³	0.90	$(1.1 \times 1.1 \times 0.14 - \pi \times 0.48^2 \times 0.025 - \pi \times 0.33^2 \times 0.115) \times 8 = 0.90$	
24.7	40304003	预制混凝土螺纹钢筋(φ10以外)	t	0.022	$3.08 \times 0.89 \times 8 \div 1000 = 0.022$	
24.8	40304001	预制混凝土圆钢筋(φ10以内)	t	0.049	$\{[2.34 \times 0.612 + (4.28 + 4.2 + 2.44) \times 0.39 + 2.16 \times 0.22] \times 8\} \div 1000 = 0.049$	
24.9	40501039	井盖、井箅安装(检查井井盖,座 普通铸铁)	套	8.00		
24.10	40107050	混凝土搅拌机拌和 容量(500 L以内)	m³	6.66	$(5.66 + 0.90) \times 1.015 = 6.66$	
24.11	40105017T	机动翻斗车运输混凝土(沥青)混合料(运距100 m以内)	m³	6.66	$(5.66 + 0.90) \times 1.015 = 6.66$	＋40105018 ×3
25	040504009001	雨水口 (1)B型钢纤维混凝土盖板、座 (2)厚150 mm 碎石灌砂垫层,厚200 mm C15砼基础 (3)MU10砖 (4)1:2水泥砂浆	座	36		

市政工程计量与计价

续表

编号	项目编码	项目名称	单位	工程量	计算式	备注
25.1	40501004	排水井垫层砂碎石	m³	10.23	1.48×1.28×0.15×36=10.23	人工、机械系数以1.05，预拌砼换现拌C25砼换现拌C15砼
25.2	40601058T	半地下室池底（平池底，厚度50cm以内）排水井底板	m³	13.64	1.48×1.28×0.2×36=13.64	
25.3	40501007	砖砌井壁（矩形）	m³	28.13	$(1.08×0.88-0.6×0.4)×(1.3-0.2)×36$ $=28.13$	
25.4	40501025	勾缝及抹灰 砖墙抹灰 井内侧	m²	75.12	$(0.6+0.4)×2×(1.3-0.2)×36-0.19^2×$ $π×36=75.12$	
25.5	40501048	井盖、井算安装（钢纤维砼井盖井座 Φ700）	套	36.00		
25.6	40107050	混凝土搅拌机拌和 容量（500 L以内）	m³	13.85	13.64×1.015=13.85	
25.7	40105017T	机动翻斗车运输混凝土（沥青）混合料（运距100 m以内）	m³	13.85	13.64×1.015=13.85	＋40105018 ×3

③把清单综合单价填入分部分项工程量清单与计价表(一)(表 5.1)中计算出其挖沟槽土方的分部分项工程费。

(2)通用项目的其他分部分项工程量清单项目按照同样的步骤和方法,计算单位工料机费用、清单综合单价(表 10.1,部分项目未列出),把清单综合单价填入分部分项工程量清单与计价表(一)(表 5.1)中计算出分部分项工程费,最后合计得出通用项目分部分项工程费。

2. 学生实训练习 2

任课老师根据学生的实际情况,选择表 15.1 清单计价工程量计算表(一)中未分解及计价工程量计算的通用项目——第 3 项 挖一般土方、第 8 项 填方、第 9 项 弃方,作为实训练习,由学生独立或分小组,根据自己实训练习 1 的成果,进行单位工料机费用计算及清单综合单价计算,然后把清单综合单价填入分部分项工程量清单与计价表(一)(表 5.1)中计算出相应的分部分项工程费。

4.3.3.2　子任务 2-2　道路工程清单计价

1. 任务 2-2 教学示例

(1)以道路工程中水泥稳定碎石计价为例,分 3 个步骤进行:

①参照表 15.1 清单计价工程量计算表(一)中第 11 项水泥稳定碎石的清单分解情况,填写水泥稳定碎石的清单项目单位工料机费用计算表(二)(表 16.2),进行单位工料机费用计算。

②填写表 10.2 分部分项工程量清单综合单价分析计算表(二),计算出水泥稳定碎石的清单综合单价。

视频 4-6　报价编制示例(三)——道路工程清单计价

③把清单综合单价填入表 5.2 分部分项工程量清单与计价表(二)中,计算出其水泥稳定碎石的分部分项工程费。

(2)道路工程的其他分部分项工程量清单项目按照同样的步骤和方法,计算单位工料机费用、清单综合单价(表 10.2,部分项目未列出),把清单综合单价填入分部分项工程量清单与计价表(二)(表 5.2)中计算出分部分项工程费,最后合计得出道路工程分部分项工程费。

2. 学生实训练习 3

任课老师根据学生的实际情况,选择表 15.1 清单计价工程量计算表(一)中未分解及计价工程量计算的道路项目——第 10 项 碎石、第 13 项 人行道块料铺设、第 14 项 安砌侧石,作为实训练习,由学生独立或分小组,根据自己实训练习 1 的成果,进行单位工料机费用计算及清单综合单价计算,然后把清单综合单价填入分部分项工程量清单与计价表(二)(表5.2)中计算出相应的分部分项工程费。

表 16.1　清单项目单位工料机费用计算表（一）

清单项目编码及名称：040101002001　挖沟槽土方

第 1 页　共 1 页

序号	工料机名称	单位	单价	40101009T 人工挖沟槽土方 三类土 槽深（4 m 以内） m³ 1			40101055 挖掘机挖槽坑土方 （不装车 三类土） m³ 1			40101058 挖掘机挖槽坑土方 （装车 三类土） m³ 1		
				定额	数量	合价	定额	数量	合价	定额	数量	合价
1	定额人工费	元	1.2075	51.735	51.735	62.47	0.34	0.34	0.41	0.34	0.34	0.41
2	履带式单斗挖掘机 液压 斗容量 1.25 m³	台班	1398.054				0.0020	0.0020	2.80	0.0023	0.0023	3.22
3	履带式推土机 功率 75 kW	台班	863.222				0.0002	0.0002	0.17	0.0004	0.0004	0.35
4												
5												
6	人工费	元				62.47			0.41			0.41
7	材料费	元				0.00			0.00			0.00
8	施工机械使用费	元				0.00			2.97			3.56

表 10.1　分部分项工程量清单综合单价分析表(一)

工程名称:某县宝新工业园区 A 道路工程

序号	项目编码	项目名称及特征描述	单位	工程量	综合单价组成(元)							综合单价(元)
					人工费	材料费	其中:设备费	施工机具使用费	企业管理费	利润	规费	税金	
		单项工程											
		市政工程											
		通用项目											
1	040101001001	挖一般土方 (1)土壤类别:地面杂填土(一、二类土) (2)挖土深度:路基	m³	34801.310	0.41			3.00	0.26	0.07		0.34	4.08
1.1	40101051	挖掘机挖土(挖掘机挖一般土方装车一、二类土)	m³	34801.310	0.41			3.00	0.26	0.07		0.34	4.08
2	040101001002	挖一般土方 (1)土壤类别:三类土 (2)挖土深度:路基	m³	44336.400	0.41			3.42	0.29	0.08		0.38	4.58
2.1	40101052	挖掘机挖土(挖掘机挖一般土方装车三类土)	m³	44336.400	0.41			3.42	0.29	0.08		0.38	4.58
3	040101001003	挖一般土方 (1)土壤类别:四类土 (2)挖土深度:路基	m³	11084.100	0.41			3.93	0.33	0.09		0.43	5.19
3.1	…	…		…									…

表 10.1 分部分项工程量清单综合单价分析表（一）

工程名称：某县宝新工业园区 A 道路工程

序号	项目编码	项目名称及特征描述	单位	工程量	综合单价组成（元）								综合单价（元）
					人工费	材料费	其中：设备费	施工机具使用费	企业管理费	利润	规费	税金	
		单项工程											
		市政工程											
		通用项目											
4	040103001001	填方 (1)密实度要求：满足设计和规范要求 (2)填方材料品种：土方 (3)填方来源,运距：路基及园区开挖土方,1 km 以内	m³	113243.810	0.68	0.05		9.01	0.74	0.21		0.97	11.66
4.1	40101091	自卸汽车运土（载重 10 t 以内）运距 1 km 以内	m³	113243.810	0.18			6.25	0.49	0.14		0.64	7.70
4.2	40101104	机械平整场地、填土夯实,原土夯实（填土碾压 振动压路机）	m³	113243.810	0.50	0.05		2.76	0.25	0.07		0.33	3.96
5	040103002001	余方弃置 (1)废弃料品种：地面杂填土 (2)运距：2 km	m³	34801.310	0.18			7.86	0.61	0.17		0.79	9.61
5.1	40101091T	自卸汽车运土（载重 10 t 以内）运距 2 km 以内	m³	34801.310	0.18			7.86	0.61	0.17		0.79	9.61
6	040101002001	挖沟槽土方 (1)土壤类别：三类土 (2)挖土深度：4 m 以内	m³	7521.910	3.51			3.02	0.50	0.14		0.64	7.82
6.1	40101009T	人工挖沟槽土方（三类土 槽深 4 m 以内）人工辅助开挖比例≤ 5%	m³	376.100	62.47				4.77	1.34		6.17	74.75

表 10.1　分部分项工程量清单综合单价分析表（一）

工程名称：某县宝新工业园区 A 道路工程

序号	项目编码	项目名称及特征描述	单位	工程量	综合单价组成（元）								综合单价（元）
					人工费	材料费	其中：设备费	施工机具使用费	企业管理费	利润	规费	税金	
		单项工程											
		市政工程											
		通用项目											
6.2	40101055	挖掘机挖土（挖掘机挖槽坑土方不装车 三类土）	m³	4559.140	0.41			2.97	0.26	0.07		0.33	4.04
6.3	40101058	挖掘机挖土（挖掘机挖槽坑土方装车 三类土）	m³	2586.670	0.41			3.56	0.30	0.09		0.39	4.75
7	040103001002	填方 (1)密实度要求：满足设计和规范要求 (2)填方材料品种：砂	m³	2272.590	2.19	157.97		1.82	12.36	3.49		16.00	193.83
7.1	40101108	槽、坑回填砂（人工摊铺机械务实）	m³	2272.590	2.19	157.97		1.82	12.36	3.49		16.00	193.83
8	040103001003	填方 (1)密实度要求：满足设计和规范要求 (2)填方材料品种：土 (3)填方来源、运距：挖沟槽土方	m³	4293.660	6.07			2.59	0.66	0.19		0.86	10.37
8.1	…	…	…	…									…
9	040103002002	余方弃置 (1)废弃料品种：沟槽土方 (2)运距：2 km	m³	2586.670	0.18			7.86	0.61	0.17		0.79	9.61
9.1	…	…	…	…									…

273

表 5.1 分部分项工程量清单与计价表(一)

工程名称:某县宝新工业园区 A 道路工程 第 1 页 共 1 页

序号	项目编码	项目名称	项目特征描述	计量单位	工程量	金额(元) 综合单价	合价
			单项工程				
			市政工程				
			通用项目				
1	040101001001	挖一般土方	(1)土壤类别:地面杂填土(一、二类土) (2)挖土深度:路基	m³	34801.31	4.08	141989.34
2	040101001002	挖一般土方	(1)土壤类别:三类土 (2)挖土深度:路基	m³	44336.40	4.58	203060.71
3	040101001003	挖一般土方	(1)土壤类别:四类土 (2)挖土深度:路基	m³	11084.10	…	…
4	040103001001	填方	(1)密实度要求:满足设计和规范要求 (2)填方材料品种:土方 (3)填方来源、运距:路基及园区开挖土方,1 km以内	m³	113243.81	11.66	1320422.82
5	040103002001	余方弃置	(1)废弃料品种:地面杂填土 (2)运距:2 km	m³	34801.31	9.61	334440.59
6	040101002001	挖沟槽土方	(1)土壤类别:三类土 (2)挖土深度:4 m 以内	m³	7521.91	7.82	58821.34
7	040103001002	填方	(1)密实度要求:满足设计和规范要求 (2)填方材料品种:砂	m³	2272.59	193.83	440496.12
8	040103001003	填方	(1)密实度要求:满足设计和规范要求 (2)填方材料品种:土 (3)填方来源、运距:挖沟槽土方	m³	4293.66	…	…
9	040103002002	余方弃置	(1)废弃料品种:沟槽土方 (2)运距:2 km	m³	2586.67	…	…
			分部小计				2626140.55

清单项目编码及名称:040202015001 水泥稳定碎石

表 16.2　清单项目单位工料机费用计算表(二)

定额编号				40202057T			40107049			40105017+40105018*3		
定额项目				水泥稳定层(人工摊铺 厚度 18 cm)			混凝土搅拌机拌和(容量 350 L 以内)			机动翻斗车运输混凝土混合料(运距 200 m 以内)		
定额单位				m²			m³			m³		
工程数量				1			1			1		
序号	工料机名称	单位	单价	定额	数量	合价	定额	数量	合价	定额	数量	合价
1	定额人工费	元	1.2075	27.02	27.02	32.63	13.90	13.90	16.78	1.37	1.37	1.65
2	水泥稳定粒料	m³	291.11	0.18270	0.1827	53.19						
3	铁件 综合	kg	5.255	0.05400	0.0540	0.28						
4	水	m³	3.28	0.21600	0.2160	0.71						
5	其他材料费	%	1	0.50000		0.27						
6	振动压路机 工作质量 12 t	台班	722.4	0.00240	0.0024	1.73						
7	钢轮内燃压路机 工作质量 8 t	台班	516.059	0.00120	0.0012	0.62						
8	双锥反转出料混凝土搅拌机 出料容量 350 L	台班	350.877				0.0340	0.0340	11.93			
9	机动翻斗车 装载质量 1 t	台班	288.932							0.08437	0.08437	24.38
10												
11	人工费	元				32.63			16.78			1.65
12	材料费	元				54.45			0.00			0.00
13	施工机械使用费	元				2.35			11.93			24.38

表 10.2　分部分项工程量清单综合单价分析表（二）

工程名称：某县宝新工业园区 A 道路工程

第 1 页　共 4 页

序号	项目编码	项目名称及特征描述	单位	工程量	综合单价组成（元）								综合单价（元）
					人工费	材料费	其中：设备费	施工机具使用费	企业管理费	利润	规费	税金	
		道路工程											
10	040202011001	碎石 (1)厚度：15 cm (2)石料规格：级配碎石	m²	8723.890	3.83	24.73		3.19	2.42	0.68		3.13	37.98
10.1～10.2	…	…	…	…	…								…
11	040202015001	水泥稳定碎(砾)石 (1)水泥含量：5% (2)石料规格：4 cm 碎石 (3)厚度：18 cm	m²	8723.890	36.00	54.45		8.98	7.58	2.15		9.83	118.99
11.1	40202057T	水泥稳定粒料水泥稳定层(人工摊铺 厚度 15 cm)	m²	8723.890	32.63	54.45		2.35	6.82	1.93		8.84	107.02
11.2	40107049	混凝土搅拌机拌和(容量 350 L 以内)	m³	1593.850	16.78			11.93	2.19	0.62		2.84	34.36
11.3	40105017T	混凝土(沥青)混合料运输[运输混合料运输混合料 机动翻斗车运距 200 m 内]	m³	1593.850	1.65			24.38	1.99	0.56		2.57	31.15
12	040203007001	水泥混凝土 (1)混凝土强度等级：C35 (2)掺和料：无 (3)厚度：22 cm (4)嵌缝材料：沥青玛碲脂	m²	8723.890	21.85	93.14		8.06	9.39	2.65		12.16	147.24
12.1	40203041T	水泥路面抗折混凝土路面(厚度 22 cm)	m²	8723.890	16.65	91.63		0.27	8.28	2.34		10.73	129.90

工程名称：某县宝新工业园区A道路工程

表10.2 分部分项工程量清单综合单价分析表（二）

序号	项目编码	项目名称及特征描述	单位	工程量	综合单价组成（元）									综合单价（元）
					人工费	材料费	其中：设备费	施工机具使用费	企业管理费	利润	规费	税金		
12.2	40107050	混凝土搅拌机拌和（容量500 L以内）	m³	1948.040	15.44			9.73	1.92	0.54		2.49	30.12
12.3	40105017T	混凝土（沥青）混合料运输[运输混合料混凝土 车运距200 m以内]	m3	1948.040	1.65			24.38	1.99	0.56		2.57	31.15
12.4	40203044T	C15现拌普通混凝土伸缩缝（人工切缝 伸缝 沥青玛蹄脂）	m²	3.000	35.89	7.43			3.31	0.93		4.28	51.84
12.5	40203047	伸缝、锯缝（锯缝机锯缝 缝深4 cm）	m	75.000	2.23	1.32		0.19	0.29	0.08		0.37	4.48
12.6	40203049T	水泥混凝土路面钢筋（路面钢筋 拉杆、传力杆）	t	0.580	650.32	4021.91		19.22	357.96	100.99		463.54	5613.94
12.7	40203049T	水泥混凝土路面钢筋（路面钢筋 拉杆、传力杆）	t	2.186	650.32	3796.21		19.22	340.74	96.13		441.24	5343.86
12.8	40203050T	水泥混凝土路面钢筋（路面钢筋 其他钢筋）	t	0.435	854.45	3775.30		14.96	354.39	99.98		458.92	5558.00
12.9	40203052	混凝土路面真空吸水（混凝土路面 厚度15~24 cm）	m²	8723.890	1.09	0.08		0.16	0.10	0.03		0.13	1.59
12.10	40203054	传力杆套筒（塑料管 φ30）	只	240.000	0.54	0.20			0.06	0.02		0.07	0.89

表 10.2 分部分项工程量清单综合单价分析表（二）

工程名称：某县宝新工业园区 A 道路工程

序号	项目编码	项目名称及特征描述	单位	工程量	综合单价组成（元）								综合单价（元）
					人工费	材料费	其中：设备费	施工机具使用费	企业管理费	利润	规费	税金	
13	040204002001	人行道块料铺设 (1)块料品种、规格:C25 砼透水砖 (2)基础、垫层:材料品种、厚度:C10 素混凝土,厚 10 cm	m²	4610.370	19.13	87.25		4.08	8.43	2.38		10.92	132.18
13.1~13.5	...	...	...	...									...
14	040204004001	安砌侧(平、缘)石 (1)材料品种、规格:花岗岩石,标号不低于 Mu40,尺寸 18 cm×45 cm (2)基础、垫层:材料品种、厚度:C20 混凝土底座,厚 15 cm	m	1110.270	27.22	84.69		3.90	8.84	2.49		11.44	138.58
14.1~14.4	...	...	...	...									...
15	040204007001	树池砌筑 (1)材料品种、规格:花岗岩石,尺寸 100 mm×200 mm (2)树池尺寸:1000 mm×1000 mm (3)树池盖面材料品种:400 mm×400 mm×30 mm 植草砖	个	186.000	74.81	213.10		3.34	22.23	6.28		28.79	348.55

表 10.2　分部分项工程量清单综合单价分析表（二）

工程名称：某县宝新工业园区 A 道路工程

序号	项目编码	项目名称及特征描述	单位	工程量	综合单价组成（元）								综合单价（元）
					人工费	材料费	其中：设备费	施工机具使用费	企业管理费	利润	规费	税金	
15.1	40204027T	侧缘石安砌（路缘石（立缘石）安砌 截面半周长 50 cm 以内 有基座）	m	669.600	11.83	42.29			4.13	1.17		5.35	64.77
15.2	40204025T	C20 侧缘石现拌普通混凝土基座	m³	16.740	123.52	277.39		2.53	30.78	8.68		39.86	482.76
15.3	40107050	混凝土搅拌机拌和（容量 500 L 以内）	m³	16.990	15.44			9.73	1.92	0.54		2.49	30.12
15.4	40105017T	混凝土（沥青）混合料运输[运输 车运距 200 m 以内 机动翻斗]	m³	16.990	1.65			24.38	1.99	0.56		2.57	31.15
15.5	40204020	透水砖铺设（透水砖）	m²	119.040	30.54	56.08			6.61	1.86		8.56	103.65

表5.2 分部分项工程量清单与计价表(二)

工程名称:某县宝新工业园区 A 道路工程　　　　　　　　　　　　　第1页 共1页

序号	项目编码	项目名称	项目特征描述	计量单位	工程量	金额(元)	
						综合单价	合价
			市政工程				
			通用项目				
			道路工程				
10	040202011001	碎石	(1)厚度:15 cm (2)石料规格:级配碎石	m²	8723.890	…	…
11	040202015001	水泥稳定碎(砾)石	(1)水泥含量:5% (2)石料规格:4 cm 碎石 (3)厚度:18 cm	m²	8723.890	118.99	1038055.67
12	040203007001	水泥混凝土	(1)混凝土强度等级:C35 (2)掺和料:无 (3)厚度:22 cm (4)嵌缝材料:沥青玛碲脂	m²	8723.890	147.24	1284505.56
13	040204002001	人行道块料铺设	(1)块料品种、规格:C25 砼透水砖 (2)基础、垫层:材料品种、厚度:C10 素混凝土,厚 10 cm	m²	4610.370	…	…
14	040204004001	安砌侧(平、缘)石	(1)材料品种、规格:花岗岩石,标号不低于 Mu40,尺寸 18 cm×45 cm; (2)基础、垫层:材料品种、厚度:C20 混凝土底座,厚 15 cm	m	1110.270	…	…
15	040204007001	树池砌筑	(1)材料品种、规格:花岗岩石,尺寸 100 mm×200 mm×1000 mm (2)树池尺寸:1000 mm×1000 mm (3)树池盖面材料品种:400 mm×400 mm×30 mm 植草砖	个	186.000	348.55	64830.30
			分部小计				3481984.80

4.3.3.3　子任务 2-3　管网工程清单计价

1. 任务示例

视频 4-7　报价编制示例(四)——管网工程清单计价

(1)以管网工程中塑料管计价为例,分 3 个步骤进行:

①参照表 15.1 清单计价工程量计算表(一)中第 16 项塑料管的清单分解情况,填写塑料管的清单项目单位工料机费用计算表(三)(表 16.3),进行单位工料机费用计算。

②填写表 10.3 分部分项工程量清单综合单价分析计算表(三),计算出塑料管的清单综合单价。

③把塑料管的清单综合单价填入分部分项工程量清单与计价表(三)(表 5.3)中,计算出塑料管的分部分项工程费。

(2)管网工程的其他分部分项工程量清单项目按照同样的步骤和方法,计算单位工料机费用、清单综合单价(表 10.3,部分项目未列出),把清单综合单价填入分部分项工程量清单与计价表(三)(表 5.3)中计算出相应的分部分项工程费,最后合计得出管网工程分部分项工程费。

2. 学生实训练习 4

任课老师根据学生的实际情况,选择表 15.1 清单计价工程量计算表(一)中未分解及计价工程量计算的管网工程项目:第 18 项 混凝土管(D600 钢筋砼雨水管)、第 19 项 混凝土管(D800 钢筋砼雨水管)、第 22 项 砌筑井(落底雨水井)、第 23 项 砌筑井(不落底污水井),作为实训练习,由学生独立或分小组,根据自己实训练习 1 的成果,进行单位工料机费用计算及清单综合单价计算,然后把清单综合单价填入分部分项工程量清单与计价表(三)(表5.3)中计算出相应的分部分项工程费。

表16.3 清单项目单位工料机费用计算表（三）

清单项目编码及名称：040501004001 塑料管　　　　　　　　　　　　　　　　　　　第 1 页　共 2 页

定额编号				40501055			40501056			40502073			40502241		
定额细目				垫层 碎石灌砂			垫层 砂基础			塑料管铺设管径（400mm以内）			承插口、企口橡胶圈接口 橡胶圈连接管径（400mm以内）		
定额单位				m³			m³			m			个		
工程数量				1			1			1			1		
序号	工料机名称	单位	单价	定额	数量	合价	定额	数量	合价	定额	数量	合价	定额	数量	合价
1	定额人工费	元	1.2075	54.28	54.28	65.54	43.35	43.35	52.35	6.63	6.63	8.01	37.14	37.14	44.85
2	碎石 φ5～40	m³	81.39	0.8568	0.86	69.73									
3	天然中砂	m³	134.34	0.3672	0.3672	49.33	1.2880	1.2880	173.03						
4	HDPE缠绕管 φ400	m	282.91							1.0200	1.02	288.57			
5	橡胶圈 DN400	个	3.78										1.0300	1.0300	3.89
6	润滑油	kg	4.73										0.0947	0.0947	0.45
7	其他材料费	%	1.00	2.0000	2.0000	2.38	2.0000	2.0000	3.46	1.5000		4.33	3.0000		0.13
8	电动夯实机	台班	27.16	0.0932	0.0932	2.53	0.0800	0.0800	2.17						
9															
10	人工费	元				65.54			52.35			8.01			44.85
11	材料费	元				121.45			176.49			292.90			4.47
12	施工机械使用费	元				2.53			2.17			0.00			0.00

清单项目编码及名称:040501004001　塑料管

表16.3　清单项目单位工料机费用计算表(三)

定额编号	40502281	
定额细目	管道闭水试验(φ400 mm 以内)	
定额单位	km	
工程数量	1	

序号	工料机名称	单位	单价	定额	数量	合价	定额	数量	合价	定额	数量	合价	定额	数量	合价
1	定额人工费	元	1.2075	1544.74	1544.74	1865.27									
2	水泥实心砖	块	0.360	730.0000	730.0000	262.80									
3	砌筑水泥砂浆 M7.5	m³	262.65	0.3600	0.3600	94.56									
4	水泥砂浆 1:2	m³	376.96	0.0600	0.0600	22.62									
5	焊接钢管 DN40	m	15.73	0.3000	0.3000	4.72									
6	橡胶管	m	20.48	15.0000	15.0000	307.20									
7	镀锌铁丝 10#	kg	9.67	6.8000	6.8000	65.76									
8	水	m³	3.28	149.9400	149.9400	491.80									
9	其他材料费	%	1.00	2.0000		24.99									
10															
11	人工费	元				1865.27									
12	材料费	元				1274.44									
13	施工机械使用费	元				0.00									

表10.3 分部分项工程量清单综合单价分析表(三)

工程名称：某县宝新工业园区A道路工程

序号	项目编码	项目名称及特征描述	单位	工程量	综合单价组成(元)								综合单价(元)
					人工费	材料费	其中:设备费	施工机具使用费	企业管理费	利润	规费	税金	
		排水管网工程											
16	04050100100 1	混凝土管 (1)垫层材质及厚度:厚200 mm碎石垫层,厚80 mm C15砼垫层 (2)管座材质:管座座 C15混凝土 (3)规格:D300砼雨水支管 (4)接口方式:水泥砂浆承插接口 (5)铺设深度:1.0 m	m	270.000	44.23	67.93		3.41	8.82	2.48		11.42	138.29
16.1	40501058	垫层(碎石)	m³	41.880	67.52	110.08		2.54	13.74	3.88		17.80	215.56
16.2	40501064T	C15渠(管)道基础(现拌普通混凝土平基 现拌普通混凝土)	m³	8.200	222.30	321.92		5.64	41.95	11.84		54.33	657.98
16.3	40501071T	C15渠(管)道基础(现拌普通混凝土管座 现浇)	m³	12.300	312.19	316.00		4.79	48.30	13.63		62.54	757.45
16.4	41007050	混凝土搅拌机拌和(容量500 L以内)	m³	20.810	15.44			9.73	1.92	0.54		2.49	30.12
16.5	40105017T	混凝土(沥青)混合料运输[运输混凝土(沥青)混合料 机动翻斗车 运距200 m以内]	m³	20.810	1.65			24.38	1.99	0.56		2.57	31.15
16.6	40502047	承插式混凝土管(φ200~2000)(钢筋混凝土管径300 mm工下管 管径300 mm以内)	m	246.240	9.70	28.99			2.95	0.83		3.82	46.29
16.7	40502161	水泥砂浆接口(管径300 mm以内)	口	108.000	6.56	0.60			0.55	0.15		0.71	8.57

表10.3　分部分项工程量清单综合单价分析表（三）

工程名称：某县呈新工业园区A道路工程

序号	项目编码	项目名称及特征描述	单位	工程量	综合单价组成（元）								综合单价（元）
					人工费	材料费	其中：设备费	施工机具使用费	企业管理费	利润	规费	税金	
17	04050101002	混凝土管（1）垫层，基础材质及厚度：厚200mm碎石垫层，厚120mm C15砼基础（2）管座材质：C15混凝土（3）规格：D500钢筋砼雨水管（4）接口方式：水泥砂浆承插接口（5）铺设深度：1.77 m	m	270.000	98.21	241.43		11.69	26.80	7.57		34.71	420.41
17.1	40501058	垫层（碎石）	m³	71.240	67.52	110.08		2.54	13.74	3.88		17.80	215.56
17.2	40501064T	C15渠（管）道基础（现拌普通混凝土平基 现拌普通混凝土）	m³	24.430	222.30	321.92		5.64	41.95	11.84		54.33	657.98
17.3	40501071T	C15渠（管）道基础（现拌普通混凝土管座 现浇）	m³	36.910	312.19	316.00		4.79	48.30	13.63		62.54	757.45
17.4	40107050	混凝土搅拌机拌和（容量500L以内）	m³	62.260	15.44			9.73	1.92	0.54		2.49	30.12
17.5	40105017T	混凝土（沥青）混合料运输[运输混凝土（沥青）混合料 机动翻斗车 运距200 m以内]	m³	62.260	1.65			24.38	1.99	0.56		2.57	31.15
17.6	40502053	承插式混凝土管（φ200～2000)(钢筋混凝土管 机配合 下 管径500 mm以内)	m	263.700	10.42	142.63		2.04	11.83	3.34		15.32	185.58
17.7	40502165	水泥砂浆接口（管径500 mm以内）	口	126.000	7.47	1.62			0.69	0.20		0.90	10.88

表 10.3 分部分项工程量清单综合单价分析表（三）

工程名称：某县宝新工业园区 A 道路工程

序号	项目编码	项目名称及特征描述	单位	工程量	综合单价组成（元）								综合单价（元）
					人工费	材料费	其中：设备费	施工机具使用费	企业管理费	利润	规费	税金	
18	040501001003	混凝土管 (1)垫层、基础材质及厚度：厚200 mm碎石垫层，厚140 mm C15砼基础 (2)管座材质：管座 C15 混凝土 (3)规格：D600 钢筋砼雨水管 (4)接口方式：水泥砂浆承插接口 (5)铺设深度：1.99 m	m	195.140	130.94	310.23		16.18	34.89	9.84		45.19	547.27
18.1～18.7	…	…	…	…									…
19	040501001004	混凝土管 (1)垫层、基础材质及厚度：厚200 mm碎石垫层，厚160 mm C15砼基础 (2)管座材质：管座 C15 混凝土 (3)规格：D800 钢筋砼雨水管 (4)接口方式：水泥砂浆承插接口 (5)铺设深度：2.22 m	m	60.000	201.03	440.53		29.14	51.18	14.44		66.27	802.59
19.1～19.7	…	…	…	…									…

表10.3　分部分项工程量清单综合单价分析表(三)

工程名称:某县某新工业园区A道路工程

序号	项目编码	项目名称及特征描述	单位	工程量	综合单价组成(元)								综合单价(元)
					人工费	材料费	其中:设备费	施工机具使用费	企业管理费	利润	规费	税金	
20	04050100400 1	塑料管 (1)垫层、基础材质及厚度:厚150 mm碎石灌砂基础,厚100 mm中粗砂基 (2)材质及规格:DN400双壁波纹管污水管 (3)连接形式:橡胶圈接口 (4)铺设深度:2.67~3.42 m (5)管道检验及试验要求:闭水试验	m	525.140	46.56	367.64		1.18	31.69	8.94		41.04	497.05
20.1	40501055	垫层(碎石灌砂)	m³	116.210	65.54	121.45		2.53	14.46	4.08		18.73	226.79
20.2	40501056	垫层(砂)	m³	149.130	52.35	176.49		2.17	17.63	4.97		22.82	276.43
20.3	40502073	塑料排水管管道铺设(塑料管铺设管径400 mm以内)	m	517.490	8.01	292.90			22.96	6.48		29.73	360.08
20.4	40502241	承插口,企口橡胶圈接口(橡胶圈接口管径400 mm以内)	个	87.000	44.85	4.47			3.76	1.06		4.87	59.01
20.5	40502281	管道闭水试验(φ400 mm以内)	km	0.525	1865.27	1274.44			239.56	67.59		310.22	3757.08

表 10.3　分部分项工程量清单综合单价分析表（三）

工程名称：某县玺新工业园区 A 道路工程

序号	项目编码	项目名称及特征描述	单位	工程量	综合单价组成（元）								综合单价（元）
					人工费	材料费	其中：设备费	施工机具使用费	企业管理费	利润	规费	税金	
21	04050400101001	砌筑井 （1）厚 200 mm 碎石灌砂垫层，厚 200 mm C25 砼基础 （2）MU10 砖 （3）1∶2 水泥砂浆 （4）甲型 C25 钢筋砼预制盖板 （5）φ710 铸铁井盖座 （6）不落底雨水井，平均井深 1.89 m，尺寸 1000 mm×1000 mm	座	9.000	1501.28	2625.97		73.58	320.55	90.42		415.05	5026.85
21.1	40501004	排水井垫层（砂碎石）	m³	12.450	81.30	121.45		1.69	15.60	4.40		20.20	244.64
21.2	40601058T	C25 现拌普通混凝土（平池底 半地下室池底 厚度 50cm 以内）排水井底板	m³	8.950	96.73	272.85		0.23	28.22	7.96		36.54	442.53
21.3	40501007	砌筑井壁（砖砌井壁 矩形）	m³	32.480	216.41	324.29		4.28	41.58	11.73		53.85	652.14
21.4	40501023	井底流槽（砖砌）	m³	1.920	258.14	290.77		4.27	42.21	11.91		54.66	661.96
21.5	40501025	勾缝及抹灰（砖墙抹灰 井内侧）	m²	61.520	27.52	8.34		0.40	2.77	0.78		3.58	43.39
21.6	40501027	勾缝及抹灰（砖墙抹灰 流槽）	m²	11.910	23.18	8.34		0.40	2.44	0.69		3.15	38.20
21.7	40501111T	C25 现拌普通混凝土（井室盖板）	m³	2.450	378.46	444.94		0.32	62.85	17.73		81.39	985.69
21.8	40501122T	安装（井室盖板 矩形盖板 每块体积在 0.3 m³ 以内）	m³	2.450	160.63	23.96		22.02	15.76	4.45		20.41	247.23

表10.3　分部分项工程量清单综合单价分析表(三)

工程名称:某县宝新工业园区A道路工程

序号	项目编码	项目名称及特征描述	单位	工程量	综合单价组成(元)								综合单价(元)
					人工费	材料费	其中:设备费	施工机具使用费	企业管理费	利润	规费	税金	
21.9	40304003	预制混凝土(螺纹钢筋 φ10以外)	t	0.129	597.46	3788.28		65.86	339.66	95.83		439.84	5326.93
21.10	40304001	预制混凝土(圆钢筋 φ10以内)	t	0.062	1080.65	3867.42		75.48	383.30	108.14		496.35	6011.34
21.11	40501039	井盖、井箅安装(检查井井盖、座 普通铸铁)	套	9.000	53.03	677.64			55.75	15.73		72.19	874.34
21.12	40107050	混凝土搅拌机拌和(容量500 L以内)	m³	11.570	15.44			9.73	1.92	0.54		2.49	30.12
21.13	40105017T	混凝土(沥青)混合料运输[运输混凝土(沥青)混合料动翻斗车运距200 m以内]	m³	11.570	1.65			24.38	1.99	0.56		2.57	31.15
22	04050400 1002	砌筑井 (1)厚200 mm碎石砂垫层,厚200 mm C25砼基础 (2)MU10砖 (3)1:2水泥砂浆 (4)甲型C25钢筋砼预制盖板 (5)φ710铸铁井盖座 (6)落底雨水井,平均井深1.92 m,尺寸1000 mm×1000 mm	座	9.000	1435.44	2577.62		72.51	311.75	87.94		403.67	4888.93
22.1～22.11	...	...	...	...	...								...

表10.3 分部分项工程量清单综合单价分析表（三）

工程名称：某县宝新工业园区A道路工程

序号	项目编码	项目名称及特征描述	单位	工程量	综合单价组成（元）								综合单价（元）
---	---	---	---	---	人工费	材料费	其中：设备费	施工机具使用费	企业管理费	利润	规费	税金	
23	040504001003	砌筑井 (1)厚200mm碎石灌砂垫层，厚200mm C20砼基础 (2)MU10砖 (3)1：2水泥砂浆 (4)乙型C25钢筋砼预制盖板 (5)φ710铸铁井盖座 (6)不落底污水井，平均井深2.92m，尺寸750mm×750mm	座	10.000	1610.67	2750.03		58.15	337.19	95.11		436.59	5287.74
23.1～23.13	…	…	…	…									…
24	040504001004	砌筑井 (1)厚200mm碎石灌砂垫层，厚200mm C20砼基础 (2)MU10砖 (3)1：2水泥砂浆 (4)乙型C25钢筋砼预制盖板 (5)φ710铸铁井盖座 (6)落底污水井，平均井深2.85m，尺寸750mm×750mm	座	8.000	1519.99	2657.25		56.63	323.07	91.13		418.32	5066.39
24.1	40501004	排水井垫层（砂碎石）	m³	8.320	81.30	121.45		1.69	15.60	4.40		20.20	244.64
24.2	40601058T	C25现拌普通混凝土半地下室池底（平池底）厚度50cm以内）排水井底板	m³	5.660	96.73	272.85		0.23	28.22	7.96		36.54	442.53

工程名称：某县宝新工业园区 A 道路工程

表 10.3　分部分项工程量清单综合单价分析表（三）

序号	项目编码	项目名称及特征描述	单位	工程量	综合单价组成（元）								综合单价（元）
					人工费	材料费	其中：设备费	施工机具使用费	企业管理费	利润	规费	税金	
24.3	40501007	砌筑井壁（砖砌井壁 矩形）	m³	37.120	216.41	324.29		4.28	41.58	11.73		53.85	652.14
24.4	40501025	勾缝及抹灰（砖墙 抹灰 井内侧）	m²	65.900	27.52	8.34		0.40	2.77	0.78		3.58	43.39
24.5	40501111T	C25 现拌普通混凝土（井室盖板）	m³	0.900	378.46	444.94		0.32	62.85	17.73		81.39	985.69
24.6	40501122T	安装（井室盖板 矩形盖板（每块体积在 0.3 m³ 以内））	m³	0.900	160.63	23.96		22.02	15.76	4.45		20.41	247.23
24.7	40304003	预制混凝土（螺纹钢筋 φ10 以外）	t	0.022	597.46	3788.28		65.86	339.66	95.83		439.84	5326.93
24.8	40304001	预制混凝土（圆钢筋 φ10 以内）	t	0.049	1080.65	3867.42		75.48	383.30	108.14		496.35	6011.34
24.9	40501039	井盖、井算安装（检查井 井盖、座 普通铸铁）	套	8.000	53.03	677.64			55.75	15.73		72.19	874.34
24.10	40107050	混凝土搅拌机拌和（容量 500 L 以内）	m³	6.660	15.44			9.73	1.92	0.54		2.49	30.12
24.11	40105017T	混凝土（沥青）混合料运输 [运输（沥青）混合料 机动翻斗车 运距 200 m 以内]	m³	6.660	1.65			24.38	1.99	0.56		2.57	31.15

表10.3　分部分项工程量清单综合单价分析表（三）

工程名称：某县宝新工业园区A道路工程

序号	项目编码	项目名称及特征描述	单位	工程量	综合单价组成（元）								综合单价（元）
					人工费	材料费	其中：设备费	施工机具使用费	企业管理费	利润	规费	税金	
25	040504009001	雨水口 (1)B型钢纤维混凝土盖座 (2)厚150 mm碎石灌砂垫层，厚200 mm C15砼基础 (3)MU10砖 (4)1：2水泥砂浆	座	36.000	350.54	919.28		35.65	99.61	28.10		128.98	1562.17
25.1	40501004	排水井垫层（砂碎石）	m³	10.230	81.30	121.45		1.69	15.60	4.40		20.20	244.64
25.2	40601058T	C15现拌普通混凝土半地下室池底（平池底厚度50 cm以内）排水井底板	m³	13.640	96.73	250.83		0.23	26.54	7.49		34.36	416.18
25.3	40501007	砌筑井壁（砖砌井壁矩形）	m³	28.130	216.41	324.29		4.28	41.58	11.73		53.85	652.14
25.4	40501025	勾缝及抹灰（砖墙抹灰井内侧）	m²	75.120	27.52	8.34		0.40	2.77	0.78		3.58	43.39
25.5	40501048	井盖、井算安装（钢纤维砼井盖井座φ700）	座	36.000	57.69	518.93		17.79	45.35	12.80		58.73	711.29
25.6	40107050	混凝土搅拌机拌和（容量500 L以内）	m³	13.840	15.44			9.73	1.92	0.54		2.49	30.12
25.7	40105017T	混凝土（沥青）混合料运输［运输混凝土（沥青）混合料机动翻斗车运距200 m以内］	m³	13.840	1.65			24.38	1.99	0.56		2.57	31.15

表 5.3　分部分项工程量清单与计价表(三)

工程名称:某县宝新工业园区 A 道路工程　　　　　　　　　　　　第 1 页　共 3 页

序号	项目编码	项目名称	项目特征描述	计量单位	工程量	金额(元)	
						综合单价	合价
			排水管网工程				
16	040501001001	混凝土管	(1)垫层、基础材质及厚度:厚 200 mm 碎石垫层,厚 80 mm C15 砼基础 (2)管座材质:管座 C15 混凝土 (3)规格:D300 砼雨水支管 (4)接口方式:水泥砂浆承插接口 (5)铺设深度:1.0 m	m	270.000	138.29	37338.30
17	040501001002	混凝土管	(1)垫层、基础材质及厚度:厚 200 mm 碎石垫层,厚 120 mm C15 砼基础 (2)管座材质:管座 C15 混凝土 (3)规格:D500 钢筋砼雨水管 (4)接口方式:水泥砂浆承插接口 (5)铺设深度:1.77 m	m	270.000	420.41	113510.70
18	040501001003	混凝土管	(1)垫层、基础材质及厚度:厚 200 mm 碎石垫层,厚 140 mm C15 砼基础 (2)管座材质:管座 C15 混凝土 (3)规格:D600 钢筋砼雨水管 (4)接口方式:水泥砂浆承插接口 (5)铺设深度:1.99 m	m	195.140	…	…
19	040501001004	混凝土管	(1)垫层、基础材质及厚度:厚 200 mm 碎石垫层,厚 160 mm C15 砼基础 (2)管座材质:管座 C15 混凝土 (3)规格:D800 钢筋砼雨水管 (4)接口方式:水泥砂浆承插接口 (5)铺设深度:2.22 m	m	60.000	…	…

表5.3 分部分项工程量清单与计价表(三)

工程名称:某县宝新工业园区 A 道路工程

序号	项目编码	项目名称	项目特征描述	计量单位	工程量	金额(元)	
						综合单价	合价
20	040501004001	塑料管	(1)垫层、基础材质及厚度:厚150 mm 碎石灌砂基础,厚100 mm 中粗砂基 (2)材质及规格:DN400 双壁波纹管污水管 (3)连接形式:橡胶圈接口 (4)铺设深度:2.67～3.42 m (5)管道检验及试验要求:闭水试验	m	525.14	497.05	261020.84
21	040504001001	砌筑井	(1)厚200 mm 碎石灌砂垫层,厚200 mm C25 砼基础 (2)MU10 砖 (3)1:2 水泥砂浆 (4)甲型 C25 钢筋砼预制盖板 (5)φ710 铸铁井盖座 (6)不落底雨水井,平均井深1.89 m,尺寸1000 mm×1000 mm	座	9.000	5026.85	45241.65
22	040504001002	砌筑井	(1)厚200 mm 碎石灌砂垫层,厚200 mm C25 砼基础 (2)MU10 砖 (3)1:2 水泥砂浆 (4)甲型 C25 钢筋砼预制盖板 (5)φ710 铸铁井盖座 (6)落底雨水井,平均井深1.92 m,尺寸1000 mm×1000 mm	座	9.000	…	…
23	040504001003	砌筑井	(1)厚200 mm 碎石灌砂垫层,厚200 mm C20 砼基 (2)MU10 砖 (3)1:2 水泥砂浆 (4)乙型 C25 钢筋砼预制盖板 (5)φ710 铸铁井盖座 (6)不落底污水井,平均井深2.92 m,尺寸750 mm×750 mm	座	10.000	…	…

表 5.3　分部分项工程量清单与计价表(三)

工程名称:某县宝新工业园区 A 道路工程　　　　　　　　　　　　　　　　　第 3 页　共 3 页

序号	项目编码	项目名称	项目特征描述	计量单位	工程量	金额(元)	
						综合单价	合价
24	040504001004	砌筑井	(1)厚 200 mm 碎石灌砂垫层,厚 200 mm C20 砼基础 (2)MU10 砖 (3)1∶2 水泥砂浆 (4)乙型 C25 钢筋砼预制盖板 (5)φ710 铸铁井盖座 (6)落底污水井,平均井深 2.85 m,尺寸 750 mm×750 mm	座	8.000	5066.39	40531.12
25	040504009001	雨水口	B 型钢纤维混凝土盖座 (2)厚 150 mm 碎石灌砂垫层,厚 200 mm C15 砼基础 (3)MU10 砖 (4)1∶2 水泥砂浆	座	36.000	1562.17	56238.12
		分部小计					805708.17
		单位工程合计					6913833.52

4.3.4　任务 3　措施项目、其他项目清单计价及其他报价文件的编制

任务 3 由教师和学生共同完成,按照以下步骤进行。

4.3.4.1　计算单价措施项目费

(1)根据表 7 单价措施项目清单与计价表,参照任务 1 的做法,把唯一的单价措施项目——041111002001 固定式夹芯压型钢板围挡进行清单分解,填写表 15.2 清单计价工程量计算表(二)。

视频 4-8　报价编制示例(五)——措施项目、其他项目清单计价及其他报价文件的编制

(2)参照任务 2,填写固定式夹芯压型钢板围挡的清单项目单位工料机费用计算表(四)(表 16.4),进行单位工料机费用计算。

(3)填写表 11 单价措施项目清单综合单价分析计算表,计算出固定式夹芯压型钢板围挡的清单综合单价。

（4）把清单综合单价填入表 7 单价措施项目清单与计价表中，计算出单价措施项目费。

4.3.4.2　计算总价措施项目费

把任务 2 中计算出的单位工程分部分项工程费与第 1 步中计算出的单价措施项目费之和作为基数，填入表 6 总价措施项目清单与计价表中；用此基数分别乘以安全文明施工费费率 1.81％ 和其他总价措施项目费的费率 0.49％，计算出安全文明施工费费率和其他总价措施项目费，合计得出总价措施项目费，填入表 6 总价措施项目清单与计价表。

4.3.4.3　计算其他项目费

某县宝新工业园区 A 道路工程其他项目费只有 1 项——设计变更和现场签证暂列金额 50000 元，专业工程暂估价和总承包服务费均为 0，把这些数据分别填入表 9-1、表 9-2、表 9-3、表 8 中，汇总计算出其他项目费。

4.3.4.4　汇总计算单位工程造价、单项工程造价、工程项目造价

（1）把任务 2 计算出的各项分部小计和单位工程合计的分部分项工程费，任务 3 第 1～3 步计算出的单价措施项目费、总价措施项目费及其他项目费的各项费用填入表 4 单位工程造价汇总表，汇总计算出单位工程造价。

（2）把各单位工程的造价合计金额和安全文明施工费填入表 3 单项工程造价汇总表，汇总计算出单项工程造价及安全文明施工费。

（3）把各单项工程的造价合计金额和安全文明施工费填入表 2 项目工程造价汇总表，汇总计算出项目工程造价及安全文明施工费。

4.3.4.5　编写总说明、投标报价封面

（1）总说明按照工程概况、编制范围、编制依据等内容进行编写，填入表 1 总说明中；

（2）投标报价封面按照文件格式要求，填写招标人名称、工程名称、投标总价大小写金额、投标人名称、法定代表人、造价工程师及注册证号、编制时间等内容，并按照要求进行签字、盖章。

表 15.2　清单计价工程量计算表（二）

工程名称：某县宝新工业园区 A 道路工程

编号	项目编码	项目名称	单位	工程量	计算式	备注
		措施项目				
1	041111002001	固定式夹芯压型钢板围挡 (1)2.5 m (2)水泥实心砖基础 (3)5 cm 泡沫夹芯板	m	300.00		
1.1	40107040	彩钢板施工围挡 封闭式 砖基础,高 2.5 m	m	300.00		

清单项目编码及名称:04111002001 固定式夹芯压型钢板围挡

表16.4 清单项目单位工料机费用计算表（四）

定额编号	40107040					
定额细目	彩钢板施工围挡封闭式 砖基础,高2.5 m					
定额单位	m					
工程数量	1					

序号	工料机名称	单位	单价	定额	数量	合价	定额	数量	合价	定额	数量	合价	定额	数量	合价
1	定额人工费	元	1.2075	23.60	23.60000	28.50									
2	单层彩钢板 820型	m²	33.63	0.55000	0.55000	18.50									
3	水泥实心砖 240 mm×115 mm×53 mm MU10	块	0.36	68.10000	68.10000	24.52									
4	型钢 综合	kg	3.416	9.60000	9.60000	32.79									
5	圆钢 10以外	kg	3.849	0.90000	0.90000	3.46									
6	水	m³	3.28	0.10000	0.10000	0.33									
7															
8	人工费	元				28.50									
9	材料费	元				79.60									
10	施工机械使用费	元				0.00									

表 11 单价措施项目清单综合单价分析表

工程名称：某县宝新工业园区 A 道路工程

第 1 页 共 1 页

序号	项目编码	项目名称及特征描述	单位	工程量	综合单价组成（元）							综合单价（元）
					人工费	材料费	施工机具使用费	企业管理费	利润	规费	税金	
		单项工程										
		市政工程										
		通用项目										
		道路工程										
		排水管网工程										
1	041111002002	固定式夹芯压型钢板围挡	m·d(m)	300.000	28.50	79.60		8.25	2.33		10.68	129.36
1.1	40107040	施工现场围挡（彩钢板施工围挡封闭式砖基础 高 2.5 m）	m	300.000	28.50	79.60		8.25	2.33		10.68	129.36

表 7　单价措施项目清单与计价表

工程名称:某县宝新工业园区 A 道路工程　　　　　　　　　　　　第 1 页　共 1 页

序号	项目编码	项目名称	项目特征描述	计量单位	工程量	金额(元)	
						综合单价	合价
			单项工程				
			市政工程				
			通用项目				
			道路工程				
			排水管网工程				
1	041111002002	固定式夹芯压型钢板围挡	(1)2.5 m (2)水泥实心砖基础 (3)5 cm 泡沫夹芯板	m·d (m)	300.000	129.36	38808.00
			合计				38808.00

表 6　总价措施项目清单与计价表

工程名称:某县宝新工业园区 A 道路工程

　　　　　　　　　　　　　　　　　　　　　　　　　　　　第 1 页　共 1 页

序号	项目名称	计算基础	费率(%)	金额(元)
1	安全文明施工费	6952641.52	1.81	125842.81
2	其他总价措施项目费	6952641.52	0.49	34067.94
	合计			159910.75

表 9-1　暂列金额明细表

工程名称:某县宝新工业园区 A 道路工程　单项工程

序号	项目名称	金额(元)	备注
1	设计变更和现场签证暂列金额	50000.00	
	合计	50000.00	—

表 9-2　专业工程暂估价明细表

工程名称:某县宝新工业园区 A 道路工程　　　　　　　　　　　第 1 页　共 1 页

序号	项目名称	金额(元)	备注
	合计	0.00	—

市政工程计量与计价

表 9-3 总承包服务费计价表

工程名称:某县宝新工业园区 A 道路工程　　　　　　　　第 1 页　共 1 页

序号	项目名称	计算基础(元)	费率(%)	金额(元)
	合计			0.00

表 8 其他项目清单与计价汇总表

工程名称:某县宝新工业园区 A 道路工程　　　　　　　　第 1 页　共 1 页

序号	项目名称	金额(元)	备注
1	暂列金额	50000.00	
2	专业工程暂估价	0.00	
3	总承包服务费	0.00	
	合计	50000.00	—

表 4 单位工程造价汇总表

工程名称:某县宝新工业园区 A 道路工程　单项工程　市政工程　　　第 1 页　共 1 页

序号	汇总内容	金额(元)
1	分部分项工程费	6913834
1.1	通用项目	2626141
1.2	道路工程	3481985
1.3	排水管网工程	805708
2	措施项目费	198719
2.1	总价措施项目费	159911
2.1.1	安全文明施工费	125843
2.1.2	其他总价措施费	34068
2.2	单价措施项目费	38808
3	其他项目费	50000
3.1	暂列金额	50000
3.2	专业工程暂估价	0
3.3	总承包服务费	0
	合计=1+2+3	7162553

表 3　单项工程造价汇总表

工程名称:某县宝新工业园区 A 道路工程　单项工程　　　　　　　　　　第 1 页　共 1 页

序号	单位工程名称	金额(元)	其中:安全文明施工费(元)
1	市政工程	7162553	`125843
	合计	7162553	125843

表 2　工程项目造价汇总表

工程名称:某县宝新工业园区 A 道路工程　　　　　　　　　　　　　　第 1 页　共 1 页

序号	单项工程名称	金额(元)	其中:安全文明施工费(元)
1	单项工程	7162553	125843
	合计	7162553	125843

表 1　总说明

工程名称:某县宝新工业园区 A 道路工程　　　　　　　　　　　　　　第 1 页　共 1 页

一、工程概况

某县宝新工业园区 A 道路工程为宝新工业园区的主干道,起点桩号为 K0+000,终点桩号为 K0+555.135,全长 555.135 米,道路修建宽度 24 m,建筑面积 13323 m²。车行道数 4 个,车行道路面类型为水泥混凝土路面,路面结构为 15 cm 厚级配碎石调平层,18 cm 厚 5% 水泥稳定碎石基层,22 cm C35 混凝土板。人行道宽 4.5 m,采用 5 cm 厚人行道板铺砌。垫层为 10 cm 厚 C10 素混凝土。排水工程中有 D300 素混凝土雨水支管 270 m,D500、D600、D800 钢筋砼雨水管 525.135 m,DN400 双壁波纹管污水管 525.135 m;雨水进水口 36 座,雨水检查井 18 座,污水检查井 18 座。排水工程采用明挖开槽法进行施工。混凝土采用现场搅拌、碎石配置、胶合板模板,机动翻斗车运输 200 m 以内。

二、编制范围

按照设计单位设计的图纸,专业范围包括通用项目、道路工程、排水管网工程。

三、编制依据

1. 图纸:设计单位设计的图纸及有关设计文件。

2. 招标文件:(招标文件编制单位)编制的招标文件。

3. 计价计量规范:《清单计价规范》(2013)、《市政计量规范》(2013)及福建省实施细则。

4. 预算定额:《福建省市政工程预算定额》(2017)、《福建省混凝土和砂浆等半成品配合比》(2017版)。

5. 费用定额:《福建省建筑安装工程费用定额》(2017 版)及调整文件。现场按未实行标准化管理考虑。其中,暂列金额:50000 元,专业工程暂估价 0 元,甲供材料费:0 元。

6. 人材机价格:人工费指数按照榕建价〔2021〕8 号福州市城乡建设局关于发布福州市建设工程综合人工费指数的通知计算,主要材料价格按照福州市造价站发布的 2023 年 6 月份某县的材料信息价计算,机械台班价格按照福建省造价站发布的 2021 年机械台班费用定额计算。

7. 利润率按 2% 计算,增值税税率为 9%。

投标报价

招 标 人：　　　某县宝新工业园区管委会

工程名称：　　　某县宝新工业园区 A 道路工程

投标总价(小写)：7162553 元　　　　其中：甲供材料费

　　　　　　柒佰壹拾陆万贰仟
大写：伍佰伍拾叁圆整　　　　其中：甲供材料费

某县宝新工业园区 A 道路工程

工程量清单报价表

投　标　人：＿＿福建省××工程公司＿＿（单位签字盖章）

法定代表人：＿＿＿＿＿张××＿＿＿＿＿（签字盖章）

造价工程师
及注册证号：＿＿吴××,×××＿＿＿（签字盖执业专用章）

编 制 时 间：＿＿20××年××月××日＿＿

4.4 市政工程计价软件应用简介

市政工程造价编制是一项相当繁琐的计算工作,在量价分离的新定额体系中,采用手工计算不但速度慢,耗用人力多,效率低,而且容易出差错,因此往往不能满足生产的需要。特别是在工程招投标中,更需要及时、迅速、准确地算出投标报价、施工图预算等。采用计价软件编制工程预算,可迅速准确地计算出工程造价,大大提高工作效率,为实现工程预算科学管理开辟了新途径。

本节主要介绍市政工程造价软件的一些基础知识以及福建晨曦清单计价软件(2017)的使用方法。

4.4.1 市政工程计价软件概述

视频 4-9　市政工程
计价软件使用简介

4.4.1.1 工程造价软件应用的意义

20 世纪 80 年代以后,计算机软件发展迅速,出现了体积小、性能好、价格低、使用方便的微型计算机,计算机很快在企业得到推广和普及。计算机用于建设工程造价工作的意义有以下几个方面:

(1)提高了计算的准确性;

(2)大大提高编制预算的速度和效率,保证概预算工作的及时性;

(3)能对设计变更、人工、材料和机械的市场价格变动做出同步计算;

(4)能方便地生成工料机分析、主材分析、各类技术经济指标、工料机消耗量的调整等各种附加信息;

(5)能进行工程文档资料累计和科学的管理。

4.4.1.2 工程造价软件的分类

1. 工程造价软件按其功能分类

(1)工程量计算软件

主要是利用设计 CAD 图纸直接导入,或通过建模、输入相关参数直接计算工程数量。如晨曦算量软件、海迈爽算软件、广联达图形算量软件、广联达安装算量软件、广联达市政算量软件、鲁班钢筋算量软件、五星算量软件、BIM 算量软件等。

(2)计价软件

通过直接在软件界面输入相关数据和参数设置,计算工程造价,输出各种报表,如五星计价软件、晨曦计价软件、海迈计价软件、广联达计价软件、神机妙算计价软件等。

(3)多功能合成软件

将工程计量、计价软件合成为一体,使用同一个加密狗,方便使用。

2. 按造价计算对象分类(不同行业有不同的编制办法)

(1)建筑、市政、园林、装饰、安装等计价软件(住建部门主管,有一相同或相似的编制办

法,报表格式统一);

(2)公路造价软件(适用于公路工程造价文件的编制);

(3)水利造价软件(适用于水利行业);

(4)其他行业造价软件,如土地整理、港口水工、广电、通信、轨道交通等。

3. 按应用范围分类

(1)全国通用造价软件。如广联达计价软件、神机妙算计价软件及珠海同望工程造价管理软件等。

(2)地方通用造价软件。为各省开发的计价软件,如福建省的晨曦计价软件、海迈计价软件、五星计价软件等。

4. 按网络范围分类

(1)基于互联网的工程造价软件,如海迈计价软件;

(2)基于局域网的工程造价软件(网络版);

(3)基于单机应用的工程造价软件(单机版)。

4.4.1.3　工程造价软件的特点

用工程造价软件编制工程概预算时,可以做到准确的工料分析,在工料分析的基础上,通过对材料市场价的查询,确认每种材料的价差,最后汇总所有材料的价差值,能够对工程概预算定额单位估算价和材料价进行即时、动态的管理,提高工程造价的管理水平;在造价过程中数据完整、齐全,为工程项目概预算创造了有利条件,并且计算结果准确;概预算的质量得到提高,简化了概预算的审核过程;使用简便,加快了概预算的编制速度,极大地提高了造价工作效率。其特点有以下几个方面:

(1)不是自动化计算软件,而是计算机辅助软件;

(2)数据库需要及时更新;

(3)可以实现数据和档案的高效管理;

(4)非常方便修改计算(如调价计算、分摊计算等);

(5)根据用户需要,打印各种表式。

4.4.1.4　工程造价软件的应用

工程造价软件主要应用于以下几个方面:

(1)辅助编制工程造价文件:编制工程投资估算、设计概算、修正概算、施工图预算、招标控制价、投标报价、中间结算、竣工结算等建设项目生命周期中各阶段的造价文件;

(2)施工图设计阶段工程量计算;

(3)基本建设投资审计、投资评审;

(4)建设项目工程造价管理、资料管理;

(5)造价指标基础数据库。

4.4.2 晨曦工程计价软件 2017(福建版)简介

4.4.2.1 软件使用简介

1. 功能特点与操作流程

晨曦工程计价软件 2017(福建版)根据《清单计价规范》(2013)及《福建省房屋建筑与装饰工程预算定额》(FJYD-101—2017)、《福建省构筑物工程预算定额》(FJYD-102—2017)、《福建省装配式建筑工程预算定额》(FJYD-103—2017)、《福建省通用安装工程预算定额》(FJYD-301—2017～FJYD-311—2017)、《福建省市政工程预算定额》(FJYD-401—2017～FJYD-409—2017)、《福建省园林绿化工程预算定额》(FJYD-501—2017)、《福建省建设工程混凝土、砂浆等半成品配合比》(2017 版)、《福建省建筑安装工程费用定额》(2017 版)等相关配套文件编制完成。

2. 功能特点

晨曦工程计价软件 2017(福建版)在继承晨曦计价系列软件优点的基础上,界面更加简洁合理,功能更加实用灵活,数据计算更加准确快速。它具有以下几个功能特点:

(1)兼容多种数据

可以导入晨曦算量数据、XML 文件、Excel 文件和清单计价 2017 工程文件等常用算量和计价数据。包括"清单计价"和"定额计价"两种模式,提供"清单计价"转为"定额计价"的功能。

(2)多级目录管理

保留晨曦计价系统多级目录管理特色功能。各级节点数据可以跨工程自由复制、粘贴,使工程数据管理更加方便灵活。

(3)调价准确灵活

①系统内置多种造价模板,且工程模板可自由编辑,可对其扩展属性,满足调价要求;

②简单设置取费条件,一步完成所有费用的取费工作;

③新增撤销功能,调价无后顾之忧;

④强大的一键检查功能,是调价的安全卫士。

(4)报表多样输出

①系统内置福建省建设工程工程量清单计价表格(2017 版)及工程需求常见报表;

②根据工程需求设计个性报表并输出。

3. 应用范围

晨曦工程计价软件 2017(福建版)适用于福建省范围内工程建设单位、设计院、施工单位、造价管理单位、监理或审核等单位的设计、施工、管理、审核工作,使用本软件可有效、快速、准确、方便地提高工作效率,大大缩短工作时间。

4. 软件下载、安装与启动

晨曦工程计价软件 2017(福建版)可通过福建省晨曦信息科技股份有限公司官网下载,网址是:http://www.chenxisoft.com/CxSoft/AboutCX/ProduceDetail?SoftID=118。

软件下载后,双击软件压缩包"晨曦清单计价2017"即可进入安装程序,进行计价软件安装。安装后,在电脑桌面上生成"晨曦工程计价2017"快捷图标。软件安装过程如图4-2所示。用鼠标左键双击桌面上的图标"晨曦工程计价2017",即可启动软件。

双击软件压缩包　　　　　　　　　　　　　　　　　　　形成桌面快捷图标

图 4-2　软件安装示意图

4.4.2.2　主界面及其各模板块功能简介

1. 工程台账

包含工程文件、工程列表、工具栏等,如图4-3所示。

(1)工程文件。根据预算定额按专业将工程文件进行分类。

(2)工程列表。列出当前专业的所有文件。

(3)工具栏。工程文件管理工具,包括打开、新建、删除、导入及导出等功能。

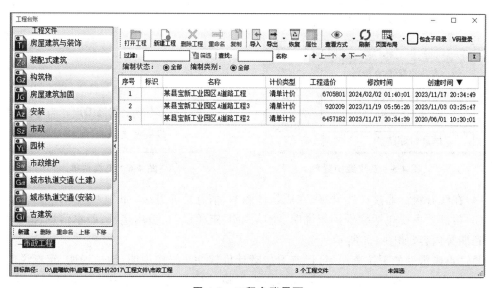

图 4-3　工程台账界面

2. 主菜单

(1)文件。主要包括新建工程、打开、保存、密码设置及文件数据导出等功能,如图4-4所示。

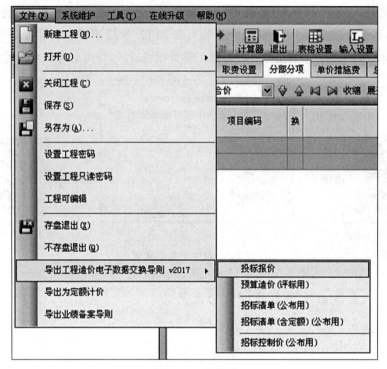

图 4-4　文件界面

（2）系统维护。主要包括基础数据维护、用户补充定额、用户补充材料和信息价库维护，如图 4-5 所示。

（3）工具。包括多功能计算器及锁实名工具，如图 4-6 所示。

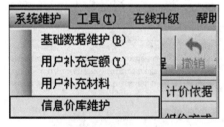

图 4-5　系统维护菜单

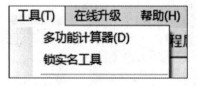

图 4-6　工具菜单

（4）在线升级。通过在线升级，完成软件版本、信息价的升级，如图 4-7 所示。

（5）帮助。主要包括软件操作说明、清单说明、定额说明、费用定额、版本信息、检查授权是否到期等内容，如图 4-8 所示。

通过点击帮助的下拉菜单，可以查看晨曦计价软件的操作说明、清单说明、定额说明、费用定额、版本信息、授权是否到期等内容；点击晨曦科技首页可以直接登录晨曦科技公司的网络首页。

（6）网络平台。包括省工料机信息网和晨曦标讯，从此处可以快速进入相应网络，如图 4-9 所示。

（7）会员功能。包括快速调价、云数据、本地数据智能组价、集中组价、材料指引、费用项调整等功能，如图 4-10 所示。

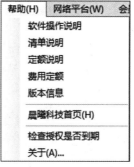

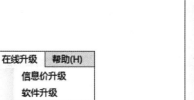

图 4-7　在线升级菜单　　　　　　图 4-8　帮助菜单

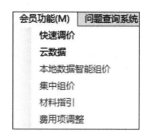

图 4-9　网络平台菜单　　　　　　图 4-10　会员功能菜单

（8）问题查询系统。点击此菜单可进入晨曦问答系统界面,可搜索软件操作过程中存在的问题,查询相应的解决方法。

3. 模板块功能

（1）表格设置。可以通过表格设置取费、分部分项、单价措施费、总价措施费、其他费、材料汇总、造价汇总等在软件界面上隐藏/显示需要的内容。分部分项的表格设置如图 4-11 所示。

图 4-11　表格设置界面

点击【表格设置】,字段前面选择是否打钩来控制该字段要不要在界面上显示。这里可以设置字段的宽度、小数位等。

(2)工程属性。可以通过点击工程属性菜单,弹出如图 4-12 所示的下拉界面,对工程量、综合单价、项目合计、消耗量、工程造价等的计算精度(即保留小数位数)进行设置。

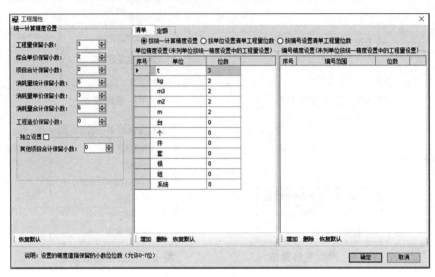

图 4-12　工程属性界面

(3)输入设置。可以通过点击输入设置菜单,弹出如图 4-13 所示的下拉界面,对输入、系统、界面、定额前缀、工程属性、项目关联、控制价、自动弹出窗体进行设置。如可以通过点击"□"打"√"或不打"√"来设置输入清单工程量的同时是否输入子项工程量。

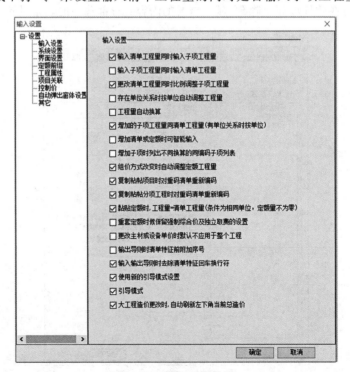

图 4-13　输入设置界面

4. 工程目录

目录分为三级节点：单项工程（绿色）、单位工程（橙色）、分部工程（蓝色），如图 4-14 所示。

可以单击鼠标右键对工程的目录进行增减、重命名等各种调整。

图 4-14　工程目录界面

4.4.2.3　操作流程

晨曦工程计价软件 2017(福建版)的一般操作流程如下：

新建工程文件→输入工程概况→编制说明→确定计价依据→取费设置→分部分项设置→单价措施费设置→总价措施费设置→其他项目费设置→材料汇总→造价汇总→打印→造价指标分析。

4.4.3　工程造价编制操作流程及方法

4.4.3.1　工程造价编制操作流程

晨曦工程计价系统 2017 的造价编制详细操作流程，如图 4-15 所示。

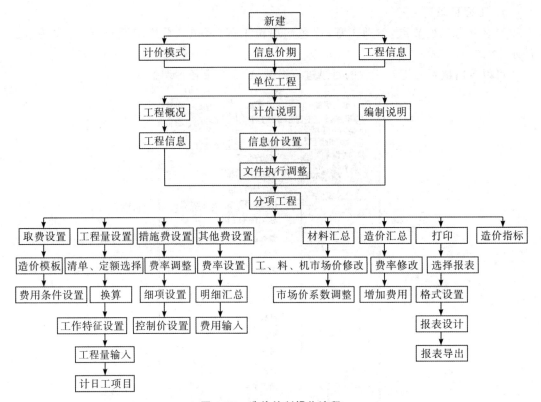

图 4-15　造价编制操作流程

4.4.3.2　工程造价编制操作方法

1. 新建工程文件

(1)进入【新建工程】界面。可以通过以下几种方法进入【新建工程】的界面,如图 4-16 所示。

①单击【工程台账】中的【新建工程】按钮;

②在关闭【工程台账】的状态下,单击快捷工具栏中的 图标;

③在关闭【工程台账】的状态下,单击【文件】下拉菜单 中的【新建工程】按钮;

④也可以利用快捷键【Ctrl+N】来调用【新建工程】界面。

(2)专业选择:选择工程的专业。

点击界面左侧的【市政】图标,选择市政工程的专业,并在上方点击选择【设置选项新建】。

新建工程后可以增加其他专业的单位工程,在一个工程文件里可以包括所有专业的单位工程,通过切换默认专业可以调用其他专业的定额。

(3)工程信息设置:输入工程名称、编号,选择计价模式、信息价等工程信息。某县宝新工业园区 A 道路工程的工程信息输入如图 4-16 所示。

(4)工程信息设置完成后,点击【确定新建】即可完成工程的新建。

(5)设置密码:为了保证工程数据的安全,在【确定新建】前,可以通过点击左下方【设置密码】来为工程文件设置一个安全密码。设置了安全密码的工程,需要输入密码后才能打

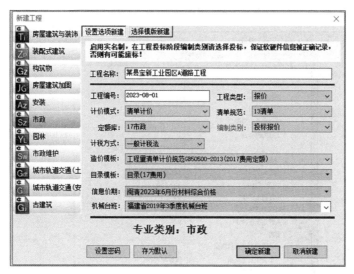

图 4-16　新建工程界面

开,请妥善保管工程的安全密码。

(6)存为默认。通过点击左下方【存为默认】可以将"计价模式""地区"等信息设置为默认。

2. 工程概况

选择单项工程或单位工程节点,点击【工程概况】选项卡可以进入工程概况界面。

在工程概况界面补充输入或选择相应的基本工程信息,某县宝新工业园区 A 道路工程的工程概况如图 4-17 所示。

	名称	内容	备注
		基本工程信息	
	工程编号	2023-08-05	
★	工程名称	某县宝新工业园区A道路工程	
	标段名称		
	过程节点		
★	工程所在地	福州地区闽清县	
★	编制类别	投标报价	
	计税模式	一般计税法	
★	建筑面积	13323	
	审前总造价	0	
★	工程总造价	0	
★	建设单位	某县宝新工业园区管委会	
	设计单位		
	施工单位		
	开工日期		
★	编制人	郑XX	
	编制人造价师证书号	闽造价-123456	编制人造价师和造价员证书号必填一个
	编制单位		
	编制时间	2023/8/5	
★	复核人	吴XX	
★	复核人造价师证书号	闽造价-345678	
	复核时间		
	审核人		
	审核人证书号		
	审核单位		
	审核时间		
	审定时间		
	招标人		在此填入招标人信息
★	投标人名称	XXX有限公司	导则V2.0/1.2导出'投标报价'类型时必填
	合同价	0	
	合同价的甲供材料费		

图 4-17　工程概况界面

在"专业概况"界面补充输入或选择相应的市政工程信息,如图 4-18 所示。

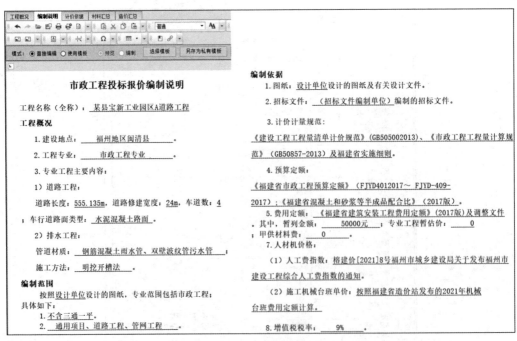

图 4-18　市政工程概况界面

3. 编制说明

选择单项工程或单位工程节点,点击【编制说明】选项卡可以进入编制说明界面。

在编制说明界面,可以选择【直接编辑】或【使用模板】进行编制说明编辑。某县宝新工业园区 A 道路工程的编制说明直接编辑如图 4-19 所示。

图 4-19　编制说明界面

4. 设置计价依据

选择单项工程或单位工程节点,点击【计价依据】选项卡可以进入信息价和文件调整界面,如图 4-20 所示。

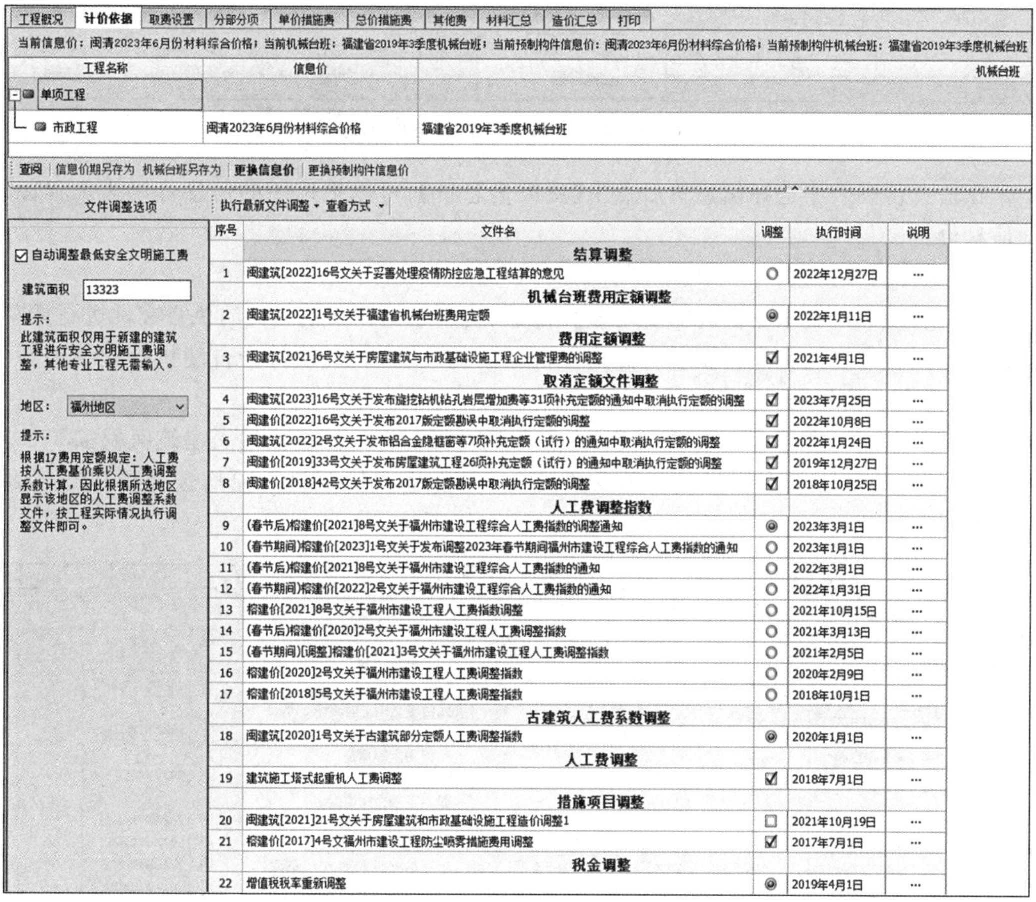

工程概况	计价依据	取费设置	分部分项	单价措施费	总价措施费	其他费	材料汇总	造价汇总	打印

当前信息价:闽清2023年6月份材料综合价格;当前机械台班:福建省2019年3季度机械台班;当前预制构件信息价:闽清2023年6月份材料综合价格;当前预制构件机械台班:福建省2019年3季度机械台班

工程名称	信息价	机械台班
▼ ☐ 单项工程		
└ ☐ 市政工程	闽清2023年6月份材料综合价格	福建省2019年3季度机械台班

查阅 | 信息价另存为 | 机械台班另存为 | **更换信息价** | **更换预制构件信息价**

文件调整选项		执行最新文件调整 ▼ 查看方式 ▼				
	序号	文件名		调整	执行时间	说明
☑ 自动调整最低安全文明施工费		**结算调整**				
建筑面积 13323	1	闽建筑[2022]16号文关于妥善处理疫情防控应急工程结算的意见		○	2022年12月27日	…
提示:		**机械台班费用定额调整**				
此建筑面积仅用于新建的建筑工程进行安全文明施工费调整,其他专业工程无需输入。	2	闽建筑[2022]1号文关于福建省机械台班费用定额		◉	2022年1月11日	…
		费用定额调整				
	3	闽建筑[2021]6号文关于房屋建筑与市政基础设施工程企业管理费的调整		☑	2021年4月1日	…
地区: 福州地区 ▼		**取消定额文件调整**				
	4	闽建筑[2023]16号文关于发布旋挖钻机钻孔岩层增加费等31项补充定额的通知中取消执行定额的调整		☑	2023年7月25日	…
提示:	5	闽建价[2022]16号文关于发布2017新定额勘误中取消执行定额的调整		☑	2022年10月8日	…
根据17费用定额规定:人工费按人工费基价乘以人工费调整系数计算,因此根据所选地区显示该地区的人工费调整系数文件,按工程实际情况执行调整文件即可。	6	闽建筑[2022]2号文关于发布铝合金隐框窗等7I项补充定额(试行)的通知中取消执行定额的调整		☑	2022年1月24日	…
	7	闽建价[2019]33号文关于发布房屋建筑26项补充定额(试行)的通知中取消执行定额的调整		☑	2019年12月27日	…
	8	闽建价[2018]42号文关于发布2017新定额勘误中取消执行定额的调整		☑	2018年10月25日	…
		人工费调整指数				
	9	(春节后)榕建价[2021]8号文关于福州市建设工程综合人工费指数的调整通知		◉	2023年3月1日	…
	10	(春节期间)榕建价[2023]1号文关于发布调整2023年春期间福州市建设工程综合人工费指数的通知		○	2023年1月1日	…
	11	(春节期间)榕建价[2021]8号文关于福州市建设工程综合人工费的调整通知		○	2022年3月1日	…
	12	(春节期间)榕建价[2022]2号文关于福州市建设工程综合人工费指数的通知		○	2022年1月31日	…
	13	榕建价[2021]8号文关于福州市建设工程人工费指数调整		○	2021年10月15日	…
	14	(春节后)榕建价[2020]2号文关于福州市建设工程人工费调整指数		○	2021年3月13日	…
	15	(春节期间)[调整]榕建价[2021]3号文关于福州市建设工程人工费调整指数		○	2021年2月5日	…
	16	榕建价[2020]2号文关于福州市建设工程人工费调整指数		○	2020年2月9日	…
	17	榕建价[2018]5号文关于福州市建设工程人工费调整指数		○	2018年10月1日	…
		古建筑人工费系数调整				
	18	闽建筑[2020]1号文关于古建筑部分定额人工费调整指数		◉	2020年1月1日	…
		人工费调整				
	19	建筑施工塔式起重机人工费调整		☑	2018年7月1日	…
		措施项目调整				
	20	闽建筑[2021]21号文关于房屋建筑和市政基础设施工程造价调整1		☐	2021年10月19日	…
	21	榕建价[2017]4号文福州市建设工程防尘降雾措施费用调整		☑	2017年7月1日	…
		税金调整				
	22	增值税税率重新调整		◉	2019年4月1日	…

图 4-20 信息价和文件调整界面

(1)信息价设置

在当前信息价、当前机械台班处可以查看到当前选择的单项工程或单位工程采用哪期的材料及机械信息价。

如图 4-21 中,某县宝新工业园区 A 道路工程的当前信息价为闽清 2023 年 6 月份材料综合价格,当前机械台班为福建省 2019 年 3 季度机械台班,两项信息价均为该工程使用的信息价,因此不需要调整更换信息价。

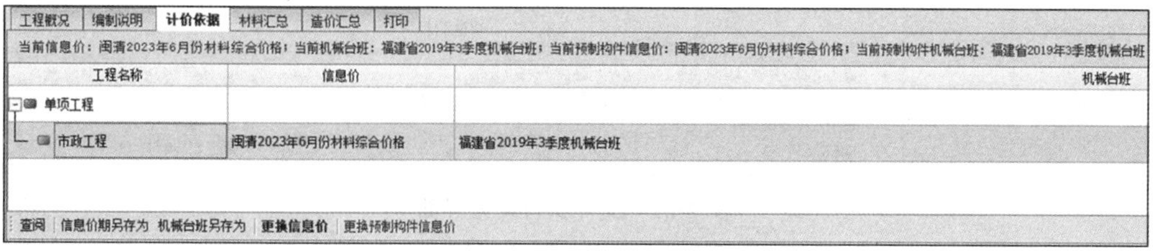

工程概况	编制说明	计价依据	材料汇总	造价汇总	打印

当前信息价:闽清2023年6月份材料综合价格;当前机械台班:福建省2019年3季度机械台班;当前预制构件信息价:闽清2023年6月份材料综合价格;当前预制构件机械台班:福建省2019年3季度机械台班

工程名称	信息价	机械台班
▼ ☐ 单项工程		
└ ☐ 市政工程	闽清2023年6月份材料综合价格	福建省2019年3季度机械台班

查阅 | 信息价期另存为 | 机械台班另存为 | **更换信息价** | **更换预制构件信息价**

图 4-21 信息价和文件调整界面

如果在信息价选择窗口中没有找到需要的信息价,可以通过【在线升级】→【信息价升级】下载最新的材料信息价,如图4-22所示。

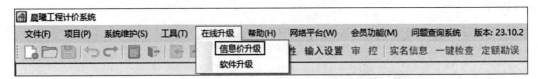

图4-22　信息价升级菜单

在信息价列表中选择信息价后点击【更换信息价】,可以把选中的信息价设为工程使用的信息价。

(2)文件执行调整

造价管理部门会根据实际需要对预算定额、费用定额和其他相关的执行文件进行调整,可以根据工程需要选择是否调整。点击执行最新的文件调整,软件会自动执行现行最新的文件,也可以手动勾选。

如某县宝新工业园区A道路工程,在文件调整界面左边图框内输入建筑面积13323,地区选择"福州地区",点击执行最新的文件调整,但措施项目调整2项均选择不执行,如图4-23所示。

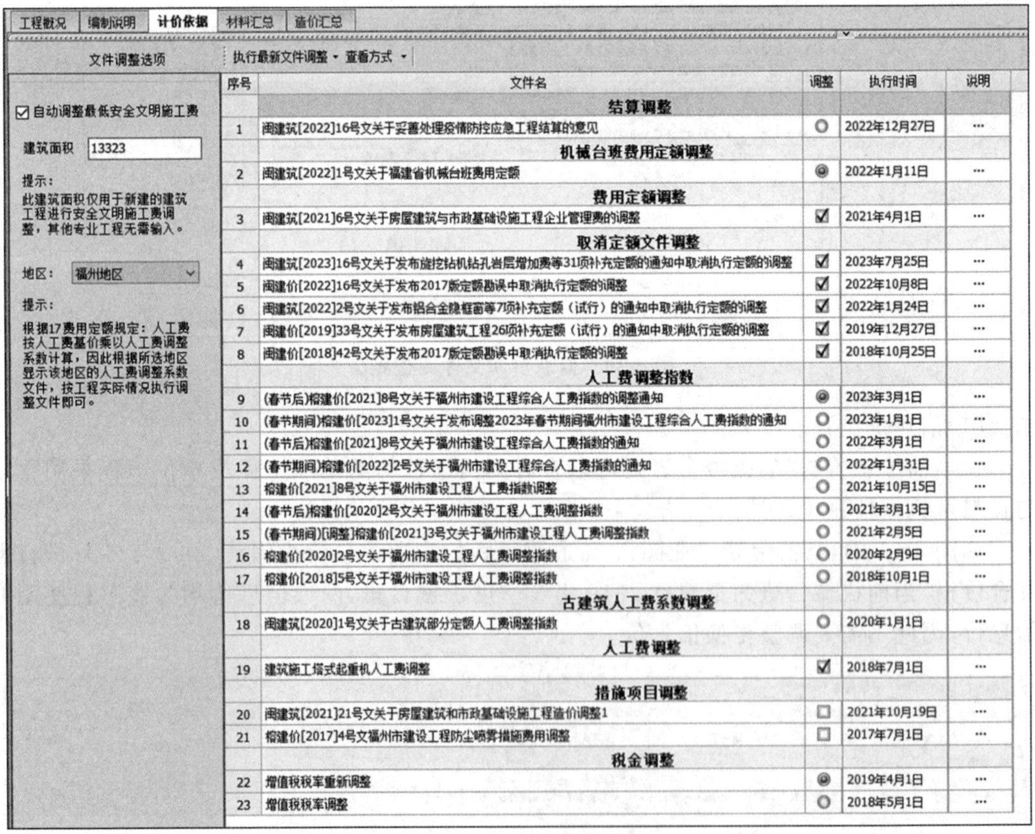

图4-23　文件执行调整界面

5. 取费设置

选择分项工程节点,点击【取费设置】选项卡可以进入取费设置界面。

(1)造价模板选择:

该界面配有多种造价模板,可以根据工程的实际情况选择所需要的造价模板,标准模板【工程量清单计价规范 GB 50500—2013(2017 费用定额)】按《福建省建筑安装工程费用定额》(2017 版)标准配置,编制投标报价时无特殊要求可选用标准模板,如图 4-24 所示。

图 4-24　造价模板选择界面

(2)综合单价计算程序修改

当默认的综合单价计算程序不能满足实际需要时,可以自行修改综合单价程序,如图 4-25 所示。

序号	编号	名称	费率%	计算式	变量
1	1	人工费		RGHJ	RGF
2	2	材料费		CLHJ	CLSBF
3	2.1	其中工程设备费		SBHJ	SBF
4	2.2	其中甲供材料费		JGCLHJ	JGHJ
5	3	施工机具使用费		JXHJ	JXF
6	4	企业管理费	6.8	(F1+F2-F2.1+F3)*费率	QYGLF
7	5	利润	6	(F1+F2-F2.1+F3+F4)*费率	LIRU
8	6	规费		(F1+F2-F2.1+F3+F4+F5)*费率	GF
9	7	税金	11	(F1+F2+F3+F4+F5+F6)*费率	SJ
10	9	下浮	10	(F1+F2+F3+F4+F5+F6+F7)*费率	BL1
11	8	综合单价		F1+F2+F3+F4+F5+F6+F7-F9	ZHFY

图 4-25　综合单价计算程序设置界面

①在需要的位置插入费用项(如图 4-25 中第 9 项)。

②设置该费用的信息,如编号、名称、费率、计算式和变量等信息(建议使用软件自动生成的变量)。

③修改综合单价的计算式:让增加的费用计入综合单价。

注意:计算式输入的式子不能直接用当前费用项的变量名称。

④费率修改:计算程序中的管理费、利润、税金等根据费用条件生成的费率不能直接在计算程序修改,需要在界面右边的费用定额中修改。自定义增补的费用,费率可以直接在计算程序中修改。

⑤综合单价计算程序将应用到当前分项的所有项目(独立取费项目除外)。

(3)费用条件设置

根据工程实际情况,选择相对应的费用条件。

①项目类别设置

项目类别为市政工程,无需调整。

②标准化管理的设置

下拉菜单中有"实行"和"未实行"两种情况供选择,如图 4-26 所示。

某县宝新工业园区 A 道路工程标准化管理选择"未实行"。

③优质工程增加费的设置

优质工程增加费根据相应级别的优质工程进行设置,在下拉菜单中选择,如图 4-27 所示。某县宝新工业园区 A 道路工程的标准化管理选择"不计取"。

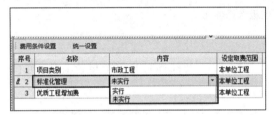

图 4-26　标准化管理设置界面　　　　图 4-27　优质工程增加费设置界面

(4)统一设置

点击【统一设置】按键,便会跳出取费批量设置界面。批量对费用定额规定的各项费用进行取费和调整(包括企管费、利润、措施费、规费和税金等),如图 4-28 所示。

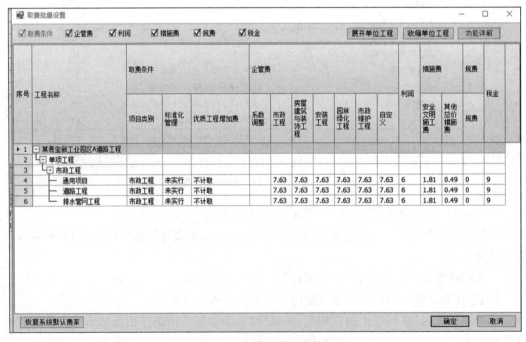

图 4-28　取费批量设置界面

①取费条件和各项费用

根据所勾选的费用,在界面下方显示出相应的费率。

②工程节点目录

当前工程的节点目录。节点较多时,可以使用【展开】、【收缩】功能,以便调整。

③取费调整

根据应用范围对应的节点进行取费调整,可下拉选择或直接输入修改费率。

(5)管理费、利润设置

①费率(批量)修改、调整

取费条件设置完成后,可以在界面右边看到各项取费规定的费率。

a.费率修改

在"费率(%)"列可以修改各项费用的费率,费率被修改后将以黄色字体加以区分显示;"系统费率(%)"中的数值为费用定额中规定的费率,作为修改费率时参照用,不能对其进行修改,如图4-29所示。

图4-29　费率修改界面

图4-30　费率批量修改界面

b.费率批量修改

当管理费类别较多的时候,可以点击【%费率调整】来完成批量修改:

在【%费率调整】中输入固定值或百分比,点击【固定费率】或【%费率调整】来进行管理费的批量调整。

可以在【%费率调整】中设置管理费和利润费率的小数位,如图4-30所示。

②费率应用范围及恢复

a.应用范围

可以通过点击【应用于本单位工程】将上面所设置的管理费和利润应用到整个单位工程中。

b.费率恢复

当发现费率修改不当的时候,可以点击【使用系统费率】将所有费率恢复成系统费率。

6. 分部分项设置

(1)进入【分部分项】界面

在取费设置完成后,用鼠标左键单击左上方分项工程节点【通用项目】,然后单击上方【分部分项】选项卡,可以进入到【通用项目】的【分部分项】界面,如图 4-31 所示,进行分部分项工程量清单设置。点击分项工程节点【道路工程】或【排水管网工程】,进入【道路工程】或【排水管网工程】的【分部分项】界面。

图 4-31　分部分项界面

(2)输入或调用清单项目

输入或调用分部分项清单项目有三种方法。

①直接输入清单项目编码

如某县宝新工业园区 A 道路工程中通用项目,采用第一种方法:直接输入清单项目编码,按照招标工程量清单中的表 5 分部分项工程量清单与计价表第 1 页的清单项目顺序输入。

在【分部分项】界面中"项目编码"一列依次逐行输入清单项目编码 040101001001、040101001002、040101001003、040103001001、040103002001、040101002001、040103001002、040103001003、040103002002,并点击键盘下移键,软件自动根据清单编码调用出该清单的项目名称、单位等相关信息,这样通用项目的 9 个清单信息(项目名称、单位等)就全部调用到通用项目界面上,如图 4-32 所示。

序号	项目编码	换	项目名称	单位	量价 工程量	量价 综合单价	量价 合计	类别	主要项目	条件
1	040101001001		挖一般土方	m3				合价	☐	
2	040101001002		挖一般土方	m3				合价	☐	
3	040101001003		挖一般土方	m3				合价	☐	
4	040103001001		填方	m3				合价	☐	
5	040103002001		余方弃置	m3				合价	☐	
6	040101002001		挖沟槽土方	m3				合价	☐	
7	040103001002		填方	m3				合价	☐	
8	040103001003		填方	m3				合价	☐	
▶ 9	040103002002		余方弃置	m3				合价	☐	

图 4-32　通用项目界面

②导航调用

接下来,我们采用第二种方法:从清单导航中逐一调用清单,来完成某县宝新工业园区A道路工程中道路工程的分部分项清单设置。

a. 在中间属性编辑区点击选择【清单导航】选项卡进入到清单导航界面,如图 4-33所示。

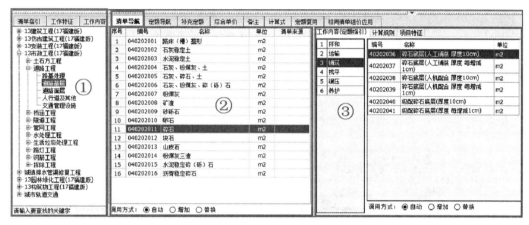

图 4-33　清单导航界面

b. 按照工程量清单的分部分项工程量清单与计价表中的道路工程清单项目顺序,在左边图框清单章节①中依次单击 13 市政工程→道路工程→道路基层,然后在中间图框清单列表②中依次双击选择碎石、水泥稳定碎(砾)石项目;再点击左边清单章节①中道路面层,从中间清单列表②中双击选择水泥混凝土项目;最后点击左边清单章节①中人行道及其他,从中间清单列表②中依次双击选择人行道块料铺设、安砌侧石、树池砌筑项目,这样道路工程6 个清单的项目名称、单位、工作特征和清单指引等相关信息就全部调用到道路工程界面上,如图 4-34 所示。

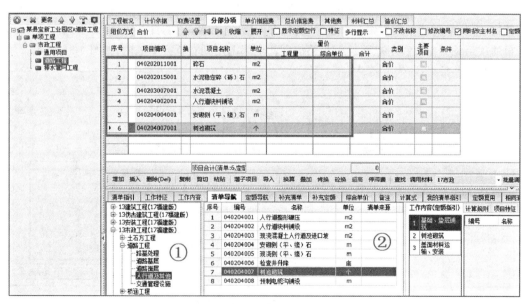

图 4-34　道路工程界面

③批量调用清单

接着,我们采用第 3 种方法:从清单导航中批量调用清单,来完成排水管网工程的分部分项清单设置。

a. 在页面中间功能区点击选择【批量调用】选项卡进入【批量调用】界面,如图 4-35 所示。

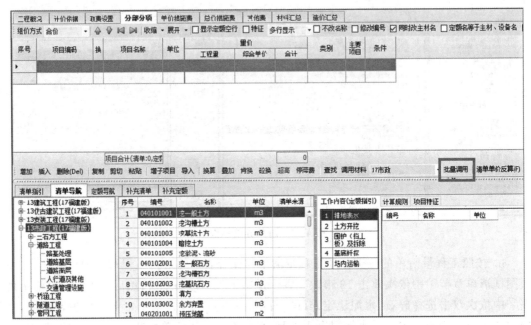

图 4-35　批量调用界面

b. 按照分部分项工程量清单与计价表中排水管网工程的清单项目顺序,在批量调用界面左边图框清单章节中依次单击 13 市政工程→管网工程→管道铺设,然后在中间图框清单列表中依次双击选择"混凝土管"项目 4 次,"塑料管"项目 1 次;接着点击左边清单章节中管道附属构筑物,再从中间清单列表中双击选择"砌筑井"4 次、"雨水口"项目 1 次,这样管网工程 10 个清单的项目编码、项目名称、单位等相关信息就全部调用到右下方图框内,如图 4-36 所示。

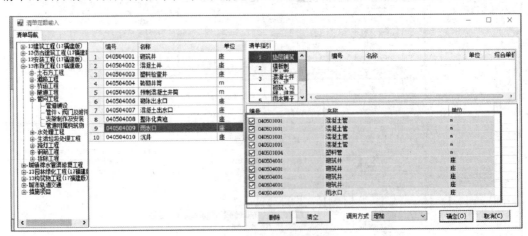

图 4-36　批量调用清单界面

c. 最后我们点击右下方的【确定】按钮,这样排水管网工程的 10 个清单项目编码、项目名称、单位就全部调用到排水管网工程界面上,如图 4-37 所示。

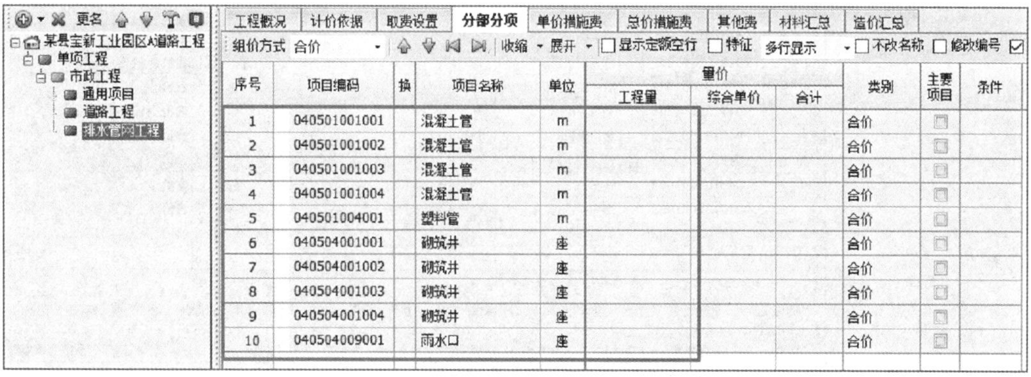

图 4-37　排水管网工程界面

(3)输入清单工程量

在分部分项界面的"工程量"列可直接输入各清单项目相应的工程量。如某县宝新工业园区 A 道路工程,在排水管网工程界面,我们可以按照分部分项工程量清单与计价表中的排水管网工程清单工程量,依次在"工程量"列输入数据 270、270、195.14、60、525.14、9、9、10、8、36,每输入一个数据按一下键盘下移"↓"键,这样管网工程的 10 个清单项目的工程量就都输到界面上了。通用项目、道路工程的清单项目工程量可采用类似方法输入。排水管网工程输入的清单工程量如图 4-38 所示。

图 4-38　排水管网工程清单工程量界面

(4)项目特征编辑

项目工作特征分为【列表特征】和【文本特征】两种操作模式,系统默认为【列表特征】,如图 4-39 所示。

①列表特征

根据清单规范列出清单项目所对应的特征项目,并提供常用的特征描述;可以在特征描述下拉菜单选择需要的特征描述,也可以直接在特征描述处输入所需的内容。当清单项目的特征比较简单时,可以按这种模式进行编辑。

图 4-39　工作特征设置界面

下面我们以某县宝新工业园区 A 道路工程中"挖沟槽土方"项目为例,来学习一下列表特征编辑。

a. 在通用项目【分部分项】界面单击选中挖沟槽土方,再在中间属性编辑区点击选择【工作特征】选项卡,系统默认显示出【列表特征】界面。

b. 在特征项目"土壤类别"右边特征描述的下拉菜单选择"三类土",也可以在特征描述处直接输入特征内容,如在特征项目"挖土深度"右边特征描述处输入"4 m 以内",这样挖沟槽土方项目特征就编辑好了。

通用项目所属清单项目特征比较简单,可以采用这种模式进行编辑。

列表特征中由特征项目和特征描述两部分组成。当【显示】列没打钩时,只对特征描述内容输出,如图 4-40 所示;当【显示】列打钩时,特征项目内容与特征描述内容同时输出,如图 4-41 所示。

②文本特征

【文本特征】是软件系统提供的一种纯文本的特征编辑模式,当需要从其他文档中复制多条项目特征时,采用【文本特征】可以大大提高工作效率。

接着我们以某县宝新工业园区 A 道路工程中"塑料管"项目为例,来学习一下文字编辑。

a. 在排水管网工程【分部分项】界面单击选中"塑料管"项目,再在中间属性编辑区点击选择【工作特征】选项卡,把操作模式从系统默认的【列表特征】转换到【文本特征】界面。

b. 从分部分项工程量清单与计价表中找到"塑料管"项目,把其项目特征全部复制粘贴到文字特征界面上,这样"塑料管"的项目特征就输入好了,如图 4-42 所示。

道路工程和排水管网工程的清单项目特征可以按照这种模式进行编辑。

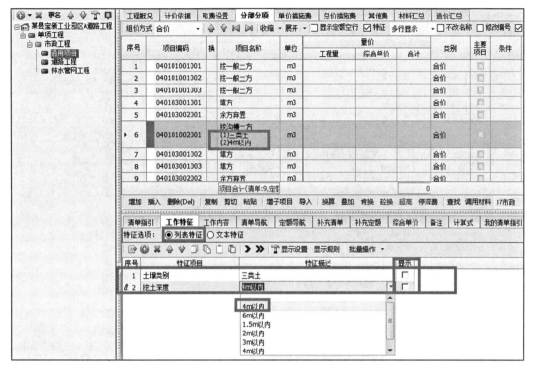

图 4-40　列表特征编辑界面(1)

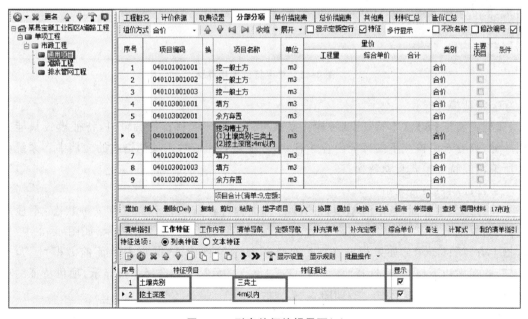

图 4-41　列表特征编辑界面(2)

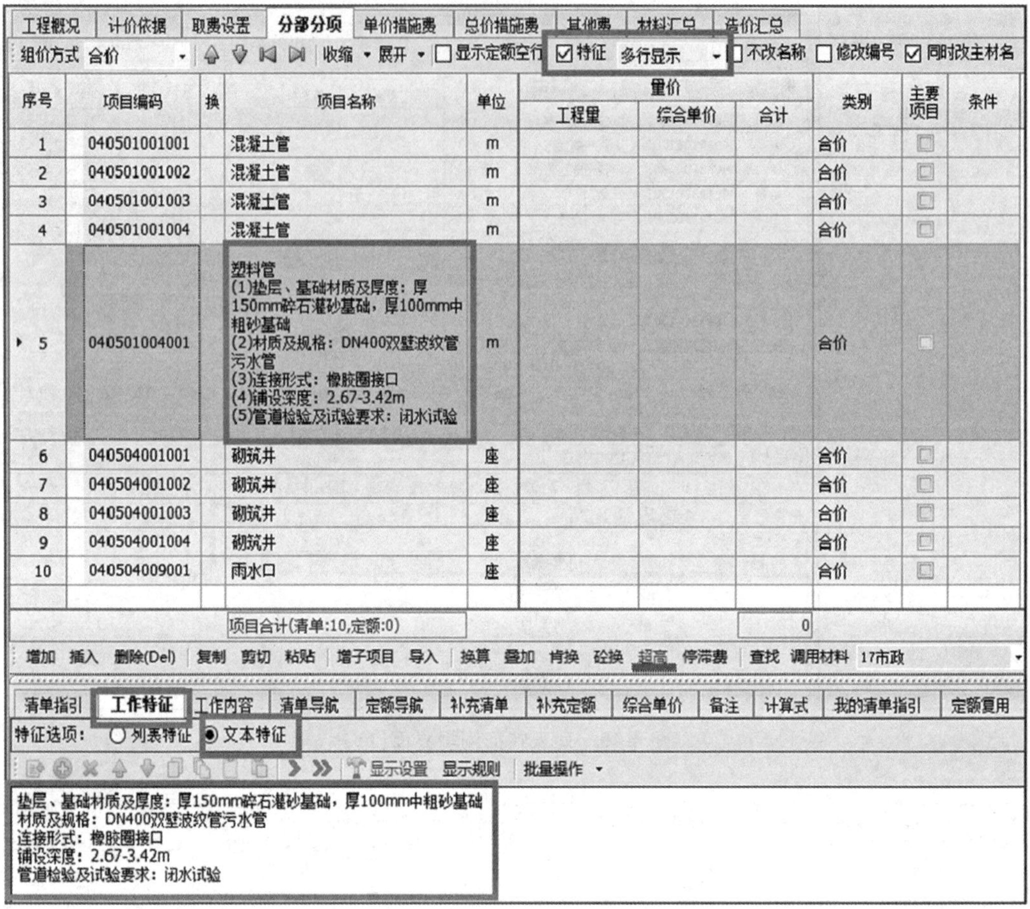

图 4-42　文字特征编辑界面

③特征模式转换

【列表特征】和【文本特征】两种操作模式可以转换。项目特征编辑时,特征模式只能采用一种,只有选中模式下的特征内容才有效,才能被打印或输入其他格式的文档中。系统会按所编辑的特征模式自动转换。

④特征项目是否显示

在分部分项界面,各个清单项目的项目特征内容在其项目名称下有三种状态:不显示(特征前方框"□"不打"√")、多行显示、单行显示,系统默认状态为不显示,如图 4-43 中"挖沟槽土方"项目所示。如果想要在项目名称下显示项目特征,需点击特征前方框"□",打"√",并在右边下拉菜单,选择"多行显示"或"单行显示",一般选择多行显示,项目特征的项目及内容会展示得更清楚一些,如图 4-44 所示。

(5)定额项目输入

当编制的工程为清单计价时,可以通过【清单指引】来完成定额项目的调用,如图 4-45所示。

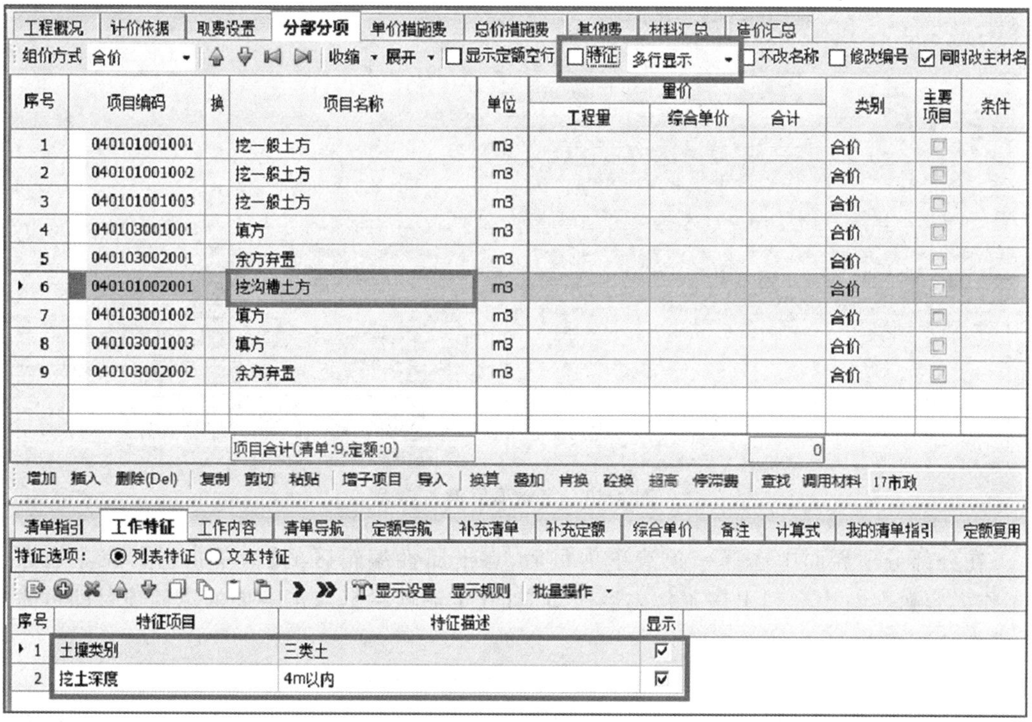

图 4-43　项目特征不显示界面

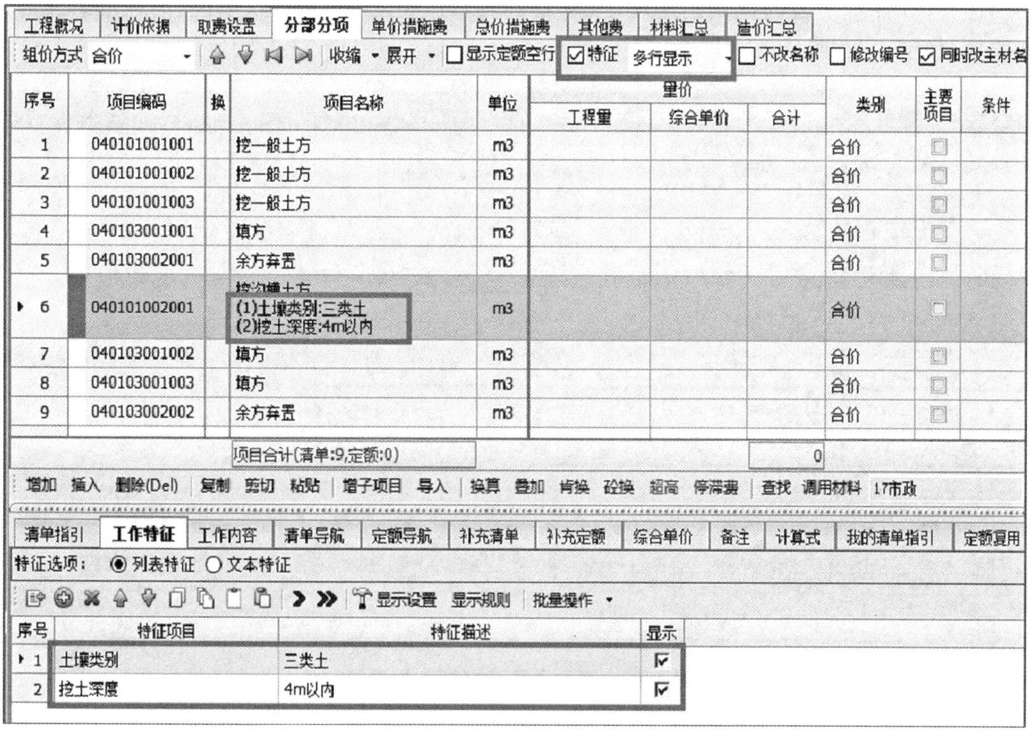

图 4-44　项目特征多行显示界面

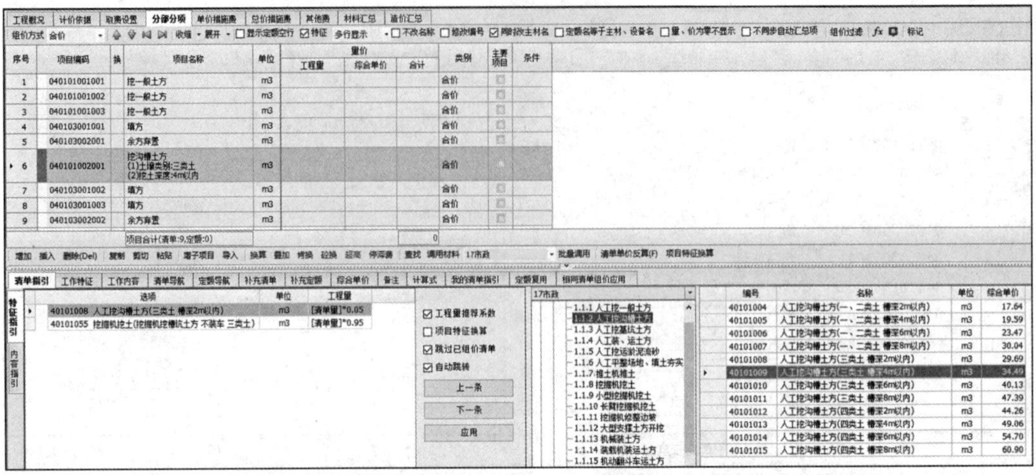

市政工程计量与计价

图 4-45　定额项目输入界面

在分部分项界面中选择一条清单项目后,点击属性编辑区的【清单指引】,在左边选择【工作内容】,在右边会列出该工作内容所对应的【定额项目】,双击需要的定额项目即可完成该定额的调用。

①直接输入

操作时,在清单项目子项或下一空行直接输入定额编号,即可调用定额。如某县宝新工业园区 A 道路工程,在通用项目最后一个清单项目"余方弃置"下一空行直接输入定额编号40101091,软件就会自动调用出 40101091 自卸汽车运土的定额名称、单位、消耗量组成等定额信息,如图 4-46 所示。

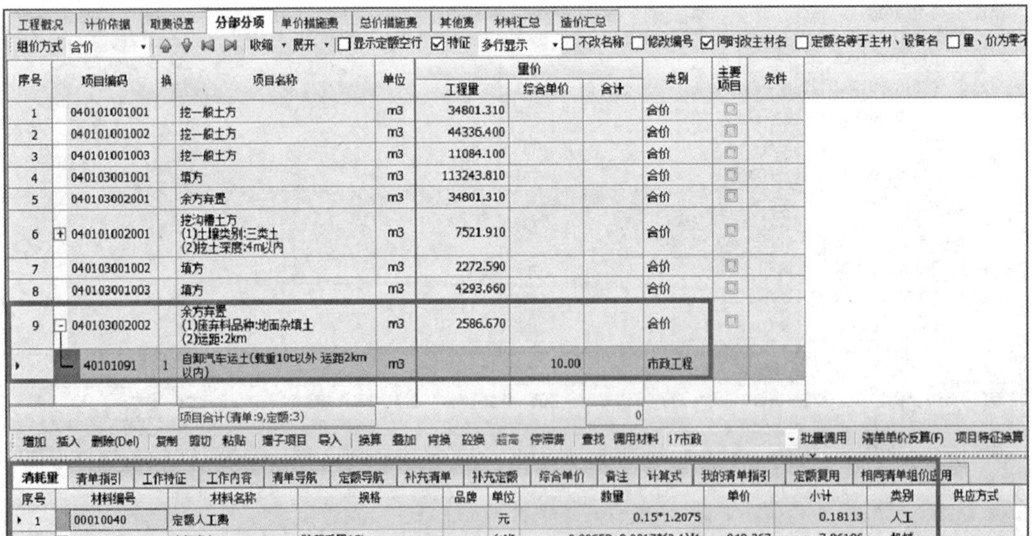

图 4-46　定额项目直接输入界面(1)

当某个清单项目下方已有其他清单项目,没有空行时,需点击【增子项目】或按下小键盘上面的"＋"键,才可以在其下方增加出清单项目子项,输入定额编号。

　　如 A 道路工程"挖沟槽土方",选择清单项目后需点击功能键【增子项目】或按下小键盘上面的"＋"键,才可以在其下方增加出清单项目子项,然后输入定额编号"40101009",按下回车键,就可以调用出"人工挖沟槽土方(三类土 槽深 4 m 以内)"的定额;然后按小键盘上面的"＋"键,在其下方再增加一个清单项目子项。如图 4-47 所示。

序号	项目编码	换	项目名称	单位	量价			类别	主要项目	条件
					工程量	综合单价	合计			
1	040101001001		挖一般土方	m3	34801.310			合价	☐	
2	040101001002		挖一般土方	m3	44336.400			合价	☐	
3	040101001003		挖一般土方	m3	11084.100			合价	☐	
4	040103001001		填方	m3	113243.810			合价	☐	
5	040103002001		余方弃置	m3	34801.310			合价	☐	
6	040101002001		挖沟槽土方 (1)土壤类别:三类土 (2)挖土深度:4m以内	m3	7521.910			合价	☐	
	40101009		人工挖沟槽土方(三类土 槽深4m以内)	m3		51.80		市政工程		
								自定义		
7	040103001002		填方	m3	2272.590			合价	☐	
8	040103001003		填方	m3	4293.660			合价	☐	
9	040103002002		余方弃置 (1)随弃料品种:地面杂填土 (2)运距:2km	m3	2586.670			合价	☐	
	40101091	1	自卸汽车运土(载重10t以外 运距2km以内)	m3		10.00		市政工程		

图 4-47　定额项目直接输入界面(2)

　　若【输入设置】的定额前缀设置为 401 时,代表市政工程第一册时,如图 4-48 所示,输入第一册通用项目的定额编号,可以只输入后面 5 位章节和顺序码,如输入 01058,软件自动补上当前的专业码 401,调用出"挖掘机挖槽坑土方 装车 三类土"的定额。如图 4-49 所示。

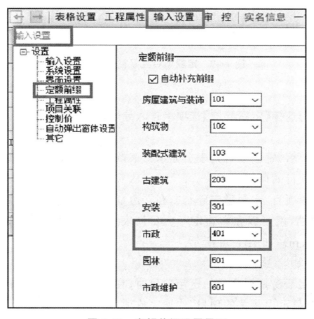

图 4-48　定额前缀设置界面

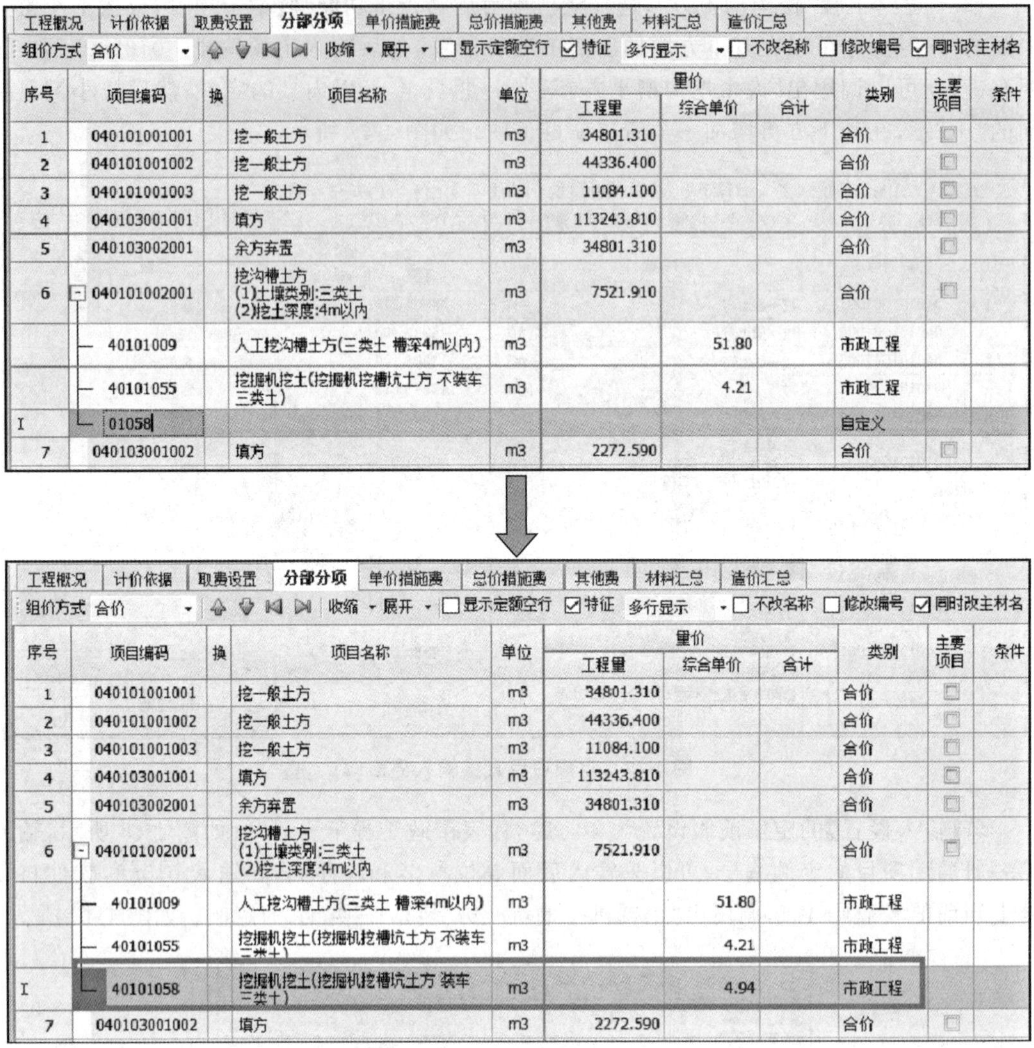

序号	项目编码	换	项目名称	单位	工程量	综合单价	合计	类别	主要项目	条件
1	040101001001		挖一般土方	m3	34801.310			合价	□	
2	040101001002		挖一般土方	m3	44336.400			合价	□	
3	040101001003		挖一般土方	m3	11084.100			合价	□	
4	040103001001		填方	m3	113243.810			合价	□	
5	040103002001		余方弃置	m3	34801.310			合价	□	
6	040101002001		挖沟槽土方(1)土壤类别:三类土(2)挖土深度:4m以内	m3	7521.910			合价	□	
	40101009		人工挖沟槽土方(三类土 槽深4m以内)	m3		51.80		市政工程		
	40101055		挖掘机挖土(挖掘机挖槽坑土方 不装车 三类土)	m3		4.21		市政工程		
I	01058							自定义		
7	040103001002		填方	m3	2272.590			合价	□	

序号	项目编码	换	项目名称	单位	工程量	综合单价	合计	类别	主要项目	条件
1	040101001001		挖一般土方	m3	34801.310			合价	□	
2	040101001002		挖一般土方	m3	44336.400			合价	□	
3	040101001003		挖一般土方	m3	11084.100			合价	□	
4	040103001001		填方	m3	113243.810			合价	□	
5	040103002001		余方弃置	m3	34801.310			合价	□	
6	040101002001		挖沟槽土方(1)土壤类别:三类土(2)挖土深度:4m以内	m3	7521.910			合价	□	
	40101009		人工挖沟槽土方(三类土 槽深4m以内)	m3		51.80		市政工程		
	40101055		挖掘机挖土(挖掘机挖槽坑土方 不装车 三类土)	m3		4.21		市政工程		
I	40101058		挖掘机挖土(挖掘机挖槽坑土方 装车 三类土)	m3		4.94		市政工程		
7	040103001002		填方	m3	2272.590			合价	□	

图4-49 定额项目直接输入界面(3)

②导航调用

在【属性编辑区】选择【定额导航】选项卡进入导航调用界面。定额调用时有两种途径。

a. 定额节点调用

选择需要的章节后,定额项目列表会显示出该章节所包含的定额项目,双击需要的定额项目即可完成定额项目的调用。

如道路工程清单项目"水泥稳定碎石",在左边章节框依次点击13市政→道路工程→道路基层→水泥稳定层,就可以在右边定额项目列表中双击选择定额40202057水泥稳定层(人工摊铺 厚度15 cm),如图4-50所示。

b. 查找栏调用

当定额节点调用不易找到合适的定额项目时,在左下方【查找】编辑框输入需要查找的关键字,定额列表会显示出相关的项目,快速完成项目调用。输入多个关键字可以大大提高项目查找速度,多个关键字间用半角逗号隔开。

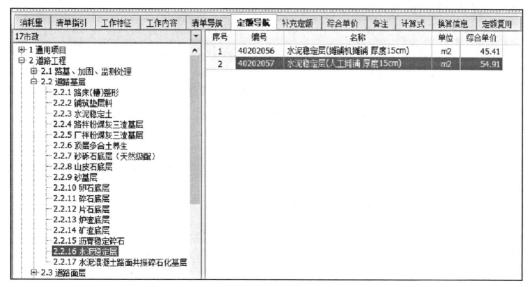

图 4-50　定额节点调用界面

如清单项目"水泥稳定碎石"要调用"混凝土搅拌机拌和",在左下方【查找】编辑框输入"拌和",就可以在右边定额项目列表中,快速地找到相应的定额 40107049,如图 4-51 所示。

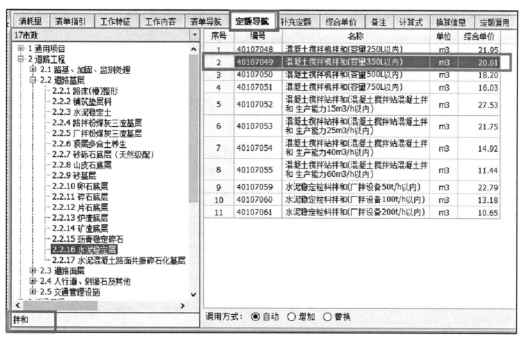

图 4-51　查找栏调用定额界面

(6)定额换算

常见的定额换算有基本换算、肯定换算、叠加换算、砼/砂浆换算。

①基本换算

当需要对定额项目的人材机的系数进行调整时,可以选择定额后点击分部分项界面工具栏中的【换算】按钮,进入换算窗口,完成基本换算。

如清单项目"水泥稳定碎石"调用的第一个定额项目"水泥稳定层",厚度 18 cm,分 2 层摊铺,需进行基本换算:人工费、机械费×2,材料费×1.2。点击分部分项界面工具栏中的【换算】按钮,进入基本换算窗口,然后在①换算表达式输入区的人工费、机械费下方方框内分别输入 2,材料费下方方框内输入 1.2,右边的图框②内就会显示出基本换算的式子,下方的图框③④中就会显示出换算前后的数据,如图 4-52 所示。

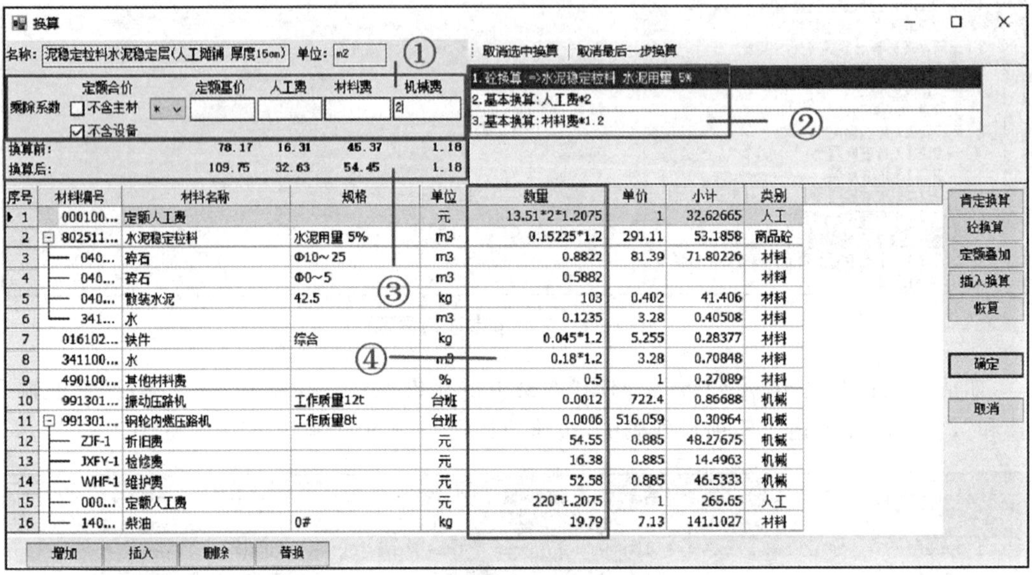

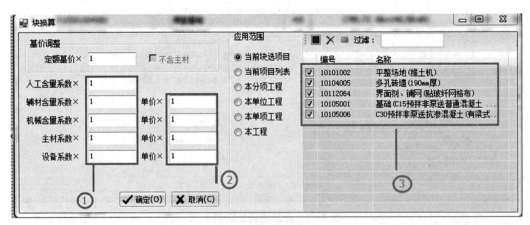

图 4-52　基本换算窗口

当需要对多条项目进行换算,可以同时选择多条项目,然后点击【换算】进入块换算窗口,如图 4-53 所示。

图 4-53　块换算窗口

图中,①输入人工、材料、机械等换算系数后,点击【确定】即可完成换算,系统自动将所选人材机的消耗量乘上换算系数。②输入材料、机械单价换算系数后,点击【确定】即可完成换算,系统自动将所选项目的材料、机械的单价乘上换算系数。③换算项目设置:所有定额编号前面被打钩的项目都会进行换算；如果有项目不需要换算，可以将定额项目编码前面的钩去除，该项目就不会被换算。

②肯定换算

在标准定额说明中，规定了在不同情况下需要对定额消耗量进行调整，这在软件中通过肯定换算简单的操作即可完成。

选择需要换算的定额项目，单击分部分项界面中间工具栏的【肯换】，在肯定换算窗口中，选择需要换算的选项点击【换算】即可完成换算。

换算完成后，系统会在项目名称加上换算标识加以区别，在消耗量里也可以看到详细的计算过程。同时换算过程也会保存至换算记录中，点击换算可以查看和恢复。

如 A 道路工程中挖沟槽土方项目，套用的第一个定额"人工挖沟槽土方"，按照章说明要求，定额×1.5，在【肯定换算】窗口，选择第 6 条，点击右边的【换算】按钮，即可完成换算，如图 4-54 所示。

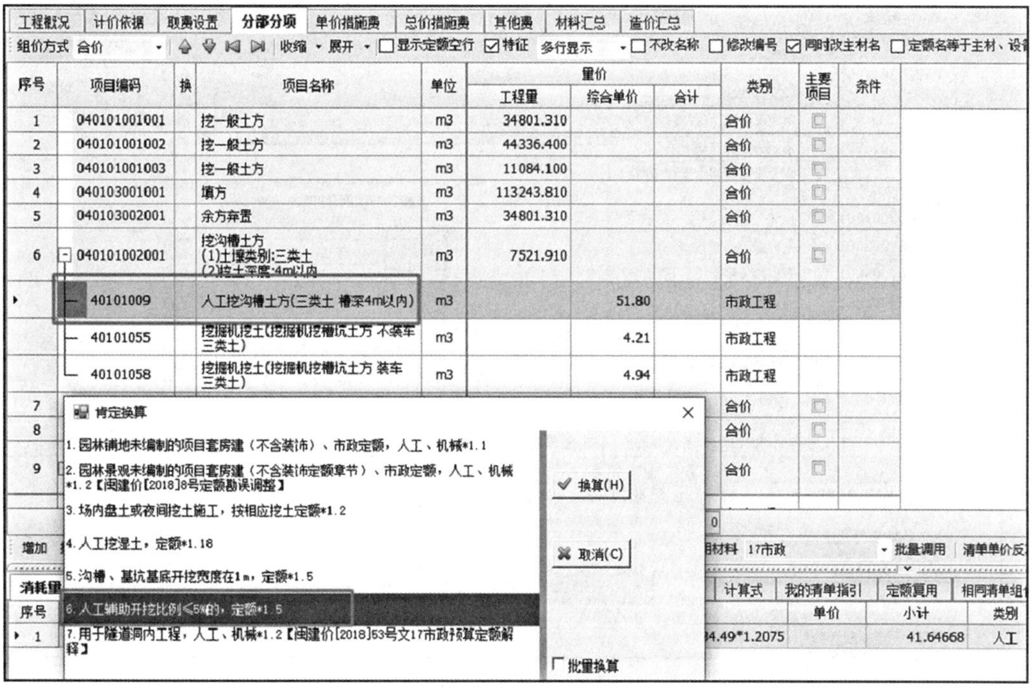

图 4-54　肯定换算窗口

如果有多条同类型项目需要换算时，可以通过【批量换算】对多条定额项目进行统一换算。

在窗口的中间部分，把【批量换算】前的选择框打钩，系统会在窗口右边列出定额项目，并将含有当前选择的换算选项的定额项目打钩选中，对不需要换算的项目可以把定额编号前面的打钩去除。点击【换算】，可以同时完成所有选中的定额项目的换算。

换算完成后可以看到所有被换算的定额项目名称后都加上了换算标识，也可以到消耗量或换算窗口中查看详细的换算过程。

③叠加换算

通过叠加换算可以快速完成项目的运距、厚度和高度等换算。

当输入可以执行该换算的定额项目的时候,系统会弹出窗口让输入实际运距、厚度或高度等信息。

输入实际数据后按回车键或点击【确定】即可完成换算,系统自动根据输入的数据完成定额叠加工作。换算完成后系统会自动修改定额项目名称,可以在消耗量或换算窗口中查看到详细的换算信息或进行换算恢复。

如道路工程清单项目"碎石",项目特征中厚度为 15 cm,在调用定额项目 40202040 后,系统会弹出窗口让输入实际厚度,在框内输入数据 15 后按回车键或点击【确定】即可完成换算,如图 4-55 所示。

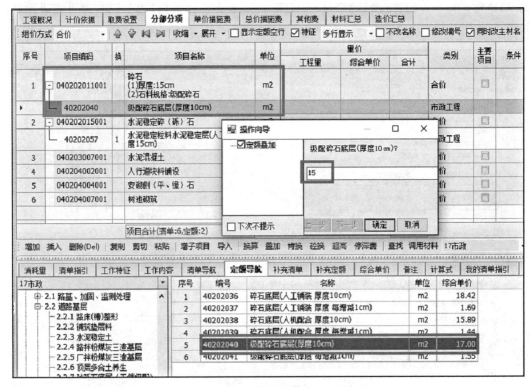

图 4-55　叠加换算窗口

④砼/砂浆换算

在工程编辑过程中,会发现很多砼及砂浆定额项目的默认配置不能满足实际需要,这时候可以通过【砼换】来完成。选择含有砼或砂浆的定额项目,点击工程量中间工具栏中的【砼换】,进入换算窗口。

在换算窗口中可以对砼类型、标号、水泥标号等进行修改,系统会根据所选择的配置匹配出对应的砼项目,点击【确定】即可完成换算。

如排水管网工程中的"混凝土管",套用"C15 管道基础 平基"定额后,点击【砼换】,进入到砼换算窗口中,选择现拌普通混凝土,坍落度:30~50 mm,砼标号:C15,系统会自动匹配出对应的砼项目,然后选择碎石 25 mm 的品种,点击【换算】即可完成砼换算,如图

4-56所示。

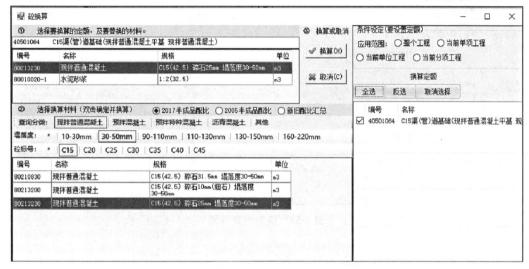

图 4-56　砼换算窗口

换算完成后可以看到,系统自动对定额项目的名称进行了修改,消耗量里的砼项目也被替换成新的砼项目,系统也会自动重新计算工程造价。

换算完成后换算内容会被保存至换算记录中,可以点击换算查看或恢复。

当换算定额项目含有多条砼或砂浆项目时,进入砼换算窗口可按需要选择换算的项目,如图 4-57 所示。

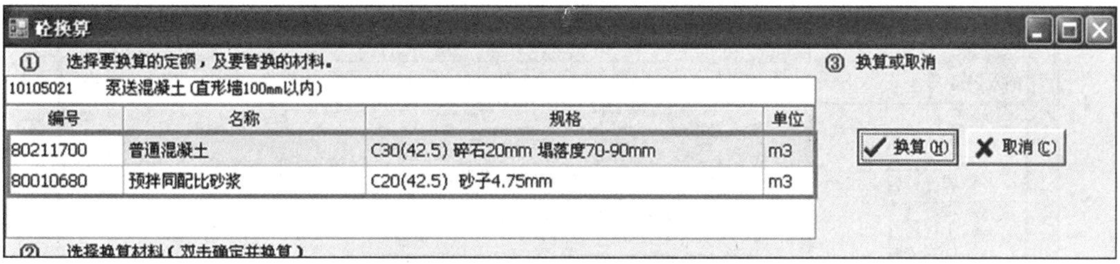

图 4-57　选择换算项目窗口

⑤换算恢复

以上几种换算的详细内容和步骤都会记录在换算窗口中,选择定额项目后,点击【换算】进入换算窗口,如图 4-58 所示。

如果有多条定额项目需要恢复换算,也可以选择多条定额项目,右键【块恢复】(图 4-59),逐步完成多条定额项目的换算恢复。

(7)输入定额工程量

①增加的子项工程量同清单工程量

当定额工程量与清单工程量相同时,在【输入设置】弹出图框中【增加的子项工程量同清单工程量】前方框打"√",如图 4-60 所示。这样在定额套用后,定额工程量会自动按清单工程量输入,不需要再输入或修改;但定额工程量与清单工程量不同时,就必须修改定额工程量。

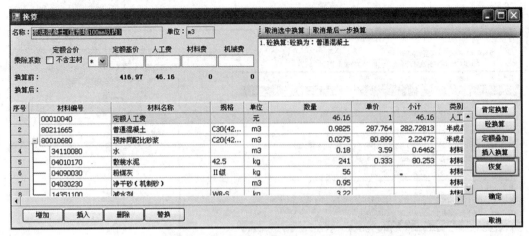

图 4-58　换算恢复界面

图 4-59　块恢复选择按钮

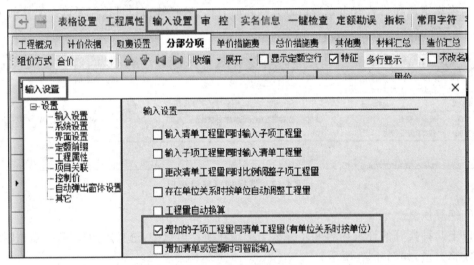

图 4-60　输入设置界面(1)

　　如 A 道路工程通用项目中的余方弃置,其定额工程量等于清单工程量,输入定额后,工程量不需要再输入或修改;但挖沟槽土方项目,所套用的 3 个定额工程量均不等于清单工程量,定额套用后,工程量需要修改。如图 4-61 所示。

　　②增加的子项工程量不同于清单工程量

　　当定额工程量与清单工程量基本不相同时,【输入设置】弹出图框中【增加的子项工程量同清单工程量】前方框不打"√",如图 4-62 所示。在定额套用后,定额工程量不会自动按清

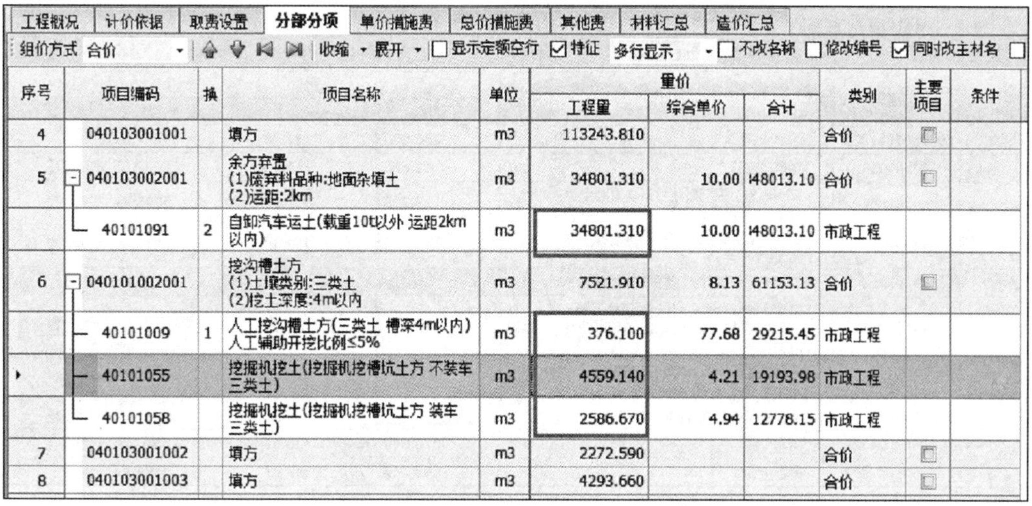

工程概况	计价依据	取费设置	分部分项	单价措施费	总价措施费	其他费	材料汇总	造价汇总

组价方式 合价　▼　⬆ ⬇ ⏮ ⏭ 收缩 ▼ 展开 ▼ □显示定额空行 ☑特征 多行显示 ▼ □不改名称 □修改编号 ☑同时改主材名 □

序号	项目编码	换	项目名称	单位	量价 工程量	量价 综合单价	量价 合计	类别	主要项目	条件
4	040103001001		填方	m3	113243.810			合价	□	
5	☐ 040103002001		余方弃置 (1)废弃料品种:地面杂填土 (2)运距:2km	m3	34801.310	10.00	I48013.10	合价		
	└ 40101091	2	自卸汽车运土(载重10t以外 运距2km以内)	m3	34801.310	10.00	I48013.10	市政工程		
6	☐ 040101002001		挖沟槽土方 (1)土壤类别:三类土 (2)挖土深度:4m以内	m3	7521.910	8.13	61153.13	合价	□	
	└ 40101009	1	人工挖沟槽土方(三类土 槽深4m以内) 人工辅助开挖比例≤5%	m3	376.100	77.68	29215.45	市政工程		
▶	40101055		挖掘机挖土(挖掘机挖槽坑土方 不装车 三类土)	m3	4559.140	4.21	19193.98	市政工程		
	└ 40101058		挖掘机挖土(挖掘机挖槽坑土方 装车 三类土)	m3	2586.670	4.94	12778.15	市政工程		
7	040103001002		填方	m3	2272.590			合价	□	
8	040103001003		填方	m3	4293.660			合价	□	

图 4-61　定额工程量输入界面(1)

单工程量输入,定额工程量就需要单独输入。

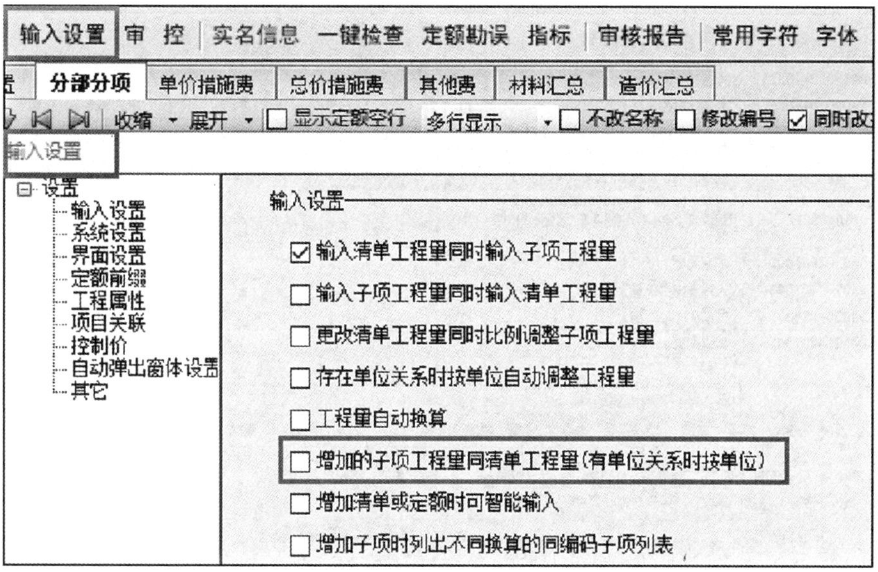

输入设置	审　控	实名信息	一键检查	定额勘误	指标	审核报告	常用字符	字体

分部分项	单价措施费	总价措施费	其他费	材料汇总	造价汇总

⏮ ⏭ ⏸ 收缩 ▼ 展开 ▼ □显示定额空行 多行显示 ▼ □不改名称 □修改编号 ☑同时改

输入设置

- ☐ 设置
  - 输入设置
  - 系统设置
  - 界面设置
  - 定额前缀
  - 工程属性
  - 项目关联
  - 控制价
  - 自动弹出窗体设置
  - 其它

输入设置

- ☑ 输入清单工程量同时输入子项工程量
- □ 输入子项工程量同时输入清单工程量
- □ 更改清单工程量同时比例调整子项工程量
- □ 存在单位关系时按单位自动调整工程量
- □ 工程量自动换算
- □ 增加的子项工程量同清单工程量(有单位关系时按单位)
- □ 增加清单或定额时可智能输入
- □ 增加子项时列出不同换算的同编码子项列表

图 4-62　输入设置界面(2)

如排水管网工程中的混凝土管、塑料管、砌筑井等项目,直接输入定额工程量更方便一些,如图 4-63 所示。

③通过计算式输入

点击分部分项界面工具栏中的【计算式】,可以在这里输入工程量的详细计算式,系统自动将计算出来的结果更新到工程量中。

如图 4-64,清单项目"水泥稳定碎(砾)石"中混凝土搅拌机拌和的定额工程量,可以在下方计算式中输入:8723.89 * 0.18 * (1+1.5%),然后回车,数值 1593.855 就会输入工程量中。计算式的计算过程会一直被保存,随时可以通过计算式编辑器来查看。

工程概况	计价依据	取费设置	**分部分项**	单价措施费	总价措施费	其他费	材料汇总	造价汇总

组价方式 合价 ▾ | ⬆⬇⏮⏭ 收缩 ▾ 展开 ▾ □显示定额空行 不显示 ▾ □不改名称 □修改编号 ☑同时改主材名 □定额

序号	项目编码	换	项目名称	单位	量价 工程量	量价 综合单价	量价 合计	类别
1	⊟ 040501001001		混凝土管	m	270.000	90.25	24367.50	合价
	40501058		垫层(碎石)	m3	41.880	215.56	9027.65	市政工程
	40501064		C15渠(管)道基础(现拌普通混凝土平基 现拌普通混凝土)	m3	8.200	657.98	5395.44	市政工程
	40501071		C15渠(管)道基础(现拌普通混凝土管座 现浇)	m3	12.300	757.45	9316.64	市政工程
8	40107050		混凝土搅拌机拌和(容量500L以内)	m3	20.81	30.12	626.80	市政工程
	40105017	5	混凝土(沥青)混合料运输(运输混凝土(沥青)混合料 机动翻斗车 运距200m以内)	m3		31.15		市政工程
	40502047		承插式混凝土管(Φ200-2000)(钢筋混凝土管 人工下管 管径300mm以内)	m		46.29		市政工程
	40502161		水泥砂浆接口(管径300mm以内)	口		8.57		市政工程
2	⊞ 040501001002		混凝土管	m	270.000	420.41	113510.70	合价
3	⊞ 040501001003		混凝土管	m	195.140	547.27	106794.27	合价

图 4-63　定额工程量输入界面(2)

工程概况	计价依据	取费设置	**分部分项**	单价措施费	总价措施费	其他费	材料汇总	造价汇总

组价方式 合价 ▾ | ⬆⬇⏮⏭ 收缩 ▾ 展开 ▾ □显示定额空行 多行显示 ▾ □不改名称 □修改编号 ☑同时改主材名 □定额名等

序号	项目编码	换	项目名称	单位	量价 工程量	量价 综合单价	量价 合计	类别
1	040202011001		碎石	m2	8723.890			合价
2	⊟ 040202015001		水泥稳定碎(砾)石	m2	8723.890	84.69	738826.24	合价
	40202057	1	水泥稳定粒料水泥稳定层(人工摊铺厚度15cm)	m2	8723.890	78.17	681946.48	市政工程
▸	40107049		混凝土搅拌机拌和(容量350L以内)	m3	1593.855	35.70	56900.62	市政工程
	40105017	1	混凝土(沥青)混合料运输(运输混凝土(沥青)混合料 机动翻斗车 运距200m以内)	m3		32.37		市政工程
3	040203007001		水泥混凝土	m2				合价
4	040204002001		人行道块料铺设	m2				合价
5	040204004001		安砌侧(平、缘)石	m				合价
6	040204007001		树池砌筑	个				合价
			项目合计(清单:6,定额:3)				738826.24	

增加 插入 删除 复制 剪切 粘贴 增子项目 导入 换算 叠加 换算 标换 砼换 超高 停滞费 查找 调用材料 17市政 ▾ 批量调用

消耗量	清单指引	工作特征	工作内容	清单导航	定额导航	补充定额	综合单价	备注	**计算式**	换算信息	定额复用	相同清单

追加 fx 插入 删除 复制 粘贴 存储至原计算式 ▾ 计算结果->1593.855

序号	内容说明	计算式	结果	是否叠加		序号
▸ 1		8723.89*0.18*(1+1.5%)	1593.855	☑		
2			0	☑		
3			0	☑		

图 4-64　计算式输入界面

7. 单价措施费设置

以某县宝新工业园区 A 道路工程为例,排水管网工程中有一个单价措施项目——固定式夹芯压型钢板围挡。单击左上方分项工程节点【排水管网工程】,再单击上方【单价措施费】选项卡,进入【单价措施费】设置界面,如图 4-65 所示。

从清单导航中调用单价措施项目——固定式夹芯压型钢板围挡,然后输入清单工程量300;接着编辑工作特征,在特征项目围挡高度右边的描述栏输入:2.5 m,基础类型尺寸右

图 4-65　单价措施费设置界面

边输入:水泥实心砖基础,挡板类型右边输入:5 cm 泡沫夹芯板。再接下来,根据清单项目名称及项目特征,导航调用定额项目 40107040 彩钢板施工围挡 封闭式 砖基础,高 2.5 m,定额不需要换算,直接输入定额工程量 300,这样单价措施费就直接计算出来了,金额为38808 元,单价措施费也就设置好了,如图 4-66 所示。

序号	项目编码	换	项目名称	单位	工程量	综合单价	合计	类别
1	— 041111002001		固定式夹芯压型钢板围挡	·d（m	300.000	129.36	38808.00	合价
	40107040		施工现场围挡(彩钢板施工围挡 封闭式 砖基础 高2.5m)	m	300.000	129.36	38808.00	市政工程

图 4-66　单价措施费计算界面

8. 总价措施费设置

总价措施项目的费率根据工程的取费情况自动获取,在取费设置、分部分项工程费及单价措施费设置后,软件系统会自动计算出各个分部工程的总价措施项目费。如 A 道路工程的通用项目、道路工程、排水管网工程的总价措施项目费,如图 4-67、图 4-68、图 4-69 所示。

序号	+/-	编号	名称	计算基数	费率%	合价	计算式	变量
1	增	1	安全文明施工费	2626141	1.81	47533	(FBFXHJ-SBHJ-SBSJ+DJCSHJ)*费率	AQWMSGF
2	增	2	其他总价措施费	2626141	0.49	12868	(FBFXHJ-SBHJ-SBSJ+DJCSHJ)*费率	QTZJCSHJ

图 4-67　通用项目总价措施费界面

序号	+/-	编号	名称	计算基数	费率%	合价	计算式	变量
1	增	1	安全文明施工费	3481985	1.81	63024	(FBFXHJ-SBHJ-SBSJ+DJCSHJ)*费率	AQWMSGF
2	增	2	其他总价措施费	3481985	0.49	17062	(FBFXHJ-SBHJ-SBSJ+DJCSHJ)*费率	QTZJCSHJ

图 4-68　道路工程总价措施费界面

序号	+/-	编号	名称	计算基数	费率%	合价	计算式	变量
1	增	1	安全文明施工费	844516	1.81	15286	(FBFXHJ-SBHJ-SBSJ+DJCSHJ)*费率	AQWMSGF
2	增	2	其他总价措施费	844516	0.49	4138	(FBFXHJ-SBHJ-SBSJ+DJCSHJ)*费率	QTZJCSHJ

图 4-69　排水管网工程总价措施费界面

9. 其他费设置

单击上方【其他费】选项卡,进入其他项目费设置界面。其他项目费包括暂列金额、专业工程暂估价、总承包服务费,暂列金额又包括设计变更和现场签证暂列金额、优质工程增加费、缩短定额工期增加费等,各项费用根据招标文件及工程实际情况,可以在其他费界面输入金额或输入费率、计算基数进行计算,如图 4-70 所示。

图 4-70 其他费设置界面

如 A 道路工程其他项目费只有设计变更和现场签证暂列金额 50000 元。因招标文件及工程量清单中未明确划分各分部工程的暂列金额具体数值,可在【通用项目】、【道路工程】、【排水管网工程】的其他费界面中,设计变更和现场签证暂列金额右边的计算式分别输入 20000、20000、10000。这里要特别注意的是,不能 3 个界面各输入 50000,否则其他费总数就会变成 150000 元。如图 4-71 所示。

图 4-71 其他费输入界面

可以在其他费界面输入其他项目的金额。【增加默认费用】中为具体项目的明细费用,也可以点击【增加】按钮增加工程需要费用,修改其计算式进行计算。

通过输入费率、计算基数计算相应的明细费用。可以点击【同步】勾选应用范围实现其他节点也计算该项费用。

注意:暂列金额细项费用,在招标或签订合同时列入暂列金额计算;结算时根据实际列入总价措施项目费中计算。

10. 材料汇总

(1)材料排序

在材料汇总界面点击右键,选择【排序】,根据需求进行材料排序,也可以在材料汇总界面最下方工具栏进行选择排序,以便对材料价格进行调整,如图 4-72 所示。

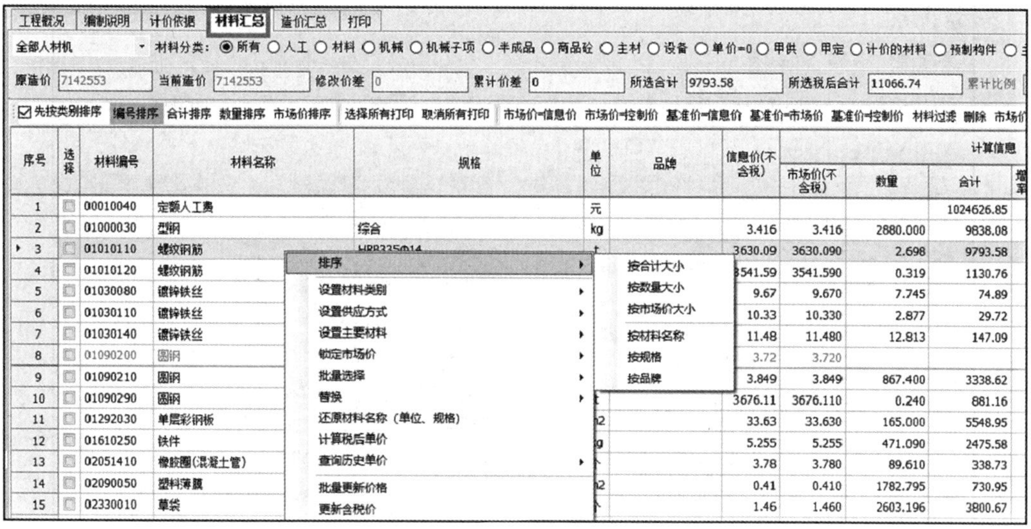

图 4-72　材料汇总界面

(2)市场价修改、批量调整

可以在【材料汇总】界面,根据工程造价编制需要,对各种材料市场价金额进行调整。

①对材料市场价单条修改

点击需要修改价格的材料所对应的【市场价】列,输入市场价即可完成该材料的市场价格调整。

当材料市场价高于信息价时,市场价显示红色;当材料市场价低于信息价时,市场价显示绿色。市场价修改后,软件自动更新、计算相关的工程数据,如图 4-73 所示。

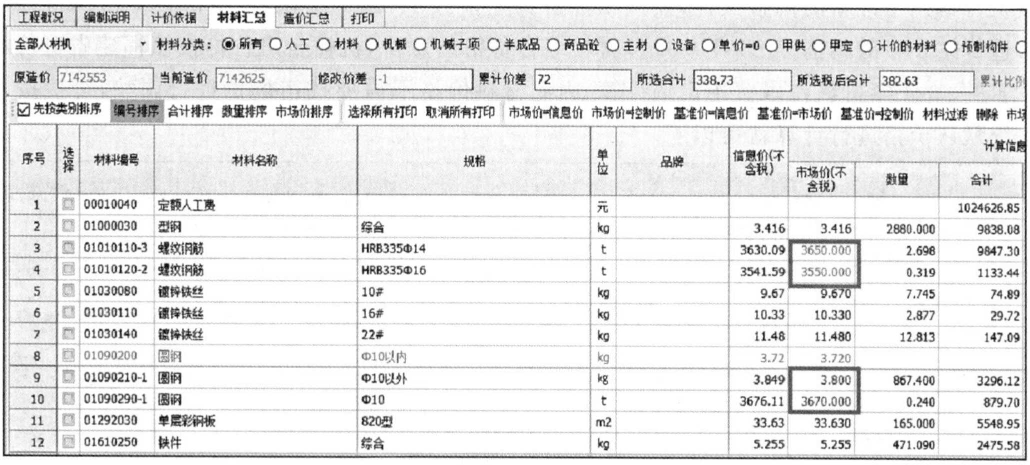

图 4-73　材料市场价单条修改界面

②对材料市场价批量修改

如果需要对多条材料市场价进行系数调整,可以点击【市场价调整】,在上方通过"当前选定"、"分类选择"、"上次选择"三种模式选择出需要调整的材料,在下方输入调整系数,来完成批量修改,如图 4-74 所示。

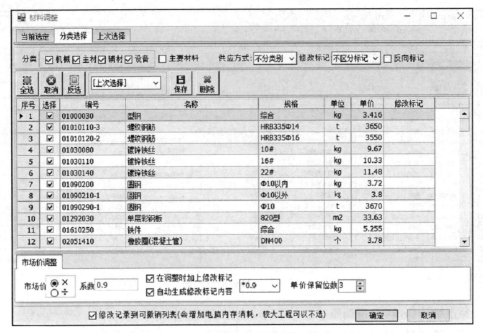

图 4-74　材料市场价批量修改界面

(3)材料价格恢复

如果需要将材料价格恢复到原始价格后重新调整,选择需要恢复的材料,点击工具栏中的【市场价＝信息价】,可以将材料市场价恢复成信息价,如图 4-75 所示。

某县宝新工业园区 A 道路工程在任务 1 中已经按照任务要求进行计价依据设置,人工费执行福州市最新的调整文件,按人工价格调整指数 1.2075 计算,主要材料价格执行福州市造价站发布的闽清 2023 年 6 月份材料综合价格信息价,机械台班价格按照福建省造价站发布的 2021 年机械台班费用定额计算,因此材料价格不需要按市场价进行调整,直接按照系统默认价格进行计算就可以了。

图 4-75　材料市场价恢复界面

11. 造价汇总

在材料汇总后，单击上方【造价汇总】选项卡，进入造价汇总界面。在造价汇总中，可以查看到构成工程造价的各种费用。如果工程有需要，也可以对造价汇总的计算程序进行修改。

（1）费率修改

在【费率%】列可以直接输入所要修改的费率。

（2）增加费用

可以点击工具栏中的增加或插入，在计算程序中增加费用项目，并设置计算式和费率，系统自动根据新的计算程序重新计算造价。

（3）计算程序恢复

点击【重置】可以将计算程序恢复到系统默认的状态，如果发现计算程序修改有错，可以点击该功能来完成计算程序恢复。

如某县宝新工业园区 A 道路工程造价按照软件计价系统默认计算结果，项目总造价为 7162553 元，不需要增加费用项目，也不需要修改计算程序，但需要将总价下浮 6%作为投标报价。

点击【通用项目】节点，进入通用项目造价汇总界面，在“发包价 K 值”前方框打“√”，在 K 值后输入“6”作为下浮率，进行调价处理，这样通用项目的造价就下浮了 6%，如图 4-76 所示。

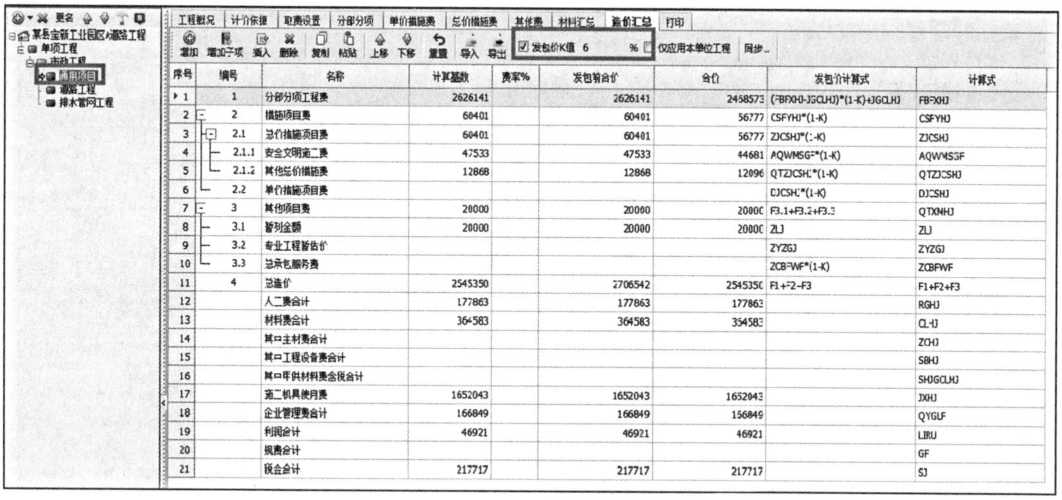

序号	编号	名称	计算基数	费率%	发包前合价	合价	发包价计算式	计算式
1	1	分部分项工程费	2626141		2626141	2458573	(FBFXHJ-JGCLHJ)*(1-K)+JGCLHJ	FBFXHJ
2	2	措施项目费	60401		60401	56777	CSFYHJ*(1-K)	CSFYHJ
3	2.1	总价措施项目费	60401		60401	56777	ZJCSHJ*(1-K)	ZJCSHJ
4	2.1.1	安全文明施工费	47533		47533	44681	AQWMSGF*(1-K)	AQWMSGF
5	2.1.2	其他总价措施费	12868		12868	12096	QTZJCSHJ*(1-K)	QTZJCSHJ
6	2.2	单价措施项目费					DJCSHJ*(1-K)	DJCSHJ
7	3	其他项目费	20000		20000	20000	F3.1+F3.2+F3.3	QTXMHJ
8	3.1	暂列金额	20000		20000	20000	ZLJ	ZLJ
9	3.2	专业工程暂估价					ZYZGJ	ZYZGJ
10	3.3	总承包服务费					ZCBFWF*(1-K)	ZCBFWF
11	4	总造价	2545350		2706542	2545350	F1+F2-F3	F1+F2+F3
12		人工费合计	177863		177863	177863		RGHJ
13		材料费合计	364583		364583	354583		CLHJ
14		其中主材费合计						ZCHJ
15		其中工程设备费合计						SBHJ
16		其中甲供材料费含税合计						SHJGCLHJ
17		施工机具使用费	1652043		1652043	1652043		JXHJ
18		企业管理费合计	166849		166849	156849		QYGLF
19		利润合计	46921		46921	46921		LIRU
20		规费合计						GF
21		税金合计	217717		217717	217717		SJ

图 4-76　造价下浮界面

道路工程、排水管网工程乃至整个项目的造价也都下浮了 6%，下调后总造价为 6705801 元，如图 4-77 所示。

12. 报表输出

工程编辑完成后，可以点击【打印】进入报表打印界面完成报表数据打印输出。可以在打印界面左边选择适合的报表方案②，系统会自动在中间的报表列表③中列出该方案所包含的所有报表。可以在需要的报表前面打钩，点击工具栏①中的【预览】、【打印】和【Excel】来完成报表的预览和输出，如图 4-78 所示。

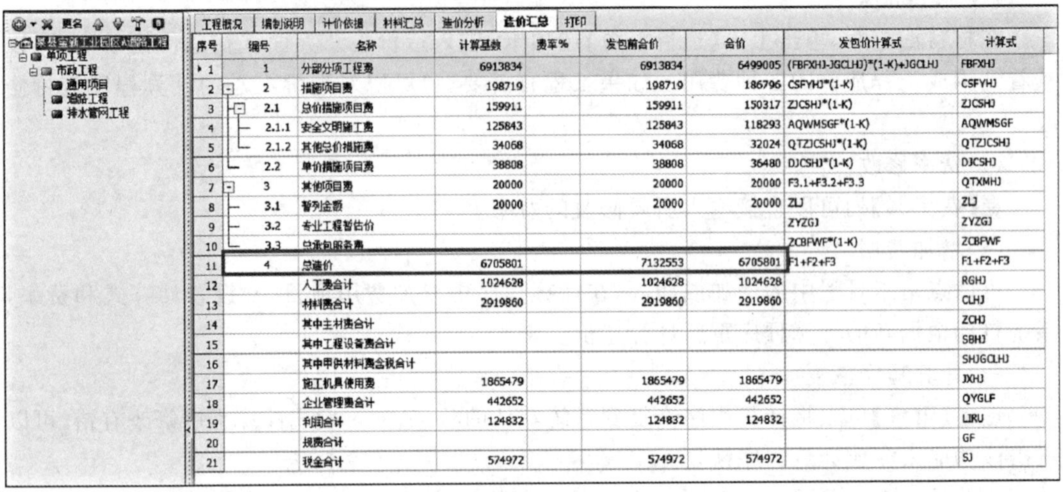

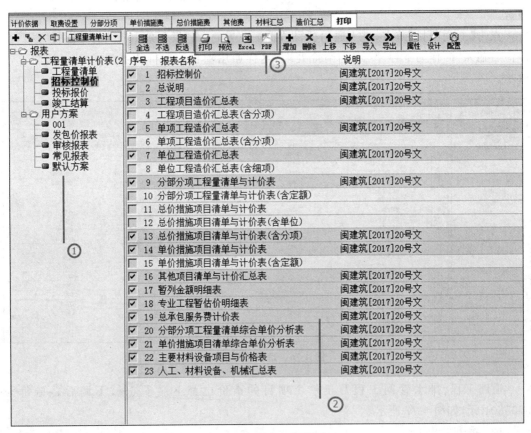

图 4-77　造价汇总界面

图 4-78　报表打印界面

（1）报表格式设置

当默认的报表格式不能满足需要时，可以通过报表格式设置来改变报表格式。报表格式设置分为常规、数据、空项不打印和精度（小数位）四类。

①常规

主要设置报表的下标内容及打印起始页设置。例如,打印报表时起始页需要从 6 页开始,可以勾选【起始页】,并设置页数为 6。

②数据

主要是对报表的格式进行设置,包括换算符号、是否打印特征序号、特征序号格式及打印顺序等。

③空项不打印

当工程里一些数据为"0"或空的时候,可以设置是否将其打印出来。

④精度(小数位)

可以在这里设置所有报表数据的小数位格式,设置完成后,报表对应的数据会自动根据所设置的格式显示,如图 4-79 所示。

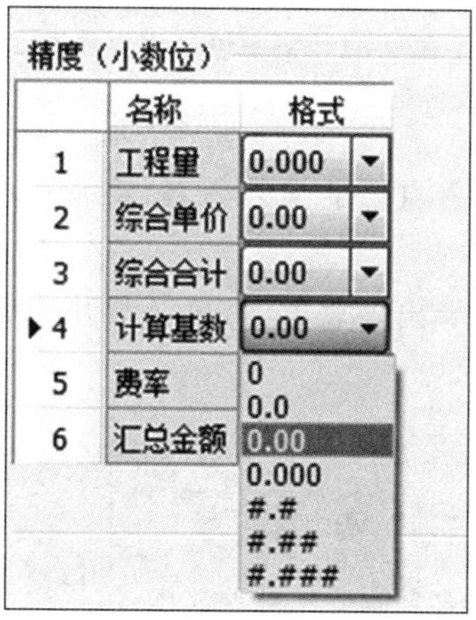

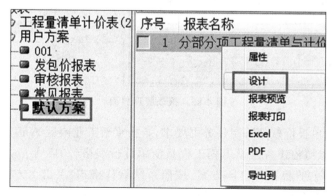

图 4-79　精度设置菜单

(2)报表设计

如果通过报表格式设置不能满足需要,可以通过报表设计对报表格式进行修改。可以选择需要修改的报表,点击鼠标右键,选择【设计】进入报表设计界面进行调整,如图 4-80、图 4-81 所示。

图 4-80　报表设计界面

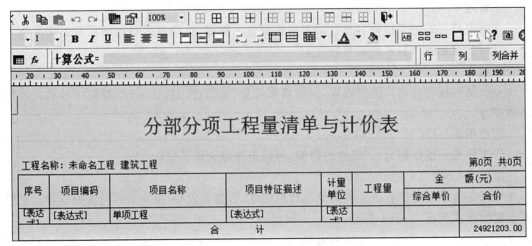

图 4-81　报表设计调整界面

（3）用户方案

为了方便报表管理，可以建立自己的报表方案，将常用的报表导入新的报表方案中，方便在其他工程中使用。

可以勾选常用的报表，选择导出报表方案，确认导出后，将在新增的报表方案中增加该报表，如图 4-82 所示。

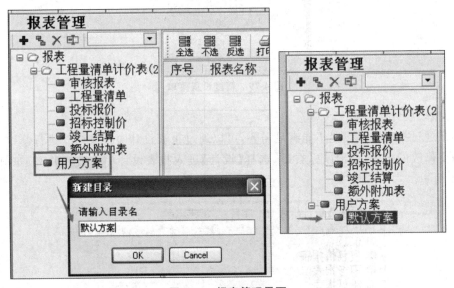

图 4-82　报表管理界面

根据工程量清单报价软件编制任务书要求，某县宝新工业园区 A 道路工程编制的是投标报价，表格格式参照福建省建设工程工程量清单计价表格（2017 年版），因此选择工程量清单计价表（2017 版）投标报价打印方案，按照系统默认格式，点击上方【Excel】输出，保存到电脑桌面，这样，整个项目的报价文件就输出到电脑桌面了，如图 4-83 所示。

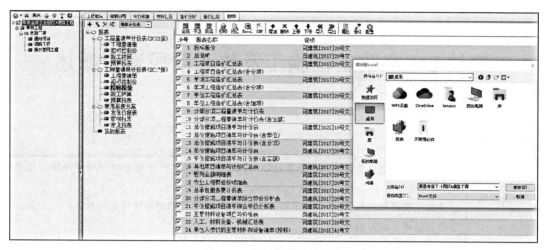

图 4-83　投标报价输出界面

复习思考题

1. 工程量清单价格的构成有哪些?

2. 简述工程量清单计价的步骤。

3. 《清单计价规范》(2013)和福建省规定的综合单价包含的内容有哪些不同?

4. 《清单计价规范》(2013)中综合单价的计算程序有哪些?

5. 《清单计价规范》(2013)和福建省规定的单位工程造价构成有哪些不同?

6. 简述福建省规定的单位工程造价的计算程序。

7. 何谓施工招标控制价?

8. 投标报价由哪几部分组成?

9. 投标报价的编制依据有哪些?

10. 简述投标报价编制程序。

11. 何谓不平衡报价?在投标报价时如何采用不平衡报价?

12. 工程造价软件如何分类?各类别适用于哪些情况?

13. 试述利用造价软件编制工程预算造价的程序。

14. 当定额编号为 40501005 的非定型井砼垫层的定额项目不需要找平时,根据定额要求人工乘以 1.1 系数,软件应如何操作?

15. 需要将定额编号为 40505009 的沉井底板制作(厚度 50 cm 以外)的定额中"普通混凝土 C25(42.5)碎石 40 mm 坍落度 30～50 mm"的材料转换为"泵送防水抗渗混凝土 P8C30(42.5)碎石 31.5 mm"的混凝土,软件应如何操作?

16. 当定额编号为 40101191 的"自卸汽车运土(载重 15 t 运距 1 km 以内)"定额运输距离换算成"自卸汽车运土(载重 15 t 运距 10 km 以内)",软件应如何操作?

模块 5 市政工程施工及竣工阶段造价概述

知识目标	①会概述工程变更和工程索赔的基础知识,说明工程变更价款和索赔费用的计算方法及确认; ②理解工程结算的概念,会归纳工程结算的方式、工程价款的计算与支付方法; ③会叙述竣工决算的基本知识。
能力目标	具备市政工程施工阶段的造价文件处理能力。
素质目标	培养学生遵规守纪、恪守职业道德的思想品质,成为合格的工程造价从业人士。

由于市政工程的特殊性,在施工阶段,常常会发生变更设计、工程索赔等,带来合同价款的调整,同时还要依据合同,进行工程价款结算,以反映工程的施工进度,加快承包商的资金周转,确保工程的顺利进行。在工程的竣工阶段,需要编制竣工决算,以反映建设工程的实际造价和投资效果,考核投资控制的工作成效。

本模块主要介绍工程变更的基础知识、工程变更价款的计算、工程索赔的基础知识及工程索赔费用的计算、工程结算、工程竣工结算、竣工决算、施工阶段造价文件编制规定等内容。

5.1 工程变更价款的确定

5.1.1 工程变更的基本概念

视频 5-1 工程变更价款的计算

5.1.1.1 工程变更的概念

工程变更是合同变更的一种特殊形式,通常指在市政工程项目的实施过程中,由于各种原因,需要对合同中的工作内容,如设计图、工程量、计划进度、使用材料等进行变更,包括设计变更、进度计划变更、施工条件变更以及原招标文件和工程量清单中未包括的"新增工程"。

5.1.1.2 工程变更的范围

在建设工程项目的实施过程中,工程变更的范围通常包括以下几个方面:
(1)增加或减少合同所包括的任何工作的数量;
(2)取消合同中的任何单项工程;

(3)改变合同中任何工作的性质、质量或种类；

(4)改变工程任何部分标高、基线、位置和尺寸；

(5)实施工程竣工所必需的任何种类的附加工作；

(6)改变工程任何部分的任何规定的施工顺序和时间安排。

5.1.2　工程变更产生的原因

在工程项目的实施过程中，工程变更的产生既可能由于主观原因引起，也可能由于一些客观原因而引起，主要的产生原因有以下几个方面：

(1)由于业主对工程项目提出新的要求，需要对设计进行变更；

(2)由于现场施工环境条件发生了变化；

(3)由于设计上出现了错误，必须对设计图纸进行修改；

(4)由于使用新技术、新材料、新工艺，需要改变原设计；

(5)由于招标文件和工程量清单不准确引起工程量增减；

(6)由于发生不可预见的事故，或地震、洪水等自然灾害或战争、罢工等社会原因引起停工和工期拖延等，致使工程变更不可避免。

5.1.3　工程变更的处理程序

5.1.3.1　业主方提出工程变更的处理程序

业务方需对原工程设计进行变更，应根据《建设工程施工合同文本》的规定，在不迟于变更前 14 天，以书面形式向承包方发出变更通知。变更超过原设计标准或批准的建设规模时，需经原规划管理部门和其他有关部门审查批准，并由原设计单位提供变更的相应图纸和说明。业主方办妥上述事项后，承包方根据变更通知并按工程师要求进行变更。因变更导致合同价款的增减及造成的承包方损失，由业主方承担，延误的工期相应顺延。

合同履行中业主方要求变更工程质量标准及发生其他实质性变更，由双方协商解决。

5.1.3.2　承包方提出工程变更的处理程序

承包方要求对原工程进行变更，其处理程序如图 5-1 所示。

工程变更程序中的具体规定如下：

(1)施工中承包方不得擅自对原工程设计进行变更。因承包方擅自变更设计发生的费用和由此导致业主方的直接损失，由承包方承担，延误的工期不予顺延。

(2)承包方在施工中提出的合理化建议涉及设计图纸或施工组织设计的更改及对原材料、设备的换用，需经监理工程师同意。未经同意擅自更改或换用时，承包方承担由此发生的费用，并赔偿业主方的有关损失，延误的工期不予顺延。

(3)监理工程师同意采用承包方的合理化建议，所发生的费用或获得的收益，承发包双方另行约定分担或分享。

工程变更程序一般由合同规定，最好的变更程序是在变更执行前，双方就办理工程变更

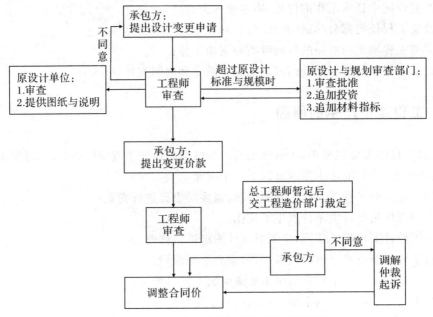

图 5-1　对承包方提出的工程变更的处理程序

中涉及的费用增加和造成损失的补偿协议,以免因费用补偿的争议影响工程的进度。

5.1.4　工程变更价款的计算方法

在施工过程中,一旦发生工程变更,就需要计算工程变更价款,并对合同价款进行调整。

5.1.4.1　工程变更的价款调整

对于工程变更价款,合同专用条款中有约定的按约定计算,无约定的按《建设工程价款结算暂行办法》(财建〔2004〕369 号,以下简称价款结算办法)的方法进行计算:

(1)合同中已有适用于变更工程的价格,按合同已有的价格计算变更合同价款。

(2)合同中只有类似于变更工程的价格,可以参照类似价格变更合同价款。

(3)合同中没有适用或类似于变更工程的价格,由承包商提出适当的变更价格,经造价工程师确认后执行。如双方不能达成一致的,双方可提请工程所在地工程造价管理机构进行咨询或按合同约定的争议或纠纷解决程序办理。

5.1.4.2　综合单价的调整

当工程量清单中工程量有误或工程变更引起实际完成的工程量增减超过工程量清单中相应工程量的 10% 或合同中约定的幅度时,工程量清单项目的综合单价应予调整。

5.1.4.3　材料价格调整

由承包人采购的材料,材料价格以承包人在投标报价书中的价格进行控制。在施工期内,当材料价格发生波动,超过合同约定的涨幅的,承包人在采购材料前应报经发包人复核采购数量,确认用于本合同工程时,发包人应认价并签字同意。发包人在收到资料后,在合同约定日期到期后,不予答复的可视为认可,作为调整该种材料价格的依据。如果承包人未报经发包人审核即自行采购,再报发包人调整材料价格,如发包人不同意,可不作调整。

5.1.4.4 措施费用调整

施工期内,措施费用按承包人在投标报价书中的措施费用进行控制,有下列情况之一者,措施费用应予调整:

(1)发包人更改承包人的施工组织设计(修正错误除外),造成措施费用增加的应予调整。

(2)单价合同中,实际完成的工作量超过发包人所提工程量清单的工作量,造成措施费用增加的应予调整。

(3)因发包人原因并经承包人同意顺延工期,造成措施费用增加的应予调整计算。

(4)施工期间因国家法律、行政法规以及有关政策变化导致措施费中工程税金、规费等变化的,应予调整计算。

措施费用具体调整办法在合同中约定,合同中没有约定或约定不明的,由发包、承包双方协商,双方协商不能达成一致的,可以按工程造价管理部门发布的组价办法计算,也可按合同约定的争议解决办法处理。

5.1.5 工程变更价款的确认

由于工程变更会带来工程造价和工期的变化,为了有效地控制造价,无论哪一方提出工程变更,均需监理工程师确认并签发工程变更指令。当工程变更发生时,要求监理工程师及时处理并确认变更的合理性。一般过程是:提出工程变更→分析提出的工程变更对项目目标的影响→分析有关的合同条款和会议、通信记录→初步确定处理变更所需的费用、时间范围和质量要求(向业主提交变更详细报告)→确认工程变更。

工程变更价款的确定应在双方协商的时间内,由承包商提出变更价格,报监理工程师批准后方可调整合同价或顺延工期。造价工程师对承包方(乙方)所提出的变更价款,应按照有关规定进行审核、处理,主要规定有:

(1)承包方在工程变更确定后14天内,提出变更工程价款的报告,经监理工程师确认后调整合同价款。变更合同价款按下列方法进行:

①合同中已有适用于变更工程的价格,按合同已有的价格计算变更合同价款;

②合同中只有类似于变更工程的价格,可以参照类似价格变更合同价款;

③合同中没有适用或类似于变更工程的价格,由承包方提出适当的变更价格,经监理工程师确认后执行。

(2)承包方在双方确定变更后14天内不向监理工程师提交变更工程报告时,可视该项变更不涉及合同价款的变更。

(3)监理工程师收到变更工程价款报告之日起14天内,应予以确认。监理工程师无正当理由不确认时,自变更价款报告送达之日起14天后变更工程价款报告自行生效。

(4)监理工程师不同意承包方提出的变更价款,可以和解或者要求有关部门(如工程造价管理部门)调解。和解或调解不成的,双方可以采用仲裁或向法院起诉的方式解决。

(5)监理工程师确认增加的工程变更价款作为追加合同价款,与工程款同期支付。

(6)因承包方自身原因导致的工程变更,承包方无权追加合同价款。

5.1.6　工程变更中的注意事项

5.1.6.1　监理工程师的认可权应合理限制

在承包工程中,业主常常通过监理工程师对材料的认可权,提高材料的质量标准;对设计的认可权,提高设计质量标准;对施工的认可权,提高施工质量标准。如果施工合同条文规定比较含糊,就变为业主的修改指令。承包商应办理业主或监理工程师的书面确认,然后再提出费用的索赔。

5.1.6.2　工程变更不能超过合同规定的工程范围

业主方提出的工程变更不能超出合同规定的工程范围。如果超过了工程范围,承包商有权不执行变更或坚持先商定价格,然后再进行变更。

5.1.6.3　变更程序的对策

在承包工程实施过程中,经常出现变更已成事实后,再进行价格谈判,这对承包商很不利。当遇到这种情况时,承包商可采取以下对策:

(1)控制施工进度,等待变更谈判结果。这样不仅损失较小,而且谈判回旋余地较大。

(2)争取以计时工或按承包商的实际费用支出计算费用补偿,也可采用成本加酬金的方法计算,避免价格谈判中的争执。

(3)应有完整的变更实施的记录和照片,并由监理工程师签字,为索赔做准备。

5.1.6.4　承包商不能擅自进行工程变更

对任何工程问题,承包商不能自作主张进行工程变更。如果施工中发现图纸错误或其他问题需进行变更,应首先通知监理工程师,经同意或通过变更程序后再进行变更。否则,不仅得不到应有的补偿,还会带来不必要的麻烦。

5.1.6.5　承包商在签订变更协议过程中必须提出补偿问题

在商讨变更工程、签订变更协议过程中,承包商必须提出变更索赔问题。承包商在变更执行前就应对补偿范围、补偿方法、索赔值的计算方法、补偿款的支付时间等问题与业主方达成一致的意见。

5.2　工程索赔费用的计算

5.2.1　工程索赔的概念

视频 5-2　工程索赔的费用内容及计算

5.2.1.1　工程索赔的概念

所谓索赔,顾名思义有索取赔偿之意,是指当事人一方在合同实施过程中,根据合同及法律规定,对并非自己的过错,而因对方的过错或对方的风险责任所造成的实际损失,凭有关证据向对方提出给予补偿要求的过程。广义的索赔包括承包人向业主的索赔和业主向承包人的索赔(又称为反索赔)。通常我们所说的索赔,一般是指承包人向业主的索赔。

施工索赔包括两个方面,其一是对额外所消耗资源的索赔,即费用索赔;其二是对时间的索赔,就建筑工程施工生产而言,体现为延期。本章主要讨论费用索赔。

费用索赔的含义是:承包人根据合同的有关规定,通过监理工程师,向业主索要合同价以外的费用,作为对自身经济利益的损失和影响的补偿。

5.2.1.2　索赔的特征

从 FIDIC(International Federation of Consulting Engineers)合同通用条件和《建设工程施工合同文本》的规定中可以看出,索赔具有以下几个本质特征:

(1)索赔是要求给予赔偿的权利主张;

(2)索赔的依据是合同文件及适用法律的规定;

(3)承包人自己没有过错;

(4)事件的责任应由业主(包括其代理人或监理工程师)承担;

(5)与合同标准相比较已经发生实际损失(包括工期及经济损失);

(6)必须有切实的证据。

5.2.2　索赔的分类

5.2.2.1　按索赔的依据分类

(1)合同规定的索赔。此种索赔是指承包商所提出的索赔要求,在该工程项目的合同文件中有文字依据,承包商可以据此提出索赔要求,并取得经济补偿。这些在合同文件中有文字规定的合同条款,在合同解释上称为明示条款,或称为明文条款。合同规定的索赔以合同条款为依据,这是最常见的索赔,如工期延误、工程变更、工程师的错误指令、业主不按合同规定支付进度款等。

(2)非合同规定索赔。此种索赔亦被称为"超越合同规定的索赔"，即承包商的该项索赔要求，虽然在工程项目的合同条件中没有专门的文字叙述，但可以根据该合同条件的某些条款的含义，推论出承包商有索赔权。这一种索赔要求同样有法律效力，有权得到相应的经济补偿。这种有经济补偿含义的合同条款，在合同管理工作中称为默示条款，或称为隐含条款。如施工过程中发生重大的民事侵权行为造成承包商损失。

(3)道义索赔。这是一种罕见的索赔形式，是指通情达理的业主目睹承包商为完成某项困难的施工，承受了额外费用损失，因而出于善良意愿，同意给承包商以适当的经济补偿。因在合同条款中找不到此项索赔的规定，这种经济补偿称为道义上的支付，或称优惠支付。这种索赔无合同和法律依据，是施工合同双方友好信任的表现。

5.2.2.2　按索赔的目的分类

(1)工期索赔。它是指非承包人直接或间接责任事件造成计划工期延误，要求批准顺延合同工期的索赔。

(2)费用索赔。它是指承包人根据合同的有关规定，通过监理工程师，向业主索要合同价以外的费用，作为对自身经济利益的损失和影响的补偿。

5.2.2.3　按索赔事件的性质分类

(1)工程延误索赔。因发包人未按合同要求提供施工条件，如未及时交付设计图纸、施工现场、道路等，或因发包人指令工程暂停或不可抗力事件等原因造成工期拖延的，承包人对此提出索赔。这是工程中常见的一类索赔。

(2)工程变更索赔。由于发包人或监理工程师指令增加或减少工程量或增加附加工程、修改设计、变更工程顺序等，造成工期延长和费用增加，承包人对此提出索赔。

(3)合同被迫终止的索赔。由于发包人或承包人违约以及不可抗力事件等原因造成合同非正常终止，无责任的受害方因其蒙受经济损失而向对方提出索赔。

(4)工程加速索赔。由于发包人或工程师指令承包人加快施工速度，缩短工期，引起承包人人、财、物的额外开支而提出的索赔。

(5)意外风险和不可预见因素索赔。在工程实施过程中，因人力不可抗拒的自然灾害、特殊风险以及一个有经验的承包人通常不能合理预见的不利施工条件或外界障碍，如地下水、地质断层、溶洞、地下障碍物等引起的索赔。

(6)其他索赔。如因货币贬值、汇率变化、物价、工资上涨、政策法令变化等原因引起的索赔。

5.2.2.4　按索赔的对象分类

(1)索赔。指承包商向业主提出的索赔。
(2)反索赔。指业主向承包商提出的索赔。

5.2.3　索赔的起因和成立条件

5.2.3.1　索赔的起因

在工程实施过程中,索赔主要由以下几个方面引起:

1. 建设工程的特点

现代建设工程的特点是工程量大、投资大、结构复杂、技术和质量要求高、工期长等,再加上工程环境因素、市场因素、社会因素等,影响工期和工程成本。

2. 施工承包合同内容的有限性

建设工程施工合同是在工程开始前签订的,不可能对所有问题作出预见和规定,不可能对所有的工程问题作出准确的说明。另外,合同中难免有考虑不周的条款,有缺陷和不足之处,如措辞不当,说明不清楚,有歧义等,这些都会导致合同内容的不完整性。

上述原因会导致双方在实施合同中对责任、义务和权利的争议,而这些争执往往都与工程工期、成本、价格等经济利益相联系。

3. 业主要求

业主可能会在建筑造型、功能、质量、标准、实施方式等方面提出合同以外的要求。

4. 各承包商之间的相互影响

完成一个工程往往需若干个承包商共同工作。由于管理上的失误或技术上的原因,一方失误不仅会造成自己的损失,而且还会殃及其他合作者,影响整个工程的实施。

因此,在总体上应按合同条件,平等对待各方利益,坚持"谁过失,谁赔偿"的索赔原则。

5. 对合同理解的差异

由于合同文件十分复杂,内容又多,双方看问题的立场和角度也会不同,会造成对合同权利和义务的范围界限划分的理解不一致,造成合同上的争执,引起索赔。

在国际承包工程中,合同双方来自不同的国度,使用不同的语言,适应不同的法律参照系,有不同的工程施工习惯。所以,双方对合同责任理解的差异也是引起索赔的主要原因之一。

上述这些情况,在工程承包合同的实施过程中都有可能发生,因而索赔也不可避免。

5.2.3.2　索赔成立的基本条件

索赔是受损失者的权力,其根本目的在于保护自身利益,挽回损失,避免亏本。根据法律法规及合同规定,索赔成立的基本条件是:

(1)有明确的合同依据(或法律依据)。即合同中明确规定其责任由业主承担,应增加额外费用。如果合同中没有明确规定,承包人也可依据法律规定对业主因过错不履行合同造成的损失进行索赔。

(2)有具体的损害事实。即承包人能提供确凿的证据,证明自身确实因此而受到了损害,如财产损失、成本增加、预期利益丧失等。

(3)索赔期限符合合同规定。即承包人已严格按照合同规定的期限(或监理工程师允许的期限)提出了索赔意向书和索赔报告。

(4)索取的费用与损害事实相符。即索赔报告中所报事实真实,资料齐全,计算方法公平合理,计算结果可信。

5.2.4 承包商可索赔的情形

承包商在工程施工合同履行过程中,当至少出现下列情形之一时,可按照《建设工程施工合同(示范文本)》(GF-2017-0201)中的通用条款或专用条款进行索赔。

(1)业主未能按合同约定的内容和时间完成应该做的工作。当业主未能按合同专用条款第2.4款约定的内容和时间完成应该做的工作,导致工期延误或给承包商造成损失的,承包商可以进行工期索赔或费用索赔。如业主拆迁不及时,未能及时提供施工场地。

(2)业主方指令错误。因业主方指令错误发生的追加合同价款和给承包商造成的损失、延误的工期,承包商可以根据合同通用条款第16.1.2款的约定进行损失费用和工期索赔。

(3)业主方未能及时向承包商提供所需指令、批准。因业主方未能按合同约定,及时向承包商提供所需指令、批准并履行约定的其他义务时,承包商可以根据合同专用条款第16.1.2款的约定进行损失费用和工期索赔。

(4)业主未能按合同约定时间提供图纸。因业主未能按合同专用条款第1.6.1款约定提供图纸,承包商可以根据合同通用条款第7.5.1款的约定进行工期索赔。发生费用损失的,还可以进行费用索赔。

(5)延期开工。业主根据合同通用条款第7.3款的约定要求延期开工,承包商可以提出因延期开工造成的损失费用和工期索赔。

(6)地质条件发生变化。当开挖过程中遇到文物和地下障碍物时,承包商可以根据合同通用条款第6.3款的约定进行损失费用和工期索赔。

(7)暂停施工。因业主原因造成暂停施工时,承包商可以根据合同通用条款第7.8款的约定进行费用索赔和工期索赔。

(8)不可抗力。发生合同通用条款第17.1款及专用条款第17.1款约定的不可抗力,承包商可以根据合同通用条款第17.3款的约定进行费用、损失费用和工期索赔。

(9)检查检验。监理(业主)对工程质量的检查检验不应该影响施工正常进行。如果影响施工正常进行,承包商可以根据合同通用条款第5.2.3款的约定进行费用索赔和工期索赔。

(10)重新检验。当重新检验时检验合格,承包商可以根据合同通用条款第5.3.3款的约定进行费用索赔和工期索赔。

(11)工程变更和工程量增加。因工程变更引起的工程费用增加,按前述工程变更的合同价款调整程序处理。

(12)工程预付款和进度款支付。工程预付款和进度款没有按照合同约定的时间支付,属于业主违约。承包商可以按照合同通用条款第16.1.1款及专用条款第16.1.2款的约定处理。

(13)业主供应的材料、设备。业主供应的材料、设备的规格、数量或质量不符合合同约定,或因业主方原因导致交货日期延误或交货地点变更等违约情况,承包商按照合同通用条款第16.1.1款及专用条款第16.1.2款的约定处理。

(14)其他。合同中约定的其他顺延工期和业主违约责任,承包商视具体合同约定处理。

5.2.5　索赔的基本程序

在工程项目施工阶段,每出现一个索赔事件,都应按照国家有关规定、国际惯例和工程项目合同条件的规定,认真及时地协商解决,一般索赔程序如图 5-2 所示。

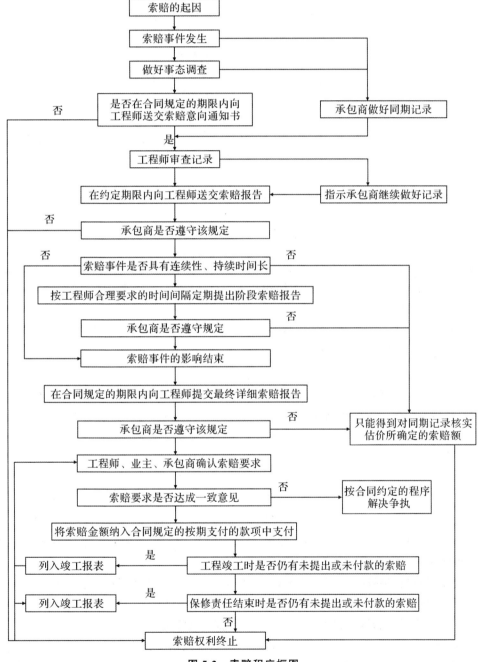

图 5-2　索赔程序框图

5.2.6 工程索赔费用的组成及计算

5.2.6.1 工程索赔费用的组成

工程索赔时可索赔费用的组成部分,同施工承包合同价所包含的组成部分基本一样,具体内容如图 5-3 所示。

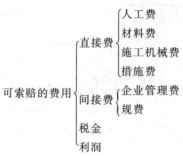

图 5-3 工程索赔费用的组成部分

5.2.6.2 工程索赔费用的计算原则

原则上讲,凡是承包商有索赔权的工程成本增加,都是可以索赔的费用。这些费用都是承包商为了完成额外的施工任务而增加的开支。但是,对于不同原因引起的索赔,可索赔费用的具体内容有所不同。

(1)人工费。人工费是指直接从事索赔事项建筑安装工程施工的生产工人开支的各项费用。主要包括基本工资、工资性补贴、生产工人辅助工资、职工福利费、生产人劳动保护费。

(2)材料费。材料费是指施工过程中耗费的构成工程实体的原材料、辅助材料、构配件、零件、半成品的费用。主要包括材料原价、材料运杂费、运输损耗费、采购保管费、检验试验费。对于工程量清单计价来说,还包括操作及安装损耗费。

为了证明材料原价,承包商应提供可靠的订货单、采购单,或造价管理机构公布的材料信息价格。

(3)施工机械费。施工机械费的索赔计价比较繁杂,应根据具体情况协商确定。

①使用承包商自有的设备时,要求提供详细的设备运行时间和台数、燃料消耗记录、随机工作人员工作记录等。这些证据往往难以齐全准确,因而有时使双方争执不下。因此,在索赔计价时往往按照有关的预算定额中的台班单价计价。

②使用租赁的设备时,只要租赁价格合理,又有可信的租赁收费单据时,就可以按租赁价格计算索赔款。

③索赔项目需要新增加机械设备时,双方事前协商解决。

(4)措施费。索赔项目造成的措施费用的增加,可以据实计算。

(5)企业管理费。企业组织施工生产和经营管理的费用,如人员工资、办公、差旅交通、保险等多项费用。企业管理费按照有关规定计算。

(6)利润。利润按照投标文件的计算方法计取。

(7)规费及税金。规费及税金按照投标文件的计算方法计取。

可索赔的费用,除了前述的人工费、材料费、设备费、分包费、管理费、利息、利润等几个方面以外,有时承包商还会提出要求补偿额外担保费用,尤其是当这项担保费的款额相当大时。对于大型工程,履行担保款的额度都很可观,由于延长履约担保所付的款额甚大,承包商有时会提出这一索赔要求,是符合合同规定的。

在工程索赔的实践中,以下几项费用一般不允许索赔:

①承包商对索赔事项的发生原因负有责任的有关费用。

②承包商对索赔事项未采取减轻措施因而扩大的损失费用。

③承包商进行索赔工作的准备费用。

④索赔款在索赔处理期间的利息。

⑤工程有关的保险费用。索赔事项涉及的一些保险费用,如工程一切险、工人事故保险、第三方保险等费用,均在计算索赔款时不予考虑,除非在合同条款中另有规定。

5.2.6.3　索赔费用的计算方法

费用索赔是整个工程合同索赔的重要环节。费用索赔的计算方法一般有以下几种:

1. 分项法

分项法是按每个索赔事件所引起损失的费用项目分别分析计算索赔金额的一种方法。在工程实践中,绝大多数工程的索赔都采用分项法计算。其特点是:

(1)比总费用法复杂;

(2)能反映实际情况,比较科学、合理;

(3)能为索赔报告的进一步分析、评价、审核明确双方责任提供依据;

(4)应用面广,容易被人们接受。

分项法计算分三个步骤:

(1)分析每个或每类索赔事件所影响的费用项目;

(2)计算每个费用项目受索赔事件影响后的数值,通过与合同价的费用值进行比较,即可得到该项费用索赔值;

(3)将各费用项目的索赔值汇总,得到总费用索赔值。

分项法中索赔费用主要包括该项工程施工过程中所发生的额外的人工费、材料费、机械使用费、相应管理费,以及应得的间接费和利润等。

2. 总费用法

总费用法又称总成本法,就是当多次发生索赔事件后,重新计算出该工程的实际总费用,再从这个实际总费用中减去投标合同价,即为索赔金额。其计算公式为:

$$索赔金额＝实际总费用－合同价$$

这种计算方法的缺点,一是实际总费用中可能包括了承包人自身原因(如管理不善等)而增加的费用;二是使承包人的低价中标无形中得到补偿。因此,只有索赔较多、难以计算索赔费用时才采用这种方法。

3. 修正总费用法

这种方法是对总费用法的改进,即在总费用计算的原则上,去掉一些不确定的可能因素,对总费用法进行相应的修改和调整,使其更加合理。

【例 5-1】某施工合同约定,施工现场主导施工机械一台,由施工企业租赁,租赁费为 1000 元/台班,人工工资为 120 元/工日,窝工补贴为 60 元/工日,以人工费为基数的综合费率为 35%。在施工过程中,发生了如下事件:(1)出现异常恶劣天气导致工程停工 2 天,人员窝工 30 个工日;(2)因恶劣天气导致场外道路中断,抢修道路用工 20 工日;(3)场外大面积停电,停工 2 天,人员窝工 10 工日。为此,施工企业可向业主索赔费用为多少?

解:各事件处理结果如下:

(1)异常恶劣天气导致的停工不能进行费用索赔。

(2)抢修道路用工的索赔额=20×120×(1+35%)=3240(元)

(3)停电导致的索赔额=2×1000+10×60=2600(元)

因此,施工企业可向业主索赔的总索赔费用=3240+2600=5840(元)

5.3 工程结算

视频 5-3 工程结算概述

5.3.1 工程结算的基本概念

5.3.1.1 工程结算的概念

工程结算指承包商在工程实施过程中,依据承包合同中关于付款的规定和已经完成的工作量,以预付备料款和工程进度款的形式,按照规定的程序,向建设单位(业主)收取工程价款的一项经济活动。

5.3.1.2 工程结算的主要作用

(1)工程结算是反映工程进度的主要指标;

(2)工程结算是加速资金周转的重要环节。

5.3.1.3 工程价款结算的依据

(1)国家有关法律、法规和规章制度;

(2)国务院建设行政主管部门,省、自治区、直辖市或有关部门发布的工程造价计价标准、计价办法等有关规定;

(3)建设项目的合同、补充协议、变更签证和现场签证,以及经发、承包人认可的其他有效文件;

(4)其他可依据的材料。

5.3.2 工程结算的方式

工程价款结算的主要方式有以下 5 种:

(1)按月结算。实行旬末或月中预支,月终结算,竣工后清算的方法。我国现行建筑安装工程价款结算中,大部分是实行按月结算。

(2)竣工后一次结算。工程价款每月月中预支,竣工后一次结算。适用于建设项目或单项工程全部建筑安装工程建设期在 12 个月以内,或者工程承包合同价值在 100 万元以下的。

(3)分段结算。按照工程形象进度划分不同阶段进行结算。分段结算可以按月预支工程款。适用于当年开工,当年不能竣工的单项工程或单位工程。

(4)目标结款方式。将合同中的工程内容分解成不同的验收单元,当承包商完成单元工程内容并经业主(或其委托人)验收后,业主支付构成单元工程内容的工程价款。

(5)合同双方约定的其他结算方式。

5.3.3　工程价款的计算与支付

5.3.3.1　工程预付款

1. 工程预付款的概念

工程预付款是指建设工程施工合同订立后由发包人按照合同约定,在正式开工前预先支付给承包人的工程款。它是施工准备和购置材料、构件等所需流动资金的主要来源,国内习惯上称为预付备料款。发包人支付给承包人的工程预付款的性质是预支。

2. 工程预付款的限额

工程预付款的比例,国际上通常为 0%～20%,国内一般为签约合同价的 10%。《清单计价规范(2013)》规定,预付款的比例不宜高于合同价款的 30%。

3. 工程预付款的拨付时间及违约责任

《建设工程施工合同(示范文本)》中,有关工程预付作了如下约定:"实行工程预付款的,双方应当在专用条款内约定发包人向承包人预付工程款的时间和数额,开工后按约定的时间和比例逐次扣回。预付时间应不迟于约定的开工日期前 7 天。发包人不按约定预付,承包人在约定预付时间到期后 10 天内向发包人发出要求预付的通知,发包人收到通知后仍不能按要求预付,承包人可在发出通知 14 天后停止施工,发包人应从约定应付之日起向承包人支付应付款的贷款利息,并承担违约责任。"

4. 工程预付款的扣回

工程预付款扣回的方式有以下 2 种:

(1)由发包人和承包人通过洽商用合同的形式予以确定,采用等比率或等额扣款的方式。也可针对工程实际情况具体处理,如有些工程工期较短,造价较低,就无需分期扣还;有些工期较长,如跨年度工程,其备料款占用时间较长,根据需要可以少扣或不扣。

(2)从未施工工程尚需主要材料及构件的价值相当于工程预付款数额时扣起,从每次中间结算工程价款中,按材料及构件比重抵扣工程价款,至竣工之前全部扣清。

在此扣款方式中,确定起扣点是工程预付款起扣的关键。确定工程预付款起扣点的依据是未施工工程所需主要材料和构件的费用,等于工程预付款的数额。

工程预付款起扣点可按下式计算:

$$T = P - M/N \qquad\qquad (5\text{-}1)$$

式中：T——起扣点，即工程预付款开始扣回的累计完成工程金额；

$\qquad P$——承包工程合同总额；

$\qquad M$——工程预付款数额；

$\qquad N$——主要材料、构件所占比重。

【例 5-2】某项工程签约合同价 1000 万，预付备料款数额为 200 万，主要材料、构件所占比重为 80%，问起扣点为多少万元？

解：起扣点 $T = P - M/N = 1000 - 200/80\% = 750$（万元），则当工程量完成 750 万时，本项工程预付款开始起扣。

5.3.3.2　安全文明施工费

《清单计价规范》（2013）规定：发包人应在工程开工后的 28 天内预付不低于当年的安全文明施工费总额的 50%，其余部分与进度款同期支付。

发包人没有按时支付安全文明施工费的，承包人可催告发包人支付；发包人在付款期满后的 7 天内仍未支付，若发生安全事故的，发包人应承担连带责任。

承包人应对安全文明施工费专款专用，在财务账目中单独列项备查，不得挪作他用，否则发包人有权要求其限期改正；逾期未改正的，造成的损失和（或）延误的工期由承包人承担。

5.3.3.3　总承包服务费

《清单计价规范》（2013）规定：发包人应在工程开工后的 28 天内向承包人预付总承包服务费的 20%，分包进场后，其余部分与进度款同期支付。

发包人未按合同约定向承包人支付总承包服务费，承包人可不履行总包服务义务，由此造成的损失（如有）由发包人承担。

5.3.3.4　进度款

工程进度款是指在施工过程中，按承包人实际完成的工程量，依据合同约定计算的已完工程价款。在清单计价模式下，工程进度款按投标报价计算，并按合同约定进行调整。调整的内容包括工程变更价款、批准的索赔价款、批准的奖罚价款和零星项目价款。

《清单计价规范》（2013）规定：承包人应在每个计量周期到期 7 天内向发包人提交已完工程进度款支付申请。申请的内容包括：

(1)累计已完成工程的工程价款；

(2)累计已实际支付的工程价款；

(3)本期间完成的工程价款；

(4)本期间已完成的计日工价款；

(5)应支付的调整工程价款；

(6)本期间应扣回的预付款；

(7)本期间应支付的安全文明施工费；

(8)本期间应支付的总承包服务费；

(9)本期间应扣留的质量保证金；

（10）本期间应支付的、应扣除的索赔金额；

（11）本期间应支付或扣留（扣回）的其他款项；

（12）本期间实际应支付的工程价款。

5.3.3.5　质量保证金的结算

按照住房和城乡建设部、财政部《关于印发建设工程质量保证金管理办法的通知》（建质〔2017〕138号），质量保证金是指发包人与承包人在建设工程承包合同中约定，从应付的工程款中预留，用以保证承包人在缺陷责任期内对建设工程出现的缺陷进行维修的资金。理解这个概念，要明确以下几点：

（1）工程缺陷是指建设工程质量不符合工程建设强制性标准、设计文件及承包合同的约定。

（2）缺陷责任期一般为1年，最长不超过2年，由发、承包双方在合同中约定。

（3）发包人应当在招标文件中明确保证金预留、返还等内容，并与承包人在合同条款中对涉及保证金的下列事项进行约定并依此进行结算：

①保证金预留、返还方式；

②保证金预留比例、期限；

③保证金是否计付利息，如计付利息，明确利息的计算方式；

④缺陷责任期的期限及计算方式；

⑤保证金预留、返还及工程维修质量、费用等争议的处理程序；

⑥缺陷责任期内出现缺陷的索赔方式。

（4）缺陷责任期从工程通过竣（交）工验收之日起计。由于承包人原因导致工程无法按规定期限进行竣（交）工验收的，缺陷责任期从实际通过竣（交）工验收之日起计。由于发包人原因导致工程无法按规定期限进行竣（交）工验收的，在承包人提交竣（交）工验收报告90天后，工程自动进入缺陷责任期。

（5）发包人应按照合同约定的质量保证金比例从每支付期应支付给承包人的进度款或结算款中扣留，直到扣留的金额达到质量保证金的金额为止。

（6）承包人未按照法律法规有关规定和合同约定履行质量保修义务的，发包人有权从质量保证金中扣留用于质量保修的各项支出。

（7）在保修责任期终止后的14天内，发包人应将剩余的质量保证金返还给承包人。剩余质量保证金的返还，并不能免除承包人按照合同约定应承担的质量保修责任和应履行的质量保修义务。

5.3.3.6　合同解除的价款结算

按照《清单计价规范》（2013）第12款规定办理结算。

（1）发承包双方协商一致解除合同的，按照达成的协议办理结算。

（2）由于不可抗力解除合同的，发包人应向承包人支付合同解除之日前已完成工程但尚未支付的工程款，并退回质量保证金。此外，发包人还应支付下列款项：

①已实施或部分实施的措施项目应付款项。

②承包人为合同工程合理订购且已交付的材料和工程设备货款。发包人一经支付此项

货款,该材料和工程设备即成为发包人的财产。

③承包人为完成合同工程而预期开支的任何合理款项,且该项款项未包括在本款其他各项支付之内。

④由于不可抗力规定的任何工作应支付的款项。

⑤承包人撤离现场所需的合理款项,包括雇员遣送费和临时工程拆除、施工设备运离现场的款项。

(3)因承包人违约解除合同的,发包人应暂停向承包人支付任何款项。发包人应在合同解除后28天内核实合同解除时承包人已完成的全部工程款以及已运至现场的材料和工程设备货款,并扣除误期赔偿费(如有)和发包人已支付给承包人的各项款项,同时将结果通知承包人。发承包双方应在28天内予以确认或提出意见,并办理结算工程款。如果发包人应扣除的款项超过了应支付的款项,则承包人应在合同解除后的56天内将其差额退还给发包人。

(4)因发包人违约解除合同的,发包人除应不可抗力解除合同的情形向承包人支付各项款项外,还应支付给承包人由于解除合同而引起的损失或损害的款项。该笔款项由承包人提出,发包人核实后与承包人协商确定。

5.4　工程竣工结算

5.4.1　竣工结算的概念及作用

5.4.1.1　竣工结算的概念

竣工结算是指工程完工后,施工单位(承包人)与建设单位(发包人)之间根据双方签订合同(含补充协议)进行的工程合同价款(预付款、安全文明施工费、总承包服务费、工程进度款)清算所出具的工程结算文件。竣工结算的概念应从以下几个方面进行理解。

(1)竣工结算的主体是承包人和发包人。合同工程完工后,承包人应在提交竣工验收申请前编制完成竣工结算文件,并在提交竣工验收申请的同时向发包人提交竣工结算文件。承包人未在规定的时间内提交竣工结算文件,经发包人催促后14天内仍未提交或没有明确答复,发包人有权根据已有资料编制竣工结算文件,作为办理竣工结算和支付结算款的依据,承包人应予以认可。

(2)竣工结算通常由承包人办理,监理工程师审核签认,发包人复核,有资质的造价咨询机构或审计机构审定。涉及政府财政投资的项目一般应由同级财政投资评审中心或同级以上政府审计部门审定。

(3)竣工结算的主要依据是承包合同。包括施工现场签证资料、变更设计审批资料、监理理师对工程质量的验收文件和对工程量的认证文件。

(4)由于工程建设周期长,耗用资金数大,为使建筑安装企业在施工中耗用的资金及时得到补偿,需要对工程价款进行中间结算(进度款结算)、年终结算,全部工程竣工验收后应进行竣工结算。

(5)竣工结算价是发、承包双方依据国家有关法律、法规和标准规定,按照合同约定确定的,包括在履行合同过程中按合同约定进行的工程变更、索赔和价款调整,是承包人按合同约定完成了全部承包工作后,发包人应付给承包人的合同总金额。

5.4.1.2　竣工结算的作用

竣工结算的实质就是发包人和承包人双方共同确认建筑安装工程的价格。竣工结算对发包人和承包人都有重要的意义。

对发包人而言,其意义在于通过竣工结算:

(1)提供工程款支付的唯一依据。

(2)考核基本建设项目投资完成情况。

(3)提供竣工决算的重要依据。

对承包人而言,其意义在于通过竣工结算:

(1)实现工程结算收入,为施工企业收回投资和实现利润提供最重要的基础。

(2)提供统计完成生产计划依据。

(3)提供施工企业成本核算,确定工程实际成本的依据。

(4)竣工结算是建设单位编制竣工决算的主要依据。

此外,通过竣工结算还可:

(1)提供编制概算定额、概算指标的基础资料。

(2)完善合同内容、档案管理资料,终结合同责、权、利关系。

5.4.2　竣工结算与支付的规定

5.4.2.1　竣工结算的规定

(1)合同工程完工后,承包人应在提交竣工验收申请前编制完成竣工结算文件,并在提交竣工验收申请的同时向发包人提交竣工结算文件。

承包人未在规定的时间内提交竣工结算文件,经发包人催促后 14 天内仍未提交或没有明确答复,发包人有权根据已有资料编制竣工结算文件,作为办理竣工结算和支付结算款的依据,承包人应予以认可。

(2)发包人应在收到承包人提交的竣工结算文件后的 28 天内审核完毕。

发包人经核实,认为承包人还应进一步补充资料和修改结算文件,应在上述时限内向承包人提出核实意见,承包人在收到核实意见后的 14 天内按照发包人提出的合理要求补充资料,修改竣工结算文件,并再次提交给发包人复核后批准。

(3)发包人应在收到承包人再次提交的竣工结算文件后的 28 天内予以复核,并将复核结果通知承包人。

①发包人、承包人对复核结果无异议的,应在 7 天内在竣工结算文件上签字确认,竣工结算办理完毕。

②发包人或承包人对复核结果认为有误的,无异议部分按照本条第 1 款规定办理不完

全竣工结算;有异议部分由发承包双方协商解决,协商不成的,按照合同约定的争议解决方式处理。

(4)发包人在收到承包人竣工结算文件后的 28 天内,不审核竣工结算或未提出审核意见的,视为承包人提交的竣工结算文件已被发包人认可,竣工结算办理完毕。

承包人在收到发包人提出的核实意见后的 28 天内,不确认也未提出异议的,视为发包人提出的核实意见已被承包人认可,竣工结算办理完毕。

(5)发包人委托造价咨询人审核竣工结算的,工程造价咨询人应在 28 天内审核完毕,审核结论与承包人竣工结算文件不一致的,应提交给承包人复核,承包人应在 14 天内将同意审核结论或不同意见的说明提交工程造价咨询人。工程造价咨询人收到承包人提出的异议后,应再次复核,复核无异议的,按《清单计价规范》(2013)第 11.1.3 条 1 款规定办理,复核后仍有异议的,按规范第 11.1.3 条 2 款规定办理。

承包人逾期未提出书面异议,视为工程造价咨询人审核的竣工结算文件已经承包人认可。

(6)对发包人或造价咨询人指派的专业人员与承包人经审核后无异议的竣工结算文件,除非发包人能提出具体、详细的不同意见,发包人应在竣工结算文件上签名确认,拒不签认的,承包人可不交付竣工工程,并有权拒绝与发包人或其上级部门委托的工程造价咨询人重新核对竣工结算文件。

承包人未及时提交竣工结算文件的,发包人要求交付竣工工程,承包人应当交付;发包人不要求交付竣工工程,承包人承担照管所建工程的责任。

(7)发承包双方或一方对工程造价咨询人出具的竣工结算文件有异议时,可向当地工程造价管理机构投诉,申请对其进行执业质量鉴定。

(8)工程造价管理机构受理投诉后,应当组织专家对投诉的竣工结算文件进行质量鉴定,并做出鉴定意见。

(9)竣工结算办理完毕,发包人应将竣工结算书报送工程所在地(或有该工程管辖权的行业主管部门)工程造价管理机构备案,竣工结算书作为工程竣工验收备案、交付使用的必备文件。

5.4.2.2 结算款支付

(1)承包人应根据办理的竣工结算文件,向发包人提交竣工结算款支付申请。该申请应包括下列内容:

①竣工结算总额;

②已支付的合同价款;

③应扣留的质量保证金;

④应支付的竣工付款金额。

(2)发包人应在收到承包人提交竣工结算款支付申请后 7 天内予以核实,向承包人签发竣工结算支付证书。

(3)发包人签发竣工结算支付证书后的 14 天内,按照竣工结算支付证书列明的金额向承包人支付结算款。

(4)发包人未按照《清单计价规范》(2013)第 12.2.3 条规定支付竣工结算款的,承包人可催告发包人支付,并有权获得延迟支付的利息。竣工结算支付证书签发后56天内仍未支付的,除法律另有规定外,承包人可与发包人协商将该工程折价,也可直接向人民法院申请将该工程依法拍卖。承包人就该工程折价或拍卖的价款优先受偿。

5.4.3　竣工结算的编制内容

5.4.3.1　签约合同价

签约合同价是指发、承包双方在施工合同中约定的,包括了暂列金额、暂估价、计日工的合同总金额。

5.4.3.2　合同价款调整

承包合同履行过程中,承包人实际完成工程量与招标工程量清单相比较有较大变化,且变化幅度超过合同约定,或资源价格变化超过合同约定,致使工程实际造价发生了变化,需要对合同价款进行调整。

5.4.3.3　结算编制说明

竣工结算说明应撰写以下内容:
(1)工程概况;
(2)结算依据;
(3)竣工结算与签约合同价对比情况;
(4)主要材料数量;
(5)特殊情形的价款结算说明。

5.4.4　竣工结算的编制依据

(1)国家有关法律、法规、规章制度和相关的司法解释;
(2)国务院建设行政主管部门以及各省、自治区、直辖市和有关部门发布的工程造价计价标准、计价办法、有关规定及相关解释;
(3)施工方承包合同、专业分包合同及补充合同,有关材料、设备采购合同;
(4)招投标文件,包括招标答疑文件、投标承诺、中标报价书及其组成内容;
(5)工程竣工图或施工图、施工图会审记录,经批准的施工组织设计,以及设计变更、工程洽商和相关会议纪要;
(6)经批准的开、竣工报告或停、复工报告;
(7)建设工程工程量清单计价规范和相应的计量规范以及工程预算定额、费用定额及价格信息、调价规定等;
(8)工程预算书;
(9)影响工程造价的相关资料。

5.4.5 竣工结算的编制程序

竣工结算应按准备、编制和定稿三个工作阶段进行,并实行编制人、校对人和审核人分别署名盖章确认的内部审核制度。

5.4.5.1 结算编制准备阶段

主要完成以下工作:

(1)收集与工程结算编制相关的原始资料;

(2)熟悉工程结算资料内容,进行分类、归纳、整理;

(3)召集相关单位或部门的有关人员参加工程结算预备会议,对结算内容和结算资料进行核对与充实完善;

(4)收集建设期内影响合同价格的法律和政策性文件;

(5)根据竣工图及施工图以及施工组织设计进行现场踏勘,对需要调整的工程项目(包括工程量和结算单价)进行观察、对照、必要的现场实测和计算,做好书面或影像记录。

5.4.5.2 结算编制阶段

不管是总价合同、单价合同,还是按实结算,结算编制阶段均应完成以下工作:

(1)工程量计算,包括计价工程量和组价工程量两类。

(2)确定人工、材料、机械台班单价。

(3)确定税费费率。确定费率,应先确定工程类别。费率包括管理费费率、利润率、风险费包干费率、规费子项费率。税率应按工程所在地区分市区、县镇和其他地区(乡村)确定。

(4)根据合同约定,进行结算单价分析。

①按实结算合同。套用预算定额、费用定额和合同约定进行计算。

②单价合同。按投标报价进行结算。新增项目和变更项目(项目特征改变)应进行单价分析,确定结算单价。

③施工图包干合同。应分包干部分和非包干部分两部分分别确定。

(5)计算分部分项工程费、措施项目费、其他项目费、规费和税金及结算总价。

(6)撰写结算编制说明。

5.4.5.3 结算编制定稿阶段

(1)由结算编制受托人单位的部门负责人对初步成果文件进行检查、校对;

(2)由结算编制受托人单位的主管负责人审核批准;

(3)在合同约定的期限内,向委托人提交经编制人、校对人、审核人和受托人单位盖章确认的正式结算编制文件。

5.4.6 竣工结算的编制方法

竣工结算应根据合同约定的办法进行编制。一般有按实结算法、施工图包干法、调整签约合同价法等方法。

5.4.6.1　按实结算法

(1)结算工程量:按实际施工过程中,经监理、业主单位认定的工程量。有委托监理的工程量按监理工程师认定的工程量计列;没有委托监理的工程,应按业主代表认定的工程量计列。

结算时,应认真复核监理工程师或业主代表签认的工程量的合法性、有效性、真实性和完整性。只有确实是工程施工必然发生的或必须发生的工程量才能列入决算。同时应列出计算公式或计算表格,必要时还要有附图。同时注意以下几点:

①要区分计价工程量和定额工程量。所谓计价工程量,是和结算综合单价对应的工程量,项目特征和投标报价的项目特征完全一致。其计算规则应符合合同组约定,如技术规范等,如果没有约定相应的工程量计算规则,则必须执行最新计价规范规定。定额工程量是和定额工作内容相对应的工程量,其计算应符合定额规定的工程量计算规则。计算定额工程量是分析综合单价的基础。

②要注意分部分项工程项目的工作内容和其相应的措施项目的工作内容不要重复。要认真研究投标报价的综合单价组价方法和相应定额的工作内容。

③工程量计算应以竣工图为准。编制结算时,先应完成竣工图的编制,并且经监理工程师和业主审定。

④未经批准,改变工程材料、施工方案、变更设计不得列入结算。

⑤工程量应按施工图设计文件标注的净尺寸计算,因承包人的原因造成工程量增加不得列入结算。

(2)结算项目单价确定:按合同约定的预算定额、费用定额以及合同其他约定进行计算确定。

(3)结算总价确定:按列入结算的工程量和确定的结算单价,计算分部分项工程费和措施项目费,明确列入结算的其他项目费,在此基础上,进一步明确(计算或统计)现场签证的其他费。以分部分项工程费、措施项目费、其他项目费和列入结算的其他签证费用之和为基数,再计算规费、其他费(如税前价差等)和税金,汇总得出结算总造价。

5.4.6.2　施工图包干法

(1)包干范围内的所有工程量均按签约合同价确定,不进行调整。

(2)包干范围之外的工程量按合同约定的计算方法计算造价。合同未约定时,按按实结算法计算包干范围之外完成工程量的工程造价。

计算包干范围外工程造价一定要鉴别是否是包干范围内的隐藏项目或非法项目(无合法签证项目)。

(3)施工图包干法总造价=签约合同价+包干范围外工程造价。

5.4.6.3　调整签约合同价法

招标工程一般中标价即为签约合同价。签约合同价由报价文件(包括投标函、标价的工程量清单、工程量汇款单汇总表等)确定。因此,招标工程一般采用调整签约合同价法进行结算。结算时应分别计算以下内容：

（1）签约合同价。即以投标文件中的有标价的工程量清单为基础计算的投标报价。即按工程量清单，由中标人自行报送的投标清单报价。包括分部分项工程费、措施项目费、其他项目费、规费、和税金。

（2）合同价款调整。按合同约定进行合同价款调整。按承包人履行合同义务过程中实际完成的工程量，扣减签约合同价中的工程量计列。

5.4.7　竣工结算的审查

5.4.7.1　竣工结算审查的必要性

工程竣工结算是核定建设工程造价的依据，也是建设项目竣工验收后编制竣工决算和核定新增固定资产价值的依据。

工程结算直接关系到建设单位和施工单位的切身利益，在结算的编审过程中由于编审人员所处的地位、立场和目的不同，而且编审人员的工作水平也存在差异，因而编审结果存在不同程度的差距，可能出现有意压低造价或高估冒算的可能。

5.4.7.2　结算审核的方法及适用情况

由于工程规模、特点及要求的繁简程度不同，承包人的情况也不同，因此需选择适当的审核方法，确保审核的正确与高效。

1. 全面审查法

这是逐一地全部进行审查的方法。此法优点是全面、细致，经审查的工程结算差错小、质量较高，缺点是工作量大。对于一些工作量较小、工艺比较简单的一般民用建筑工程，编制结算的技术力量比较薄弱，可采用此法。

2. 重点审查法

重点审查法是抓住工程结算中的重点进行审查的方法。选择工程量较大、单价较高和工程结构复杂的工程以及容易发生错误的工程工程项目进行审查。

3. 分解对比审查法

分解对比审查法是把一个单位工程按直接费和间接费进行分解，然后再把直接费按分部分项进行分解或把材料消耗量进行分解，分别与审查的标准结算或综合指标进行对比的方法。如发现某一分部工程价格相差较大，再进一步对比其分项详细子目，对该工程量和单价进行重点审查。此法的特点是一般不需翻阅图纸和重新计算工程量，审查时可选用 $1 \sim 2$ 种指标即可，既快又正确。

4. 标准预算审查法

标准预算审查法是对于全部采用标准图纸或通用图纸施工的工程，以事先编制标准预算为参考审查结算的一种方法。采用标准设计图或通用图纸施工的工程，在结构和做法上一般相同，只是由于现场施工条件的不同有局部的改变。这样的工程结算就不需逐项详细审查，可事先集中力量编制或全面详细审查标准图纸的预算，作为标准预算，以后凡采用该标准图纸或通用图纸的工程，皆以该标准预算为准，对照审查。局部修改的部分单独审查即可。这种方法的优点是审查时间短,效果好。缺点是适用范围小,只能针对采用标准图纸或通用图纸的工程。

5.筛选法

筛选法是统筹法的一种。同类建筑工程虽然面积、高度等项指标不同,但是它们的各分部分项工程的单位建筑面积的各项数据变化不大。因此,可以把建筑各分部分项工程的数据加以汇集、优选,归纳出其单位面积上的工程量、价格及人工等基本数值,作为此类建筑的结算标准。以这类基本数值来筛选建设工程结算的分部分项工程数据,如数值在基本数值范围以内则可以不审,否则就要对该分部分项工程详细审查。如果所审查的结算的建筑标准与基本数值所适用的建筑标准不同,则需进行调整。筛选法的优点是审查速度快、发现问题快,适用于住宅工程或不具备全面审查条件的工程。

6.分组计算法

分组计算法是把结算中有关项目划分为若干组,在同一组中采用同一数据审查分项工程量的一种方法。采用这种方法,首先按照标准对分项工程进行编组,审查其中一个分项工程,就能判断同组中其他几个分项工程量的准确程度。例如,一般建筑工程中的底层建筑面积、地面、面层、地面垫层、楼面面层、楼面找平层、楼板体积、天棚刷浆及屋面层可编为一组。首先计算出底层建筑面积、楼(地)面面积,楼面找平层、天棚抹灰刷白的面积与楼(地)面面积相同,用地面面积乘以垫层厚度就是垫层工作量,用楼面面积乘以楼板折算厚度就是楼板工程量。此法特点是审查速度快,工作量小。

7.结算手册审查法

即在日常工作中把工程中常用的构配件等,根据标准图计算整理成结算手册,按照手册对照审查,可以大大减少简单的重复计算量,提高审查效率。

另外,随着计算机技术的应用,采用软件进行结算审查也是一种简便有效的方法。

5.4.7.3　竣工结算审查程序

(1)搜集、整理好竣工资料。包括施工合同及补充合同、技术规范、工程竣工图、设计变更通知、各种签证以及主材的合格证、单价等。

(2)深入工地,全面掌握工程准确的工程量。

(3)复核列入结算的工程量和定额适用情况、定额换算情况、取费情况、人材机价格情况、税率适用情况等。

(4)撰写结算审核说明书。

(5)提请复核人员复核。

(6)提请分管领导签发。

5.4.7.4　工程结算审核重点

工程结算审核的任务是弃除列入结算的水分,合理确定工程造价。审核重点有以下几个方面。

1.工程量部分

(1)采用工程量清单计价合同时,一个清单项目包括多个工作内容,要注意工作内容不重不漏。如把定额中已综合考虑并包含在综合单价里的内容单独列项。施工单位编制的工程结算,往往通过障碍法手段在构造交接部位重复计算,在审核中如不熟悉计算规则,多算冒算的工程量就难以察觉。

(2)施工现场签证单签证事项的时效,不符合合同规定的一律不得列入结算。当前,联系单盲目签证,事后补签,签证表述不清、准确度不够及时间性不强情况比较普遍,现场监理人员对造价管理和有关规定掌握不足,对不应该签证的项目盲目签证。有的签证由施工单位填写,不认真核实就签字盖章;承包人在签证上巧立名目,弄虚作假,以少报多,蒙哄欺骗,遇到问题不及时办理签证,决算时搞突击,互相扯皮推卸责任等现象也屡见不鲜。

(3)变更设计和索赔审批手续不全,或图表附件不全。

2. 套用定额部分

定额中的缺项套用子目或换算的理解有出入,忽略定额综合解释,不换算系数,高套定额等。

3. 材料价格方面

主材的型号、材质在设计中不明确;除去规定的材料价格外,还有大部分采用的是市场价,要特别注意。

4. 费用计算方面

不按合同要求套用费用定额。如市政工程未实行标准化管理,却按实行标准化管理的取费标准计算安全文明施工费;综合费率中已包含冬雨季施工增加费,有的又把雨季抽水费另计等。

5. 其他方面

(1)有极少数的结算编制人员业务水平不过关,以致计算"失真"。

(2)建设单位在发包合同及现场签证中用词不严谨,理解有出入。

(3)施工单位对业主单位按核减核增的额度来支付业务费有顾虑,这自然形成施工单位加大水分多报的可能。

5.5 竣工决算的编制

5.5.1 竣工决算的概念及作用

5.5.1.1 概念

工程竣工决算是指在工程竣工验收交付使用阶段,由建设单位编制的建设项目从筹建到竣工验收、交付使用全过程中实际支付的全部建设费用。竣工决算是整个建设工程的最终价格,是作为建设单位财务部门汇总固定资产的主要依据。

5.5.1.2 作用

竣工决算是建设工程经济效益的全面反映,是项目法人核定各类新增资产价值,办理其交付使用的依据。通过竣工决算,一方面能够正确反映建设工程的实际造价和投资结果;另一方面可以通过竣工决算与概算、预算的对比分析,考核投资控制的工作成效,总结经验教训,积累技术经济方面的基础资料,提高未来建设工程的投资效益。

5.5.1.3 竣工决算与竣工结算的区别

1. 范围不同

工程竣工结算是指按工程进度、施工合同、施工监理情况办理的工程价款结算,以及根据工程实施过程中发生的超出施工合同范围的工程变更情况,调整施工图预算价格,确定工程项目最终结算价格。

竣工决算包括从筹集到竣工投产全过程的全部实际费用,即包括建筑工程费、安装工程费、设备工器具购置费用及预备费和投资方向调解税等费用。

2. 编制人和审查人不同

单位工程竣工结算由承包人编制,发包人审查;实行总承包的工程,由具体承包人编制,在总承包人审查的基础上,发包人审查。单项工程竣工结算或建设项目竣工总结算由总(承)包人编制,发包人可直接审查,也可以委托具有相应资质的工程造价咨询机构进行审查。

建设工程竣工决算的文件,由建设单位负责组织人员编写,上报主管部门审查,同时抄送有关设计单位。

3. 二者的目标不同

结算是在施工完成已经竣工后编制的,反映的是基本建设工程的实际造价。

决算是竣工验收报告的重要组成部分,是正确核算新增固定资产价值,考核分析投资效果,建立健全经济责任的依据,是反应建设项目实际造价和投资效果的文件。

5.5.2 竣工决算的内容

按照财政部、国家发展改革委、住房和城乡建设部的有关文件规定,竣工决算由竣工财务决算说明书、竣工财务决算报表、工程竣工图和工程竣工造价对比分析四部分组成(图 5-4)。前两部分又称建设项目竣工财务决算,是竣工决算的核心内容。

竣工决算
的内容
- 竣工财务决算说明书
- 竣工财务
决算报表
  - 竣工财务决算审批表
  - 竣工财务决算总表:体现资金来源等于资金运用这一基本会计等式
  - 建设项目交付使用财产明细表
  - 建设项目交付使用财产总表(大、中型项目特有)
  - 竣工工程概况表(大、中型项目特有)
- 工程竣工图
- 工程竣工造价对比分析:主要分析主要实物工程量、材料消耗量和取费标准

图 5-4 竣工决算的组成内容

5.5.3 竣工决算的编制依据和编制步骤

5.5.3.1 编制依据

各项有技术经济价值的文件均应作为依据,主要有以下几个方面:

(1)经批准的可行性研究报告及投资估算书；

(2)经批准的初步设计或扩大初步设计及概算或修正概算书；

(3)经批准的施工图设计及施工图预算书；

(4)设计交底或图纸会审会议纪要；

(5)招投标的标的、承包合同、工程结算资料；

(6)施工记录或施工签证单及其他施工发生的费用记录，如索赔报告与记录、停(交)工报告等；

(7)竣工图及各种竣工验收资料；

(8)历年基建资料、历年财务及批复文件；

(9)设备、材料调价文件和调价记录；

(10)有关财务核算制度、办法和其他有关资料、文件等。

5.5.3.2 编制步骤

(1)收集、整理、分析原始资料；

(2)对照、核实工程变动情况，重新核实各单位工程、单项工程造价；

(3)经审定的待摊投资、其他投资、待核销基建支出和非经营项目的转出投资应分别写入相应的基建支出栏目内；

(4)编制竣工财务决算书；

(5)认真填报竣工财务决算报表；

(6)认真做好工程造价对比分析；

(7)清理、装订好竣工图；

(8)按国家规定上报审批，存档。

5.5.4 竣工决算的编制方法

现阶段我国各专业部委对本部门的基本建设项目竣工决算编制办法没有统一，各部门均有专门规定。如交通水运工程按《公路建设项目工程决算编制办法》编制(由原交通部交公路〔2004〕507号文发布)，水利工程按《水利工程基本建设项目竣工决算编制规程》编制，电力工程按《发送变电工程基本建设项目竣工决算报告编制办法》编制，市政工程竣工决算一般按《建设项目工程竣工决算编制规程》[中国建设工程造价管理协会标准(CECA/GC 9-2013)]进行编制。

建设项目竣工财务决算报表根据大、中型建设项目和小型建设项目分别制定。

大、中型建设项目竣工决算报表包括建设项目竣工财务决算审批表，大、中型建设项目概况表，大、中型建设项目竣工财务决算表，大、中型建设项目交付使用资产总表及建设项目交付使用资产明细表。

小型建设项目竣工财务决算报表包括建设项目竣工财务决算审批表、竣工财务决算总表、建设项目交付使用资产明细表。竣工财务决算总表只适用于小型建设项目。

建设项目竣工财务决算报表格式见附件1(表5-1至表5-6)。

建设项目竣工财务决算报表填制说明见附件2。

附件 1

表 5-1 基本建设项目竣工财务决算审批表

建设项目法人(建设单位)		建设性质	
建设项目名称		主管部门	

开户银行意见：

盖　章
年　月　日

专员办(审批)审核意见：

盖　章
年　月　日

主管部门或地方财政部门审批意见：

盖　章
年　月　日

表 5-2　大、中型基本建设项目概况表

建设项目(单项工程)名称			建设地址		
主要设计单位			主要施工企业		
占地面积	计划		总投资(万元)	设计	固定资产 / 流动资金
	实际			实际	国定资产 / 流动资金
新增生产能力	能力(效益)名称		设计		
			实际		
建设起止时间	设计	从　年　月开工至　年　月竣工			
	实际	从　年　月开工至　年　月竣工			
设计概算批准文号			设备(台、套、吨)	设计	投资额
				实际	
完成主要工程量	建筑面积(平方米)	设计	工程内容		完成时间
		实际			
收尾工程					

	项目	单位	概算	实际	主要指标
基本建设支出	建筑安装工程				
	设备 工具 器具				
	待摊投资				
	其中:建设单位管理费				
	其他投资				
	待核销基建支出				
	非经营项目转出投资				
	合计				
主要材料消耗	名称	单位	概算	实际	
	钢材	吨			
	木材	立方米			
	水泥	吨			
主要技术经济指标					

表 5-3 大、中型基本建设项目竣工财务决算表

单位:元

资金来源	金额	资金占用	金额
一、基建拨款		一、基本建设支出	
1. 预算拨款		1. 交付使用资产	
2. 基建基金拨款		2. 在建工程	
3. 进口设备转账拨款		3. 待核销基建支出	
4. 器材转账拨款		4. 非经营项目专用投资	
5. 煤代油专用基金拨款		二、应收生产单位投资借款	
6. 自筹资金拨款		三、拨付所属投资借款	
7. 其他拨款		四、器材	
二、项目资本		其中:待处理器材损失	
1. 国家资本		五、货币资金	
2. 法人资本		六、预付及应收款	
3. 个人资本		七、有价证券	
三、项目资本公积		八、固定资产	
四、基建借款		固定资产原价	
五、上级拨入投资借款		减:累计折旧	
六、企业债券资金		固定资产净值	
七、待冲基建支出		固定资产清理	
八、应付款		待处理固定资产损失	
九、未交款			
1. 未交税金			
2. 未交基建收入			
3. 未交基建包干节余			
4. 其他未交款			
十、上级拨入资金			
十一、留成收入			
合计		合计	

补充资料:基建投资借款期末余额:

应收生产单位投资借款期末数:

基建结余资金:

表 5-4 大、中型建设项目交付使用资产总表

单项工程项目名称	总计	固定资产				流动资产	无形资产	递延资产
		建安工程	设备	其他	合计			

交付单位　　　　　　　　　　　　　　　　　接收单位

（盖章）　年　月　日　　　　　　　　　　　（盖章）　年　月　日

表 5-5　小型基本建设项目竣工财务决算总表

建设项目名称				建设地址							
初步设计概算批准文号											

占地面积

	计划	实际

总投资（万元）

		计划		实际	
总投资（万元）	设计	固定资产	流动资金	固定资产	流动资金
	实际				

新增生产能力

	能力（效益）名称	计划	实际

建设起止时间

计划	从　年　月开工至　年　月竣工
实际	从　年　月开工至　年　月竣工

基建支出

项目	概算（元）	实际（元）
建筑安装工程		
设备工具器具		
待摊投资		
其中:建设单位管理费		
其他投资		
待核销基建支出		
非经营性项目转出投资		
合计		

资金来源

项目	金额（元）
一、基建拨款	
其中:预算拨款	
二、项目资本	
三、项目资本公积	
四、基建借款	
五、上级拨入借款	
六、企业债券资金	
七、待冲基建支出	
八、应付款	
九、未交款	
其中:未交基建收入	
未交包干节余	
十、上级拨入资金	
十一、留成收入	
合计	

资金运用

项目	金额（元）
一、交付使用资产	
二、待核销基建支出	
三、非经营项目转出投资	
四、应收生产单位投资借款	
五、拨付所属投资借款	
六、器材	
七、货币资金	
八、预付及应收款	
九、有价证券	
十、固定资产	
合计	

表 5-6 基本建设项目交付使用资产明细表

单项工程项目名称	建筑工程			设备 工具 器具 家具						流动资产		无形资产		递延资产	
	结构	面积（m）	价值（元）	名称	规格型号	单位	数量	价值（元）	设备安装费（元）	名称	价值（元）	名称	价值（元）	名称	价值（元）

支付单位
（盖章）
　　　年　月　日

接收单位
（盖章）
　　　年　月　日

附件 2

基本建设项目竣工财务决算报表填制说明

一、基本建设项目竣工财务决算审批表

1. 表中"建设性质"按新建、扩建、改建、迁建和恢复建设项目等分类填列。

2. 表中"主管部门"是指建设单位的主管部门。

3. 有关意见的签署：

(1)所有项目均需先经开户银行签署意见。

(2)中央级小型项目由主管部门签署审批意见,财政监察专员办和地方财政部门不签署意见。

(3)中央级大、中型项目报所在地财政监察专员办签署意见后,再由主管部门签署意见报财政部审批。

(4)地方级项目由同级财政部门签署审批意见,主管部门和财政监察专员办不签署意见。

二、大、中型基本建设项目工程概况表

1. 表中各有关项目的设计、概算、计划等指标,根据批准的设计文件和概算、计划等确定的数字填列。

2. 表中所列新增生产能力、完成主要工程量、主要材料消耗等指标的实际数,根据建设单位统计资料和施工企业提供的有关成本核算资料填列。

3. 表中"主要技术经济指标"根据概算和主管部门规定的内容分别概算数和实际数填列。填列包括单位面积造价、单位生产能力投资、单位投资增加的生产能力、单位生产成本、投资回收年限等反映投资效果的综合指标。

4. 表中基建支出是指建设项目从开工起至竣工止发生的全部基本建设支出,包括形成资产价值的交付使用资产,如固定资产、流动资产、无形资产、递延资产,以及不形成资产价值按规定应核销的非经营性项目的待核销基建支出和转出投资,根据财政部门历年批准的"基建投资表"中有关数字填列。

5. 表中"初步设计和概算批准日期"按最后批准日期填列。

6. 表中收尾工程指全部工程项目验收后还遗留的少量尾工,这部分工程的实际成本,可根据具体情况进行估算,并作说明,完工以后不再编制竣工决算。

三、大、中型项目竣工决算财务决算表

1. 表中"交付使用资产""预算拨款""自筹资金拨款""其他拨款""项目资本""基建投资借款""其他借款"等项目,填列自开工建设至竣工止的累计数,上述指标根据历年批复的年度基本建设财务决算和竣工年度的基本建设财务决算中资金平衡表相应项目的数字进行汇总填列。

2. 表中其余各项目反映办理竣工验收时的结余数,根据竣工年度财务决算中资金平衡表的有关项目期末数填列。

3. 资金占有总额应等于资金来源总额。

4. 补充资料的"基建投资借款期末余额"反映竣工时尚未偿还的基建投资借款数,应根据竣工年度资金平衡表内的"基建投资借款"项目期末数填列;"应收生产单位投资借款期末

数",应根据竣工年度资金平衡表内的"应收生产单位投资借款"项目的期末数填列;"基建结余资金"反映竣工时的结余资金,应根据竣工财务决算表中有关项目计算填列。

5. 基建结余资金的计算。基建结余资金按以下公式计算:基建结余资金＝基建拨款＋项目资本＋项目资本公积＋基建投资借款＋企业债券资金＋待冲基建支出－基本建设支出－应收生产单位投资借款。

四、大、中型项目交付使用资产总表

1. 表中各栏数字应根据"交付使用资产明细表"中相应项目的数字汇总填列。

2. 表中第 2 栏、第 6 栏、第 7 栏和第 8 栏的合计数,应分别与竣工财务决算表交付使用的固定资产、流动资产、无形资产和递延资产的数字相符。

五、交付使用资产明细表

交付使用资产明细表用来反映交付使用资产的详细内容,适用于大、中、小型建设项目。编制时固定资产部分,要逐项盘点填列;工具、器具和家具等低值易耗品,可分类填列。

六、小型基本建设项目竣工财务决算总表

小型基本建设项目竣工决算总表主要反映小型基本建设项目的全部工程和财务情况。比照大、中型基本建设项目概况表指标和大、中型基本建设项目竣工财务决算表指标口径填列。

复习思考题

1. 什么是工程变更?

2. 工程变更价款应如何计算和确认?

3. 什么是工程索赔? 按索赔的目的分类,索赔有哪几种?

4. 工程索赔费用的组成有哪些?

5. 工程索赔费用的计算原则有哪些?

6. 什么是工程结算? 工程结算的主要方式有哪些?

7. 什么是工程预付款? 工程预付款如何扣回?

8. 什么是竣工结算? 竣工结算的编制方法有哪些?

9. 竣工结算的审核重点有哪些?

10. 竣工结算与竣工决算的区别有哪些?

11. 竣工决算的内容有哪些?

练习题

1. 某项工程签约合同价 100 万,预付备料款数额为 24 万,主要材料、构件所占比重为 60％,起扣点为多少万元?

2. 某新建工程项目,施工合同约定,施工现场的 2 台施工机械由施工企业租赁,租赁费为 2200 元/台班,人工工资为 200 元/工日,窝工补贴为 100 元/工日,以人工费为基数的综

合费率为 30%。在施工过程中发生了如下事件:(1)出现台风天气导致工程停工 5 天,人员窝工 20 个工日;(2)因台风天气需要整理施工场地,需用工 30 工日;(3)场外大面积停电,停工 2 天,人员窝工 10 工日。为此,施工企业可向业主索赔费用为多少?

附录 某县宝新工业园区 A 道路工程施工图

设计说明(简要)

一、项目概况

1. 工程概况

某县宝新工业园区共有 A、B-1、B-2、C、D 五条道路。A 道路为宝新工业园区的主干道,规划宽度 24 m,起点桩号为 K0+000,终点桩号为 K0+555.135,全长 555.135 m,建设范围包括道路、交通、排水、综合管线、电气照明、绿化工程等。

2. 设计依据

(1)某县宝新工业园区总体规划;

(2)某县宝新工业园区 A 道路工程设计委托书;

(3)某县宝新工业园区的规划用地红线图及 1∶1000 地形图;

(4)某县宝新工业园区 A 道路工程初步设计文件评审纪要等。

3. 主要技术标准

(1)道路等级:城市Ⅰ级次干道;

(2)道路设计车速:50 km/h;

(3)车道宽度:3.75 m;

(4)最小圆曲线半径:150 m;

(5)路面:水泥砼路面,设计年限 20 年;

(6)路面横坡:车行道 1.5%,人行道 1.0%。

二、施工图设计概要

1. 横断面设计

A 道路工程规划宽度为 24 m,横断面采用以下布置形式:

4.5 m(人行道)+4×3.75 m(机动车道)+4.5 m(人行道)=24 m(道路宽度)

2. 平面施工图设计

A 道路工程平面设计依据某县宝新工业园区的规划用地红线图及 1∶1000 地形图,以城市Ⅰ级次干道标准设计,全段有 1 条圆曲线,半径为 150 m。平面设计各项指标符合《城市道路设计规范》要求。

3. 纵断面施工图设计

A 道路工程纵断面设计最低标高为 154.00 m,最大纵坡 4.50%,最小纵坡 3.41%,最大坡长 319.80 m,最小坡长 235.755 m,各项设计指标均符合《城市道路设计规范》要求。

4. 路面结构施工图设计

机动车道采用水泥砼路面,结构组合设计为:

面层:抗弯拉强度 5 MPa 砼板厚 22 cm;

基层:5%水泥稳定碎石 18 cm;

调平层:级配碎石 15 cm。

5. 路基施工图设计

A 道路工程与周边地块的场地平整结合在一起进行设计,道路土石方工程量采用方格网进行计算。

6. 排水工程

(1)本工程有雨水管道和污水管道,其中雨水管 DN500、DN600 和 DN800 为承插式钢筋砼Ⅱ级管,雨水支管 DN300 为砼Ⅱ级管;污水管 DN400 为双壁波纹(UPVC)管。

(2)管道接口:d300~d800 承插管采用 1∶2 水泥砂浆接口;

双壁波纹(UPVC)管采用橡胶圈接口。

(3)管道基础:混凝土管采用 180°混凝土基础;

双壁波纹(UPVC)管采用砂垫层基础。

(4)雨水和污水检查井间隔一个设置落底。

(5)施工时应严格控制管内底标高,污水管施工后各管段经过闭水试验合格后方可使用。

市政工程计量与计价

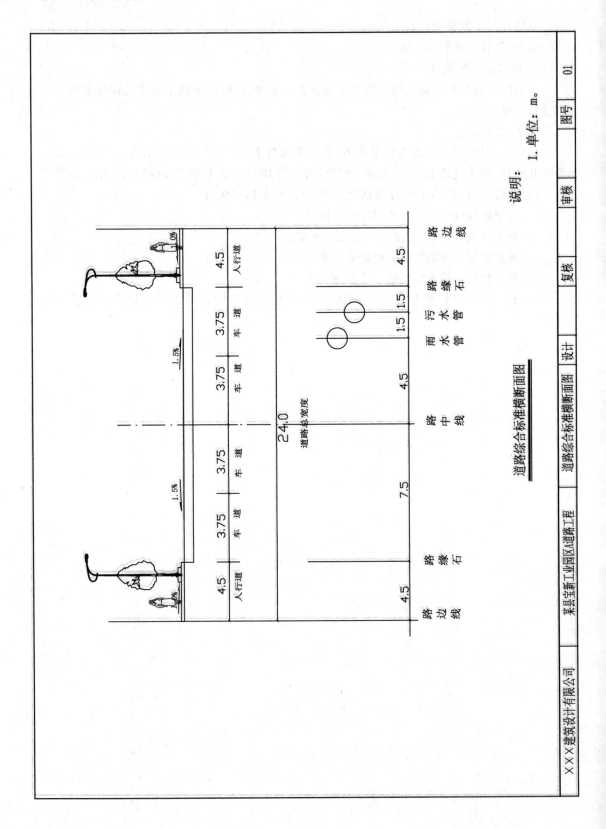

道路综合标准横断面图

说明：
1. 单位：m。

386

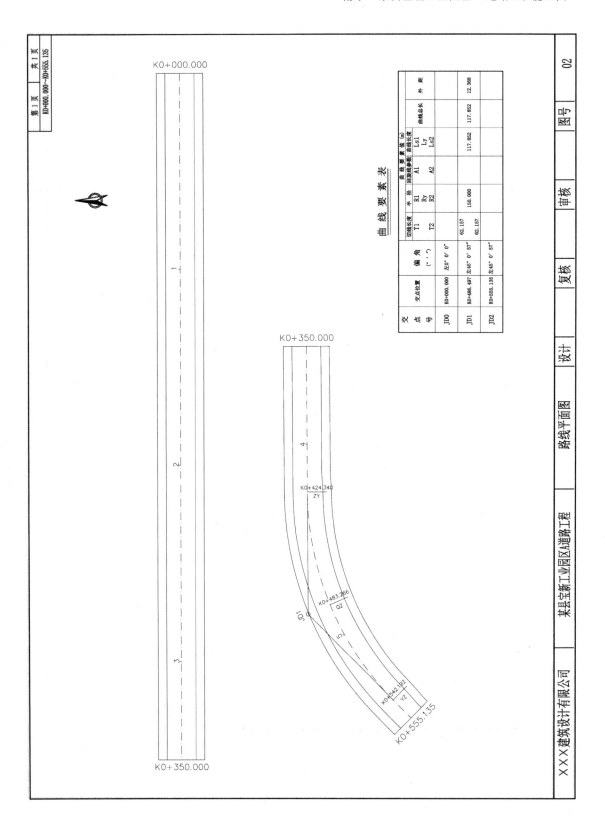

曲 线 要 素 表

交点号	交点位置	偏角 (° ′ ″)	切线长度 T1 T2	半径 R1 Ry R2	回旋缓参数 A1 A2	曲线长度 Ls1 Ly Ls2	曲线总长	外距
JD0	K0+000.000	左0° 0′ 0″						
JD1	K0+486.497	左45° 0′ 57″	62.157 62.157	160.000		117.852	117.852	12.368
JD2	K0+555.135	左45° 0′ 57″						

K0+000.000

K0+350.000

K0+350.000

1

2

3

4

5

K0+424.340
ZY

K0+483.266
QZ

K0+542.192
YZ

K0+555.135

JD1

路线平面图

某县宝新工业园区A道路工程

X X X 建筑设计有限公司

设计　　复核　　审核　　图号 02

第1页　共1页
K0+000.000~K0+555.135

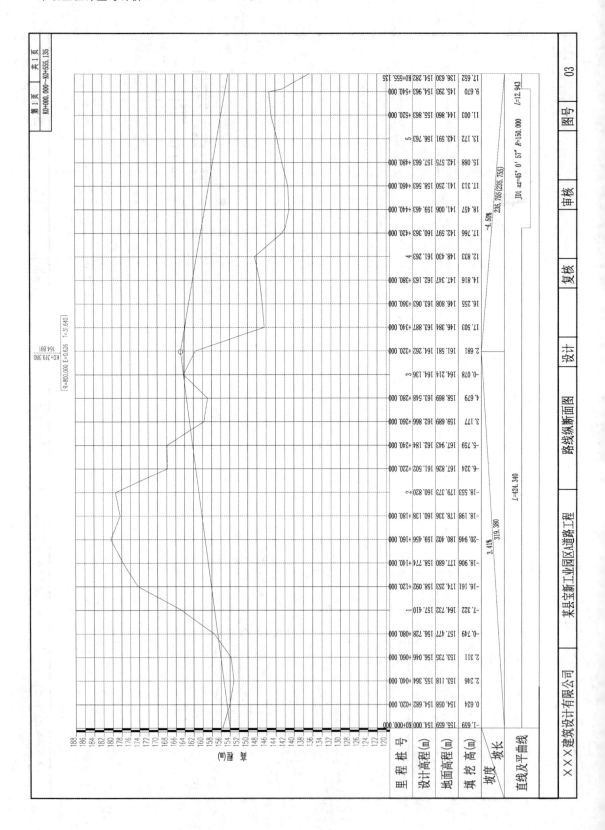

路面工程数量表

某县宝新工业园区道路工程（A道路）

机动车道路面工程数量 ／ 人行道工程数量表

起讫桩号	铺筑长度(米)	宽度(米)	结构类型	厚度			面积(平方米)	加宽面积(平方米)	交叉口面积(平方米)	路面面积合计(平方米)	路面标线(平方米)	石质路缘石(立方米)	缘石基座C20混凝土(立方米)	5 cm厚C25混凝土透水砖(平方米)	2 cm厚M5水泥砂浆(平方米)	10 cm厚素混凝土层(平方米)	备注
				底基层(厘米)	基层(厘米)	面层(厘米)											
1	2	3	4	5	6	7	8	9	10		11	12	13	14	15	16	
K0+000～K0+555.135	555.135	4×3.75	22 cm厚C35水泥混凝土面层			22	8327.03										
		4×3.75	18 cm厚5%水泥稳定碎石基层		18		8327.03	76.70	320.15	8327.03	194.30						
		4×3.75	15 cm厚配碎石调平层	15			8327.03										
K0+000～K0+555.135（路缘石及缘石基座）	555.135	A型路缘石	A型路缘石(0.45×0.18)									89.04					
		A型缘石基座	A型缘石C20砼(0.15×0.37+0.15×0.33)										116.58				
K0+000～K0+555.135（人行道铺装）	555.135	2×4.5	5 cm厚C25混凝土透水砖											4796.37			
		2×4.5	2 cm厚M5水泥砂浆												4796.37		
		2×4.5	10 cm厚C10素混凝土													4629.83	

389

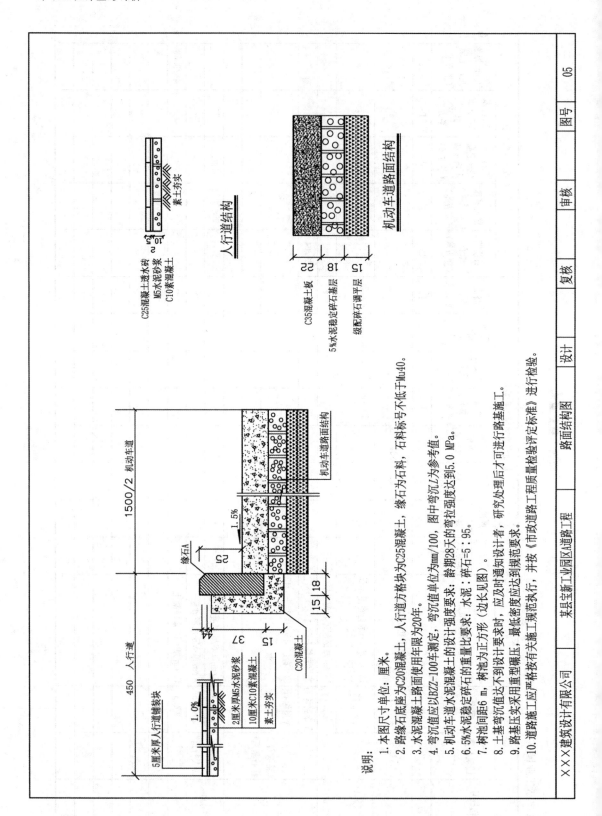

说明：

1. 本图尺寸单位：厘米。
2. 路缘石底座为C20混凝土，人行道方格块为C25混凝土，缘石为石料，石料标号不低于Mu40。
3. 水泥混凝土路面使用年限为20年。
4. 弯沉值应以BZZ-100车测定，弯沉值单位为mm/100，图中弯沉值为参考值。
5. 机动车道水泥混凝土的设计强度要求：龄期28天的弯拉强度达到5.0 MPa。
6. 5%水泥稳定碎石的重量比要求：水泥：碎石＝5：95。
7. 树池间距6 m，树池为正方形（边长见图）。
8. 土基弯沉值达不到设计要求时，应及时通知设计者，研究处理后才可进行路基施工。
9. 路基正式采用重型碾压，最低密度应达到规范要求。
10. 道路施工应严格按有关施工规范执行，并按《市政道路工程质量检验评定标准》进行检验。

| ×××建筑设计有限公司 | 某县宝新工业园区A道路工程 | 路面结构图 | 设计 | 复核 | 审核 | 图号 | 05 |

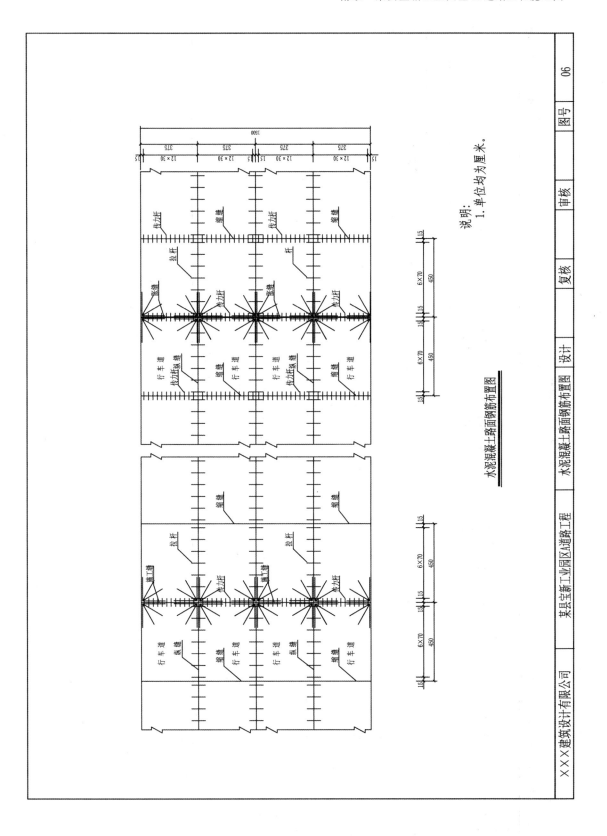

水泥混凝土路面钢筋布置图

说明：
1.单位均为厘米。

某县宝新工业园区道路工程（A 道路）

路面钢筋工程数量表

第 1 页　共 1 页

序号	工程项目	工程数量						备注
		钢筋直径（mm）	钢筋长度（cm）	钢筋数量（根）	钢筋总长（m）	单位重量（kg/m）	钢筋总重（kg）	计算式
1	2	3	4	5	6	7	8
1	拉杆	φ14	70	2583	1808.1	1.209	2185.99	拉杆：555.135/4.5≈123 792×7×3＝2583（根）
2	传力杆	φ28	50	240	120	4.836	580.32	传力杆：(555.135÷150＋1)×12×4＝240（根）
3	角隅发针形钢筋	φ14	250	144	360	1.209	435.24	角隅筋：4×16×2＝144（根）
4								
5								
6	合计						3201.55	

计算：　　　　　　　　　　　　　　　　复核：

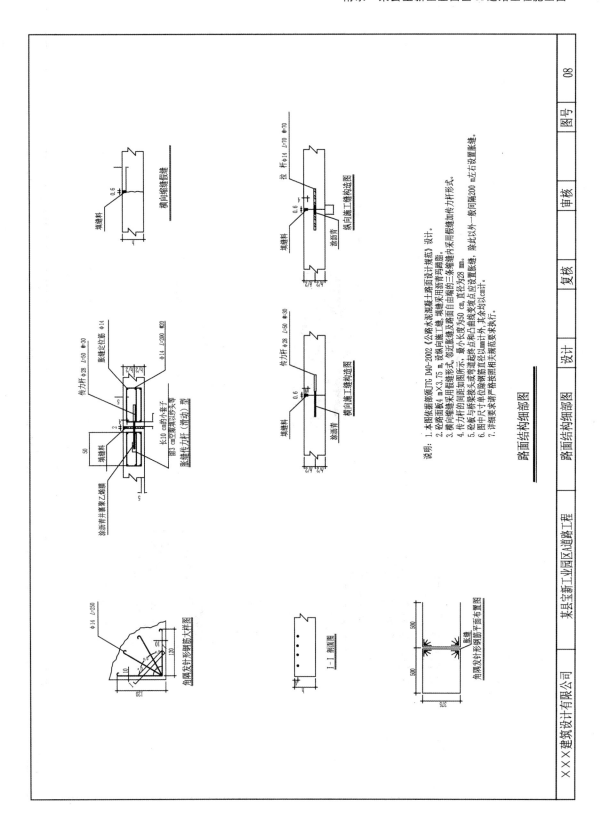

横向缩缝层缝

纵向施工缝构造图

横向施工缝构造图

路面结构细部图

说明：
1. 本图依据部颁 JTG D40-2002《公路水泥混凝土路面设计规范》设计。
2. 砼路面板 4 m×3.75 m，沿纵向施工缝、填缝采用沥青冬玛蹄脂。
3. 横向缩缝采用假缝形式，邻近胀缝及路面的三条缩缝内采用假缝加传力杆。
4. 传力杆的间距如图所示，最小长度为50 cm，最近距离起终点首径为28 mm。
5. 砼板与桥梁接头或弯道起点曲线终点曲线终点应设置胀缝。
6. 图中尺寸除注明外，其余均以cm计。
7. 详细要求请严格按相关规范要求执行。

角隅发针形钢筋大样图

I—I 断面图

角隅发针形钢筋平面布置图

××××建筑设计有限公司　　某县宝新工业园区A道路工程　　路面结构细部图　　设计　　复核　　审核　　图号　　08

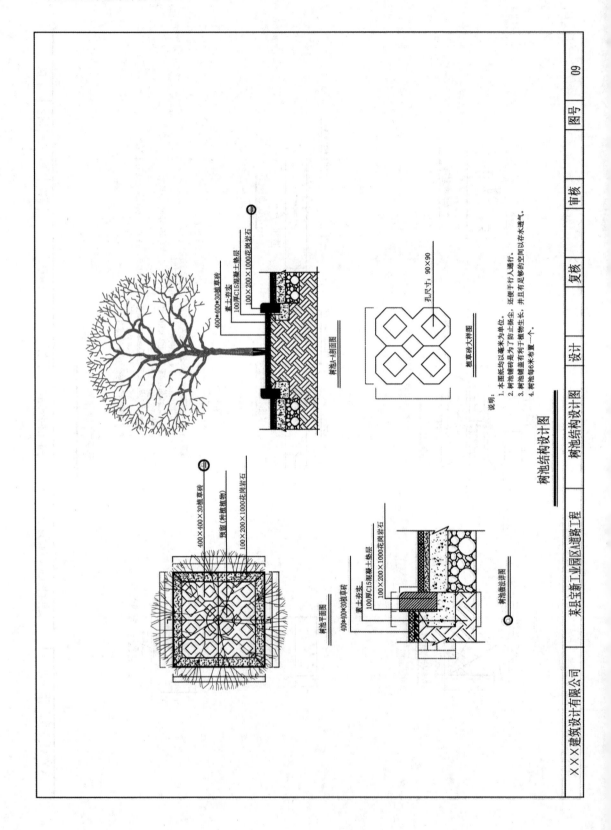

树池结构设计图

树池上面图
400×400×30槽草砖
素土夯实
100厚C15混凝土垫层
100×200×1000花岗岩石

树池平面图
400×400×30槽草砖
预留(种植物)
100×200×1000花岗岩石

树池结构设计图

树池做法详图
素土夯实
100厚C15混凝土垫层
100×200×1000花岗岩石
400×400×30槽草砖

槽草砖大样图
孔尺寸:90×90

说明:
1. 本图纸均以毫米为单位。
2. 树池铺装是为了防止场尘。还便于行人通行。
3. 树池铺盖是有利于植物生长。并且有足够的空间可以存水透气。
4. 树池每6米布置一个。

| ×××建筑设计有限公司 | 某县玉新工业园区A道路工程 | 树池结构设计图 | 设计 | 复核 | 审核 | 图号 | 09 |

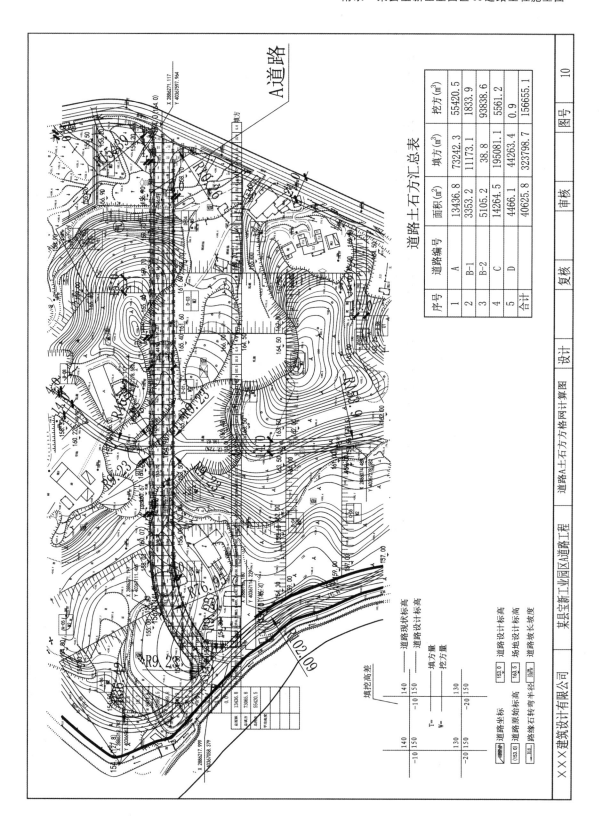

A道路

道路土石方汇总表

序号	道路编号	面积(m²)	填方(m³)	挖方(m³)
1	A	13436.8	73242.3	55420.5
2	B-1	3353.2	11173.1	1833.9
3	B-2	5105.2	38.8	93838.6
4	C	14264.5	195081.1	5561.2
5	D	4466.1	44263.4	0.9
	合计	40625.8	323798.7	156655.1

图号	10

填挖高差

```
    140
  -10 | 150          130
                     -20 | 150
   T=
   W=
```

153.0 道路设计标高
163.5 场地设计标高
道路坡长坡度

道路坐标
道路原始标高
路缘石转弯半径

		140		130
		-10	150	-20	150
总面积	13436.8			
总填方	73065.8			
总挖方	55420.5			

道路现状标高
道路设计标高

填方量
挖方量

| XXX建筑设计有限公司 | 某县宝新工业园区A道路工程 | 道路A土石方方格网计算图 | 设计 | 复核 | 审核 | 复核 |

市政工程计量与计价

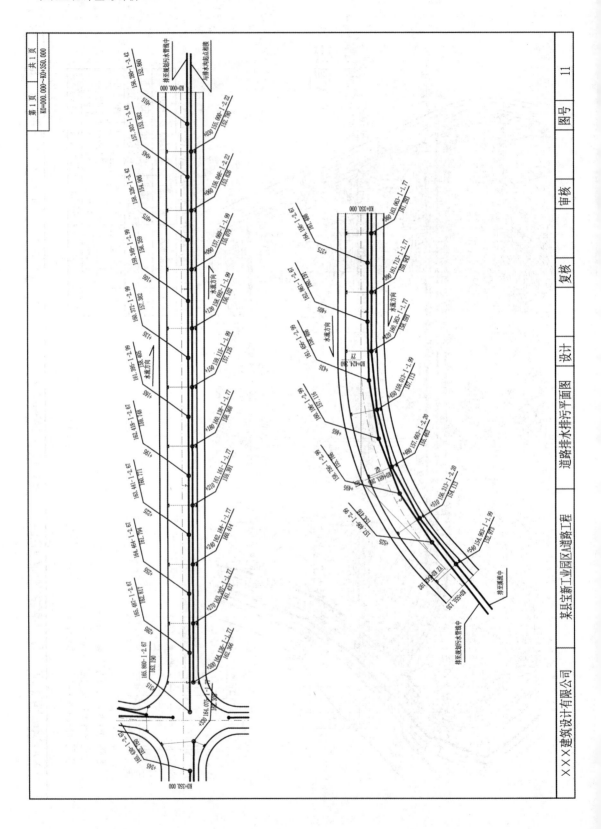

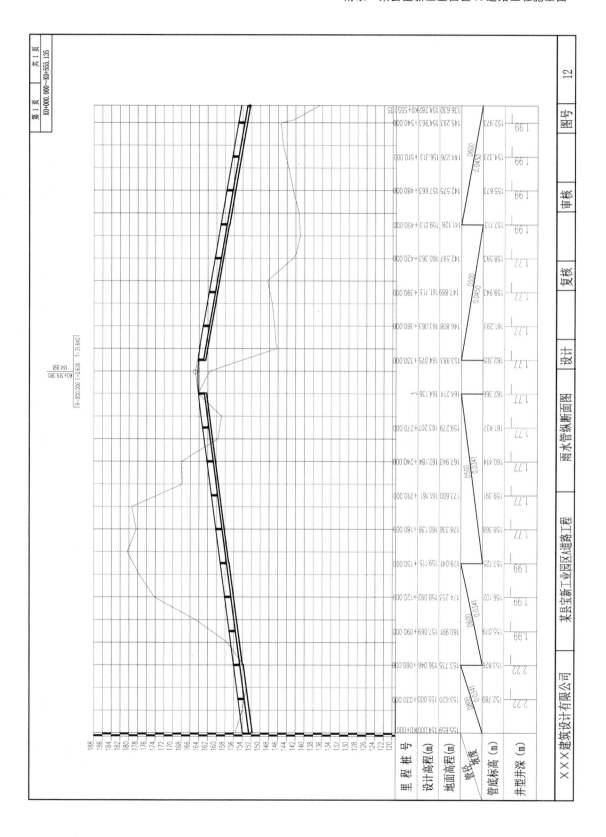

市政工程计量与计价

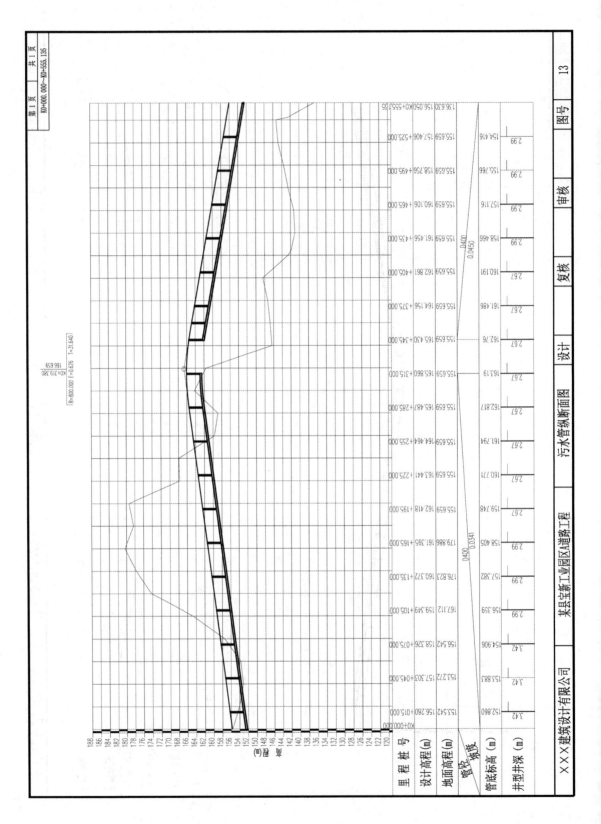

398

排水排污工程数量表(A 道路)

主要工程数量表

序号	名 称	规格	单位	数量	备注
1	素混凝土雨水支管 D300	d300	m	270	
2	双壁波纹管污水管 DN400	d400	m	525.135	
3	钢筋砼雨水管 D500	d500	m	270	
4	钢筋砼雨水管 D600	d600	m	195.135	
5	钢筋砼雨水管 D800	d800	m	60	
6	雨水进水口		座	36	
7	雨水检查井		座	18	
8	污水检查井		座	18	
9					
10					
11					
12					
13					
14					
15					

编制: 复核:

市政工程计量与计价

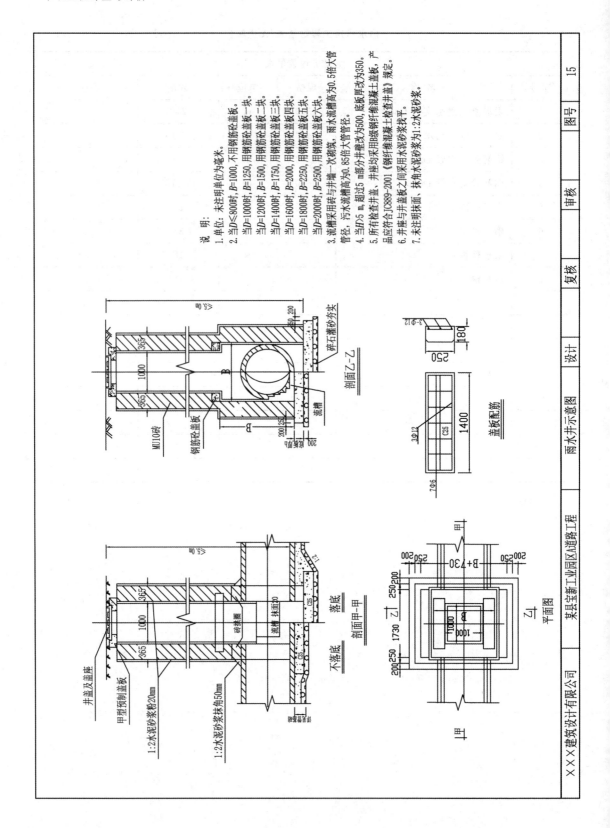

说 明：
1. 单位：未注明单位为毫米。
2. 当D≤800时，B=1000，不用钢筋砼盖板。
   当D=1000时，B=1250，用钢筋砼盖板一块。
   当D=1200时，B=1500，用钢筋砼盖板二块。
   当D=1400时，B=1750，用钢筋砼盖板三块。
   当D=1600时，B=2000，用钢筋砼盖板四块。
   当D=1800时，B=2250，用钢筋砼盖板五块。
   当D=2000时，B=2500，用钢筋砼盖板六块。
3. 流槽采用砖与井墙一次砌筑。雨水流槽高为0.5倍大管
   管径，污水流槽高为0.85倍大管径。
4. 当D>5 m，超过5 m部分井墙改为500，底板厚改为350。
5. 所有检查井盖，井座均采用B级钢纤维混凝土检查井盖，产
   品应符合JC889-2001《钢纤维混凝土检查井盖》规定。
6. 井座与井盖之间采用水泥砂浆找平。
7. 未注明抹面，抹角水泥砂浆为1:2水泥砂浆。

剖面乙-乙

碎石塞砂夯实
流槽
MU10砖
钢筋砼盖板
B

盖板配筋
1400
250
180
3-Φ12
3Φ12
C25
7Φ6

剖面甲-甲

不落底
落底
井盖及盖座
甲型预制盖板
1:2水泥砂浆粉20mm
1:2水泥砂浆抹角50mm
砖抹圈
流槽 抹面30
C25

平面图
B+730
1000
200 250   250 200
250 200
1730
200 250
甲
乙
乙
甲

×××建筑设计有限公司	某县宝新工业园区A道路工程	雨水井示意图	设计	复核	审核	图号	15

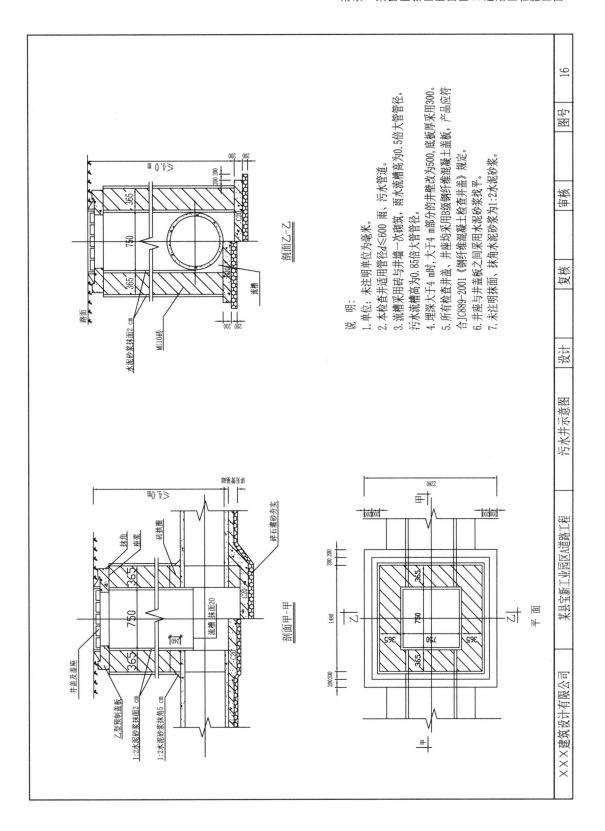

说明:
1. 单位: 未注明单位为毫米。
2. 本检查井适用管径d≤600 雨、污水管道。
3. 流水槽采用砖砌墙与井壁一次砌筑,雨水流槽高为0.5倍大管径,污水流槽高为0.85倍大管径。
4. 埋深大于4 m时,大于4 m部分的井壁改为500,底板厚采用300。
5. 所有检查井盖、井座均采用B级钢纤维混凝土盖板、产品应符合JC889-2001《钢纤维混凝土检查井盖》规定。
6. 井座与井盖板之间采用水泥砂浆找平。
7. 未注明抹面、抹角水泥砂浆为1:2水泥砂浆。

剖面乙-乙

剖面甲-甲

平面

砼基座尺寸表　单位：mm

管径(d)	壁厚(t)	h₁	h₂	h₃	L
300	40	200	80	238	480
400	47	200	100	302	640
500	55	200	120	364	800
600	60	200	140	427	960
800	80	250	160	552	1280
1000	100	250	200	600	1600
1200	120	250	240	720	1920
1350	140	250	270	810	2160
1650	160	300	330	990	2640
1800	180	300	360	1080	2880
2000	200	300	400	1200	3200

说明：

1. 管径 $d300$、$d400$ 为砼Ⅱ级管，$d500$ 以上为钢砼Ⅱ级管道。产品应符合 GB/T 11836—1999 规定。生产厂家应具备生产许可证。
2. 为了达到基础与沟管的共同作用，要求施工时先做垫层及浇端 h_1 厚 C15 砼，然后在下管及浇端 h_3 厚 C15 砼，这样可保特基础有良好的结合条件以保证共同受力。
3. 施工时接口处管内、外壁均应刷净，使之黏结牢固，同时必须使下部在砼基内接缝部分与上部接缝部分具有同等的质量。
4. 沟管最大允许覆土深度为 6.0 m，最小允许覆土深度小于 0.7 m，采用 C15 厚 120 满包处理。
5. 沟槽宽度 B 详见设计填挖断面图。

180° 承插管混凝土基座

承插管水泥砂浆接口

XXX建筑设计有限公司	某县玉蕨工业园区A道路工程	混凝土基座及接口	设计		图号	
			审核		17	
			复核			

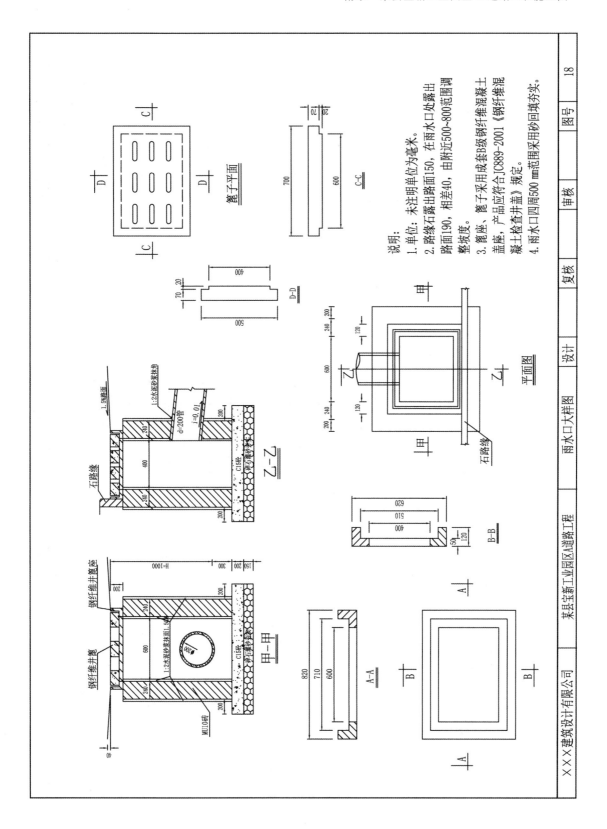

说明：
1. 单位：未注明单位为毫米。
2. 路缘石露出路面150，在雨水口处露出路面190，相差40，由附近500~800范围内调整坡度。
3. 箅座、箅子采用成套B级钢纤维混凝土盖板，产品应符合JC889-2001《钢纤维混凝土检查井盖》规定。
4. 雨水口四周500㎜范围采用砂回填夯实。

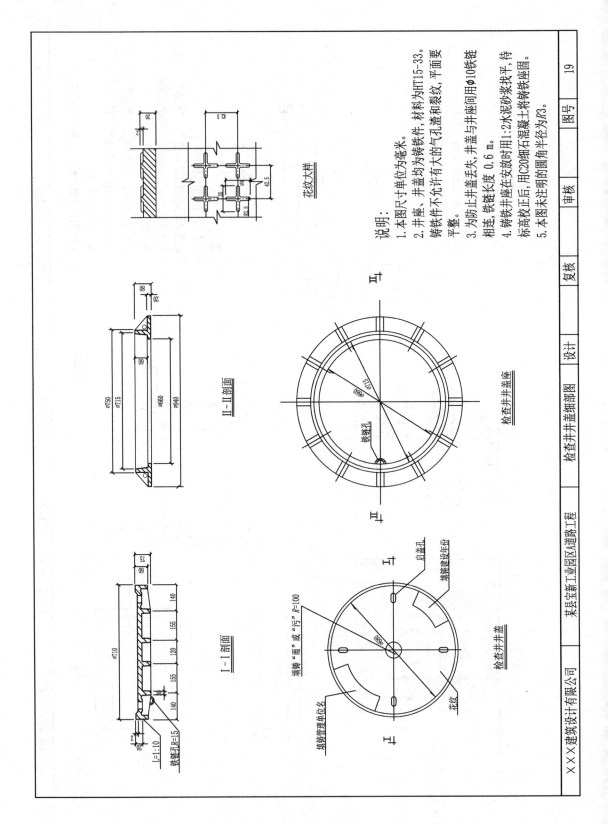

说　明：

1. 本图为（钢筋）混凝土管道开挖断面图。
2. 本图尺寸：高程以米计，其他均以毫米计。
3. 基槽采用回填砂，密实度见断面图。砂采用中砂或粗砂，中砂的颗粒径大于0.25 mm的颗粒超过全重50%，粗砂粒径大于0.5 mm的颗粒超过全重50%，砂应边收坡定，砂回填应按20 cm分层洒水振动夯实。
4. 管槽开挖时应注意验收收稳定，施工中应采用降低地下水的措施。
5. 管道基础底及周围回填采用砂时，应与路基填土同时分层进行。
5. 本工程在开挖见水中应注意保持土的原状结构，避免扰动或超挖基底，应做到基底。一开挖立即进行管基施工，不得使基底动或超挖基底，基底设计标高以上30 cm厚采用前超挖，应在管基施工的同时打坡底来开挖，万一基底土壤已受扰动或超挖，必须给予夯实或垫碎石后找平。
6. 施工时应按照《给排水管道施工及验收规范》GB50268-2008执行。
7. 基槽边1 m以内不得堆土，同时堆土高度不得超过1.5 m。
8. 当H₁>5 m时，管道采用打钢板桩开挖。
9. 管槽边坡（开挖深度<5.0 m）如下：

中密的砂土：i=1.00
中密的碎石类土（填充物为砂土）：i=0.75
硬塑的轻亚黏土：i=0.67
中密的碎石类土（填充物为黏性土）：i=0.50
硬塑的亚黏土、黏土：i=0.33
老黄土：i=0.20
软土：i=1.00

开挖沟槽宽度表(B₁值)

深度 ＼ 管径	300	400	500	600	800	1000	1200	1400	1600	1800	2000
$H_1 \leq 1.50$	980	1140	1300	1460	1780	2100	2420	2740	3060	3380	3700
$1.50 < H_1 \leq 2.5$	1080	1240	1400	1560	1880	2200	2520	2840	3160	3480	3800
$2.50 < H_1 \leq 3.50$	1180	1340	1500	1660	1980	2300	2620	2940	3260	3580	3900
$3.50 < H_1 \leq 4.50$	1280	1440	1600	1760	2080	2400	2720	3040	3360	3680	4000

注：表中深度为地面至沟槽底的距离，沟槽宽度指开挖后的沟槽宽度。

雨水管道设计挖槽断面

| XXXX建筑设计有限公司 | 某县宝新工业园区A道路工程 | 雨水管槽开挖断面图 | 设计 | 复核 | 审核 | 图号 20 |

说　明：

1. 本图为UPVC（PE）管道开挖断面图。
2. 本图尺寸：高程以米计，其他均以毫米计。
3. 基槽采用回填砂，密实度见断面图。砂采用中砂或粗砂，中砂粒径大于0.25 mm的颗粒超过全重50%，粗砂粒径大于0.5 mm的颗粒超过全重50%，砂夯实应分坡回填，砂夯实应按20 cm分层洒水振动夯实。
4. 管道开挖时应注意边坡稳定，施工中应采用降低地下水的措施。
5. 管道基础底及周围回填砂时，应与路基同时分层进行。
6. 本工程在开挖施工及排水中应注意保持土的原状结构，基底不应动或超挖应做到基底，应做到基槽一开挖立即对进行管基施工，不得使基底暴露过久。基底设计标高以上30 cm厚一基础土壤已受扰动或超挖，必须给子夯实填碎石井找平。
7. 基底应设计标高可挖除，万一基础土及建筑土及建坑标，应在管基施工时同时方可挖除，不得表前挖除，应在管基施工时同时方可挖除，万一基础土壤已受扰动或超挖，必须给子夯实填碎石井找平。
6. 施工时应按照《给排水管道工程施工及验收规范》GB50268-2008执行。
7. 基槽边1 m以内不得堆土（填东物为砂土）：i=1.00
中密的碎石类土（填东物为砂土）：i=1.00
中密的碎石类土（填东物为轻亚粘土）：i=0.67
硬塑的轻亚粘土：i=0.75
中密的碎石类土（填东物为粘性土）：i=0.50
硬塑的亚粘土：i=0.33
老黄土：i=0.20
软土：i=1.00
8. 管槽边坡（开挖深度<5.0 m）如下：

挖槽宽度表（B_2值）

管　径 (mm)	DN200	DN300	DN400	DN500	DN600	DN800
$B_2<1.5$ m	1000	1100	1200	1400	1600	1800
1.5 m≤H_2<2 m	1100	1200	1300	1500	1700	1900
2 m≤H_2<3 m (B_2值)	1200	1300	1400	1600	1800	2000
3 m≤H_2<4 m	1300	1400	1500	1700	1900	2100
4 m≤H_2<5 m	1400	1500	1600	1800	2000	2200
5 m≤H_2<6 m	1500	1600	1700	1900	2100	2300

UPVC（PE）管道挖槽断面

×××建筑设计有限公司	某县经新工业园区A道路工程	污水管管槽开挖断面图	设计		复核		审核		图号	21

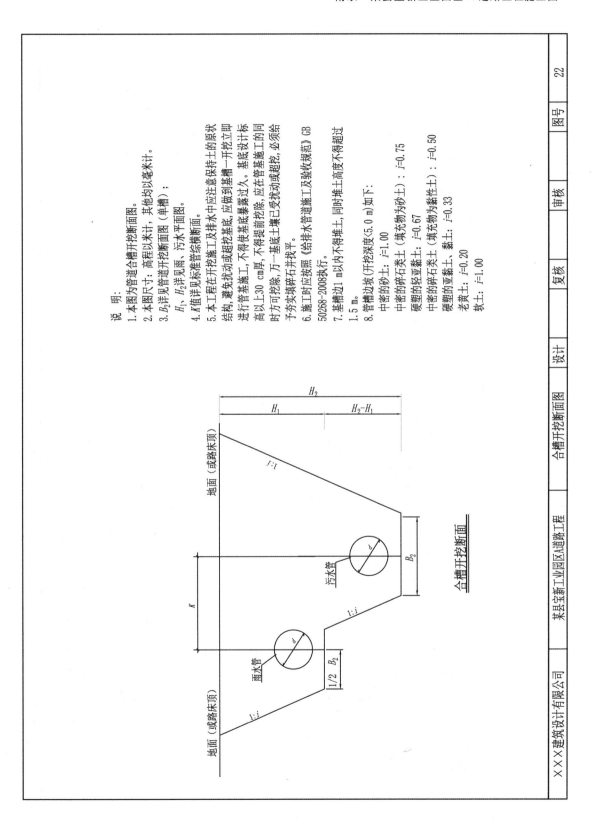

合槽开挖断面

说　明：

1. 本图为管道合槽开挖断面图。
2. 本图尺寸：高程以米计，其他均以毫米计。
3. B_2 详见管道开挖断面图（单槽）；
   H_1、H_2 详见雨、污水平面图。
4. K 值详见标准横断面。
5. 本工程在开挖施工及排水中应注意保持土的原状结构，避免扰动或超挖基底，应做到基槽一开挖立即进行基底施工，不得使基底暴露过久。基底设计标高以上30 cm厚，不得提前挖除，应在管基施工的同时方可挖除，万一基底土壤已受扰动或超挖，必须给予夯实填砂碎石并找平。
6. 施工时应按照《给排水管道施工及验收规范》GB 50268-2008执行。
7. 基槽边1 m以内不得堆土，同时堆土高度不得超过1.5 m。
8. 管道边坡（开挖深度〈5.0 m〉如下：
   中密的砂土：i=1.00
   中密的碎石类土（填充物为砂土）：i=0.75
   硬塑的轻亚黏土：i=0.67
   中密的碎石类土（填充物为黏性土）：i=0.50
   硬塑的亚黏土、黏土：i=0.33
   老黄土：i=0.20
   软土：i=1.00

| X X X 建筑设计有限公司 | 某县宝新工业园区A道路工程 | 合槽开挖断面图 | 设计 | 复核 | 审核 | 图号 | 22 |

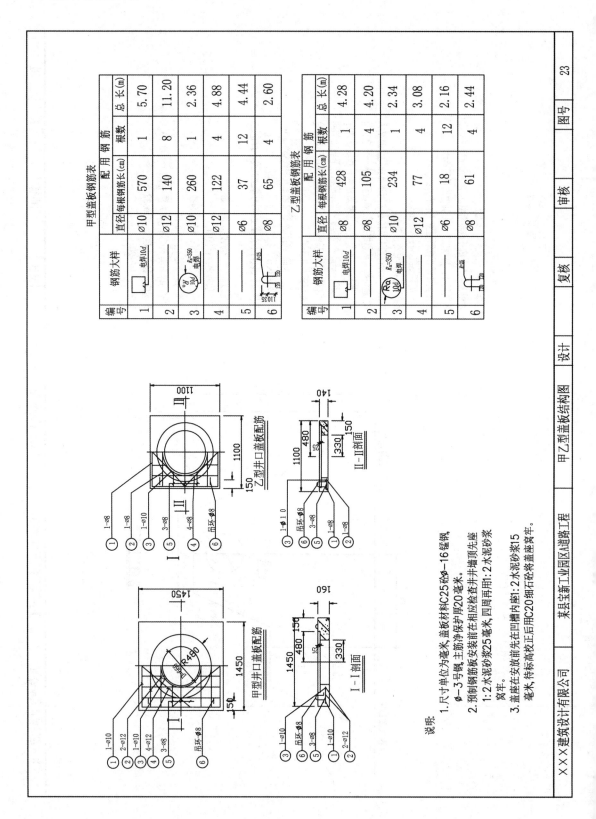

甲型盖板钢筋表

编号	钢筋大样	直径	配 用 钢 筋 每根钢筋长(cm)	根数	总 长 (m)
1	电焊10d	Ø10	570	1	5.70
2		Ø12	140	8	11.20
3	Ra=350 电焊	Ø10	260	1	2.36
4		Ø12	122	4	4.88
5		Ø6	37	12	4.44
6		Ø8	65	4	2.60

乙型盖板钢筋表

编号	钢筋大样	直径	配 用 钢 筋 每根钢筋长(cm)	根数	总 长 (m)
1	电焊10d	Ø8	428	1	4.28
2		Ø8	105	4	4.20
3	Ra=350 电焊	Ø10	234	1	2.34
4		Ø12	77	4	3.08
5		Ø6	18	12	2.16
6		Ø8	61	4	2.44

说明:

1. 尺寸单位为毫米,盖板材料C25砼材料Ø~16锰钢,Ø~3号钢,主筋净保护厚20毫米。
2. 预制钢筋板安装前在相应检查井内墙顶先座1:2水泥砂浆25毫米,四周再用:2水泥砂浆窝牢。
3. 盖座在安放前先在凹槽内座1:2水泥砂浆15毫米,待标高校正后用C20细石砼将盖座窝牢。

| XXX建筑设计有限公司 | 某县宝新工业园区A道路工程 | 甲乙型盖板结构图 | 设计 | 复核 | 审核 | 图号 | 23 |

参考文献

[1]中华人民共和国国家标准.建设工程工程量清单计价规范(GB 50500—2013)[M].北京:中国计划出版社,2013.

[2]中华人民共和国国家标准.市政工程消耗量定额(ZYA 1-31—2015)[M].北京:中国计划出版社,2015.

[3]中华人民共和国国家标准.市政工程工程量计算规范(GB 50857—2013)[M].北京:中国计划出版社,2013.

[4]福建省建设工程造价管理总站.福建省市政工程预算定额(FJYD-401～409—2017)[M].福州:福建科学技术出版社,2017.

[5]福建省建设工程造价管理总站.福建省建筑安装工程费用定额(2017版).

[6]住房城乡建设部、交通运输部、水利部.全国二级造价工程师职业资格考试大纲(2019年版)[M].北京:中国计划出版社,2019.

[7]全国造价工程师职业资格考试培训教材编审委员会.建设工程造价管理基础知识[M].北京:中国计划出版社,2019.

[8]全国造价工程师职业资格考试培训教材编审委员会.建设工程造价管理基础知识[M].北京:中国计划出版社,2023.

[9]全国二级造价工程师职业资格考试培训教材编审委员会.建设工程计量与计价实务(土木建筑工程)[M].北京:中国建筑工业出版社,2019.

[10]二级造价工程师职业资格考试培训教材编审委员会.建设工程计量与计价实务(土木建筑工程)[M].北京:中国建材工业出版社,2021.

[11]吴宗壮.市政工程造价员一本通[M].哈尔滨:哈尔滨工程大学出版社,2005.

[12]朱忆鲁.市政工程计量与计价速学手册[M].北京:中国电力出版社,2010.

[13]《市政工程》编委会.市政工程[M].天津:天津大学出版社,2009.

[14]陈伯兴,蒋云飞.市政工程工程量清单计价与实务[M].2版.北京:中国建筑工业出版社,2015.

[15]《建筑工程预算细节应用入门图解》丛书编委会.市政工程预算细节应用入门图解[M].长沙:湖南科学技术出版社,2010.

[16]韩轩.市政工程工程量清单计价全程解析[M].长沙:湖南大学出版社,2009.

[17]张国栋.土石方工程工程量清单计价应用手册[M].郑州:河南科学技术出版社,2010.

[18]王云江,郭良娟.市政工程计量与计价[M].北京:北京大学出版社,2009.

[19]王云江.透过案例学市政工程计量与计价[M].北京:中国建材工业出版社,2010.

[20]娄金瑞.市政管网工程工程量清单计价应用手册[M].郑州:河南科学技术出版社,2010.

[21]王年春.市政工程工程量清单计价编制实例[M].郑州:黄河水利出版社,2008.

[22]郝永池,郝海霞.建设工程招投标与合同管理[M].北京:北京理工大学出版社,2021.

[23]袁建新.市政工程计量与计价[M].4版.北京:中国建筑工业出版社,2018.

[24]福建省住房和城乡建设厅.福建省房屋建筑和市政基础设施工程标准施工招标文件(2022年版),2022.